ギリシャ文字一覧表

A, α	アルファ		N, ν	ニュー	
B, β	ベータ		Ξ, ξ	クスィー（グザイ）	
Γ, γ	ガンマ		O, o	オミクロン	
Δ, δ	デルタ		Π, π	パイ	
E, ε	イプシロン		P, ρ	ロー	
Z, ζ	ゼータ		Σ, σ	シグマ	
H, η	イータ（エータ）		T, τ	タウ	
Θ, θ	シータ（テータ）		Υ, υ	ウプシロン	
I, ι	イオタ		Φ, ϕ	ファイ	
K, κ	カッパ		X, χ	カイ	
Λ, λ	ラムダ		Ψ, ψ	プサイ	
M, μ	ミュー		Ω, ω	オメガ	

共立講座 21世紀の数学

16

ヒルベルト空間と量子力学

改訂増補版

新井 朝雄・著

編 集 委 員
木村　俊房
飯高　　茂
西川　青季
岡本　和夫
楠岡　成雄

共立出版株式会社

刊行にあたって

　基礎科学としての数学の重要性は近年ますます増えている．にもかかわらず理工系離れがすすんでいる．その根底には数学離れがある．高等学校の数学教育も新課程に移行し，大学における数学教育も多様化しつつある．

　このような状況において渇望されているのは，多様なニーズにこたえる個性的な教科書である．われわれは，現在の数学体系を大胆に再構成した大学の教科書を模索した．旧来の理学部数学科が変貌しつつある現在，有機的なつながりのなかでこそ，多面的な理解や多様な目的にあわせた自由な選択が可能になると信ずる．

　きたるべき時代 21 世紀へ向けて，この新しい構成の教科書「共立講座 21 世紀の数学」を世に問う．

編集委員

改訂増補版のまえがき

本書の初版が出てからほぼ17年が経過した．幸いにも，この間に，本書は持続的に増刷を重ね，現在に至った．著者は，本書の初版の刊行以来，大学での講義やセミナーで本書を使用してきた．その経験から，書き換えたり，補足した方がよいと思われる箇所が浮かびあがってきた．また，初版にない内容を追加し，関数解析学および量子数理物理学—量子現象に関する数理物理学—の入門的教科書として，よりいっそうの充実をはかりたいという思いも強くなってきた．このような背景のもとにできあがったのがこの改訂増補版である．

改訂増補に際して変更した主な点は以下の通りである：

(1) 初版における誤植は，可能な限り訂正した．
(2) 初版の内容で別の表現をとった方がよい思われる箇所を書き直した（証明方法の変更も含む）．特に，第3章と第4章には大幅に書き換えた部分がある．
(3) ヒルベルト空間の"上位"に位置する空間範疇の一つであるバナッハ空間への導入的叙述（第1章，1.7節）とヒルベルト空間上のコンパクト作用素の理論（第2章，2.12節）を新たに書き加えた（コンパクト作用素は有界線形作用素の中で最も基礎的で重要な部類の一つをなす）．
(4) 初版では，ヒルベルト空間上の線形作用素のスペクトルの概念は閉作用素に対してのみ定義された．改訂増補版では，閉作用素とは限らない，一般の線形作用素に対しても，スペクトルの概念は定義されること—しかも自然な仕方で—およびそれは閉作用素のスペクトルの概念の拡張を与える

ことを補足的事項として付け加えた（第 2 章，2.13 節）．
(5) 量子力学の現実的有効性を示す重要な例の一つとして，水素原子のハミルトニアンのスペクトル解析の一部を新しい一つの章（第 8 章）として組み入れた．
(6) 初版の「あとがき」を全面的に書き改めた．

　上記の (3)，(4) は，本書を関数解析学の入門的教科書として，一定の水準において完結させる意図に基づいてなされたものである．他方，(5) は，量子数理物理学への入門書としての側面を補充するためのものである．

　今回の改訂増補にあたっては，初版の出版以来，この 17 年間に出版された本で本書の内容と密接に関連するものに「あとがき」において言及する必要が生じた．これは，結局，(6) の作業へと結実した．だが，本書の「あとがき」の趣旨，すなわち，本書を読み終えたあとに，より高次の数学的・数理物理学的領域へと精神的探索の歩みを進めるための道を示唆することは，初版でも改訂増補版でも本質的に変わるところはない．

2014 年初夏　札幌にて

新　井　朝　雄

初版のまえがき

　本書はヒルベルト空間論と量子力学の数学的理論への入門書である．なぜ，ヒルベルト空間と量子力学なのか？　これをまず，簡単に説明しておこう[*]．
　ヒルベルト空間の概念は，今世紀の初頭，ドイツの偉大な数学者ヒルベルト (D. Hilbert) による線形積分方程式の研究に端を発している．彼は，第二種のフレドホルム (E. I. Fredholm) 積分方程式を考察する中で，この方程式の未知関数のフーリエ (J. B. J. Fourier) 係数（可算無限個）がある無限連立一次方程式をみたすことに注目し，積分方程式の解を求める問題を後者の方程式を解く問題に帰着させた（本書の第2章，練習問題6を参照）．ここで現れる無限連立一次方程式を解くためには，通常の線形代数の無限次元版を考えることが自然であり，ユークリッド (Euclid) 空間の無限次元版とでもいうべき空間，すなわち，2乗総和可能な数列の全体からなる空間が導入された．これがヒルベルト空間の最初のものである．その後，（ルベーグ積分の意味で）2乗可積分な関数からつくられる空間がヒルベルト空間と類似の幾何学をもつことがフレッシェ (M. Fréchet) とリース (F. Riesz) によって示された．さらに，それは完備であってヒルベルト空間に同型であることがリースとフィッシャー (E. Fischer) によって証明された．こうして，ヒルベルト空間論の基本的・本質的

---

[*]　この「まえがき」は，本書の主題に関して，ある概観をあたえることが目的なので，数学用語がわからなくても気にしないで，話の大筋をつかんでいただければよい．数学用語は，本文できちんと定義される．

な部分ができあがってくる．これらの具体的なヒルベルト空間の研究に続いて，現在，標準化されている公理論的なヒルベルト空間論（抽象ヒルベルト空間の理論）が線形作用素の一般論とともにできあがってくるのは1930年前後にかけてであり，その仕事は，おもに，フォン ノイマン (J. von Neumann) とストーン (M. Stone) によってなされた．

ヒルベルトは古典的な数理物理の問題に由来する線形積分方程式の研究からヒルベルト空間の概念に到達した．ところで，1925年から1926年にかけて，物理学の世界を根本的に変革する新しい物理学の理論が誕生した．これが量子力学である．この理論は，分子や原子のような微視的な系をも含めた形で自然現象の基本的物理法則を記述するものであり，現代物理学を支える根源的な理論のひとつである（量子力学についてのさらに詳しい，歴史的・物理的背景については，第6章の6.1節を参照）．量子力学は，2人の偉大な物理学者，ハイゼンベルク (W. Heisenberg) とシュレーディンガー (E. Schrödinger) によって創始された．だが，ハイゼンベルクが提示した理論とシュレーディンガーのそれとは理論形式が異なっていた．前者は"行列力学"とよばれる代数的な形式であり，後者は，今日シュレーディンガーの名でよばれる偏微分方程式を用いる解析的な形式であった．この外見上の相違にもかかわらず，両者があたえる物理的結果は奇妙にも一致した．この神秘的な一致は，その後，ボルン (M. Born) による確率解釈を取り入れたヨルダン (P. Jordan) (1927) とディラック (P. A. M. Dirac) (1926/27) による変換理論によって説明され，量子力学の体系は一応の完結をみる．だが，この体系は数学的に厳密な観点からはさまざまな問題をはらんでいた．実際，変換理論にしても形式的な理論であって，数学的に厳密なものではなかった．量子力学の数学的に厳密な基礎づけを最初に行ったのは，フォン ノイマンである（1927〜31年頃）．彼は，これらの仕事の過程で，公理論的な形でヒルベルト空間の理論を展開し，これを用いて，量子力学の数学的基礎づけを行ったのであった[**]．こうして，ヒルベルト空間と量子力

[**] J. von Neumann, Die mathematische Grundlagen der Quantenmechanik, Springer-Verlag, Berlin, 1932. 日本語訳：『量子力学の数学的基礎』（井上 健ほか訳，みすず書房，1957）．

学が出合うことになる．ヒルベルト空間論はまた20世紀の新しい解析学の流れである位相線形空間論とも合流し，壮大な関数解析学の展開へとつながっていく．量子力学の数学的基礎づけに関するフォン ノイマンの記念碑的な仕事以来，量子力学の数理に関わる研究は，関数解析学を数学的道具立ての中心に据える新しい数理物理学の潮流をひき起こし，今日に至っている．

　本書は，この新しい数理物理学への入門書となることを目的として書かれた．そのため，本書は，第1章で論述するヒルベルト空間の構造論を除けば，量子力学の数学的理論へ直結するような形で構成されている．この理論においては，ヒルベルト空間上の線形作用素が重要な役割を果たす．そこで，まず，第2章で，ヒルベルト空間上の線形作用素の一般論の基礎を述べる．論述に際しては，量子力学においてごく普通に現れる非有界線形作用素の取り扱いに慣れることに留意した．特に，量子系の物理量を記述する役割を担うことになる自己共役作用素については，第2章だけでなく，第3章，第4章を通じて，かなり詳しく論じた．第3章で詳述する作用素解析とスペクトル定理は純理論的に重要であるだけでなく，量子力学の厳密な公理論的定式化にとって本質的な要素である．第5章では，最も単純な部類に属する偏微分作用素を扱うが，これは量子力学における種々のモデルを数学的に解析するための出発点となる．以上の準備のもとで，第6章において，量子力学の数学的理論の基礎を論述する．第7章では，第6章における量子力学の数理の一般論を受けて，量子調和振動子とよばれる，量子力学の基本的なモデルのひとつを詳しく解析する．各章の練習問題は，本文を補い，理解を深める意味でも重要であるので，読者はこれにもぜひ取り組んでいただきたい．

　本書を読むためには，線形代数，微積分，複素関数論，ルベーグ積分の基本的知識があれば十分である．量子力学についての知識はあったほうがよいが，なくても本書を理解するにはほとんど支障はないはずである．読者の便宜のために，頻繁に使われる，ルベーグ積分論に関するいくつかの定理を付録Aに採録した．これらの諸定理については，正しく活用できるようになることが重要である．また，第6章における量子力学の確率解釈に関連する事実を理解する上で必要とされる確率論の基本事項を付録Bに叙述しておいた．これは，ルベーグ積分論に関する経験と知識があれば難なく理解されるはずである．

「あとがき」において，本書を読み終えたあとの学習や研究の方向性について述べておいた．参考にしていただければ有り難い．紙数の都合上，本来ならば，ヒルベルト空間論で当然扱うべき事項をいくつか割愛せざるをえなかった．そうした事項については，本書の「あとがき」であげる参考書などを通して随意に補っていただきたい．

現代物理学，特に量子物理学との生き生きとした連関を失うことなく，ヒルベルト空間論や関数解析学をこれから学びたいと思っている人，量子力学を数学的に厳密な形で統一的に理解したいと考えている人，また，上に述べた意味での新しい数理物理学に興味をもつ人たちに対して，本書がいささかでもお役に立てれば幸いである．

1996年秋 札幌にて

新 井 朝 雄

目次

第1章　ヒルベルト空間　　1

1.1　ベクトル空間　　1
   1.1.1　ベクトル空間の公理系　　1
   1.1.2　いくつかの基本概念　　4
   1.1.3　ベクトル空間の例　　5
   1.1.4　ベクトル空間の直和　　9

1.2　内積空間　　9
   1.2.1　内積空間の公理系　　9
   1.2.2　内積空間の幾何学　　13
   1.2.3　正規直交系の存在——グラム—シュミットの直交化法　　19

1.3　ヒルベルト空間　　20
   1.3.1　内積空間の位相　　20
   1.3.2　完備性とヒルベルト空間　　23
   1.3.3　ヒルベルト空間の直和　　28

1.4　正射影定理　　30

1.5　完全正規直交系　　36

1.6　$L^2(\mathbf{R}^d)$ におけるいくつかの基本的事実　　41
   1.6.1　基本的な関数空間と $L^2(\mathbf{R}^d)$ の可分性　　41
   1.6.2　閉区間上の L^2 空間とフーリエ級数　　44

1.7　より一般的な空間への上昇——ノルム空間とバナッハ空間　　47
   1.7.1　ノルム空間　　47

		1.7.2	バナッハ空間 ･････････････････････････････････	48
		1.7.3	完備でないノルム空間の完備化 ･･････････････････	49
		1.7.4	内積空間の完備化 ･････････････････････････････	52
	練習問題 ･･			52

第2章 ヒルベルト空間上の線形作用素　56

2.1	線形作用素 ･･	56
2.2	有界線形作用素 ････････････････････････････････････	62
2.3	有界線形汎関数とリースの表現定理 ･･････････････････	65
2.4	ユニタリ作用素とヒルベルト空間の同型 ･･････････････	66
2.5	有界作用素の基本的性質 ････････････････････････････	71

		2.5.1	稠密に定義された有界作用素の拡大 ･････････････	71
		2.5.2	有界作用素の空間 ･････････････････････････････	72
		2.5.3	有界作用素の無限級数とノイマン級数 ･･･････････	75
		2.5.4	ヒルベルト空間と有界作用素の空間の収束の諸位相 ･･･	77

2.6	非有界作用素 ･･････････････････････････････････････	78
2.7	作用素の拡大と共役作用素 ･･････････････････････････	81

		2.7.1	作用素の拡大 ･････････････････････････････････	81
		2.7.2	共役作用素 ･･･････････････････････････････････	82

2.8	閉作用素と可閉作用素 ･･････････････････････････････	86

		2.8.1	閉作用素 ･････････････････････････････････････	86
		2.8.2	可閉作用素 ･･･････････････････････････････････	87
		2.8.3	作用素のグラフ，可閉性に対する条件 ･･･････････	89

2.9	レゾルヴェントとスペクトル ････････････････････････	91

		2.9.1	作用素の固有値，固有ベクトル，固有空間 ･･･････	91
		2.9.2	レゾルヴェント集合とスペクトル ･･･････････････	93
		2.9.3	レゾルヴェントの基本的性質 ･･･････････････････	94
		2.9.4	スペクトルの基本的性質 ･･･････････････････････	96

2.10	自己共役作用素 ････････････････････････････････････	100

		2.10.1	対称作用素とエルミート作用素 ･････････････････	100
		2.10.2	自己共役作用素 ･･･････････････････････････････	103

2.11	自己共役作用素のスペクトル	105
2.12	コンパクト作用素	108
	2.12.1 定義と基本的性質	108
	2.12.2 自己共役なコンパクト作用素のスペクトル	116
	2.12.3 展開定理	120
	2.12.4 コンパクト作用素の標準形	123
2.13	一般の線形作用素のスペクトルの分類	124
練習問題		127

第3章 作用素解析とスペクトル定理　133

3.1	正射影作用素	133
3.2	単位の分解と作用素値汎関数	136
	3.2.1 単位の分解と測度	136
	3.2.2 作用素値汎関数	140
3.3	作用素値汎関数の性質——作用素解析	145
3.4	スペクトル定理	149
	3.4.1 自己共役作用素のスペクトル表示	149
	3.4.2 自己共役作用素の関数とそのユニタリ変換	151
	3.4.3 スペクトル測度と固有値	153
	3.4.4 スペクトル測度の台とスペクトル	154
	3.4.5 自己共役作用素のベキ乗	157
練習問題		160

第4章 自己共役作用素の解析　163

4.1	自己共役性に対する判定条件	163
4.2	本質的自己共役性	165
4.3	強連続1パラメータユニタリ群とストーンの定理	168
	4.3.1 ヒルベルト空間値関数と作用素値関数	168
	4.3.2 自己共役作用素から定まるユニタリ作用素の族	172
	4.3.3 強連続1パラメータユニタリ群とストーンの定理	174
4.4	自己共役作用素の強可換性	179
	4.4.1 強可換性	179

x 目次

    4.4.2 強可換な自己共役作用素の組の関数 ･･････････････････ 183
  練習問題 ･･･ 187

第5章 偏微分作用素の本質的自己共役性とスペクトル　190
5.1 急減少関数の空間とフーリエ変換 ･････････････････････････ 190
5.2 偏微分作用素とその本質的自己共役性 ････････････････････ 198
5.3 スペクトル ･･ 200
5.4 一般化されたラプラシアン ･･････････････････････････････ 201
  練習問題 ･･･ 201

第6章 量子力学の数学的原理　203
6.1 量子力学とはどういうものか ････････････････････････････ 203
6.2 量子力学の基礎概念——状態と物理量 ･･･････････････････ 208
6.3 ハイゼンベルクの不確定性関係 ･･････････････････････････ 216
6.4 正準量子化 ･･･ 218
    6.4.1 正準交換関係 ･････････････････････････････････････ 219
    6.4.2 物理量の例 ･･･････････････････････････････････････ 223
    6.4.3 CCRの表現としての量子力学——CCRの表現の一意性
         の問題についての注意 ･････････････････････････････ 229
6.5 状態の時間発展——シュレーディンガー方程式 ･･･････････ 231
6.6 物理量の時間発展——ハイゼンベルクの運動方程式 ･･･････ 238
6.7 最低エネルギーに対する変分原理 ････････････････････････ 242
  練習問題 ･･･ 243

第7章 量子調和振動子　248
7.1 量子調和振動子のハミルトニアンと固有値問題 ･････････････ 248
7.2 固有値問題の抽象的定式化とその解 ･･････････････････････ 251
7.3 ハミルトニアンのスペクトルと固有関数 ･･････････････････ 254
  練習問題 ･･･ 259

第8章 球対称なポテンシャルをもつ量子系と水素原子　262
8.1 水素様原子のハミルトニアン ････････････････････････････ 262
8.2 球対称ポテンシャルをもつ量子系 ････････････････････････ 268

8.2.1	極座標系での表示	268
8.2.2	$U\Delta U^{-1}$ の計算	271
8.2.3	Θ の固有値	276
8.2.4	作用素 Θ の物理的意味	278
8.2.5	Θ のスペクトルの同定と固有関数展開	281
8.2.6	ハミルトニアン H_{sym} の $U^{-1}K_{\ell,m}$ への制限	282
8.2.7	水素様原子のハミルトニアンの固有値	284

練習問題 287

付録A　ルベーグ積分論における基本定理　289

付録B　確率論の基本的事項　293

練習問題解答　297

あとがき　325

索　引　329

1

ヒルベルト空間

　ヒルベルト空間論の基礎を論述する．ヒルベルト空間というのは，ユークリッド空間あるいはその複素化であるユニタリ空間の線形構造と計量構造を抽象化して得られる普遍的な空間概念である．ヒルベルト空間の理論の基礎となるのは抽象ベクトル空間の理論であるので，まず，これを簡単に復習する．内積とよばれる計量的構造を備えたベクトル空間として内積空間（前ヒルベルト空間）が定義される．この空間の幾何学的な側面を考察し，ユークリッド幾何学とのアナロジーが成立することをみる．内積からノルムが定義される．これはベクトルの大きさを測る量である．ノルムを用いて，内積空間の位相（点列の収束と極限）が定義され，この位相に関して完備性の概念が導入される．完備な内積空間がヒルベルト空間である．ヒルベルト空間論における基本定理のひとつである正射影定理を証明する．具体的な例として，d 次元ユークリッド空間 $\mathbf{R}^d$ 上の（ルベーグ積分の意味で）2乗可積分な関数から形成されるヒルベルト空間 $L^2(\mathbf{R}^d)$ を考察し，この空間に関わるいくつかの基本事実を証明する．また，フーリエ級数をヒルベルト空間論の観点から見なおす．

1.1　ベクトル空間

1.1.1　ベクトル空間の公理系

【定義 1.1】 $\mathbf{K}$ を実数全体 $\mathbf{R}$ または複素数全体 $\mathbf{C}$ とする．集合 $\mathbf{V}$ が次に述べる2つの条件 (I), (II) をみたすとき，$\mathbf{V}$ を $\mathbf{K}$ 上の**ベクトル空間** (vector space) あるいは**線形空間** (linear space) といい，$\mathbf{V}$ の元（要素）をベクトル，$\mathbf{K}$ の元をスカラーとよぶ．

　(I) 集合 $\mathbf{V}$ の任意の2つの元 ψ, ϕ に対して，和 $\psi + \phi \in \mathbf{V}$ が定義され，次

の (V.1)〜(V.3) が成立する（この演算を**加法**という）．

(V.1) すべての $\psi, \phi, \chi \in \mathbf{V}$ に対し
$$\psi + \phi = \phi + \psi \quad \text{（交換法則）}$$
$$(\psi + \phi) + \chi = \psi + (\phi + \chi) \quad \text{（結合法則）}$$

(V.2) **零ベクトルの存在**：特別なベクトル $0_\mathbf{v}$ ——零ベクトルという——が $\mathbf{V}$ の中に存在し，すべての $\psi \in \mathbf{V}$ に対して，$\psi + 0_\mathbf{v} = \psi$ が成り立つ．

(V.3) **逆ベクトルの存在**：各 $\psi \in \mathbf{V}$ に対し，$\psi + \chi = 0_\mathbf{v}$ をみたすベクトル $\chi \in \mathbf{V}$ が存在する．この χ を ψ の**逆ベクトル**とよび，$\chi = -\psi$ と記す〔したがって，$\psi + (-\psi) = 0_\mathbf{v}$〕．

(II) 集合 $\mathbf{V}$ の任意の元 ψ と $\mathbf{K}$ の任意の元 α に対し，**スカラー倍** $\alpha\psi \in \mathbf{V}$ が定義され，これと (I) の加法に関して次の諸式が成立する（$\psi, \phi \in \mathbf{V}, \alpha, \beta \in \mathbf{K}$ は任意）．

(V.4) $(\alpha\beta)\psi = \alpha(\beta\psi)$ （結合法則）

(V.5) $1\psi = \psi$

(V.6) $\alpha(\psi + \phi) = \alpha\psi + \alpha\phi$ （分配法則）

(V.7) $(\alpha + \beta)\psi = \alpha\psi + \beta\psi$ （分配法則）

$\mathbf{K}$ を $\mathbf{V}$ の**係数体**といい，$\mathbf{K} = \mathbf{R}$ のとき，$\mathbf{V}$ を**実ベクトル空間** (real vector space)，$\mathbf{K} = \mathbf{C}$ のとき，$\mathbf{V}$ を**複素ベクトル空間** (complex vector space) という．

定義 1.1 に述べられた諸性質はベクトル空間の公理系とよばれる．この意味でのベクトル空間は，個々の具体的なベクトル空間（後にあげる例を参照）との区別を強調したいような場合，しばしば**抽象ベクトル空間**とよばれる．抽象ベクトル空間は，あらゆる個別的なベクトル空間を統一し，包括する概念である．ベクトル空間の一般論は，上の公理系を基礎として展開される．こうした公理論的方法の利点はおもに次の点にある．(i) 公理系が論理の展開の確固たる基礎をあたえる．(ii) この方法によって得られる結果は，すべての個別的な

ベクトル空間に適用される．(iii) 個別的・具象的ベクトル空間において，何が普遍的な性質であり，何が当該のベクトル空間に特殊な固有の性質なのかを明晰に認識することを可能にする．

定義1.1から導かれるいくつかの基本的な事実を述べておこう．

(i) 加法の結合法則と交換法則は，次のことを保証する．3個のベクトル ψ, ϕ, χ を加える場合，その結果は，それらを加える順序によらない〔ベクトル $(\psi+\phi)+\chi$ は，はじめに ψ と ϕ を加え，その結果に χ を加えたベクトルを表し，$\psi+(\phi+\chi)$ は，ϕ と χ の和を ψ に加えたベクトルを表すことに注意〕．したがって，3個のベクトル ψ, ϕ, χ の和 $\psi+\phi+\chi$ が

$$\psi + \phi + \chi = (\psi+\phi)+\chi = \psi+(\phi+\chi)$$

によって一意的に定義される．同様に，任意の n 個 $(n \geq 4)$ のベクトル $\psi_1, \cdots, \psi_n$ に対して，その和 $\psi_1+\cdots+\psi_n$ が帰納的に，関係式 $\psi_1+\cdots+\psi_n = (\psi_1+\cdots+\psi_{n-1})+\psi_n$ によって一意的に定まる．これを $\sum_{j=1}^{n}\psi_j$ と記す．こうして定義されるベクトルの和についても交換法則が成り立つ．すなわち，σ を $(1,\cdots,n)$ の任意の置換とするとき $\sum_{j=1}^{n}\psi_j = \sum_{j=1}^{n}\psi_{\sigma(j)}$ が成立する．

任意のベクトル $\psi \in \mathbf{V}$ と任意の $\alpha_1, \cdots, \alpha_n \in \mathbf{K}$ に対して，

$$\alpha_1\psi + \alpha_2\psi + \cdots + \alpha_n\psi = \left(\sum_{j=1}^{n}\alpha_j\right)\psi \tag{1.1}$$

が成り立つ（章末の練習問題1）．

(ii) **零ベクトルはただひとつしか存在しない**．実際，もうひとつ零ベクトル $0'$ があったとすれば，$0' + 0_\mathbf{V} = 0'$ および $0_\mathbf{V} + 0' = 0_\mathbf{V}$ が成り立つ．そこで加法の交換法則を用いれば，$0_\mathbf{V} = 0'$ を得る．

(iii) **逆ベクトルはただひとつしか存在しない**．実際，$\psi \in \mathbf{V}$ に対して，もうひとつ $\psi+\psi' = 0_\mathbf{V}$ をみたす ψ' があったとすれば，この両辺に $-\psi$ を加えることにより，$-\psi+(\psi+\psi') = -\psi+0_\mathbf{V}$．この式の左辺は，(V.1), (V.3), (V.2) により，ψ' に等しいことがわかる．一方，右辺は $-\psi$ に等しい．したがって，$\psi' = -\psi$．

(iv) 逆ベクトルの存在を通して，**減法（引き算）**"$-$" が $\psi-\phi = \psi+(-\phi)$ によって定義される．これを ψ と ϕ の**差**とよぶ．

(v) すべての $\psi \in \mathbf{V}$, $\alpha, \beta \in \mathbf{K}$ に対して，次の諸式が成立する（練習問題 2）．

$$0\psi = 0_{\mathbf{V}} \tag{1.2}$$

$$(-1)\psi = -\psi \tag{1.3}$$

$$\alpha\psi - \beta\psi = (\alpha - \beta)\psi \tag{1.4}$$

ベクトル空間 $\mathbf{V}$ の元を点とよぶこともある．以下，誤解のおそれがない限り，$0_{\mathbf{V}}$ を単に 0 と記す．

1.1.2 いくつかの基本概念

$\psi_1, \cdots, \psi_n$ をベクトル空間 $\mathbf{V}$ の元とする．$\sum_{j=1}^{n} \alpha_j \psi_j = 0$ をみたす数 $\alpha_1, \cdots, \alpha_n \in \mathbf{K}$ が 0 に限られるならば，ベクトル $\psi_1, \cdots, \psi_n$ は**一次独立**または**線形独立** (linearly independent) であるという．一次独立ではないベクトルの組は**一次従属** (linearly dependent) であるという．

一次独立性の概念を用いて，ベクトル空間の次元 (dimension) が定義される．ベクトル空間 $\mathbf{V}$ において，一次独立なベクトルが n 個存在し，かつ任意の $n+1$ 個のベクトルは一次従属であるとき，$\mathbf{V}$ は $\boldsymbol{n}$ **次元**（あるいは $\mathbf{V}$ の次元は n) であるといい，$\dim \mathbf{V} = n$ と書く（便宜上，零ベクトルだけからなるベクトル空間の次元は 0 とする）．このようなベクトル空間を**有限次元ベクトル空間**という．これとは対照的に，任意の自然数 n に対して，$\mathbf{V}$ の中に一次独立なベクトルが n 個存在するとき，$\mathbf{V}$ は**無限次元**であるといわれる．

ベクトル空間 $\mathbf{V}$ の空でない部分集合 $\mathbf{W}$ が $\mathbf{V}$ の加法とスカラー倍に関して閉じているとき，すなわち，2 つの条件 (i) $\psi, \phi \in \mathbf{W} \Rightarrow \psi + \phi \in \mathbf{W}$；(ii) $\alpha \in \mathbf{K}, \psi \in \mathbf{W} \Rightarrow \alpha\psi \in \mathbf{W}$ をみたすとき，$\mathbf{W}$ を $\mathbf{V}$ の**部分空間** (subspace) という[1]．したがって，$\mathbf{V}$ の部分空間というのは，$\mathbf{V}$ の部分集合であって，それ自体，$\mathbf{V}$ の加法とスカラー倍に関してベクトル空間になっているものである．言葉の使い方の問題であるが，ベクトル空間の部分空間は単なる部分集合ではないことに注意されたい．

---

[1] 「$A \Rightarrow B$」は「A ならば B」と読む．また，「$A \Leftrightarrow B$」(A ならば B，かつ B ならば A) は，命題 A と命題 B が同値であることを表す記法である．

ベクトル空間 **V** の元 $\psi_n \in \mathbf{V}(n = 1, 2, \cdots)$ に対して, $\psi = \sum_{n=1}^{N} \alpha_n \psi_n (\alpha_n \in \mathbf{K}, N = 1, 2, \cdots)$ という形のベクトル ψ を $\psi_1, \cdots, \psi_N$ の**一次結合**または**線形結合** (linear combination) という.

$\mathbf{N} = \{1, 2, 3, \cdots\}$ を自然数の全体とする. **V** の空でない部分集合 **D** に対して, **D** の元の一次結合によって表されるベクトルの全体

$$\mathcal{L}(\mathbf{D}) := \left\{ \sum_{n=1}^{N} \alpha_n \psi_n \,\middle|\, \psi_n \in \mathbf{D},\ \alpha_n \in \mathbf{K},\ n = 1, \cdots, N,\ N \in \mathbf{N} \right\} \quad (1.5)$$

は **V** の部分空間になる[2]. これを **D** によって**生成される部分空間**あるいは **D** で**張られる部分空間**という.

ベクトル空間 **V** が有限次元で $\dim \mathbf{V} = n$ のとき, **V** の中に n 個の一次独立なベクトルの組が存在する. そのようなベクトルのひと組を **V** の**基底** (basis) という. $\{\psi_j\}_{j=1}^n$ を **V** の基底とすれば, **V** の任意のベクトル ψ は, $\psi_1, \cdots, \psi_n$ の一次結合として一意的に表される(練習問題 3). したがって $\mathcal{L}(\{\psi_j\}_{j=1}^n) = \mathbf{V}$ が成り立つ.

有限次元ベクトル空間の次元の判定には次の事実が用いられる[3].

【命題 1.2】 ベクトル空間 **V** の中に n 個の一次独立なベクトル $\psi_1, \cdots, \psi_n$ が存在して, 任意のベクトル $\psi \in \mathbf{V}$ が $\psi_1, \cdots, \psi_n$ の一次結合で表されるならば, $\dim \mathbf{V} = n$ である.

1.1.3 ベクトル空間の例

■ **例 1.1** ■ 自然数 n に対して, n 個の実数の組 $x = (x_1, \cdots, x_n)$ の全体からなる集合

$$\mathbf{R}^n = \{x = (x_1, \cdots, x_n) | x_j \in \mathbf{R},\ j = 1, \cdots, n\} \quad (1.6)$$

を考える. $\mathbf{R}^n$ の元 $x = (x_1, \cdots, x_n)$ における x_j を x の **j 番目の成分**あるいは**第 j 成分**という. $\mathbf{R}^n$ の 2 つの元 x, y が等しいとは, それぞれの各成分が等しいこと(すなわち, $x_j = y_j,\ j = 1, \cdots, n$)であると定義し, このとき,

---

[2] 「$A := B$」は A を B によって定義する記法である. 本書では, 特に, 等式が定義であることを強調したいときに用いる.

[3] 証明については, 線形代数学の教科書, たとえば, 本講座第 2 巻, 佐武一郎『線形代数』を参照.

$x = y$ と記す．$\mathbf{R}^n$ の任意の元 $x = (x_1 \cdots, x_n), y = (y_1, \cdots, y_n)$ に対して，和 $x + y$ と実数倍 $\alpha x \, (\alpha \in \mathbf{R})$ を

$$x + y = (x_1 + y_1, \cdots, x_n + y_n), \qquad \alpha x = (\alpha x_1, \cdots, \alpha x_n) \tag{1.7}$$

によって定義すれば，これらはともに $\mathbf{R}^n$ の元になる．こうして，集合 $\mathbf{R}^n$ には，和と実数倍という 2 つの演算が定義される．これらの演算に関して，$\mathbf{R}^n$ が実ベクトル空間になることは容易に確かめられる．この場合，零ベクトルは，すべての成分が 0 の元，x の逆ベクトルは，その成分の符号を反対にした元 $(-x_1, \cdots, -x_n)$ である．

$\mathbf{R}^n$ の元で，j 番目の成分だけが 1 で，他の成分はすべて 0 であるものを v_j としよう．

$$v_j = (0, \cdots, 0, \overset{j\,\text{番目}}{1}, 0, \cdots, 0) \tag{1.8}$$

このとき，$v_1, \cdots, v_n$ は一次独立である．任意の $x = (x_1, \cdots, x_n)$ は，$x = x_1 v_1 + x_2 v_2 + \cdots + x_n v_n$ と書ける．したがって，命題 1.2 により，$\dim \mathbf{R}^n = n$ である．ベクトル空間 $\mathbf{R}^n$ を **n 次元数ベクトル空間**という．$\{v_j\}_{j=1}^n$ は $\mathbf{R}^n$ の**標準基底** (standard basis) とよばれる．

■ **例 1.2** ■ n 次元数ベクトル空間の複素版として，n 個の複素数の組からなる集合

$$\mathbf{C}^n = \{z = (z_1, \cdots, z_n) | z_j \in \mathbf{C}, \, j = 1, \cdots, n\} \tag{1.9}$$

を考える．$\mathbf{R}^n$ の場合と同様に，$\mathbf{C}^n$ の 2 つの元 z, w について $z_j = w_j$, $j = 1, \cdots, n$, が成り立つならば，z と w は等しいといい，$z = w$ と記す．$z = (z_1, \cdots, z_n), w = (w_1, \cdots, w_n) \in \mathbf{C}^n$ に対して，和 $z + w$ とスカラー倍 $\alpha z \, (\alpha \in \mathbf{C})$ を，(1.7) 式のそれぞれの式の右辺において，x_j, y_j をそれぞれ，z_j, w_j によって置き換えて得られる式によって定義する．このとき，$\mathbf{C}^n$ は複素ベクトル空間になる．(1.8) 式によって定義されるベクトル $v_1, \cdots, v_n$ は $\mathbf{C}^n$ においても一次独立であり，任意の $z \in \mathbf{C}^n$ は $z = \sum_{j=1}^n z_j v_j$ と表される．したがって，$\dim \mathbf{C}^n = n$ である．ベクトル空間 $\mathbf{C}^n$ を**複素 n 次元数ベクトル空間**という．$\mathbf{R}^n$ の場合と同様に，$\{v_j\}_{j=1}^n$ を $\mathbf{C}^n$ の**標準基底**という．

無限次元ベクトル空間の例を見よう．

■ **例 1.3** ■ 閉区間上の連続関数の空間. $a, b \in \mathbf{R}\,(a < b)$ とし，閉区間 $[a, b]$ 上の複素数値連続関数の全体を $C[a, b]$ とする. $f, g \in C[a, b], \alpha \in \mathbf{C}$ に対して，和 $f + g$ とスカラー倍 αf を

$$(f + g)(x) = f(x) + g(x), \qquad (\alpha f)(x) = \alpha f(x) \tag{1.10}$$

($x \in [a, b]$) によって定義すれば，$C[a, b]$ は複素ベクトル空間になる．この場合，恒等的に 0 の関数が零ベクトルであり，$f \in C[a, b]$ の逆ベクトルは $-f$ である．ただし，関数 $-f$ は $(-f)(x) := -f(x)$, $x \in [a, b]$ によって定義される．

$C[a, b]$ **は無限次元である**. 〈証明：$p_n(x) = x^n$, $n = 0, 1, 2, \cdots$ とし，任意の n に対して，$p_0, \cdots, p_n$ が一次独立であることを示す．$\alpha_j\,(j = 0, 1, \cdots, n)$ を複素数とし，$\sum_{j=0}^{n} \alpha_j p_j = 0$ とすれば，すべての $x \in [a, b]$ に対して，$\sum_{j=0}^{n} \alpha_j x^j = 0$ が成り立つ．両辺を x で n 回微分すると，$\alpha_n = 0$ を得る．したがって，$\sum_{j=0}^{n-1} \alpha_j x^j = 0$. 今度は，この両辺を x で $n - 1$ 回微分することにより，$\alpha_{n-1} = 0$ を得る．以下，同様にして，$\alpha_j = 0\,(j = 0, \cdots, n)$ が導かれる．〉

単項式 $p_0, \cdots, p_n$ によって生成される，$C[a, b]$ の部分空間は，$[a, b]$ 上の高々 n 次の多項式の全体 $\{p \in C[a, b] | p(x) = \sum_{j=0}^{n} \alpha_j x^j,\ \alpha_j \in \mathbf{C}\}$ に等しく，$C[a, b]$ の $n + 1$ 次元の部分空間である．

上の場合と同様にして，$[a, b]$ 上の実数値連続関数の全体は，無限次元の実ベクトル空間になることが示される．

■ **例 1.4** ■ **ベクトル値関数の集合**. X を任意の空でない集合，$\mathbf{V}$ を $\mathbf{K}$ 上のベクトル空間とする．X の各元 x に対して，$\mathbf{V}$ のベクトル $f(x)$ をただひとつ定める対応（写像）$f : x \mapsto f(x)$ を X 上の（$\mathbf{V}$ に値をとる）**ベクトル値関数**あるいは **$\mathbf{V}$–値関数**とよぶ．X 上の $\mathbf{V}$–値関数の全体を $\mathbf{V}^X$ と記す [4]. $f, g \in \mathbf{V}^X$ がすべての $x \in X$ に対して $f(x) = g(x)$ をみたすとき，f と g は等しいといい，$f = g$ と記す．$f, g \in \mathbf{V}^X$, $\alpha \in \mathbf{K}$ に対して，和 $f + g$ とスカラー倍 $\alpha f\,(\alpha \in \mathbf{K})$ を (1.10) 式（ただし，$x \in X$）によって定義すれば，$\mathbf{V}^X$

---

[4] 通常のベクトル解析で対象となるのは，$X = \mathbf{V} = \mathbf{R}^n\,(n \in \mathbf{N})$ という特別の場合である（特に，$n = 3$ の場合）．

は $\mathbf{K}$ 上のベクトル空間になる（零ベクトルは，X の任意の元を $\mathbf{V}$ の零ベクトルにうつす関数 0，$f \in \mathbf{V}^X$ の逆ベクトルは，X の任意の元 x を $-f(x) \in \mathbf{V}$ にうつす写像 $-f$ である）．

X の濃度が可算無限以上で $\mathbf{V} \neq \{\mathbf{0}\}$ ならば，$\mathbf{V}^X$ は無限次元である．<証明：仮定により，X の元の集合 $\{x_n\}_{n=1}^{\infty}$ で，$n \neq m$ ならば，$x_n \neq x_m$ をみたすものが存在する．$\psi \in \mathbf{V}$ ($\psi \neq 0$) を任意に固定し，$f_n \in \mathbf{V}^X$ を次のように定義する：$f_n(x_n) = \psi$；$x \neq x_n$ ならば，$f_n(x) = 0$．このとき，すべての n に対して，$f_1, \cdots, f_n$ は一次独立である．実際，$\alpha_1 f_1 + \cdots + \alpha_n f_n = 0 (\alpha_j \in \mathbf{K})$ とすれば，すべての $x \in X$ に対して，$\alpha_1 f_1(x) + \cdots + \alpha_n f_n(x) = 0$．そこで，特に，$x = x_j (1 \leq j \leq n)$ とすれば，$f_k(x_j) = 0$，$k \neq j$ であるから，$\alpha_j \psi = 0$ が導かれる．したがって，$\alpha_j = 0$.>

■ **例 1.5** ■ 数列空間．

(I) 複素数列 $a = \{a_n\}_{n=1}^{\infty} (a_n \in \mathbf{C})$ の全体の集合を ℓ とする（a_n を数列 a の n 番目の成分あるいは第 n 成分という）．$a, b \in \ell$ について，$a_n = b_n, n = 1, 2, 3, \cdots$ が成り立つとき，a と b は等しいといい，$a = b$ と記す．$a = \{a_n\}_{n=1}^{\infty}$，$b = \{b_n\}_{n=1}^{\infty} \in \ell$ に対して，和 $a+b$ およびスカラー倍 αa ($\alpha \in \mathbf{C}$) を

$$a + b = \{a_n + b_n\}_{n=1}^{\infty}, \qquad \alpha a = \{\alpha a_n\}_{n=1}^{\infty} \tag{1.11}$$

によって定義すれば，ℓ は複素ベクトル空間になる．ℓ は無限次元である．実際，n 番目の成分が 1 で，他の成分はすべて 0 の数列を

$$e_n = \{0, \cdots, 0, \overset{n\text{番目}}{1}, 0, \cdots\}, \quad n \in \mathbf{N} \tag{1.12}$$

とすれば，任意の n に対して，$e_1, e_2, \cdots, e_n$ は，一次独立である．

(II) 応用上，数列の添字を変えて考察すると便利なことがある．$\mathbf{Z}_+ = \{0, 1, 2, \cdots\}$ を非負の整数全体，$\mathbf{Z}$ を整数全体とし，Γ は $\mathbf{Z}_+$ または $\mathbf{Z}$ を表すものとする．Γ によって添字づけられた複素数列を $a = \{a_n\}_{n \in \Gamma}$ のように表し，そのような数列の全体を $\ell(\Gamma)$ と記す．$a, b \in \ell(\Gamma)$ の和 $a + b$ とスカラー倍 $\alpha a (\alpha \in \mathbf{C})$ は，(1.11) 式の右辺で，n のはしる範囲を $\mathbf{N}$ の代わりに Γ としたものによって定義される．このとき，$\ell(\Gamma)$ は複素ベクトル空間になる．(I) の数列空間 ℓ の場合と同様にして，$\ell(\Gamma)$ は無限次元であることが示される．

1.1.4 ベクトル空間の直和

$n \geq 2$ を自然数とし, $\mathbf{V}_1, \cdots, \mathbf{V}_n$ を $\mathbf{K}$ 上のベクトル空間とする. これらのベクトル空間の元の組 $(\psi_1, \cdots, \psi_n)(\psi_j \in \mathbf{V}_j)$ の全体

$$\mathbf{V}_1 \times \cdots \times \mathbf{V}_n := \{(\psi_1, \cdots, \psi_n) \mid \psi_j \in \mathbf{V}_j,\ j = 1, \cdots, n\}$$

を $\mathbf{V}_1, \cdots, \mathbf{V}_n$ の**直積空間** (direct product) という. $\psi = (\psi_1, \cdots, \psi_n)$, $\phi = (\phi_1, \cdots, \phi_n) \in \mathbf{V}_1 \times \cdots \times \mathbf{V}_n$ について, $\psi_j = \phi_j$, $j = 1, \cdots, n$ が成り立つとき, ψ と ϕ は等しいといい, $\psi = \phi$ と記す. $\mathbf{V}_1 \times \cdots \times \mathbf{V}_n$ の任意の2つの元 $\psi = (\psi_1, \cdots, \psi_n)$, $\phi = (\phi_1, \cdots, \phi_n)$ に対して, それらの和 $\psi + \phi$ とスカラー倍 $\alpha \psi$ $(a \in \mathbf{K})$ を

$$\psi + \phi = (\psi_1 + \phi_1, \cdots, \psi_n + \phi_n), \quad \alpha \psi = (\alpha \psi_1, \cdots, \alpha \psi_n)$$

によって定義すれば, これらはふたたび $\mathbf{V}_1 \times \cdots \times \mathbf{V}_n$ の元である. したがって, $\mathbf{V}_1 \times \cdots \times \mathbf{V}_n$ に加法とスカラー倍が定義される. このとき, $\mathbf{V}_1 \times \cdots \times \mathbf{V}_n$ は, これらの和とスカラー倍に関して $\mathbf{K}$ 上のベクトル空間になることがわかる. この場合, 零ベクトルは $(0_{\mathbf{V}_1}, \cdots, 0_{\mathbf{V}_n})$ である. このベクトル空間を $\mathbf{V}_1, \cdots, \mathbf{V}_n$ の**直和** (direct sum) といい, $\mathbf{V}_1 \oplus \cdots \oplus \mathbf{V}_n$ あるいは $\oplus_{j=1}^n \mathbf{V}_j$ と記す. こうして, 有限個のベクトル空間があたえられたとき, それらの直和によって, 別の新しいベクトル空間がつくられる.

1.2 内積空間

1.2.1 内積空間の公理系

初等的なベクトル解析や線形代数学においてよく知られているように, 3次元数ベクトル空間 $\mathbf{R}^3$ は, 線形性のほかに, 内積とよばれる機能を備えている. これによって, ベクトルの大きさ (長さ), 2つのベクトルの間の距離や角度が定義され, ユークリッド (Euclid) 幾何学を代数解析的な形式で展開することができるのであった. 一般の n 次元数ベクトル空間 $\mathbf{R}^n$ においても, $\mathbf{R}^3$ の内積の自然な一般化を導入することができる. すなわち, $\mathbf{R}^n$ の任意の2つのベクトル $x = (x_1, \cdots, x_n)$, $y = (y_1, \cdots, y_n)$ に対する内積 (x, y) を

$$(x, y) = \sum_{j=1}^n x_j y_j \tag{1.13}$$

によって定義するのである．このとき，ベクトル x の大きさ（長さ）$|x|$ と，零でないベクトル x と y の"角度" $\theta_{x,y}$ $(0 \leq \theta_{x,y} \leq \pi)$ は，それぞれ，

$$|x| = \sqrt{(x,x)} = \sqrt{\sum_{j=1}^{n} x_j^2}, \qquad \cos\theta_{x,y} = \frac{(x,y)}{|x|\|y\|} \tag{1.14}$$

によって定義される[5]．(1.13) 式によって定義される内積を付与して考えたベクトル空間 $\mathbf{R}^n$ を n **次元ユークリッド空間**とよぶ．

$\mathbf{R}^n$ の複素版である $\mathbf{C}^n$（例 1.2）についても同様の考察が可能である．すなわち，この場合には，ベクトル $z = (z_1, \cdots, z_n), w = (w_1, \cdots, w_n) \in \mathbf{C}^n$ の内積を

$$(z,w) = \sum_{j=1}^{n} z_j^* w_j$$

によって定義するのである．ここで，z_j^* は z_j の共役複素数を表す[6]．この内積を付与して考えたベクトル空間 $\mathbf{C}^n$ を n **次元ユニタリ空間**という．

ユークリッド空間やユニタリ空間の内積（あるいは後に見る種々の個別的なベクトル空間の内積）に現れているいくつかの共通の性質をひとつの普遍的構造としてとりだし，これを備えたベクトル空間を抽象的な形式で考察の対象とすることができる．こうして得られるのが一般概念としての内積空間である．

【定義 1.3】 $\mathcal{H}$ を $\mathbf{K}$ 上のベクトル空間とする．$\mathcal{H}$ の任意の 2 つのベクトル ψ, ϕ に対して，数 $(\psi, \phi)_\mathcal{H} \in \mathbf{K}$ が対応し，以下の性質 (H.1)～(H.4) がみたされるとき，$(\cdot\,,\cdot)_\mathcal{H}$ を $\mathcal{H}$ の**内積** (inner product) とよび，$\mathcal{H}$ を $\mathbf{K}$ 上の**内積空間** (inner product space) あるいは**前ヒルベルト空間** (pre-Hilbert space) という．

(H.1) **正値性**．すべての $\psi \in \mathcal{H}$ に対して，$(\psi, \psi)_\mathcal{H} \geq 0$．
(H.2) **正定値性**．$(\psi, \psi)_\mathcal{H} = 0 \Rightarrow \psi = 0$．
(H.3) **線形性**．任意の $\psi, \phi_1, \phi_2 \in \mathcal{H}$ と $\alpha, \beta \in \mathbf{K}$ に対して，

$$(\psi, \alpha\phi_1 + \beta\phi_2)_\mathcal{H} = \alpha(\psi, \phi_1)_\mathcal{H} + \beta(\psi, \phi_2)_\mathcal{H}$$

---

[5] 後に述べるシュヴァルツの不等式（系 1.10）によって，$|(x,y)|/|x|\|y\| \leq 1$ であるから，$\theta_{x,y} \in [0, \pi]$ は一意的に定まる．

[6] 複素数 z の共役複素数を $\bar{z}$ で表す場合もある．なお，内積の定義を $(z,w) = \sum_{j=1}^{n} z_j w_j^*$ と定義する流儀もある．

(H.4) **対称性**. 任意の $\psi, \phi \in \mathcal{H}$ に対して，$(\psi, \phi)_{\mathcal{H}} = (\phi, \psi)_{\mathcal{H}}^*$.

この定義について，いくつかの注意を述べておこう．

(i) 任意の $\phi \in \mathcal{H}$ と $0 \in \mathbf{K}$ に対して，$0\psi = 0$（$\mathcal{H}$ の零ベクトル）であるから，性質 (H.3) において，$\alpha = \beta = 0$ とすれば，すべての $\psi \in \mathcal{H}$ に対して，$(\psi, 0)_{\mathcal{H}} = 0$ が成り立つ．つまり，$\mathcal{H}$ の任意のベクトルと零ベクトルの内積は零である．

(ii) 上の定義では，$(\psi, \phi)_{\mathcal{H}}$ の ψ についての線形性はあらわに述べられていないが，(H.4), (H.3) を用いることにより，$(\alpha\psi_1 + \beta\psi_2, \phi)_{\mathcal{H}} = (\phi, \alpha\psi_1 + \beta\psi_2)_{\mathcal{H}}^* = \{\alpha(\phi, \psi_1)_{\mathcal{H}} + \beta(\phi, \psi_2)_{\mathcal{H}}\}^*$ であるから，

$$(\alpha\psi_1 + \beta\psi_2, \phi)_{\mathcal{H}} = \alpha^*(\psi_1, \phi)_{\mathcal{H}} + \beta^*(\psi_2, \phi)_{\mathcal{H}}$$
$$\psi_1, \psi_2, \phi \in \mathcal{H}, \quad \alpha, \beta \in \mathbf{K} \tag{1.15}$$

が成立することがわかる．$\mathbf{K} = \mathbf{C}$ の場合，(1.15) 式は，内積 $(\psi, \phi)_{\mathcal{H}}$ の ψ に関する**反線形性** (anti-linearity) とよばれる．

一般に，任意の自然数 N, M に対して，

$$\left(\sum_{n=1}^{N} \alpha_n \psi_n, \sum_{m=1}^{M} \beta_m \phi_m\right)_{\mathcal{H}} = \sum_{n=1}^{N} \sum_{m=1}^{M} \alpha_n^* \beta_m (\psi_n, \phi_m)_{\mathcal{H}}$$
$$\psi_n, \phi_m \in \mathcal{H}, \quad \alpha_n, \beta_m \in \mathbf{K} \tag{1.16}$$

が成立する（練習問題 7）．これは，内積の計算をする上で基本となる公式である．

(iii) $\mathcal{H}$ の内積 $(\cdot, \cdot)_{\mathcal{H}}$ は，$\mathcal{H}$ と $\mathcal{H}$ の直積空間 $\mathcal{H} \times \mathcal{H}$ から $\mathbf{K}$ への写像で性質 (H.1)～(H.4) をみたすものと見ることができる．応用上，(H.1), (H.3), (H.4) はみたすが (H.2) は必ずしもみたさない，$\mathcal{H} \times \mathcal{H}$ から $\mathbf{K}$ への写像も重要な役割を演ずる．そのような写像は**半正定値** (positive semi-definite) **な内積**とよばれる．

(iv) $\mathbf{K} = \mathbf{C}$ の場合において，内積の線形性 (H.3) を $(\alpha\phi_1 + \beta\phi_2, \psi)_{\mathcal{H}} = \alpha(\phi_1, \psi)_{\mathcal{H}} + \beta(\phi_2, \psi)_{\mathcal{H}}$ と定義する流儀もある．この流儀は，おもに数学の文献で用いられる．内積の線形性を (H.3) のように定義するのは，物理学の慣習

である.本書は,量子力学への応用を目的としているので,物理学の流儀に従った.しかし,いずれの流儀を用いるかは単なる記法の問題であって,数学的な問題ではない.ただ,他の本を読まれる場合には注意されたい.

!注意. 以下,どのヒルベルト空間の内積であるかがその文脈から明らかな場合,内積 $(\cdot,\cdot)_{\mathcal{H}}$ における下付き文字 $\mathcal{H}$ をしばしば省略する.

n 次元ユークリッド空間の内積および n 次元ユニタリ空間の内積が定義 1.3 の内積の条件をみたすことは容易に確かめられる.

無限次元の内積空間の例を見よう.

■ **例 1.6** ■ 閉区間 $[a,b]$ 上の複素数値連続関数の全体からなる集合 $C[a,b]$ が無限次元のベクトル空間であることはすでに見た(例 1.3).$f,g \in C[a,b]$ に対して,複素数 (f,g) を

$$(f,g) = \int_a^b f(x)^* g(x) dx$$

によって定義すれば〔右辺はリーマン (Riemann) 積分〕,これは $C[a,b]$ の内積である.内積の正値性は,$(f,f) = \int_a^b |f(x)|^2 dx \geq 0$ よりわかる.また,$(f,f) = 0$ ならば,$\int_a^b |f(x)|^2 dx = 0$.関数 $|f(x)|^2$ は連続で非負であるから,$|f(x)|^2 \equiv 0$(恒等的に 0)でなければならない.これは $f = 0$ を意味する.したがって,(H.2) が成立する.(H.3),(H.4) も容易に確かめられる.こうして,$C[a,b]$ は内積空間であることがわかる.この内積空間を $L^2 C[a,b]$ と記す.

■ **例 1.7** ■ **2 乗総和可能な複素数列の空間**.便宜上,例 1.5(I) の数列空間 ℓ を $\ell(\mathbf{N})$ と記す.Γ を $\mathbf{N}, \mathbf{Z}_+, \mathbf{Z}$ のいずれかを表すものとし,$\ell(\Gamma)$ の元 $a = \{a_n\}_{n \in \Gamma}$ で,各成分の絶対値の 2 乗の和が有限,すなわち,$\sum_{n \in \Gamma} |a_n|^2 < \infty$ をみたすものの全体を $\ell^2(\Gamma)$ とする.これはベクトル空間になる.実際,$a = \{a_n\}_{n \in \Gamma}, b = \{b_n\}_{n \in \Gamma} \in \ell^2(\Gamma)$ とすれば,定義によって $a+b = \{a_n+b_n\}_{n \in \Gamma}$.一方,任意の複素数 z_1, z_2 に対して

$$|z_1 + z_2|^2 \leq 2(|z_1|^2 + |z_2|^2) \tag{1.17}$$

が成り立つ.この不等式を応用すれば,$\sum_{n \in \Gamma} |a_n + b_n|^2 \leq 2\sum_{n \in \Gamma} |a_n|^2 + 2\sum_{n \in \Gamma} |b_n|^2 < \infty$.ゆえに $a+b \in \ell^2(\Gamma)$.すべての $\alpha \in \mathbf{C}$ に対して $\alpha a \in$

$\ell^2(\Gamma)$ は明らかであろう. $a = \{a_n\}_{n \in \Gamma}$, $b = \{b_n\}_{n \in \Gamma} \in \ell^2(\Gamma)$ に対して, 複素数 (a, b) を

$$(a, b) = \sum_{n \in \Gamma} a_n^* b_n \tag{1.18}$$

によって定義する. 右辺は絶対収束している（すなわち, $\sum_{n \in \Gamma} |a_n^* b_n| < \infty$）. これを見るには, 初等的な不等式

$$|z_1 z_2| \leq \frac{1}{2}(|z_1|^2 + |z_2|^2), \quad z_1, z_2 \in \mathbf{C} \tag{1.19}$$

を応用すればよい. (1.18) 式によってあたえられる $(\cdot, \cdot)$ が内積であることも容易に確かめられる. $\ell^2(\Gamma)$ は n 次元ユニタリ空間 $\mathbf{C}^n$ の無限次元版である.

通常, $\ell^2 := \ell^2(\mathbf{N})$ と記す.

1.2.2 内積空間の幾何学

ユークリッド空間やユニタリ空間における幾何学的な概念を抽象化することにより, 内積空間における幾何学的な概念が定義される.

内積空間 $\mathcal{H}$ の任意のベクトル ψ に対して, 内積の正値性により, $(\psi, \psi) \geq 0$ である. そこで

$$\|\psi\| = \sqrt{(\psi, \psi)} \tag{1.20}$$

を定義し, これを ψ の**ノルム** (norm) とよぶ. これは, ユークリッド空間やユニタリ空間におけるベクトルの大きさ（長さ）の概念の抽象化にほかならない. $\|\psi\|$ が内積空間 $\mathcal{H}$ における ψ のノルムであることをはっきりさせたい場合には, $\|\psi\| = \|\psi\|_{\mathcal{H}}$ と書く.

内積の正定値性と定義 1.3 のすぐあとで述べた注意 (i) によって, $\|\psi\| = 0$ と $\psi = 0$ は同値な条件である. ノルムの定義と内積の線形性により, 任意の $\psi \in \mathcal{H}$ と $\alpha \in \mathbf{K}$ に対して

$$\|\alpha\psi\| = |\alpha|\|\psi\| \tag{1.21}$$

が成り立つことがわかる.

ノルムが 1 のベクトルを**単位ベクトル** (unit vector) という. $\mathcal{H}$ の零でない任意のベクトル ψ に対して, $\tilde{\psi} = \psi/\|\psi\|$ とすれば, $\tilde{\psi}$ は単位ベクトルになる. ψ から $\tilde{\psi}$ をつくることを ψ の**規格化** (normalization) という.

内積空間 $\mathcal{H}$ のベクトル ψ, ϕ が $(\psi, \phi) = 0$ をみたすとき，ψ と ϕ は**直交する**といい，$\psi \perp \phi$ と記す．$\mathcal{H}$ の2つの部分集合 $\mathcal{D}, \mathcal{F}$ について，すべての $\psi \in \mathcal{D}$ と $\phi \in \mathcal{F}$ が直交するとき，$\mathcal{D}$ と $\mathcal{F}$ は直交するといい，$\mathcal{D} \perp \mathcal{F}$ と記す．

部分集合 $\mathcal{D} \subset \mathcal{H}$ の異なる任意の2つのベクトルが直交するとき，$\mathcal{D}$ は**直交系** (orthogonal system) であるという．直交系 $\mathcal{D}$ のすべての元が単位ベクトルであるとき，$\mathcal{D}$ を**正規直交系** (orthonormal system) とよぶ[7]．

たかだか可算個のベクトルからなる集合 $\{\psi_n\}_n \subset \mathcal{H}$ が正規直交系であることを式で表せば

$$(\psi_n, \psi_m) = \delta_{nm} \tag{1.22}$$

である．ここで，δ_{nm} は**クロネッカー** (Kronecker) **のデルタ**である．すなわち，$n = m$ ならば $\delta_{nm} = 1$，$n \neq m$ ならば $\delta_{nm} = 0$ である．

■ **例 1.8** ■ 例 1.5 であたえたベクトル $e_n \in \ell$〔(1.12) 式〕からなる集合 $\{e_n\}_{n=1}^{\infty}$ は ℓ^2（例 1.7）の正規直交系である．

■ **例 1.9** ■ 実数 $a, b (a < b)$ と $n \in \mathbf{Z}$ に対して，$[a, b]$ 上の関数 $\phi_n^{a,b}$ を

$$\phi_n^{a,b}(x) := \frac{1}{\sqrt{b-a}} e^{2\pi i n x / (b-a)}, \quad x \in [a, b]$$

によって定義する（i は虚数単位）．関数系 $\{\phi_n^{a,b}\}_{n \in \mathbf{Z}}$ は例 1.6 の内積空間 $L^2 C[a,b]$ における正規直交系である．実際，$(\phi_n^{a,b}, \phi_n^{a,b}) = 1$ は容易にわかる．また，$n \neq m$ ならば，

$$\begin{aligned}(\phi_n^{a,b}, \phi_m^{a,b}) &= \frac{1}{b-a} \int_a^b e^{2\pi i (m-n) x / (b-a)} dx \\ &= \frac{1}{b-a} \left[\frac{b-a}{2\pi i (m-n)} e^{2\pi i (m-n) x / (b-a)} \right]_a^b = 0\end{aligned}$$

有限個のベクトルからなる正規直交系は一次独立である．実際，$\{\psi_n\}_{n=1}^N$ を正規直交系とし，$\sum_{n=1}^N \alpha_n \psi_n = 0$ をみたすスカラー α_n があったとすれば，任意の $m = 1, \cdots, N$ に対して，$(\psi_m, \sum_{n=1}^N \alpha_n \psi_n) = 0$．内積の線形性と

---

[7] $\mathcal{D}$ の元の個数は，有限でも無限でもよい．「正規」は，各 $\psi \in \mathcal{D}$ のノルムが 1 であること，すなわち，ψ が単位ベクトルであることを示す語句である．

(1.22) 式により, 左辺は α_m に等しい. したがって, $\alpha_m = 0, m = 1, \cdots, N$ を得る.

次の事実は基本的である.

【命題 1.4】 $\{\psi_n\}_{n=1}^N (N < \infty)$ を $\mathcal{H}$ の正規直交系とする. このとき, $\mathcal{L}(\{\psi_n\}_{n=1}^N)$ の任意のベクトル ψ は $\psi = \sum_{n=1}^N (\psi_n, \psi)\psi_n$ と一意的に表される.

証明 仮定により, $\psi = \sum_{n=1}^N \alpha_n \psi_n (\alpha_n \in \mathbf{K}, n = 1, \cdots, N)$ と表される. このとき, 任意の $m = 1, \cdots, N$ に対して, 内積の線形性と (1.22) 式によって, $(\psi_m, \psi) = \sum_{n=1}^N \alpha_n (\psi_m, \psi_n) = \alpha_m$. ∎

【補題 1.5】 ピタゴラス (Pythagoras) の定理. $\mathcal{H}$ を内積空間, $\psi, \phi \in \mathcal{H}$ とする. もし, ψ と ϕ が直交するならば,

$$\|\psi + \phi\|^2 = \|\psi\|^2 + \|\phi\|^2 \tag{1.23}$$

証明 (1.16) 式により, 任意のベクトル $\psi, \phi \in \mathcal{H}$ に対して,

$$\|\psi + \phi\|^2 = \|\psi\|^2 + 2\mathrm{Re}(\psi, \phi) + \|\phi\|^2 \tag{1.24}$$

が成り立つ. ここで, $\mathrm{Re}\, z$ は, 複素数 z の実部を表す. $\psi \perp \phi$ ならば, (1.24) 式の右辺第 2 項が 0 となるので, (1.23) 式が得られる. ∎

内積空間 $\mathcal{H}$ において, 有限個のベクトルからなる正規直交系 $\{\psi_n\}_{n=1}^N (N < \infty)$ があたえられると, 任意のベクトル $\psi \in \mathcal{H}$ に対して, $\{\psi_n\}_{n=1}^N$ によって生成される部分空間 $\mathcal{L}(\{\psi_n\}_{n=1}^N)$ の上への**正射影** (orthogonal projection) なる概念が定義される. すなわち, ベクトル $\psi_{\mathrm{pr}} \in \mathcal{H}$ が $\mathcal{L}(\{\psi_n\}_{n=1}^N)$ の上への, ψ の**正射影**であるとは, (i) $\psi_{\mathrm{pr}} \in \mathcal{L}(\{\psi_n\}_{n=1}^N)$ であり, (ii) すべての $n = 1, \cdots, N$ に対して, $(\psi - \psi_{\mathrm{pr}}) \perp \psi_n$ が成り立つ場合をいう.

実際, 任意の $\psi \in \mathcal{H}$ に対して, いま述べた性質 (i), (ii) をもつベクトル ψ_{pr} はただひとつ存在する. まず, そのような ψ_{pr} があったとすれば, 最初の条件 (i) と命題 1.4 から, ψ_{pr} は $\psi_{\mathrm{pr}} = \sum_{n=1}^N \alpha_n \psi_n$ という形であたえられる. ただし,

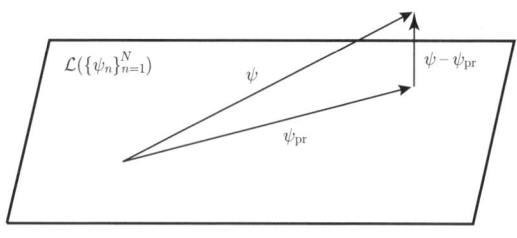

図 1.1　正射影

$\alpha_n = (\psi_n, \psi_{\rm pr})$. 条件 (ii) により，任意の $n = 1, \cdots, N$ に対して，

$$0 = (\psi_n, \psi - \psi_{\rm pr}) = (\psi_n, \psi) - \alpha_n$$

したがって，$\alpha_n = (\psi_n, \psi)$. ゆえに，

$$\psi_{\rm pr} = \sum_{n=1}^{N} (\psi_n, \psi) \psi_n \tag{1.25}$$

となる．逆に，このベクトルが上記の条件 (i), (ii) をみたすことは容易に確かめられる．

(1.25) 式の右辺に現れたスカラー (ψ_n, ψ) を ψ の ψ_n 方向への成分あるいは係数という．特に，$N=1$ の場合，$\psi_{\rm pr}$ を ψ_1 方向への正射影という．

正規直交系に関わる計算において基本となる公式を述べておこう．

【補題 1.6】　$\{\psi_n\}_{n=1}^N$ を内積空間 $\mathcal{H}$ の任意の正規直交系とする．このとき，任意の $\alpha_n \in \mathbf{K}$, $n = 1, \cdots, N$ に対して

$$\left\| \sum_{n=1}^{N} \alpha_n \psi_n \right\|^2 = \sum_{n=1}^{N} |\alpha_n|^2$$

証明　公式 (1.16) を $\alpha_n = \beta_n$, $\psi_n = \phi_n$, $N = M$ の場合に応用し，(1.22) 式を用いればよい．　∎

【定理 1.7】　$\{\psi_n\}_{n=1}^N$ を内積空間 $\mathcal{H}$ の任意の正規直交系としよう．このとき，すべての $\psi \in \mathcal{H}$ に対して

$$\|\psi\|^2 = \sum_{n=1}^{N} |(\psi_n, \psi)|^2 + \left\| \psi - \sum_{n=1}^{N} (\psi_n, \psi) \psi_n \right\|^2 \tag{1.26}$$

証明 $\psi_{\mathrm{pr}} = \sum_{n=1}^{N}(\psi_n,\psi)\psi_n$ は，$\mathcal{L}(\{\psi_n\}_{n=1}^{N})$ の上への，ψ の正射影であり（したがって，$\psi - \psi_{\mathrm{pr}} \perp \psi_{\mathrm{pr}}$)，$\psi = (\psi - \psi_{\mathrm{pr}}) + \psi_{\mathrm{pr}}$ と書けることに注意すれば，ピタゴラスの定理によって，$\|\psi\|^2 = \|\psi - \psi_{\mathrm{pr}}\|^2 + \|\psi_{\mathrm{pr}}\|^2$. 補題1.6によって，$\|\psi_{\mathrm{pr}}\|^2 = \sum_{n=1}^{N}|(\psi_n,\psi)|^2$. ゆえに(1.26)式が得られる. ∎

定理1.7は重要な結果をもたらす.

【系 1.8】 ベッセル(Bessel)の**不等式**. $\{\psi_n\}_{n=1}^{N}$ を内積空間 $\mathcal{H}$ の任意の正規直交系としよう. このとき，すべての $\psi \in \mathcal{H}$ に対して

$$\|\psi\|^2 \geq \sum_{n=1}^{N}|(\psi_n,\psi)|^2 \tag{1.27}$$

等号が成立するのは，ψ が $\psi_n,\ n=1,\cdots,N$ の一次結合で表されるとき，かつ，このときに限られる.

証明 不等式(1.27)は(1.26)式の右辺の第2項が非負であることによる. 等号成立の条件は，(1.26)式と命題1.4から導かれる. ∎

ベッセルの不等式から導かれる次の事実は，無限次元のヒルベルト空間論において重要な役割を演じる.

【系 1.9】 $\{\psi_n\}_{n=1}^{\infty}$ を内積空間 $\mathcal{H}$ の正規直交系とする. このとき，任意の $\psi \in \mathcal{H}$ に対して，無限級数 $\sum_{n=1}^{\infty}|(\psi_n,\psi)|^2$ は収束する. 特に，$\lim_{n\to\infty}(\psi_n,\psi) = 0$.

証明 $a_N = \sum_{n=1}^{N}|(\psi_n,\psi)|^2$ とおけば，$\{a_N\}_{N=1}^{\infty}$ は（広義の）単調増加数列である. ベッセルの不等式により，$a_N \leq \|\psi\|^2$ であるから，$\{a_N\}_{N=1}^{\infty}$ は有界な数列である. よって，$\lim_{N\to\infty} a_N$ は存在する. 最後の主張は，前半の主張と「数列 $\{b_n\}_{n=1}^{\infty}$ について，$\sum_{n=1}^{\infty} b_n$ が収束するならば，$\lim_{n\to\infty} b_n = 0$」という初等的事実による. ∎

【系 1.10】 シュヴァルツ(Schwarz)の**不等式**. 任意の $\psi,\phi \in \mathcal{H}$ に対して

$$|(\psi,\phi)| \leq \|\psi\|\|\phi\| \tag{1.28}$$

等号は，ψ,ϕ が一次従属になるとき，かつ，このときに限り成立する.

証明 不等式 (1.28) は，$\phi = 0$ の場合は自明であるから，$\phi \neq 0$ として証明すれば十分である．このとき，ベッセルの不等式を，$N = 1$, $\psi_1 = \phi/\|\phi\|$ の場合に応用すれば，$\|\psi\|^2 \geq |(\phi/\|\phi\|, \psi)|^2$. したがって，(1.28) 式が得られる．いまの場合，等号が成立するのは，$\psi = \alpha\phi/\|\phi\|$ となる $\alpha \in \mathbf{K}$ が存在するとき，かつ，このときに限られる．これは，ψ, ϕ が一次従属のときにほかならない． ∎

!注意． ベッセルの不等式およびシュヴァルツの不等式は，半正定値内積に対しても成立する．なぜなら，これらの不等式の基礎となる事実（定理1.7）の証明には，内積の正定値性は使われていないからである（ただし，半正定値内積の場合，不等式の等号成立の条件については，一般には何も言明することができないことに注意しよう）．この事実は応用上重要である（第2章の練習問題 22, 24 を参照）．

(1.24) 式の右辺の第2項にシュヴァルツの不等式を応用すれば，

$$\|\psi + \phi\| \leq \|\psi\| + \|\phi\|, \quad \psi, \phi \in \mathcal{H} \tag{1.29}$$

が得られる．これを **3角不等式** という [8]．3角不等式は，

$$|\|\psi\| - \|\phi\|| \leq \|\psi - \phi\|, \quad \psi, \phi \in \mathcal{H} \tag{1.30}$$

と同値である（練習問題8）．

(1.24) 式において，ϕ の代わりに $-\phi$ を代入して得られる等式と (1.24) 式を加えると

$$\|\psi + \phi\|^2 + \|\psi - \phi\|^2 = 2(\|\psi\|^2 + \|\phi\|^2), \quad \psi, \phi \in \mathcal{H} \tag{1.31}$$

が得られる．これを **中線定理** という．

シュヴァルツの不等式を具体的な内積空間の内積に応用することにより，どのような（具体的な）不等式が得られるかを見よう．これは，抽象論の威力が発揮されるよい例のひとつである．

---

[8] $\psi, \phi \in \mathcal{H}$ に対して，$d(\psi, \phi) := \|\psi - \phi\|$ を定義すると，対応 $d: \{\psi, \phi\} \to d(\psi, \phi)$ は距離の公理をみたす（距離空間については，本講座第4巻，矢野公一『距離空間と位相構造』を参照）．したがって，$\mathcal{H}$ は距離空間であり，$\|\psi - \phi\|$ は，幾何学的には，ψ と ϕ の距離を表す．ここで示した3角不等式は，ユークリッド幾何学における基本的定理「3角形の2辺の長さの和は他の1辺の長さより大きい」という事実の一般化である．

■ 例 1.10 ■

(i) $L^2C[a,b]$（例 1.6）の内積にシュヴァルツの不等式を応用すれば，

$$\int_a^b |f(x)g(x)|dx \leq \left(\int_a^b |f(x)|^2 dx\right)^{\frac{1}{2}} \left(\int_a^b |g(x)|^2 dx\right)^{\frac{1}{2}}$$
$$f, g \in C[a,b] \quad (1.32)$$

が得られる．これは，通常，関数の積分に対するシュヴァルツの不等式とよばれているものである．

(ii) $\ell^2(\Gamma)$（例 1.7）の内積にシュヴァルツの不等式を応用すれば，級数に対するコーシー (Cauchy)–シュヴァルツの不等式

$$\sum_{n\in\Gamma} |a_n b_n| \leq \left(\sum_{n\in\Gamma} |a_n|^2\right)^{\frac{1}{2}} \left(\sum_{n\in\Gamma} |b_n|^2\right)^{\frac{1}{2}}, \quad a_n, b_n \in \mathbf{C} \quad (1.33)$$

が得られる．

1.2.3 正規直交系の存在――グラム–シュミットの直交化法

これまでは，一般の内積空間における正規直交系の存在については何もいわなかった．実は，内積空間 $\mathcal{H}$ において，任意の一次独立なベクトルの組があたえられたとき，これをもとにして，正規直交系をつくる方法が存在する．次にこの方法を述べよう．この方法の基本的なアイディアは，すでに導入した，正射影の概念を援用することである．いま，$\phi_1, \cdots, \phi_N$ を $\mathcal{H}$ における一次独立なベクトルとする．まず，$\psi_1 = \phi_1/\|\phi_1\|$ と規格化し，ϕ_2 の ψ_1 方向への正射影 $(\psi_1, \phi_2)\psi_1$ を考え，$\eta_2 = \phi_2 - (\psi_1, \phi_2)\psi_1$ とおく．このとき，$\eta_2 \perp \phi_1$．ϕ_1, ϕ_2 は一次独立だから，$\eta_2 \neq 0$．そこで，$\psi_2 = \eta_2/\|\eta_2\|$（$\eta_2$ の規格化）とすれば，$\{\psi_1, \psi_2\}$ は正規直交系である．次に，$\mathcal{L}\{\psi_1, \psi_2\}$ の上への，ϕ_3 の正射影 $(\psi_1, \phi_3)\psi_1 + (\psi_2, \phi_3)\psi_2$ を考え [(1.25) 式を参照]，$\eta_3 = \phi_3 - (\psi_1, \phi_3)\psi_1 - (\psi_2, \phi_3)\psi_2$ とおけば，$\eta_3 \in [\mathcal{L}(\{\psi_1, \psi_2\})]^\perp$．$\phi_1, \phi_2, \phi_3$ は一次独立だから，$\eta_3 \neq 0$．そこで，$\psi_3 = \eta_3/\|\eta_3\|$ とすれば，$\{\psi_1, \psi_2, \psi_3\}$ は正規直交系である．以下同様にして，次のような形で，正規直交系 $\{\psi_1, \cdots, \psi_N\}$ をつくることができる．

$$\eta_n = \phi_n - \sum_{k=1}^{n-1} (\psi_k, \phi_n)\psi_k, \ \psi_n = \frac{\eta_n}{\|\eta_n\|}, \ n = 2, \cdots, N$$

容易にわかるように，$\mathcal{L}(\{\phi_n\}_{n=1}^N) = \mathcal{L}(\{\psi_n\}_{n=1}^N)$ である．上の方法を**グラム–シュミット** (Gram-Schmidt) の**直交化法**という．

1.3 ヒルベルト空間

1.3.1 内積空間の位相

ユークリッド空間におけるのと同様の考え方に基づいて，内積空間に，そのノルムを用いて，位相的諸概念（点列の収束，極限，閉集合，開集合など）を導入することができる．

$\mathcal{H}$ を $\mathbf{K}$ 上の内積空間としよう．$\mathcal{H}$ の点列（ベクトル列）$\{\psi_n\}_{n=1}^\infty$ とベクトル ψ が $\lim_{n \to \infty} \|\psi_n - \psi\| = 0$ をみたすとき，点列 $\{\psi_n\}_{n=1}^\infty$ は ψ に**収束する**といい，ψ をこの点列の**極限** (limit) とよぶ．このことを，$\psi = \lim_{n \to \infty} \psi_n$，あるいは単に，$\psi_n \to \psi(n \to \infty)$ と記す．収束する点列を**収束列** (convergent sequence) とよぶ．この意味での収束を $\mathcal{H}$ の**ノルム位相による収束**，あるいは単に $\mathcal{H}$ における**収束**という．以下，単に $\{\psi_n\}_n$ と書くことによって点列を表す場合がある．

念のために注意しておけば，収束列の極限はただひとつである（したがって，上の定義は意味をもつ）．これを示すために，仮に，点列 $\{\psi_n\}_{n=1}^\infty$ の極限が 2 つあったとして，それらを ψ, ϕ としよう．3 角不等式によって $\|\psi - \phi\| = \|(\psi - \psi_n) + (\psi_n - \phi)\| \leq \|\psi - \psi_n\| + \|\psi_n - \phi\| \to 0 (n \to \infty)$．したがって，$\|\psi - \phi\| = 0$．ゆえに，内積の正定値性により，$\psi = \phi$ となる．

■ **例 1.11** ■ 例 1.7 の内積空間 ℓ^2 を考えよう．任意の $a = \{a_n\}_{n=1}^\infty \in \ell^2$ に対して，$a(N) \in \ell^2 (N = 1, 2, \cdots)$ を

$$a(N)_n = \begin{cases} a_n & ; \quad 1 \leq n \leq N \\ 0 & ; \quad n \geq N+1 \end{cases}$$

によって定義すれば，$\|a(N) - a\|^2 = \sum_{n=N+1}^\infty |a_n|^2 \to 0 (N \to \infty)$．ゆえに，$\{a(N)\}_N$ は a に収束する．すなわち，$\lim_{N \to \infty} a(N) = a$．

収束列について，次の事実は基本的である．

【定理 1.11】 **内積の連続性**．$\psi_n, \phi_n, \psi, \phi \in \mathcal{H}(n \in \mathbf{N}), \lim_{n \to \infty} \psi_n = \psi$,

$\lim_{n\to\infty} \phi_n = \phi$ ならば,

$$\lim_{n\to\infty} \|\psi_n\| = \|\psi\| \tag{1.34}$$

$$\lim_{n\to\infty} (\psi_n, \phi_n) = (\psi, \phi) \tag{1.35}$$

証明 (1.30) 式によって, $|\|\psi\| - \|\psi_n\|| \leq \|\psi - \psi_n\|$. したがって, (1.34) 式が得られる. (1.35) 式を示すために, $(\psi_n, \phi_n) - (\psi, \phi) = (\psi_n - \psi, \phi_n) + (\psi, \phi_n - \phi)$ と変形し, 複素数に対する3角不等式とシュヴァルツの不等式を用いれば,

$$\begin{aligned}|(\psi_n, \phi_n) - (\psi, \phi)| &\leq |(\psi_n - \psi, \phi_n)| + |(\psi, \phi_n - \phi)| \\ &\leq \|\psi_n - \psi\|\|\phi_n\| + \|\psi\|\|\phi_n - \phi\|\end{aligned}$$

したがって, $n \to \infty$ として, (1.35) 式を得る. ∎

実数の集合 **R** や複素数の集合 **C** は完備性という重要な性質をもっている. これに対応する概念を内積空間において考えるのは自然である. そのために, 内積空間において, 実数や複素数の基本列 (コーシー列) に対応する概念を導入する.

$\{\psi_n\}_{n=1}^{\infty}$ を $\mathcal{H}$ の点列とする. 任意の $\varepsilon > 0$ に対して, ある番号 N が存在して, すべての $n, m \geq N$ に対して, $\|\psi_n - \psi_m\| < \varepsilon$ が成り立つとき, $\{\psi_n\}_{n=1}^{\infty}$ を**基本列** (fundamental sequence), あるいは**コーシー列** (Cauchy sequence) とよぶ.

$\mathcal{H}$ の点列 $\{\psi_n\}_{n=1}^{\infty}$ に対して, 定数 $C > 0$ が存在して, すべての n に対して, $\|\psi_n\| \leq C$ が成り立つとき, 点列 $\{\psi_n\}_{n=1}^{\infty}$ は**有界** (bounded) であるという.

■ **例 1.12** ■ 任意の $\psi \in \mathcal{H}$ に対して, $\psi_n := \psi/n$ とすれば, $\{\psi_n\}_{n=1}^{\infty}$ は有界な点列である. 実際, $C = \|\psi\|$ とおけば, (1.21) 式と $1/n \leq 1$ によって, $\|\psi_n\| \leq C$. しかし, $\psi \neq 0$ のとき, $\phi_n := n\psi$ によってあたえられる点列 $\{\phi_n\}_{n=1}^{\infty}$ は有界ではない. なぜなら, $\|\phi_n\| = n\|\psi\| \to \infty \, (n \to \infty)$ となるからである.

【命題 1.12】

(i) 収束列は基本列である.

(ii) 任意の基本列は有界である．

証明 (i) $\lim_{n\to\infty} \psi_n = \psi$ とすれば，任意の $\varepsilon > 0$ に対して，番号 N が存在して，すべての $n \geq N$ に対して $\|\psi_n - \psi\| < \varepsilon/2$ が成り立つ．したがって，3角不等式により，任意の $n, m \geq N$ に対して，$\|\psi_n - \psi_m\| = \|(\psi_n - \psi) + (\psi - \psi_m)\| \leq \|\psi_n - \psi\| + \|\psi - \psi_m\| < \varepsilon$. これは，$\{\psi_n\}_{n=1}^{\infty}$ が基本列であることを示している．

(ii) $\{\psi_n\}_{n=1}^{\infty}$ を基本列とすれば，任意の $\varepsilon > 0$ に対して，番号 n_0 が存在して，$n, m \geq n_0$ ならば，$\|\psi_n - \psi_m\| < \varepsilon$ が成立する．3角不等式により，$n \geq n_0$ ならば，$\|\psi_n\| = \|(\psi_n - \psi_{n_0}) + \psi_{n_0}\| \leq \|\psi_n - \psi_{n_0}\| + \|\psi_{n_0}\| < \varepsilon + \|\psi_{n_0}\|$. そこで，$C = \max\{\varepsilon + \|\psi_{n_0}\|, \|\psi_1\|, \cdots, \|\psi_{n_0-1}\|\}$ とおけば，すべての n に対して，$\|\psi_n\| \leq C$ が成り立つ．ゆえに，$\{\psi_n\}_{n=1}^{\infty}$ は有界である． ■

命題 1.12 (i) の逆は真であろうか．すなわち，基本列はつねに収束するであろうか．これに対する答えは一般には否である．反例をあげよう．

■ 例 1.13 ■ 数列空間 $\ell(\Gamma)$（Γ は $\mathbf{N}, \mathbf{Z}_+$, または $\mathbf{Z}$）において，有限個の成分以外のすべての成分が 0 であるような数列の全体を $\ell_0(\Gamma)$ とする．

$$\ell_0(\Gamma) := \{a = \{a_n\}_{n \in \Gamma} |\ \text{ある番号}\, n_0 \text{が存在して}, |n| \geq n_0 \text{ならば}, a_n = 0\}$$

（条件にいう番号 n_0 は a ごとに異なりうる．）$\ell_0(\Gamma)$ が $\ell(\Gamma)$ の部分空間であることは容易にわかる．$a = \{a_n\}_n \in \ell_0(\Gamma)$ ならば，級数 $\sum_{n \in \Gamma} |a_n|^2$ における 0 でない項の和は有限個しかないから，この級数は明らかに収束する．したがって，$\ell_0(\Gamma)$ は $\ell^2(\Gamma)$ の部分空間とみることもできる．この場合，$\ell_0(\Gamma)$ は $\ell^2(\Gamma)$ の内積から定まる内積に関して内積空間である．

$\Gamma = \mathbf{N}$ の場合を考えよう．$\ell_0 = \ell_0(\mathbf{N})$ とする．すべての $n \in \mathbf{N}$ に対して，$a_n \neq 0$ であるような $a = \{a_n\}_n \in \ell^2$ をとる（たとえば，$a_n = 1/n$）．これに対して，$a(N)$ を例 1.11 で定義した数列とすれば，$a(N) \in \ell_0$ であり，$M > N$ のとき，$\|a(M) - a(N)\|^2 = \sum_{n=N+1}^{M} |a_n|^2 \to 0 (M, N \to \infty)$. $M < N$ の場合も同様である．したがって，$\{a(N)\}_N$ は ℓ_0 の基本列である．しかし，これは ℓ_0 の内部の点には収束しない．これを示すために，仮に，$b = \{b_n\}_{n=1}^{\infty} \in \ell_0$ があって，$a(N) \to b(N \to \infty)$ としよう．$b \in \ell_0$ であるか

ら，番号 n_0 が存在して，$n > n_0$ ならば，$b_n = 0$ である．そこで，$N > n_0$ とすれば，$\|a(N) - b\|^2 = \sum_{n=1}^{n_0} |a_n - b_n|^2 + \sum_{n=n_0+1}^{N} |a_n|^2$. したがって，$\sum_{n=1}^{n_0} |a_n - b_n|^2 + \sum_{n=n_0+1}^{\infty} |a_n|^2 = 0$. これは，$a_n = b_n$, $n = 1, \cdots, n_0$; $a_n = 0$, $n \geq n_0 + 1$ を意味する．したがって，$a \in \ell_0$ である．だが，これは矛盾である．同様にして，$\Gamma = \mathbf{Z}_+, \mathbf{Z}$ に対する $\ell_0(\Gamma)$ においても反例をつくることができる．

1.3.2 完備性とヒルベルト空間

例 1.13 からも示唆されるように，内積空間において，基本列が収束するか否かはその内積空間の具体的な構成に依存している．そこで，次の定義を設ける．すべての基本列が収束するような内積空間は**完備** (complete) であるという．完備な内積空間を**ヒルベルト空間** (Hilbert space) とよぶ．ヒルベルト空間 $\mathcal{H}$ の係数体 $\mathbf{K}$ が $\mathbf{R}$ のとき，$\mathcal{H}$ を**実ヒルベルト空間** (real Hilbert space)，$\mathbf{K} = \mathbf{C}$ のとき，$\mathcal{H}$ を**複素ヒルベルト空間** (complex Hilbert space) という．

ここで定義した完備性の概念は，内積空間に関わる解析学を展開する上でひとつのかなめとなる概念である．その重要性は，古典解析学を構築する上での実数の完備性の果たす重要性にたとえることができる．このたとえでいうならば，完備でない内積空間は，有理数の段階に相当する（なお，1.7.4 項を参照）．

■ **例 1.14** ■
 (i) n 次元ユークリッド空間 $\mathbf{R}^n$ は実ヒルベルト空間である（完備性は実数のそれから導かれる）．

 (ii) n 次元ユニタリ空間 $\mathbf{C}^n$ は複素ヒルベルト空間である（完備性は複素数のそれから導かれる）．

■ **例 1.15** ■ 例 1.7 の内積空間 $\ell^2(\Gamma)$ は複素ヒルベルト空間であることを証明しよう．そのためには，$\ell^2(\Gamma)$ の完備性を示せばよい．ここでは，$\ell^2 = \ell^2(\mathbf{N})$ の場合についてそれを示す（以下の証明を見ればわかるように，$\Gamma = \mathbf{Z}_+, \mathbf{Z}$ の場合もまったく同様に証明される）．$\{a^{(n)}\}_{n=1}^{\infty}$ を ℓ^2 の基本列とする．したがって，任意の $\varepsilon > 0$ に対して，番号 N が存在して，$n, m \geq N$ ならば $\|a^{(n)} - a^{(m)}\| < \varepsilon$ が成り立つ．$a^{(n)} = \{a_j^{(n)}\}_{j=1}^{\infty}$ とすれば，ℓ^2 のノルムの定

義により, すべての番号 k に対して

$$\sum_{j=1}^{k} |a_j^{(n)} - a_j^{(m)}|^2 \leq \|a^{(n)} - a^{(m)}\|^2 < \varepsilon^2, \quad n, m \geq N \tag{1.36}$$

したがって, 特に, すべての j に対して $|a_j^{(n)} - a_j^{(m)}| < \varepsilon$, $n, m \geq N$. これは, j を固定するとき, $\mathbf{C}$ の点列 $\{a_j^{(n)}\}_{n=1}^{\infty}$ が $\mathbf{C}$ における基本列であることを示している. ゆえに, $\mathbf{C}$ の完備性により, ある $a_j \in \mathbf{C}$ が存在して $\lim_{n \to \infty} a_j^{(n)} = a_j$ となる. そこで, $a = \{a_j\}_{j=1}^{\infty}$ とおき, これが, 実際, ℓ^2 の元であり, $a^{(n)} \to a (n \to \infty)$ となることを示す. (1.36) 式において, はじめに $m \to \infty$ とし, そのあとで極限 $k \to \infty$ をとることにより

$$\sum_{j=1}^{\infty} |a_j^{(n)} - a_j|^2 \leq \varepsilon^2, \quad n \geq N \tag{1.37}$$

を得る. 不等式 (1.17) を応用すれば, $|a_j|^2 \leq 2(|a_j - a_j^{(n)}|^2 + |a_j^{(n)}|^2)$. これと (1.37) 式によって, $\sum_{j=1}^{\infty} |a_j|^2 \leq 2\varepsilon^2 + 2\sum_{j=1}^{\infty} |a_j^{(n)}|^2 < \infty$. したがって, $a \in \ell^2$. そこで, (1.37) 式にもどれば $\|a^{(n)} - a\| \leq \varepsilon$, $n \geq N$. これは, $\{a^{(n)}\}_{n=1}^{\infty}$ が a に収束することを意味する. こうして, ℓ^2 の完備性が証明された.

■ 例 1.16 ■ L^2 空間. $(X, \mathbf{B}, \mu)$ を測度空間, すなわち, X は空でない集合, $\mathbf{B}$ は X の部分集合からなるひとつのボレル (Borel) 集合体, μ は可測空間 $(X, \mathbf{B})$ 上の測度であるとする〔ルベーグ (Lebesgue) 積分論の基本定理については付録 A を参照〕. X 上の $\mathbf{B}$-可測な複素数値関数 f で, 測度 μ について 2 乗可積分, すなわち,

$$\int_X |f(x)|^2 d\mu(x) < \infty$$

をみたすものからなる集合を $\mathcal{L}^2(X, d\mu)$ とする. $f, g \in \mathcal{L}^2(X, d\mu)$ に対して, それらの和 $f + g$ およびスカラー倍 $\alpha f (\alpha \in \mathbf{C})$ を (1.10) 式によって定義する (ただし, この場合, $x \in X$). このとき, $\mathcal{L}^2(X, d\mu)$ は複素ベクトル空間になる. これを見るには, $f + g, \alpha f$ が $\mathbf{B}$-可測であることは明らかだから, それらが 2 乗可積分であることを示せばよい. $\alpha f \in \mathcal{L}^2(X, d\mu)$ は容易にわかる. 不等式 (1.17) によって, $|f(x) + g(x)|^2 \leq 2(|f(x)|^2 + |g(x)|^2)$ であるから,

$$\int_X |f(x) + g(x)|^2 d\mu(x) \leq 2 \left(\int_X |f(x)|^2 d\mu(x) + \int_X |g(x)|^2 d\mu(x) \right) < \infty$$

したがって，$f+g \in \mathcal{L}^2(X, d\mu)$.

次に，$f, g \in \mathcal{L}^2(X, d\mu)$ に対して，複素数 (f, g) を

$$(f, g) = \int_X f(x)^* g(x) d\mu(x) \tag{1.38}$$

によって定義すれば，これは，内積の性質のうち，正定値性以外の性質はすべてみたす．しかし，$(f, f) = 0$ でも，$f = 0$ とは一般には結論できないことに注意しよう．なぜなら，$(f, f) = 0$ は，$\int_X |f(x)|^2 d\mu(x) = 0$ と同値であるが，これだけからは，測度 μ についてほとんどいたるところ（a.e.；almost everywhere の略）の点 x に対して $f(x) = 0$ が成立することしかいえないからである．そこで，測度 μ に関して，ほとんどいたるところの点で等しい関数は同じものとみなし，この同一視を付与して考えた空間 $\mathcal{L}^2(X, d\mu)$ を $L^2(X, d\mu)$ と記す．この場合，ほとんどいたるところの点で 0 に等しい関数は恒等的に 0 に等しい関数と同一視されることになる．さらに，$f(x) = u(x)$, a.e. x, $g(x) = v(x)$, a.e. x 〔$f, g, u, v \in \mathcal{L}^2(X, d\mu)$〕ならば，$\int_X f(x)^* g(x) d\mu(x) = \int_X u(x)^* v(x) d\mu(x)$ であるから，$(f, g) = (u, v)$ が成立することに注意しよう．したがって，任意の $f, g \in L^2(X, d\mu)$ に対して，(1.38) 式によって，複素数 $(f, g)_{L^2(X, d\mu)} := (f, g)$ が一意的に定まり，これによって，$L^2(X, d\mu)$ に内積が定義される〔いま導入した，関数についての同一視のおかげで，$L^2(X, d\mu)$ においては内積の正定値性が保証される〕．こうして，$L^2(X, d\mu)$ は内積空間になる．

!注意． 上述の同一視はもっと精密に述べれば次のようになる．関数 $f, g \in \mathcal{L}^2(X, d\mu)$ が $f(x) = g(x)$, a.e. x をみたすとき，f と g は**同値**であるといい，$f \sim g$ と書く．実際，この関係 "$\sim$" は同値関係になる[9]．この同値関係によって，$\mathcal{L}^2(X, d\mu)$ の元を同値類に類別することができる．この同値類全体の集合を $[\mathcal{L}^2(X, d\mu)]$ としよう．上に述べた同一視は，同じ同値類に属する関数は同じものとみなすということである．

関数 $f \in \mathcal{L}^2(X, d\mu)$ の同値類を $[f]$ と書こう．$[f]$ と $[g]$ 〔$f, g \in \mathcal{L}^2(X, d\mu)$〕の和 $[f] + [g]$ およびスカラー倍 $\alpha[f]$ ($\alpha \in \mathbf{C}$) を $[f] + [g] = [f+g], \alpha[f] = [\alpha f]$ によって定義する．この定義は，同値類の代表元の選び方によらないことは

---

[9] (i)（反射律）$f \sim f$；(ii)（対称律）$f \sim g \Rightarrow g \sim f$；(iii)（推移律）$f \sim g, g \sim h \Rightarrow f \sim h$ が成立する．

容易にわかる．したがって，$[\mathcal{L}^2(X,d\mu)]$ は複素ベクトル空間になる．さらに $([f],[g]):=(f,g)$ とすれば，これは代表元の選び方によらず，$[\mathcal{L}^2(X,d\mu)]$ の内積になる．こうして，$[\mathcal{L}^2(X,d\mu)]$ は内積空間になる．また，$\mathcal{L}^2(X,d\mu)$ の任意の部分空間 D に対して，$[D]=\{[f]|f\in D\}$ とすれば，$[D]$ は $[\mathcal{L}^2(X,d\mu)]$ の部分空間になる．以上の事実の了解のもとに，$[\mathcal{L}^2(X,d\mu)]$ の元を $[f]$ と書く代わりに単に f と記し，$[\mathcal{L}^2(X,d\mu)]=L^2(X,d\mu)$ と書く．同様に，$\mathcal{L}^2(X,d\mu)$ の部分空間 D に対して，$L^2(X,d\mu)$ の部分空間 $[D]$ を単に D と書く．

内積空間 $\boldsymbol{L^2(X,d\mu)}$ は完備であることが示される．すなわち，$L^2(X,d\mu)$ は複素ヒルベルト空間である．

完備性の証明：$\{f_n\}_{n=1}^\infty$ を $L^2(X,d\mu)$ の基本列とする．したがって，任意の $\varepsilon>0$ に対して番号 $n_0=n_0(\varepsilon)$ が存在して，$n,m\geq n_0$ ならば $\|f_n-f_m\|<\varepsilon$．このとき，$\{f_n\}_{n=1}^\infty$ の適当な部分列 $\{f_{n(k)}\}_{k=1}^\infty$ に対して，

$$\lim_{k\to\infty}\|f_{n(k)}-f\|=0 \tag{1.39}$$

をみたす $f\in L^2(X,d\mu)$ の存在を示せば十分である．なぜなら，その場合，3 角不等式を用いて，

$$\varlimsup_{n\to\infty}\|f_n-f\|\leq \varlimsup_{n,k\to\infty}\|f_n-f_{n(k)}\|+\varlimsup_{k\to\infty}\|f_{n(k)}-f\|=0$$

したがって，$\lim_{n\to\infty}\|f_n-f\|=0$ となるからである．

上のような部分列 $\{f_{n(k)}\}_{k=1}^\infty$ の存在を示そう．$\varepsilon=1/2$ に対する番号 n_0 のひとつを $n(1)$ とすれば，$n\geq n(1)$ のとき，$\|f_n-f_{n(1)}\|<1/2$．次に，$\varepsilon=1/2^2$ に対する番号 n_0 で $n(1)$ より大きいものをひとつとり，これを $n(2)$ とする．したがって，$n\geq n(2)$ のとき，$\|f_n-f_{n(2)}\|<1/2^2$．以下，順々に，$\varepsilon=1/2^k$ の場合に同様の手続きを繰り返すことにより，数列 $\{n(k)\}_{k=1}^\infty$ で，(i) $n(k)<n(k+1),k\geq 1$；(ii) $n\geq n(k)$ ならば，$\|f_n-f_{n(k)}\|<1/2^k$ をみたすものがとれる．したがって，特に，$\|f_{n(k+1)}-f_{n(k)}\|<1/2^k$ が成立する．これから，

$$\sum_{k=1}^\infty \|f_{n(k+1)}-f_{n(k)}\|\leq 1 \tag{1.40}$$

となる．さて，

$$f_{n(k)}(x) = f_{n(1)}(x) + \sum_{j=1}^{k-1} (f_{n(j+1)}(x) - f_{n(j)}(x)) \tag{1.41}$$

と書けることに注意して，右辺がある $f \in L^2(X, d\mu)$ に $L^2(X, d\mu)$ の位相で収束することを示そう．そこで，関数

$$g_k(x) = |f_{n(1)}(x)| + \sum_{j=1}^{k-1} |f_{n(j+1)}(x) - f_{n(j)}(x)|$$

を考える．明らかに，$0 \leq g_1(x) \leq g_2(x) \leq \cdots \leq g_k(x) \leq g_{k+1}(x) \leq \cdots$. したがって，$g(x) := \lim_{k \to \infty} g_k(x)$ は ∞ になる場合も含めて存在し，$\{g_k(x)^2\}_{k=1}^{\infty}$ も単調増加で $\lim_{k \to \infty} g_k(x)^2 = g(x)^2$ であるから，ルベーグ積分に関する一般定理により，

$$\int_X g(x)^2 d\mu(x) = \lim_{k \to \infty} \int_X g_k(x)^2 d\mu(x)$$

(この段階ではまだ右辺の極限が有限になるとは限らない)．一方，(1.40) 式によって，$\|g_k\| \leq \|f_{n(1)}\| + 1$ であるから，$\int_X g(x)^2 d\mu(x) \leq (\|f_{n(1)}\| + 1)^2 < \infty$. したがって，$g(x)$ は a.e. 有限であり，$g \in L^2(X, d\mu)$ である．これから，特に，(1.41) 式の右辺は，a.e. で絶対収束する．すなわち，$f(x) := \lim_{k \to \infty} f_{n(k)}(x)$ は a.e. x に対して存在して，$|f(x)| \leq g(x)$ が成り立つ．したがって，$f \in L^2(X, d\mu)$ である．$|f_{n(k)} - f(x)|^2 \leq 2(|f_{n(k)}(x)|^2 + |f(x)|^2) \leq 2(g(x)^2 + |f(x)|^2)$. すでに示したように，$g^2 + |f|^2$ は可積分であるから，ルベーグの優収束定理によって $\lim_{k \to \infty} \int_X |f_{n(k)}(x) - f(x)|^2 d\mu(x) = 0$ が得られる．よって，(1.39) 式が示された． ∎

上の完備性の証明から，次の事実が導かれる．これは，応用上も有用である．

【定理 1.13】 $f_n, f \in L^2(X, d\mu)(n = 1, 2, \cdots)$ が $\|f_n - f\| \to 0 (n \to \infty)$ をみたすならば，$\{f_n\}_n$ の適当な部分列 $\{f_{n(k)}\}_k$ が存在して，$\lim_{k \to \infty} f_{n(k)}(x) = f(x)$, a.e. x が成立する．

証明 $\{f_n\}_n$ は収束列だから基本列である．したがって，上の完備性の証明によって，$\lim_{k \to \infty} f_{n(k)}(x) = \tilde{f}(x)$, a.e. x, $\lim_{k \to \infty} \|f_{n(k)} - \tilde{f}\| = 0$ となる部分列 $\{f_{n(k)}\}_k$ と $\tilde{f} \in L^2(X, d\mu)$ が存在する ($\tilde{f}$ は上の証明における f)．仮定から，$\|f_{n(k)} - f\| \to 0 (k \to \infty)$ が導かれるから，$f = \tilde{f}$. ∎

一般に, $f_n, f \in L^2(X, d\mu)$ について, $\|f_n - f\|_{L^2(X,d\mu)} \to 0 (n \to \infty)$ が成り立つとき〔つまり, $\{f_n\}_n$ が f に $L^2(X, d\mu)$ のノルムで収束するとき〕, $\{f_n\}_n$ は f に（測度 μ に関して）**平均収束**するといい, このことを

$$\mathop{\text{l.i.m.}}_{n\to\infty} f_n(x) = f(x)$$

と表す場合がある（記号 l.i.m. は "limit in mean" の略；通常の極限記号 lim と意味が異なることに注意しよう）.

ここでとりあげた型のヒルベルト空間は L^2 型とよばれ, 量子力学の数学的理論において重要な役割を演じる.

■ **具体例** ■ $\mathbf{B}^d$ を d 次元ユークリッド空間 $\mathbf{R}^d$ のボレル集合体, すなわち, $\mathbf{R}^d$ の開集合全体から生成される σ 加法族（完全加法族）とする. $M \in \mathbf{B}^d$ とし, M の d 次元ルベーグ測度は 0 でないとする. $\mathbf{B}_M = \{B \cap M | B \in \mathbf{B}^d\}$ によって生成される σ 加法族, dx を d 次元ルベーグ測度とする. このとき, $(M, \mathbf{B}_M, dx)$ は測度空間である. これに付随する L^2 空間を単に $L^2(M)$ と記す：$L^2(M) := L^2(M, dx)$. より具体的な例として次のものがある.

$$L^2([a,b]), L^2((0,\infty)), L^2(\mathbf{R}), L^2([a,b]^d), L^2(\mathbf{R}^d)$$

ただし, $-\infty < a < b < \infty, [a,b]^d = \underbrace{[a,b] \times \cdots \times [a,b]}_{d \text{ 重}}$.

1.3.3　ヒルベルト空間の直和

いくつかのヒルベルト空間があたえられたとき, これらをもとにして新しいヒルベルト空間をつくることができる.

2 つのヒルベルト空間の直和. $\mathcal{H}_1, \mathcal{H}_2$ をヒルベルト空間とする. ベクトル空間としての直和 $\mathcal{H}_1 \oplus \mathcal{H}_2 = \{\psi = (\psi_1, \psi_2) | \psi_1 \in \mathcal{H}_1, \psi_2 \in \mathcal{H}_2\}$〔1.1.4 項を参照. ここでの (ψ_1, ψ_2) は内積ではない！〕の任意の 2 つのベクトル $\psi = (\psi_1, \psi_2), \phi = (\phi_1, \phi_2)$ に対して

$$(\psi, \phi) = (\psi_1, \phi_1)_{\mathcal{H}_1} + (\psi_2, \phi_2)_{\mathcal{H}_2}$$

とすれば, 容易に確かめられるように, これは $\mathcal{H}_1 \oplus \mathcal{H}_2$ にひとつの内積を定める. この内積に関して, $\mathcal{H}_1 \oplus \mathcal{H}_2$ は完備であることを示そう. $\{\psi_n\}_{n=1}^{\infty}$

を $\mathcal{H}_1 \oplus \mathcal{H}_2$ の基本列であるとする．したがって，$n, m \to \infty$ ならば $\|\psi_n - \psi_m\| \to 0$．$\psi_n = (\psi_{n1}, \psi_{n2})(\psi_{n1} \in \mathcal{H}_1, \psi_{n2} \in \mathcal{H}_2)$ とすれば，内積の定義から，$\|\psi_n - \psi_m\|^2 = \|\psi_{n1} - \psi_{m1}\|_{\mathcal{H}_1}^2 + \|\psi_{n2} - \psi_{m2}\|_{\mathcal{H}_2}^2$．したがって，$n, m \to \infty$ のとき，$\|\psi_{n1} - \psi_{m1}\|_{\mathcal{H}_1} \to 0, \|\psi_{n2} - \psi_{m2}\|_{\mathcal{H}_2} \to 0$．これは，$\{\psi_{n1}\}_{n=1}^{\infty}, \{\psi_{n2}\}_{n=1}^{\infty}$ が，それぞれ，$\mathcal{H}_1, \mathcal{H}_2$ の基本列であることを意味する．$\mathcal{H}_1, \mathcal{H}_2$ はヒルベルト空間であるから，$\psi_{n1} \to \psi_1, \psi_{n2} \to \psi_2 (n \to \infty)$ となる $\psi_1 \in \mathcal{H}_1, \psi_2 \in \mathcal{H}_2$ が存在する．そこで，$\psi = (\psi_1, \psi_2)$ とすれば，これは $\mathcal{H}_1 \oplus \mathcal{H}_2$ の元であり，$\|\psi_n - \psi\| \to 0 \ (n \to \infty)$ が成立する．したがって，$\mathcal{H}_1 \oplus \mathcal{H}_2$ の任意の基本列は収束することがわかる．すなわち，$\mathcal{H}_1 \oplus \mathcal{H}_2$ は完備である．ゆえに，$\mathcal{H}_1 \oplus \mathcal{H}_2$ はヒルベルト空間になる．このヒルベルト空間を $\mathcal{H}_1$ と $\mathcal{H}_2$ の**直和** (direct sum) とよび，便宜上，ベクトル空間の直和と同一の記号 $\mathcal{H}_1 \oplus \mathcal{H}_2$ で表す．

有限個のヒルベルト空間の直和． 2個のヒルベルト空間の直和の概念は，任意の有限個のヒルベルト空間の直和の概念へと拡張される．n を 2 以上の任意の自然数とし，$\mathcal{H}_1, \cdots, \mathcal{H}_n$ をヒルベルト空間とする．このとき，ベクトル空間としての直和 $\oplus_{j=1}^{n} \mathcal{H}_j = \{(\psi_1, \cdots, \psi_n) | \psi_j \in \mathcal{H}_j, j = 1, \cdots, n\}$ の任意の 2 つの元 $\psi = (\psi_1, \cdots, \psi_n), \phi = (\phi_1, \cdots, \phi_n)$ に対して

$$(\psi, \phi) = \sum_{j=1}^{n} (\psi_j, \phi_j)_{\mathcal{H}_j}$$

とすれば，これは $\oplus_{j=1}^{n} \mathcal{H}_j$ にひとつの内積を定める．$n = 2$ の場合と同様にして，$\oplus_{j=1}^{n} \mathcal{H}_j$ はこの内積に関して完備であること，したがって，ヒルベルト空間であることが示される．このヒルベルト空間を $\mathcal{H}_1, \cdots, \mathcal{H}_n$ の**直和**とよび，便宜上，ベクトル空間の直和と同一の記号 $\oplus_{j=1}^{n} \mathcal{H}_j$ で表す．

無限直和． ヒルベルト空間の無限列 $\mathcal{H}_n, n = 1, 2, \cdots$ があたえられたとしよう．このとき，ベクトル列 $\{\psi_n\}_{n=1}^{\infty} (\psi_n \in \mathcal{H}_n, n \geq 1)$ で，$\sum_{n=1}^{\infty} \|\psi_n\|_{\mathcal{H}_n}^2 < \infty$ をみたすものの全体を $\mathcal{H}$ で表す．3 角不等式と (1.17) 式により，$\|\psi_n + \phi_n\|^2 \leq 2(\|\psi_n\|_{\mathcal{H}_n}^2 + \|\phi_n\|_{\mathcal{H}_n}^2), \psi_n, \phi_n \in \mathcal{H}_n$ が成立するので，ℓ^2 の場合と同様の方法により（例 1.7 を参照），$\mathcal{H}$ はベクトル空間であることがまずわかる．

次に，$\psi = \{\psi_n\}_{n=1}^{\infty}, \phi = \{\phi_n\}_{n=1}^{\infty} \in \mathcal{H}$ に対して

$$(\psi, \phi) = \sum_{n=1}^{\infty} (\psi_n, \phi_n)_{\mathcal{H}_n}$$

を定義すれば，これは $\mathcal{H}$ にひとつの内積を定める（右辺が絶対収束していることは，シュヴァルツの不等式とコーシー–シュヴァルツの不等式を用いて確かめられる）．$\mathcal{H}$ はこの内積に関して完備である．これは ℓ^2 の完備性の証明（例 1.15 を参照）と同様の考え方を用いて示される（証明せよ）．このようにして定義されるヒルベルト空間 $\mathcal{H}$ を $\mathcal{H}_1, \mathcal{H}_2, \cdots, \mathcal{H}_n, \cdots$ の**無限直和** (infinite direct sum) とよび，$\oplus_{n=1}^{\infty} \mathcal{H}_n$ と表す．

■ **例 1.17** ■

(i) 任意の自然数 n に対して，$\mathbf{R}^n = \oplus_{j=1}^{n} \mathbf{R}$, $\mathbf{C}^n = \oplus_{j=1}^{n} \mathbf{C}$.

(ii) $\ell^2 = \oplus_{n=1}^{\infty} \mathbf{C}$

1.4　正 射 影 定 理

$\mathcal{H}$ を内積空間とし，$\mathcal{D}$ を $\mathcal{H}$ の空でない部分集合とする（必ずしも部分空間である必要はない）．$\mathcal{H}$ の元で，$\mathcal{D}$ の点列の極限となっているものの全体を $\mathcal{D}$ の**閉包** (closure) とよび，$\overline{\mathcal{D}}$ で表す．すなわち，

$$\overline{\mathcal{D}} = \{\psi \in \mathcal{H} | \psi_n \in \mathcal{D}\ (n=1,2,\cdots) が存在して，\lim_{n\to\infty} \psi_n = \psi\}$$

これは，要するに，$\mathcal{D}$ の収束列の極限をすべて集めてできる集合である．容易にわかるように，

$$\mathcal{D} \subset \overline{\mathcal{D}} \tag{1.42}$$

である．なぜなら，$\psi \in \mathcal{D}$ は $\psi_n = \psi\ (n=1,2,\cdots)$ によって定義される点列 $\{\psi_n\}_{n=1}^{\infty}$ の極限だからである．

$\mathcal{D} \subset \mathcal{F}$ となる任意の部分集合 $\mathcal{F}$ に対して，

$$\overline{\mathcal{D}} \subset \overline{\mathcal{F}}$$

が成り立つ．なぜなら，この場合，$\mathcal{D}$ の収束列の極限は $\mathcal{F}$ の収束列の極限でもあるからである．

閉包をとっても変わらない部分集合，すなわち，$\mathcal{D} = \overline{\mathcal{D}}$ をみたす部分集合 $\mathcal{D}$ を**閉集合** (closed set) という．補集合 $\mathcal{F}^c := \mathcal{H} \backslash \mathcal{F}$ が閉集合となる部分集合 $\mathcal{F} \subset \mathcal{H}$ を**開集合** (open set) とよぶ．

【**命題 1.14**】　$\mathcal{H}$ の任意の部分集合 $\mathcal{D}$ に対して，$\overline{\mathcal{D}}$ は閉集合である．

1.4 正射影定理

証明 $\overline{\mathcal{D}} = F$ とおくと,まず,(1.42) 式によって,$F \subset \overline{F}$. そこで,この逆の包含関係を示せばよい.$\psi \in \overline{F}$ としよう.このとき,各 $n \geq 1$ に対して,$\psi_n \in F$ で $\|\psi_n - \psi\| < 1/n$ をみたすものが存在する.$\psi_n \in \overline{\mathcal{D}}$ であるから,$\phi_n \in \mathcal{D}$ で $\|\phi_n - \psi_n\| < 1/n$ をみたすものが存在する.したがって,$\|\phi_n - \psi\| = \|(\phi_n - \psi_n) + (\psi_n - \psi)\| \leq \|\phi_n - \psi_n\| + \|\psi_n - \psi\| < 2/n$. これは $\lim_{n\to\infty} \phi_n = \psi$ を意味するから $\psi \in \overline{\mathcal{D}} = F$ である.よって $\overline{F} \subset F$ が示された. ∎

■ **例 1.18** ■ 正の数 r に対して,$\mathcal{H}$ の部分集合

$$B_r := \{\psi \in \mathcal{H} \mid \|\psi\| < r\}$$

の閉包 $\overline{B_r}$ を求めてみよう.$\psi \in \overline{B_r}$ とすれば,閉包の定義から,$\psi_n \to \psi (n \to \infty)$ となる $\psi_n \in B_r$ が存在する.内積の連続性により,$\|\psi_n\| \to \|\psi\| (n \to \infty)$. すべての n に対して,$\|\psi_n\| < r$ であるから,$\|\psi\| \leq r$ となる.逆に,$\|\psi\| \leq r$ のとき,$\psi_n = n\psi/(n+1), n \in \mathbf{N}$ とおけば,$\|\psi_n\| \leq nr/(n+1) < r$. したがって,$\psi_n \in B_r$. さらに,$\psi_n \to \psi (n \to \infty)$ も容易にわかる.ゆえに,$\psi \in \overline{B_r}$. 以上から,

$$\overline{B_r} = \{\psi \in \mathcal{H} \mid \|\psi\| \leq r\}$$

であることが結論される.命題 1.14 によって,$\overline{B_r}$ は閉集合である.$\overline{B_r}$ を **半径 r の閉球** (closed ball) とよぶ.同様にして,$\overline{\{\psi \in \mathcal{H} \mid \|\psi\| > r\}} = \{\psi \in \mathcal{H} \mid \|\psi\| \geq r\} = B_r^c$ が示される.したがって,B_r^c は閉集合であるので,B_r は開集合である.B_r を半径 r の **開球** (open ball) という.

次の命題は,ある集合が閉集合であるか否かを判定する際に有用である.

【**命題 1.15**】 $\mathcal{H}$ の部分集合 $\mathcal{D}$ が閉集合であるための必要十分条件は,$\mathcal{D}$ の任意の収束列に対して,その極限が $\mathcal{D}$ の元になっていることである.

証明 (必要性) $\mathcal{D}$ を閉集合,$\psi_n \in \mathcal{D}$, $\psi_n \to \psi \in \mathcal{H} (n \to \infty)$ とする.このとき,$\psi \in \overline{\mathcal{D}}$. $\mathcal{D}$ は閉集合であるから,$\overline{\mathcal{D}} = \mathcal{D}$. よって,$\psi \in \mathcal{D}$.

(十分性) $\mathcal{D}$ の任意の収束列に対して,その極限が $\mathcal{D}$ の元になっていると仮定する.(1.42) 式の逆の包含関係を示せばよい(このとき,$\mathcal{D} = \overline{\mathcal{D}}$ となるから,

$\mathcal{D}$ は閉集合である). $\psi \in \overline{\mathcal{D}}$ とすれば，閉包の定義によって，$\psi_n \to \psi (n \to \infty)$ となる $\psi_n \in \mathcal{D}$ が存在する．いまの仮定により，$\psi \in \mathcal{D}$ である．したがって，$\overline{\mathcal{D}} \subset \mathcal{D}$. ∎

閉集合であって，かつ部分空間である部分集合を**閉部分空間** (closed subspace) という．

$\mathcal{H}$ がヒルベルト空間であるとき，$\mathcal{H}$ の閉部分空間は，$\mathcal{H}$ の内積から定まる内積に関してヒルベルト空間である．実際，$\mathcal{M}$ を $\mathcal{H}$ の閉部分空間とし，$\{\psi_n\}_n$ を $\mathcal{M}$ の基本列とすれば，これは $\mathcal{H}$ の基本列でもある．したがって，$\psi_n \to \psi (n \to \infty)$ となる $\psi \in \mathcal{H}$ が存在する．$\mathcal{M}$ は閉であるから，命題1.15によって，$\psi \in \mathcal{M}$．したがって，$\mathcal{M}$ の任意の基本列は $\mathcal{M}$ の内部で収束する．ゆえに $\mathcal{M}$ は完備である．

【**命題 1.16**】 内積空間 $\mathcal{H}$ の任意の有限次元部分空間は閉集合である．

証明 $\mathcal{D} \subset \mathcal{H}$ を有限次元の部分空間，$\dim \mathcal{D} = N$ とすれば，グラム–シュミットの直交化法により，$\mathcal{D}$ の基底として，ひとつの正規直交系 $\{\phi\}_{j=1}^N$ ($\phi_j \in \mathcal{D}, j = 1, \cdots, N$) がとれる．したがって，$\mathcal{D}$ の任意のベクトル ψ は $\psi = \sum_{j=1}^N (\phi_j, \psi)\phi_j$ と表される（命題1.4）．$\psi_n \in \mathcal{D}$，$\psi_n \to \psi \in \mathcal{H}(n \to \infty)$ としよう．$\psi_n \in \mathcal{D}$ であるから，$\psi_n = \sum_{j=1}^N (\phi_j, \psi_n)\phi_j$ と表される．内積の連続性により，各 j に対して，$(\phi_j, \psi_n) \to (\phi_j, \psi)(n \to \infty)$．したがって，$\psi_n \to \sum_{j=1}^N (\phi_j, \psi)\phi_j (n \to \infty)$．ゆえに，$\psi = \sum_{j=1}^N (\phi_j, \psi)\phi_j$．これは $\psi \in \mathcal{D}$ を意味する．したがって，命題1.15によって，$\mathcal{D}$ は閉集合である． ∎

内積空間 $\mathcal{H}$ の部分集合 $\mathcal{D}$ に対して，$\mathcal{D}$ のすべてのベクトルと直交するベクトルの全体を $\mathcal{D}$ の**直交補空間** (orthogonal complement) といい，$\mathcal{D}^\perp$ で表す．

$$\mathcal{D}^\perp = \{\psi \in \mathcal{H} | \text{すべての } \phi \in \mathcal{D} \text{ に対して，} (\phi, \psi) = 0\} \quad (1.43)$$

【**命題 1.17**】 $\mathcal{D}$ を $\mathcal{H}$ の部分集合とする．このとき，次の (i)〜(iii) が成立する．
 (i) $\mathcal{D}^\perp$ は閉部分空間である．
 (ii) $\mathcal{D} \subset \mathcal{F}$ をみたす任意の部分集合 $\mathcal{F}$ に対して，$\mathcal{F}^\perp \subset \mathcal{D}^\perp$.
 (iii) $(\overline{\mathcal{D}})^\perp = \mathcal{D}^\perp$

証明 (i) $\mathcal{D}^\perp$ が部分空間であることは，内積の線形性による．$\mathcal{D}^\perp$ が閉集合であることを示そう．$\{\psi_n\}_{n=1}^\infty$ を $\mathcal{D}^\perp$ の任意の収束列とし，その極限を $\psi \in \mathcal{H}$ とする：$\psi_n \to \psi (n \to \infty)$．このとき，すべての $\phi \in \mathcal{D}$ に対して，$(\phi, \psi_n) = 0$．内積の連続性により，$\lim_{n\to\infty}(\phi, \psi_n) = (\phi, \psi)$．よって，$(\phi, \psi) = 0$．ゆえに $\psi \in \mathcal{D}^\perp$．したがって，命題 1.15 により，$\mathcal{D}^\perp$ は閉集合である．

(ii) $\psi \in \mathcal{F}^\perp$ ならば，任意の $\phi \in \mathcal{F}$ に対して，$(\phi, \psi) = 0$．$\mathcal{D} \subset \mathcal{F}$ であるから，特に，任意の $\phi \in \mathcal{D}$ に対して，$(\phi, \psi) = 0$．ゆえに，$\psi \in \mathcal{D}^\perp$．

(iii) (ii) によって，$(\overline{\mathcal{D}})^\perp \subset \mathcal{D}^\perp$．逆の包含関係を示すために，$\psi \in \mathcal{D}^\perp$ とすれば，任意の $\phi \in \mathcal{D}$ に対して，$(\phi, \psi) = 0$．これは，内積の連続性により，任意の $\phi \in \overline{\mathcal{D}}$ に対しても成立する．したがって，$\psi \in (\overline{\mathcal{D}})^\perp$． ∎

1.2.2 項において，有限個のベクトルによって張られる部分空間の上への，ベクトルの正射影の概念を定義した．この概念は，もっと一般の部分空間に対しても定義することが可能である．

$\mathcal{M}$ を $\mathcal{H}$ の空でない部分集合とする．$\mathcal{H}$ の任意のベクトル ψ に対して，ψ と $\mathcal{M}$ の**距離** $d(\psi, \mathcal{M})$ を

$$d(\psi, \mathcal{M}) = \inf_{\phi \in \mathcal{M}} \|\psi - \phi\| \tag{1.44}$$

によって定義する．

【命題 1.18】 $\mathcal{M}$ をヒルベルト空間 $\mathcal{H}$ の閉部分空間とする．このとき，任意の $\psi \in \mathcal{H}$ に対して，$d(\psi, \mathcal{M}) = \|\psi - \psi_\mathcal{M}\|$ をみたすベクトル $\psi_\mathcal{M} \in \mathcal{M}$ がただひとつ存在する．

証明 簡単のため，$d = d(\psi, \mathcal{M})$ とおく．d の定義により，$\|\psi - \phi_n\| \to d (n \to \infty)$ となる $\mathcal{M}$ の点列 $\{\phi_n\}_{n=1}^\infty \subset \mathcal{M}$（点列 $\{\phi_n\}_{n=1}^\infty$ の各項 ϕ_n が $\mathcal{M}$ の元であることを表す記法）が存在する．このとき

$$\begin{aligned}\|\phi_n - \phi_m\|^2 &= \|(\phi_n - \psi) + (\psi - \phi_m)\|^2 \\ &= 2\|\phi_n - \psi\|^2 + 2\|\psi - \phi_m\|^2 - \|\phi_n + \phi_m - 2\psi\|^2\end{aligned}$$

（中線定理）

$$= 2\|\phi_n - \psi\|^2 + 2\|\psi - \phi_m\|^2 - 4\left\|\frac{\phi_n + \phi_m}{2} - \psi\right\|^2$$

$$\leq 2\|\phi_n - \psi\|^2 + 2\|\psi - \phi_m\|^2 - 4d^2$$

〔$(\phi_n + \phi_m)/2 \in \mathcal{M}$ に注意〕

$$\xrightarrow[m,n\to\infty]{} 2d^2 + 2d^2 - 4d^2 = 0$$

したがって,$\{\phi_n\}_{n=1}^{\infty}$ は基本列である.よって,$\phi_n \to \psi_{\mathcal{M}}(n \to \infty)$ となる $\psi_{\mathcal{M}} \in \mathcal{H}$ が存在し,$\|\psi - \psi_{\mathcal{M}}\| = d$ が成り立つ.$\mathcal{M}$ は閉集合であるから $\psi_{\mathcal{M}} \in \mathcal{M}$ である.

次に,$\psi_{\mathcal{M}}$ の一意性を示そう.仮に,$\psi_{\mathcal{M}}$ とは別に $d = \|\psi - \phi\|$ をみたす $\phi \in \mathcal{M}$ があったとしよう.上の計算を ϕ_n, ϕ_m の代わりに $\psi_{\mathcal{M}}, \phi$ を用いて行えば,$\|\psi_{\mathcal{M}} - \phi\|^2 \leq 2\|\psi_{\mathcal{M}} - \psi\|^2 + 2\|\psi - \phi\|^2 - 4d^2 = 2d^2 + 2d^2 - 4d^2 = 0$.したがって,$\psi_{\mathcal{M}} = \phi$. ■

$\mathcal{M}$ が閉部分空間であるとき,命題 1.18 によってその存在が一意的に保証されるベクトル $\psi_{\mathcal{M}} \in \mathcal{M}$ を,$\mathcal{M}$ の上への ψ の **正射影** (orthogonal projection) という.

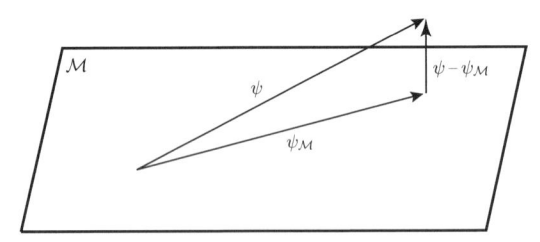

図 1.2 閉部分空間 $\mathcal{M}$ の上への,ベクトル ψ の正射影

■ **例 1.19** ■ ここで定義した正射影の概念が,有限個の正規直交系から生成される部分空間に関して,以前に定義した正射影の概念(補題 1.5 のすぐ後を参照)の拡張になっていることを確認しておこう.

いま,$\{\psi_n\}_{n=1}^{N}$ を $\mathcal{H}$ の正規直交系とすると,これによって張られる部分空間 $\mathcal{M} = \mathcal{L}(\{\psi_n\}_{n=1}^{N})$ は閉部分空間である(命題 1.16).任意の $\psi \in \mathcal{H}$ に対して,この場合の $\psi_{\mathcal{M}}$ を求めよう.ϕ を $\mathcal{M}$ の任意のベクトルとすれば,$\phi = \sum_{n=1}^{N} \alpha_n \psi_n (\alpha_n \in \mathbf{K}, \ n = 1, \cdots, N)$ と表され,

$$\|\psi - \phi\|^2 = \|\psi\|^2 - 2\sum_{n=1}^{N}\mathrm{Re}[\alpha_n(\psi,\psi_n)] + \sum_{n=1}^{N}|\alpha_n|^2$$

$$= \|\psi\|^2 - \sum_{n=1}^{N}|(\psi_n,\psi)|^2 + \sum_{n=1}^{N}|\alpha_n - (\psi_n,\psi)|^2$$

$$\geq \|\psi\|^2 - \sum_{n=1}^{N}|(\psi_n,\psi)|^2$$

最後の不等式で等号が成立するのは, $\alpha_n = (\psi_n,\psi)$ のとき, かつ, このときに限られる. したがって, いまの場合, $d(\psi,\mathcal{M})^2 = \|\psi\|^2 - \sum_{n=1}^{N}|(\psi_n,\psi)|^2$ であり, $d(\psi,\mathcal{M}) = \|\psi - \psi_{\mathcal{M}}\|$ をみたす $\mathcal{M}$ のベクトル $\psi_{\mathcal{M}}$ は, $\alpha_n = (\psi_n,\psi)$ の場合の ϕ, すなわち, $\psi_{\mathcal{M}} = \sum_{n=1}^{N}(\psi_n,\psi)\psi_n$ である. これは, 以前に定義した意味での, 正規直交系 $\{\psi_n\}_{n=1}^{N}$ によって生成される部分空間の上への, ベクトル ψ の正射影にほかならない.

【定理 1.19】 **正射影定理** (projection theorem). $\mathcal{M}$ をヒルベルト空間 $\mathcal{H}$ の閉部分空間とする. このとき, $\mathcal{H}$ の任意のベクトル ψ は, $\psi = \phi + \eta (\phi \in \mathcal{M}, \eta \in \mathcal{M}^{\perp})$ という形に一意的に表される. ここで, ϕ,η はそれぞれ, $\mathcal{M},\mathcal{M}^{\perp}$ の上への ψ の正射影である.

証明 $\psi \in \mathcal{H}$ とし, $\mathcal{M}$ 上への ψ の正射影を ϕ とする. $\eta = \psi - \phi$ とおけば, $\psi = \phi + \eta$ と書ける. そこで, $\eta \in \mathcal{M}^{\perp}$ を示そう. $d = \|\psi - \phi\|$ とおく. $\xi \in \mathcal{M}, t \in \mathbf{R}$ としよう. このとき, $\phi + t\xi \in \mathcal{M}, d = \|\eta\|$ であるから

$$d^2 \leq \|\psi - (\phi + t\xi)\|^2 = \|\eta - t\xi\|^2 = d^2 - 2t\,\mathrm{Re}(\eta,\xi) + t^2\|\xi\|^2$$

したがって, すべての $t \in \mathbf{R}$ に対して, $-2t\,\mathrm{Re}(\eta,\xi) + t^2\|\xi\|^2 \geq 0$. これは $\mathrm{Re}(\eta,\xi) = 0$ を意味する. t の代わりに it を用いて, 同様の議論をすれば, $\mathrm{Im}(\eta,\xi) = 0$ が得られる[10]. したがって, $(\eta,\xi) = 0$. ξ は $\mathcal{M}$ の任意の元であったから, $\eta \in \mathcal{M}^{\perp}$ である.

ψ の表示の一意性を示すために, 別に $\psi = \phi' + \eta'(\phi' \in \mathcal{M}, \eta' \in \mathcal{M}^{\perp})$ と表されたとしよう. このとき, $\phi - \phi' = \eta' - \eta$. この式の左辺は $\mathcal{M}$ の元

---

10) $\mathrm{Im}\,z$ は複素数 z の虚部を表す.

であり，右辺は $\mathcal{M}^\perp$ の元である．ところが，$\mathcal{M} \cap \mathcal{M}^\perp = \{0\}$ であるから，$\phi - \phi' = 0 = \eta' - \eta$ でなければならない．すなわち，$\phi = \phi'$, $\eta = \eta'$． ∎

正射影定理のひとつの応用として，直交補空間に関する重要な事実が導かれる．

【命題 1.20】 ヒルベルト空間 $\mathcal{H}$ の任意の部分空間 $\mathcal{D}$ に対して，$(\mathcal{D}^\perp)^\perp = \overline{\mathcal{D}}$ が成立する．

証明 $\psi \in (\mathcal{D}^\perp)^\perp$ とすれば，任意の $\phi \in \mathcal{D}^\perp$ に対して，$(\psi, \phi) = 0$．正射影定理により，$\psi = \psi_1 + \psi_2$, $\psi_1 \in \overline{\mathcal{D}}$, $\psi_2 \in (\overline{\mathcal{D}})^\perp = \mathcal{D}^\perp$〔命題1.17(iii)〕と一意的に書ける．したがって，$(\psi_2, \phi) = 0$．$\phi \in \mathcal{D}^\perp$ は任意であったから，特に，$\phi = \psi_2$ とすれば，$\|\psi_2\|^2 = 0$ となる．したがって，$\psi_2 = 0$．これは，$\psi = \psi_1 \in \overline{\mathcal{D}}$ を導く．ゆえに，$(\mathcal{D}^\perp)^\perp \subset \overline{\mathcal{D}}$．この逆の包含関係を示すのは容易である． ∎

1.5 完全正規直交系

$\mathcal{H}$ をヒルベルト空間とする．$\mathcal{H}$ が有限次元で $\dim \mathcal{H} = N < \infty$ の場合，N 個の一次独立なベクトルの組 $\phi_1, \cdots, \phi_N$ が存在する．グラム–シュミットの直交化法により，$\mathcal{H} = \mathcal{L}(\{\phi_n\}_{n=1}^N) = \mathcal{L}(\{\psi_n\}_{n=1}^N)$ をみたす正規直交系 $\{\psi_n\}_{n=1}^N$ がとれる．したがって，任意の $\psi \in \mathcal{H}$ は，$\psi = \sum_{n=1}^N (\psi_n, \psi) \psi_n$ と書かれる（命題1.4）．こうして，有限次元ヒルベルト空間 $\mathcal{H}$ においては，つねに正規直交系 $\{\psi_n\}_{n=1}^N$ が存在して，$\mathcal{H}$ の任意のベクトルは，その ψ_n 方向への正射影の和として一意的に表されることがわかる．このような正規直交系を $\mathcal{H}$ の**正規直交基底**という．

いま言及した，有限次元ヒルベルト空間における基本的事実に対応する事柄を $\mathcal{H}$ が無限次元の場合において考察するために"ヒルベルト空間におけるベクトル列の無限級数"の概念を定義しよう．

$\{\psi_n\}_{n=1}^\infty$ を $\mathcal{H}$ の点列とする．ベクトル $\psi \in \mathcal{H}$ が存在して

$$\lim_{N \to \infty} \left\| \psi - \sum_{n=1}^N \psi_n \right\| = 0$$

が成立するならば，**無限級数** $\sum_{n=1}^\infty \psi_n$ は ψ に**収束する**といい，このことを記号的に $\psi = \sum_{n=1}^\infty \psi_n$ と記す．これは，$\{\psi_n\}_{n=1}^\infty$ の**部分和** $\Psi_N = \sum_{n=1}^N \psi_n$ か

らなる点列 $\{\Psi_N\}_{N=1}^{\infty}$ が $N \to \infty$ のとき ψ に収束することにほかならない．

■ **例 1.20** ■ 数列 $a = \{1/n\}_{n=1}^{\infty}$ は ℓ^2 の元である．各自然数 n に対して，$u_n = \{0, \cdots, 0, 1/n, 0, \cdots\}$（$n$ 番目の成分が $1/n$，他の成分は 0 となるベクトル）とすれば，$u_n \in \ell^2$ であり，$\sum_{n=1}^{N} u_n = \{1, 1/2, \cdots, 1/N, 0, 0, \cdots\}$．したがって，$\|a - \sum_{n=1}^{N} u_n\|^2 = \sum_{n=N+1}^{\infty} 1/n^2 \to 0 (N \to \infty)$．ゆえに，$\sum_{n=1}^{\infty} u_n$ は a に収束する．

ヒルベルト空間の無限級数に関しては，次の事実が基本的である．

【補題 1.21】 $\{\psi_n\}_{n=1}^{\infty}$ を $\mathcal{H}$ の正規直交系とする．このとき，$\sum_{n=1}^{\infty} |\alpha_n|^2 < \infty$ をみたす任意の数列 $\alpha = \{\alpha_n\}_{n=1}^{\infty}$ に対して無限級数 $\Psi(\alpha) := \sum_{n=1}^{\infty} \alpha_n \psi_n$ は収束し，

$$\|\Psi(\alpha)\|^2 = \sum_{n=1}^{\infty} |\alpha_n|^2 \tag{1.45}$$

が成立する．

証明 $\sum_{n=1}^{\infty} \alpha_n \psi_n$ の収束性をいうには，その部分和 $\Psi_N := \sum_{n=1}^{N} \alpha_n \psi_n$ によって定義される点列 $\{\Psi_N\}_{N=1}^{\infty}$ が基本列をなすことを示せばよい．そこで，$N > M$ とすれば，$\|\Psi_N - \Psi_M\|^2 = \sum_{n=M+1}^{N} |\alpha_n|^2$．仮定により，この式の右辺は，$N, M \to \infty$ のとき，0 に収束する（$M > N$ の場合も同様）．したがって，$\{\Psi_N\}_{N=1}^{\infty}$ は基本列である．$\mathcal{H}$ の完備性により，$\Psi(\alpha) := \lim_{N \to \infty} \Psi_N$ が $\mathcal{H}$ の中に存在する．内積の連続性により，$\|\Psi(\alpha)\|^2 = \lim_{N \to \infty} \|\Psi_N\|^2 = \lim_{N \to \infty} \sum_{n=1}^{N} |\alpha_n|^2$．ゆえに (1.45) 式が得られる． ∎

$\{\psi_n\}_{n=1}^{\infty}$ を $\mathcal{H}$ の正規直交系としよう．ベッセルの不等式によって，任意の $\psi \in \mathcal{H}$ に対して，$\sum_{n=1}^{\infty} |(\psi_n, \psi)|^2 < \infty$．したがって，補題 1.21 により，$\tilde{\psi} := \sum_{n=1}^{\infty} (\psi_n, \psi) \psi_n$ は収束する．$\tilde{\psi}$ は，部分空間 $\mathcal{L}(\{\psi_n\}_{n=1}^{N})$ の上への ψ の正射影の $N \to \infty$ の極限である．このベクトルは ψ とどのような関係にあるであろうか．上に述べた有限次元の場合の拡張として，$\tilde{\psi} = \psi$ となっていれば都合がよい．だが，これは一般には成立しない．たとえば，すべての ψ_n と直交するベクトル $\psi \neq 0$ があったとすれば，$(\psi, \psi_n) = 0 (n \in \mathbf{N})$ であるから，$\tilde{\psi} = 0$．したがって，この場合，$\tilde{\psi} \neq \psi$ となる．こうした事情を考慮して，$\mathcal{H}$

の正規直交系 $\{\psi_n\}_{n=1}^\infty$ について,すべてのベクトル ψ に対して,$\tilde{\psi} = \psi$ が成立するものとそうでないものとを区別する.

【定義 1.22】 $\mathcal{H}$ を無限次元のヒルベルト空間,$\{\psi_n\}_{n=1}^\infty$ を $\mathcal{H}$ の正規直交系とする.$\mathcal{H}$ のすべてのベクトル ψ に対して

$$\psi = \sum_{n=1}^\infty (\psi_n, \psi)\psi_n \tag{1.46}$$

すなわち,$\lim_{N\to\infty} \|\psi - \sum_{n=1}^N (\psi_n, \psi)\psi_n\| = 0$ が成り立つならば,$\{\psi_n\}_{n=1}^\infty$ は**完全** (complete) であるという.完全な正規直交系を**完全正規直交系**(complete orthonormal system;C.O.N.S. と略す)とよぶ.(1.46) 式を C.O.N.S. $\{\psi_n\}_{n=1}^\infty$ による,ψ の**展開**という.

定義 1.22 はヒルベルト空間 $\mathcal{H}$ が無限次元の場合のためのものである.ヒルベルト空間 $\mathcal{H}$ が有限次元の場合は,すでに見たように,正規直交基底 $\{\psi_n\}_{n=1}^N (N = \dim \mathcal{H})$ がつねに存在し,任意の $\psi \in \mathcal{H}$ は $\psi = \sum_{n=1}^N (\psi_n, \psi)\psi_n$ と表される.便宜上,$\mathcal{H}$ が有限次元の場合も,その任意の正規直交基底を完全正規直交系 (C.O.N.S.) とよぶ.

■ **例 1.21** ■ ヒルベルト空間 ℓ^2 において,(1.12) 式によって定義されるベクトル e_n の集合 $\{e_n\}_{n=1}^\infty$ は C.O.N.S. である.実際,任意の $a = \{a_n\}_{n=1}^\infty \in \ell^2$ に対して,$\sum_{n=1}^N (e_n, a)e_n$ は例 1.11 の $a(N)$ に等しいので,例 1.11 の計算から,$\|a - \sum_{n=1}^N (e_n, a)e_n\| \to 0 (N \to \infty)$.

次の定理は,完全正規直交系の特徴づけをあたえる.

【定理 1.23】 $\{\psi_n\}_{n=1}^\infty$ をヒルベルト空間 $\mathcal{H}$ における正規直交系とする.このとき,以下の四つの条件は互いに同値である.
  (i) $\{\psi_n\}_{n=1}^\infty$ は完全正規直交系である.
  (ii) すべての $\psi, \phi \in \mathcal{H}$ に対して

$$(\psi, \phi) = \sum_{n=1}^\infty (\psi, \psi_n)(\psi_n, \phi)$$

(iii) パーセヴァル (Parseval) の等式. すべての $\psi \in \mathcal{H}$ に対して
$$\|\psi\|^2 = \sum_{n=1}^{\infty} |(\psi_n, \psi)|^2$$

(iv) すべての $n \in \mathbf{N}$ に対して, $(\psi_n, \psi) = 0$ ならば $\psi = 0$.

証明 (i) ⇒ (ii). $\{\psi_n\}_{n=1}^{\infty}$ が C.O.N.S. ならば, 任意の $\psi, \phi \in \mathcal{H}$ に対して, $\psi = \sum_{n=1}^{\infty}(\psi_n, \psi)\psi_n$, $\phi = \sum_{n=1}^{\infty}(\psi_n, \phi)\psi_n$ が成り立つので, 内積の連続性により

$$(\psi, \phi) = \lim_{N \to \infty} \left(\sum_{n=1}^{N}(\psi_n, \psi)\psi_n, \sum_{k=1}^{N}(\psi_k, \phi)\psi_k \right) = \lim_{N \to \infty} \sum_{n=1}^{N}(\psi, \psi_n)(\psi_n, \phi)$$

(ii) ⇒ (iii). (ii) の等式において, $\psi = \phi$ の場合を考えればよい.

(iii) ⇒ (iv). すべての $n \in \mathbf{N}$ に対して, $(\psi, \psi_n) = 0$ が成り立っているとする. このとき, (iii) によって, $\|\psi\| = 0$. ゆえに $\psi = 0$.

(iv) ⇒ (i). 定義 1.22 の直前で見たように, 任意の $\psi \in \mathcal{H}$ に対して, $\tilde{\psi} = \sum_{n=1}^{\infty}(\psi_n, \psi)\psi_n$ は存在する. このとき, すべての $n \in \mathbf{N}$ に対して

$$(\psi_n, \psi - \tilde{\psi}) = (\psi_n, \psi) - \sum_{k=1}^{\infty}(\psi_k, \psi)(\psi_n, \psi_k) = (\psi_n, \psi) - (\psi_n, \psi) = 0$$

したがって, 仮定 (iv) により, $\psi - \tilde{\psi} = 0$, すなわち, $\tilde{\psi} = \psi$. ゆえに $\{\psi_n\}_{n=1}^{\infty}$ は完全である. ∎

無限次元ヒルベルト空間における C.O.N.S. の存在について考察するために, それ自体としても重要な概念をひとつ導入しよう.

$\mathcal{D}, \mathcal{F}$ を内積空間 $\mathcal{H}$ の部分集合とし, $\mathcal{D} \subset \mathcal{F}$ とする. 各 $\psi \in \mathcal{F}$ に対して, $\psi_n \to \psi (n \to \infty)$ となる $\psi_n \in \mathcal{D}$ が存在するならば, $\mathcal{D}$ は $\mathcal{F}$ で<ruby>稠密<rt>ちゅうみつ</rt></ruby> (dense) であるという. これは, 言い換えれば, $\mathcal{F} \subset \overline{\mathcal{D}}$ ということである. 特に断らない限り, $\mathcal{D}$ が $\mathcal{H}$ で稠密であるとき, 単に, $\mathcal{D}$ は稠密であるという. したがって, $\mathcal{D}$ が稠密であることと $\overline{\mathcal{D}} = \mathcal{H}$ は同値である.

【命題 1.24】 $\mathcal{H}$ をヒルベルト空間とする.

(i) $\mathcal{H}$ の部分空間 $\mathcal{D}$ について, $\mathcal{D}$ が稠密であるための必要十分条件は, $\mathcal{D}^{\perp} = \{0\}$ が成立することである.

(ii) $\mathcal{D}$, $\mathcal{F}$ を $\mathcal{H}$ の部分集合とし，$\mathcal{D} \subset \mathcal{F}$ とする．このとき，$\mathcal{F}$ が $\mathcal{H}$ で稠密であって，$\mathcal{D}$ が $\mathcal{F}$ で稠密ならば，$\mathcal{D}$ は稠密である．

証明 (i)（必要性）$\mathcal{D}$ は稠密であるとし，$\psi \in \mathcal{D}^\perp$ とする．このとき，すべての $\phi \in \mathcal{D}$ に対して，$(\psi, \phi) = 0$．$\mathcal{D}$ の稠密性により，$\phi_n \to \psi (n \to \infty)$ となる $\phi_n \in \mathcal{D}$ が存在する．したがって，$(\psi, \psi) = \lim_{n \to \infty}(\psi, \phi_n) = 0$．ゆえに，$\psi = 0$．

（十分性）$\mathcal{D}^\perp = \{0\}$ と仮定する．命題 1.20 により，$\overline{\mathcal{D}} = \{0\}^\perp = \mathcal{H}$．ゆえに，$\mathcal{D}$ は稠密である．

(ii) $\mathcal{H}$ における，$\mathcal{F}$ の稠密性により，$\overline{\mathcal{F}} = \mathcal{H}$．仮定から，$\overline{\mathcal{D}} \subset \overline{\mathcal{F}}$．$\mathcal{F}$ における $\mathcal{D}$ の稠密性は $\mathcal{F} \subset \overline{\mathcal{D}}$ を意味する．したがって，$\overline{\mathcal{F}} \subset \overline{\mathcal{D}}$．ゆえに，$\overline{\mathcal{D}} = \overline{\mathcal{F}} = \mathcal{H}$．したがって，$\mathcal{D}$ は $\mathcal{H}$ で稠密である． ∎

■ **例 1.22** ■ 例 1.11 の計算によって，例 1.13 における部分空間 ℓ_0 はヒルベルト空間 ℓ^2 で稠密である．

ヒルベルト空間 $\mathcal{H}$ において，たかだか可算個の元からなる部分集合 $\mathcal{D}$ で $\mathcal{L}(\mathcal{D})$ が $\mathcal{H}$ において稠密であるようなものが存在するとき，$\mathcal{H}$ は**可分** (separable) であるという（練習問題 11 を参照）．

$\mathcal{H}$ が有限次元で $\dim \mathcal{H} = N$ ならば，この節のはじめに見たように，正規直交基底 $\{\psi_n\}_{n=1}^N$ が存在し，$\mathcal{L}(\{\psi_n\}_{n=1}^N) = \mathcal{H}$ となるから，$\mathcal{H}$ は可分である．

■ **例 1.23** ■ ヒルベルト空間 ℓ^2 は可分である．実際，$e_n \in \ell^2$ を (1.12) 式によって定義されるものとし，$\mathcal{D} = \{e_n\}_{n=1}^\infty$ とすれば，例 1.21 により，$\mathcal{L}(\mathcal{D})$ は ℓ^2 で稠密である．

【定理 1.25】 ヒルベルト空間 $\mathcal{H}$ が可分ならば，$\mathcal{H}$ は C.O.N.S. をもつ．

証明 すでに述べたことから，$\mathcal{H}$ が無限次元の場合だけを示せば十分である．$\mathcal{D}$ を可算無限個の元 $\{\phi_n\}_{n=1}^\infty$ からなる部分集合で，$\mathcal{L}(\mathcal{D})$ が $\mathcal{H}$ で稠密なものとする．任意の n に対して，$\phi_1, \cdots, \phi_n$ は一次独立として一般性を失わない．グラム–シュミットの直交化法により，$\mathcal{L}(\mathcal{D}) = \mathcal{L}(\{\psi_n\}_{n=1}^\infty)$ をみたす正規直交系 $\{\psi_n\}_{n=1}^\infty$ が存在する．すべての n に対して，$(\psi_n, \psi) = 0$ をみたすベクト

ル $\psi \in \mathcal{H}$ があったとする．このとき，$\{\psi_n\}_n$ の構成法によって，すべての n に対して，$(\phi_n, \psi) = 0$ が成り立つ．したがって，任意の $\phi \in \mathcal{L}(\mathcal{D})$ に対して，$(\phi, \psi) = 0$．$\mathcal{L}(\mathcal{D})$ は稠密であるから，命題 1.24 (i) によって，$\psi = 0$ である．したがって，定理 1.23 (iv) によって，$\{\psi_n\}_n$ は C.O.N.S. である． ∎

可分でないヒルベルト空間の例については，練習問題 16 を参照．

1.6 $L^2(\mathbf{R}^d)$ におけるいくつかの基本的事実

すでにふれたように，例 1.16 で議論したヒルベルト空間 $L^2(X, d\mu)$ は量子力学への応用において重要な役割を演じる．この節では，後の章への準備も兼ねて，これまで抽象的な形で定義し，論じてきた諸概念が，$L^2(\mathbf{R}^d)$（$X = \mathbf{R}^d$，$\mu = d$ 次元ルベーグ測度の場合）においてどのように実現されるかを見ておく．

1.6.1 基本的な関数空間と $L^2(\mathbf{R}^d)$ の可分性

d 次元ユークリッド空間 $\mathbf{R}^d$ 上の複素数値関数 f に対して，$f(x) \neq 0$ をみたす x の集合の閉包を f の台 (support) といい，supp f で表す．

$$\mathrm{supp}\, f := \overline{\{x \in \mathbf{R}^d | f(x) \neq 0\}} \tag{1.47}$$

定義から，supp f は閉集合である．非負整数 m に対して，$\mathbf{R}^d$ 上の m 回連続微分可能な関数（C^m 級関数）の全体を $C^m(\mathbf{R}^d)$ で表す．$\mathbf{R}^d$ の部分集合 D について，適当な数 $r > 0$ をとれば，$D \subset \{x \in \mathbf{R}^d | \|x\| \leq r\}$ が成立するとき，D は**有界**であるという（D は適当な半径の閉球に含まれるということ）．$C^m(\mathbf{R}^d)$ の元 f で，supp f が有界であるものの全体を $C_0^m(\mathbf{R}^d)$ で表す．$C_0^m(\mathbf{R}^d)$ は $L^2(\mathbf{R}^d)$ の部分空間である．実際，$f \in C_0^m(\mathbf{R}^d)$, supp $f = K$ とすれば，$|f|$ の連続性により，$|f|$ は K 上で最大値をもつ．これを M とすれば，$\int_{\mathbf{R}^d} |f(x)|^2 dx = \int_K |f(x)|^2 dx \leq M^2 |K| < \infty$（$|K|$ は K のルベーグ測度）．ゆえに，$f \in L^2(\mathbf{R}^d)$．$C_0^m(\mathbf{R}^d)$ の線形性（ベクトル空間であること）は，$C[a,b]$ の場合と同様にして示される．

$\mathbf{R}^d$ 上の無限回微分可能な関数（C^∞ 級関数）でその台が有界となるものの全体

$$C_0^\infty(\mathbf{R}^d) := \bigcap_{m=1}^{\infty} C_0^m(\mathbf{R}^d) \tag{1.48}$$

は $\mathbf{R}^d$ 上の解析学を展開する上で重要な役割を果たす.

以上から，次の包含関係が知られる.

$$C_0^\infty(\mathbf{R}^d) \subset C_0^{m+1}(\mathbf{R}^d) \subset C_0^m(\mathbf{R}^d) \subset \cdots \subset C_0(\mathbf{R}^d) \subset L^2(\mathbf{R}^d) \qquad (1.49)$$

ただし, $C_0(\mathbf{R}^d) := C_0^0(\mathbf{R}^d)$ は, $\mathbf{R}^d$ 上の, 有界な台をもつ連続関数の全体を表す.

■ **例 1.24** ■　$\mathbf{R}$ 上の関数 h を

$$h(x) = \begin{cases} \exp\left(-\frac{a}{1-x^2}\right) & ; \quad |x| < 1 \text{ のとき} \\ 0 & ; \quad |x| \geq 1 \text{ のとき} \end{cases}$$

によって定義する．ただし, $a > 0$ は定数．明らかに, $\mathrm{supp}\, h = \{x \in \mathbf{R} | |x| \leq 1\}$ であるから, h の台は有界である．集合 $\mathbf{R} \backslash \{\pm 1\}$ 上では, h は無限回微分可能であり，すべての $m \geq 0$ に対して,

$$\lim_{x\uparrow 1} h^{(m)}(x) = \lim_{x\downarrow 1} h^{(m)}(x) = \lim_{x\uparrow -1} h^{(m)}(x) = \lim_{x\downarrow -1} h^{(m)}(x) = 0$$

となることがわかる〔$h^{(m)}(x) := d^m h(x)/dx^m$〕．したがって, h は $x = \pm 1$ においても無限回微分可能であり, $h^{(m)}(\pm 1) = 0$ が成り立つ．ゆえに, $h \in C_0^\infty(\mathbf{R})$.

次に, $x = (x_1, \cdots, x_d) \in \mathbf{R}^d$ に対して, $g(x) = h(|x|)$ と定義すれば, $\mathrm{supp}\, g \subset \{x \in \mathbf{R}^d | |x| \leq 1\}$ であり, g は, $|x| < 1$ において，無限回微分可能であることは容易にわかる．その他の領域では，上記の事実と合成関数の微分法により, やはり，無限回微分可能である．したがって, $g \in C_0^\infty(\mathbf{R}^d)$.

次の定理が示すように, $C_0^\infty(\mathbf{R}^d)$ は "十分たくさん" の元からなる.

【定理 1.26】 $C_0^\infty(\mathbf{R}^d)$ は, $L^2(\mathbf{R}^d)$ の位相において, $C_0(\mathbf{R}^d)$ で稠密である.

証明　$f \in C_0(\mathbf{R}^d)$ とする．上の例 1.24 で見たように, $\rho \in C_0^\infty(\mathbf{R}^d)$ で次の条件をみたすものが存在する：(i) $\rho(x) \geq 0$, $x \in \mathbf{R}^d$, (ii) $\mathrm{supp}\, \rho \subset \{x \in \mathbf{R}^d | |x| \leq 1\}$, (iii) $\int_{\mathbf{R}^d} \rho(x) dx = 1$〔たとえば, 例1.24の関数 g を用いて, $\rho(x) = g(x)/\int_{\mathbf{R}^d} g(y) dy$ とすればよい〕．正の数 $\varepsilon > 0$ に対して $\rho_\varepsilon(x) = \rho(x/\varepsilon)/\varepsilon^d$ とおき, $f_\varepsilon(x) = \int_{\mathbf{R}^d} \rho_\varepsilon(x-y) f(y) dy$ とする． $\mathrm{supp}\, \rho_\varepsilon \subset \{x \in \mathbf{R}^d | |x| \leq \varepsilon\}$ で

あるから，$R = \sup_{x \in \text{supp} f} |x|$ とすれば，$\text{supp } f_\varepsilon \subset \{x \in \mathbf{R}^d | \ |x| \leq \varepsilon + R\}$. さらに，付録 A, 定理 A.4 を応用することにより，f_ε は無限回微分可能であることがわかる．したがって，$f_\varepsilon \in C_0^\infty(\mathbf{R}^d)$. $M = \sup_{x \in \mathbf{R}^d} |f(x)|$ とすれば，これは有限であって，

$$|f_\varepsilon(x)| \leq M \int_{\mathbf{R}^d} \rho_\varepsilon(x-y) dy = M \tag{1.50}$$

また，$f_\varepsilon(x) = \int_{\mathbf{R}^d} \rho(y) f(x-\varepsilon y) dy$ と書けることに注意し，f の連続性とルベーグの優収束定理を応用すれば，$\lim_{\varepsilon \to 0} f_\varepsilon(x) = f(x), x \in \mathbf{R}^d$ を得る．$\delta > 0$ を固定し，$\varepsilon < \delta$ とすれば，$\text{supp} f_\varepsilon, \text{supp } f \subset B := \{x | \ |x| \leq \delta + R\}$. したがって，$\|f_\varepsilon - f\|_{L^2(\mathbf{R}^d)}^2 = \int_B |f_\varepsilon(x) - f(x)|^2 dx$. B のルベーグ測度は有限であるから，(1.50) 式とルベーグの優収束定理により，この式の右辺は，$\varepsilon \to 0$ のとき，0 に収束することがわかる．したがって，$L^2(\mathbf{R}^d)$ の位相で，$f_\varepsilon \to f \ (\varepsilon \to 0)$. ∎

次の事実も基本的である．

【定理 1.27】 $C_0(\mathbf{R}^d)$ は $L^2(\mathbf{R}^d)$ で稠密である．

証明 ルベーグ積分の基本的な定理によって，各 $f \in L^2(\mathbf{R}^d)$ と任意の $\varepsilon > 0$ に対して，$\int_{\mathbf{R}^d} |f(x) - f_\varepsilon(x)|^2 dx < \varepsilon$ をみたす，$f_\varepsilon \in C_0(\mathbf{R}^d)$ が存在する[11]．したがって，命題の主張が得られる．∎

定理 1.26, 定理 1.27 と命題 1.24(ii) によって，次の定理が得られる．

【定理 1.28】 $C_0^\infty(\mathbf{R}^d)$ は $L^2(\mathbf{R}^d)$ で稠密である．

定理 1.27 の応用として，次の定理が得られる．

【定理 1.29】 $L^2(\mathbf{R}^d)$ は可分である．

証明 一般に集合 $S \subset \mathbf{R}^d$ の**定義関数** (characteristic function) を χ_S で表す．すなわち，

---

[11] たとえば，伊藤清三『ルベーグ積分入門』（裳華房，1963）の p.83, 定理 12.6 の証明と同様．

$$\chi_S(x) := \begin{cases} 1 \; ; & x \in S \text{ のとき} \\ 0 \; ; & x \notin S \text{ のとき} \end{cases} \tag{1.51}$$

各 $n \in \mathbf{Z}_+$ に対して, $p_n(t) = t^n$, $t \in \mathbf{R}$ とし, $m \in \mathbf{N}, n_j \in \mathbf{Z}_+ (j = 1, \ldots, d)$ に対して,

$$F_{m;n_1,\cdots,n_d}(x) = \chi_{[-m,m]^d}(x) p_{n_1}(x_1) \cdots p_{n_d}(x_d), \quad x = (x_1, \cdots, x_d) \in \mathbf{R}^d$$

とおく. このとき, $D := \{F_{m;n_1,\cdots,n_d} | n_j \in \mathbf{Z}_+, m \in \mathbf{N}, j = 1, \cdots, d\}$ は $L^2(\mathbf{R}^d)$ の部分集合であって, 可算個の元からなる. 任意の $f \in C_0(\mathbf{R}^d)$ に対して, $\mathrm{supp} f \subset [-m,m]^d$ となる番号 m がある. したがって, f は $[-m,m]^d$ 上の連続関数とみることができる. ゆえに, ヴァイエルシュトラス (Weierstrass) の多項式近似定理[12]によって, 任意の $\varepsilon > 0$ に対して, $\sup_{x \in [-m,m]^d} |f(x) - P_\varepsilon(x)| < \varepsilon$ をみたす多項式 P_ε が存在する. これは, $\|f - \chi_{[-m,m]^d} P_\varepsilon\| \le \varepsilon (2m)^{d/2}$ を導く. $\chi_{[-m,m]^d} P_\varepsilon \in \mathcal{L}(D)$ であるから, $\mathcal{L}(D)$ は $C_0(\mathbf{R}^d)$ で稠密である. これと定理 1.27 により, $\mathcal{L}(D)$ は $L^2(\mathbf{R}^d)$ で稠密であることがわかる. ゆえに, $L^2(\mathbf{R}^d)$ は可分である. ∎

1.6.2 閉区間上の L^2 空間とフーリエ級数

開区間 $(a,b)(a < b)$ の中に台をもつ無限回連続微分可能な関数の全体を $C_0^\infty(a,b)$ とする. 定理 1.28 と同様にして, $C_0^\infty(a,b)$ は $L^2([a,b])$ で稠密であることが示される.

この項では, 例 1.9 の関数系 $\{\phi_n^{a,b}\}_{n=-\infty}^\infty$ が $L^2([a,b])$ の C.O.N.S. であることを示す. まず, $a = 0, b = 2\pi$ の場合, すなわち,

$$\varphi_n(x) := \phi_n^{0,2\pi}(x) = \frac{1}{\sqrt{2\pi}} e^{inx}, \quad x \in [0, 2\pi], \quad n = 0, \pm 1, \pm 2, \cdots \tag{1.52}$$

によって定義される関数系 $\{\varphi_n\}_{n=-\infty}^\infty$ を考える. $[0, 2\pi]$ 上の関数 f が可積分ならば,

$$a_n(f) := \int_0^{2\pi} \varphi_n(x)^* f(x) dx = \frac{1}{\sqrt{2\pi}} \int_0^{2\pi} e^{-inx} f(x) dx$$

---

[12] たとえば, クーラン＝ヒルベルト『数理物理学の方法 1』(東京図書) の第 2 章 §4 を参照.

が定義される．初等解析学でよく知られているように，$[0, 2\pi]$ 上の関数 f に対する級数

$$\sum_{n=-\infty}^{\infty} a_n(f)\varphi_n$$

は f の**フーリエ級数** (Fourier series) とよばれる．この場合，$a_n(f)$ を f の**フーリエ係数**という．フーリエ級数が収束するような関数 f のクラスをその収束の意味もこめて決定することはフーリエ級数論における基本的な問題である．次に述べる定理は，この問題に関する最も基本的で古典的な結果である．

$\mathbf{R}$ 上の連続微分可能な関数 f で $f(x) = f(x + 2\pi)$, $x \in \mathbf{R}$ をみたすものの定義域を $[0, 2\pi]$ に制限して得られる関数の全体を $C_{\mathrm{P}}^1[0, 2\pi]$ と記す〔下付き文字 P は "periodic"（周期的）の意〕．

【定理 1.30】 すべての $f \in C_{\mathrm{P}}^1[0, 2\pi]$ に対して

$$f(x) = \lim_{N \to \infty} \sum_{n=-N}^{N} a_n(f)\varphi_n(x), \quad x \in [0, 2\pi] \tag{1.53}$$

この収束は $[0, 2\pi]$ 上で一様である．

この定理の証明については，微分積分学あるいは解析学の教科書を参照されたい．なお，オイラー (Euler) の公式 $e^{inx} = \cos nx + i\sin nx$ を使えば，(1.53) 式から，3角関数による級数展開

$$f(x) = \frac{a_0}{2} + \sum_{n=1}^{\infty}(a_n\cos nx + b_n\sin nx), \; x \in [0, 2\pi] \tag{1.54}$$

が得られる．ただし，$a_0 = \frac{1}{\pi}\int_0^{2\pi} f(x)dx, a_n = \frac{1}{\pi}\int_0^{2\pi} f(x)\cos nx\, dx, b_n = \frac{1}{\pi}\int_0^{2\pi} f(x)\sin nx\, dx$．逆に，(1.54) 式から (1.53) 式を得るには，$\cos nx = (e^{inx} + e^{-inx})/2$, $\sin nx = (e^{inx} - e^{-inx})/(2i)$ を (1.54) 式に代入すればよい．したがって，(1.53) 式と (1.54) 式は同値である．微分積分学や古典解析学の教科書では，(1.54) 式をフーリエ級数という場合がある．

定理 1.30 の結果を L^2 空間論の観点からとらえるために，次の事実に注意する．

【補題 1.31】 $a, b \in \mathbf{R}\,(a < b)$ とする．関数列 $\{f_n\}_{n=1}^{\infty} \subset C[a, b]$ が $f \in C[a, b]$ に一様収束していれば，$\lim_{n \to \infty}\|f_n - f\|_{L^2([a,b])} = 0$．

証明 仮定により,任意の $\varepsilon > 0$ に対して,番号 n_0 が存在して,$n \geq n_0$ ならば,$\sup_{x \in [a,b]} |f_n(x) - f(x)| < \varepsilon$. したがって,$n \geq n_0$ のとき,$\|f_n - f\|_{L^2([a,b])} \leq \varepsilon \sqrt{b-a}$. これは,補題の主張を意味する. ∎

補題 1.31 によって,(1.53) 式は,$L^2([0,2\pi])$ の位相の意味でも収束している. これは,$\mathcal{L}(\{\varphi_n\}_{n=-\infty}^{\infty})$ が,$L^2([0,2\pi])$ の位相で,$C_{\mathrm{P}}^1[0,2\pi]$ において稠密であることを意味する. $C_0^\infty(0,2\pi) \subset C_{\mathrm{P}}^1[0,2\pi]$ であるから,$C_{\mathrm{P}}^1[0,2\pi]$ は $L^2([0,2\pi])$ で稠密である. したがって,$\mathcal{L}(\{\varphi_n\}_{n=-\infty}^{\infty})$ は $L^2([0,2\pi])$ で稠密である. よって,定理 1.23 (iv),命題 1.24 を応用することにより,次の定理が得られたことになる.

【定理 1.32】 $\{\varphi_n\}_{n=-\infty}^{\infty}$ は $L^2([0,2\pi])$ の C.O.N.S. である.

この定理のひとつの帰結として次が得られる.

【定理 1.33】 すべての $f \in L^2([0,2\pi])$ に対して,

$$\lim_{N,M \to \infty} \int_{[0,2\pi]} \left| f(x) - \sum_{n=-N}^{M} a_n(f) \varphi_n(x) \right|^2 dx = 0$$

証明 $f \in L^2([0,2\pi])$ ならば,$a_n(f) = (\varphi_n, f)_{L^2([0,2\pi])}$ と書けるから,$\{\varphi_n\}_{n=-\infty}^{\infty}$ の完全性により,$\lim_{N,M \to \infty} \|f - \sum_{n=-N}^{M} a_n(f) \varphi_n\|_{L^2([0,2\pi])} = 0$. これをあらわに書き下したものが求める式にほかならない. ∎

定理 1.33 は,上記の古典的な定理 1.30 のある種の一般化になっている. 定理 1.30 では部分和の収束は一様収束の意味においてであったが,収束の位相(収束の意味)を変えることによって,より広いクラスの関数に対して,(広い意味での)フーリエ級数展開が可能になったのである.

定理 1.32 は次の事実も意味する.

【定理 1.34】 $\{\phi_n^{a,b}\}_{n=-\infty}^{\infty}$ は $L^2([a,b])$ の C.O.N.S. である. 特に,すべての $f \in L^2([a,b])$ に対して,

$$\lim_{N,M \to \infty} \int_{[a,b]} \left| f(x) - \sum_{n=-N}^{M} (\phi_n^{a,b}, f) \phi_n^{a,b}(x) \right|^2 dx = 0 \tag{1.55}$$

証明 $f \in L^2([a,b])$ が,すべての $n \in \mathbf{Z}$ に対して,$(f, \phi_n^{a,b})_{L^2([a,b])} = 0$ をみたすとする.$x \in [a,b]$ に対して変数変換 $y = \frac{2\pi}{b-a}(x-a)$ を行うと,$\int_0^{2\pi} \tilde{f}(y)^* \varphi_n(y) dy = 0$, $n \in \mathbf{Z}$. ただし,$\tilde{f}(y) := f(\frac{b-a}{2\pi}y + a)$ であり,これは $L^2([0, 2\pi])$ に属する.したがって,定理 1.32 により,$\tilde{f} = 0$. これは,$f = 0$ を意味する.この結果と定理 1.23 (iv) により,求める結果が得られる. ∎

1.7 より一般的な空間への上昇——ノルム空間とバナッハ空間

本章を終えるにあたって,内積空間やヒルベルト空間を特殊な場合として含む,より一般的な関数解析学的空間の部類について手短に触れておきたい.

1.7.1 ノルム空間

まず,内積空間のある種の一般化を考える.これは,内積空間が有する基本構造のうち,内積そのものは捨象し,内積から導かれるノルムの特性だけを取り出すことによって達成される:

【定義 1.35】 $\mathcal{X}$ を $\mathbf{K}$ 上のベクトル空間とする.各 $\psi \in \mathcal{X}$ に対して,非負の実数 $\|\psi\| \geq 0$ が定まり,次の (N.1)〜(N.3) が成立するとする:
- (N.1)（正定値性）$\psi \in \mathcal{X}, \|\psi\| = 0$ ならば $\psi = 0$.
- (N.2) 任意の $\alpha \in \mathbf{K}$ と $\psi \in \mathcal{X}$ に対して,$\|\alpha \psi\| = |\alpha| \|\psi\|$.
- (N.3)（3角不等式）任意の $\psi, \phi \in \mathcal{X}$ に対して,$\|\psi + \phi\| \leq \|\psi\| + \|\phi\|$.

このとき,対応 $\|\cdot\| : \mathcal{X} \to [0, \infty); \mathcal{X} \ni \psi \mapsto \|\psi\|$ を $\mathcal{X}$ の**ノルム** (norm) といい,$\|\psi\|$ を ψ のノルムと呼ぶ.ベクトル空間 $\mathcal{X}$ とノルム $\|\cdot\|$ の組 $(\mathcal{X}, \|\cdot\|)$ を**ノルム空間** (normed space) という.

$\mathbf{K} = \mathbf{R}$ の場合のノルム空間を**実ノルム空間**,$\mathbf{K} = \mathbf{C}$ の場合のノルム空間を**複素ノルム空間**という.

(N.2) で $\alpha = 0$ とすれば,$\|0_\mathcal{X}\| = 0$ となるので,**零ベクトル $0_\mathcal{X}$ のノルムは 0 である**.

内積空間は,その内積から定まるノルムに関してノルム空間である.

ベクトル空間 $\mathcal{X}$ のノルム $\|\cdot\|$ は $\mathcal{X}$ から $[0, \infty)$ への写像で (N.1)〜(N.3) を満

たすものとして捉えられる．このような写像はただ一つとは限らない．したがって，$\mathcal{X}$ は，一般には，複数のノルムを持ち得る．

■ 例 1.25 ■　$\mathcal{X}$ が n 次元数ベクトル空間 $\mathbf{K}^n$ ($n \in \mathbf{N}$) の場合を考えよう．内積空間としての $\mathbf{K}^n$ (1.2.1項を参照) は，上述したように，ノルム空間であり，この場合のノルムは $\|x\|_2 := \sqrt{\sum_{j=1}^n |x_j|^2}, x = (x_1, \ldots, x_n) \in \mathbf{K}^n$ である．各 $x \in \mathbf{K}^n$ に対して

$$\|x\|_\infty := \max_{j=1,\ldots,n} |x_j|, \quad \|x\|_1 := \sum_{j=1}^n |x_j|$$

とすれば，対応 $\|\cdot\|_\infty, \|\cdot\|_1 : \mathbf{K}^n \to [0, \infty)$ はいずれも $\mathbf{K}^n$ のノルムである．したがって，$(\mathbf{K}^n, \|\cdot\|_\infty), (\mathbf{K}^n, \|\cdot\|_1)$ はノルム空間である．$\mathbf{K}^n$ の三つのノルム $\|\cdot\|_2, \|\cdot\|_\infty, \|\cdot\|_1$ は互いに異なることに注意しよう．

■ 例 1.26 ■　例 1.3 において，閉区間 $[a, b]$ 上の複素数値連続関数の全体 $C[a, b]$ が内積空間になることはすでに見た．だが，$C[a, b]$ は，この内積から定まるノルムとは異なるノルムも有する．実際，$C[a, b]$ の各元 f に対して，

$$\|f\|_\infty := \sup_{x \in [a,b]} |f(x)|$$

とおくと，この $\|\cdot\|_\infty$ は $C[a, b]$ のノルムである．

ノルム空間 $(\mathcal{X}, \|\cdot\|)$ における点列 $\{\psi_n\}_{n=1}^\infty$ ($\psi_n \in \mathcal{X}, n \in \mathbf{N}$) の収束は内積空間の場合とまったく同じに定義される．すなわち，$\lim_{n \to \infty} \|\psi_n - \psi\| = 0$ となる $\psi \in \mathcal{X}$ が存在するとき，$\{\psi_n\}_{n=1}^\infty$ は ψ に**収束する**という．この場合，ψ を $\{\psi_n\}_{n=1}^\infty$ の**極限**と呼び，$\psi = \lim_{n \to \infty} \psi_n$ と表す．収束する点列を**収束列**と呼ぶことも内積空間の場合と同様である．

ノルム空間 $(\mathcal{X}, \|\cdot\|)$ における位相的諸概念（基本列（コーシー列），有界な点列，部分集合の閉包，閉集合，開集合，稠密性等々）は内積空間の場合とまったく同じ仕方で定義される（一般に，内積空間において，ノルムだけを用いて定義される概念は，それと同一の形でノルム空間へと移行する）．

1.7.2　バナッハ空間

ノルム空間 $(\mathcal{X}, \|\cdot\|)$ におけるすべてのコーシー列（基本列）が収束列で

あるとき，$(\mathcal{X}, \|\cdot\|)$ は**完備**であるという．完備なノルム空間を**バナッハ空間** (Banach space) と呼ぶ．

明らかに，ヒルベルト空間はそのノルムに関してバナッハ空間である．

■ **例 1.27** ■ $(\mathbf{K}^n, \|\cdot\|_2), (\mathbf{K}^n, \|\cdot\|_\infty), (\mathbf{K}^n, \|\cdot\|_1)$ はバナッハ空間である[13]．

■ **例 1.28** ■ $(C[a,b], \|\cdot\|_\infty)$ はバナッハ空間である．

<証明：$\{f_n\}_{n=1}^\infty$ を $(C[a,b], \|\cdot\|_\infty)$ の任意のコーシー列とすれば，各 $\varepsilon > 0$ に対して，$n_0 \in \mathbf{N}$ があって，$n, m \geq n_0$ ならば $\|f_n - f_m\|_\infty < \varepsilon$ が成り立つ．したがって，$|f_n(x) - f_m(x)| < \varepsilon, x \in [a,b] \cdots (*)\ (n, m \geq n_0)$．これは，各 $x \in [a,b]$ に対して，$\{f_n(x)\}_{n=1}^\infty$ が $\mathbf{C}$ のコーシー列であることを意味する．したがって，$\mathbf{C}$ の完備性により，$f(x) := \lim_{n\to\infty} f_n(x)$ が存在する．そこで，$(*)$ において，$m \to \infty$ とすれば，$|f_n(x) - f(x)| \leq \varepsilon, x \in [a,b]\ (n \geq n_0)$ を得るので，$\sup_{x \in [a,b]} |f_n(x) - f(x)| \leq \varepsilon, n \geq n_0$ が導かれる．したがって，f_n は f に $[a,b]$ 上一様収束する．ゆえに，$f \in C[a,b]$ であり，$\|f_n - f\|_\infty \leq \varepsilon, n \geq n_0$ が成り立つ．これは，$(C[a,b], \|\cdot\|_\infty)$ において，$\lim_{n\to\infty} f_n = f$ を意味する．よって，$(C[a,b], \|\cdot\|_\infty)$ は完備である．>

【**命題 1.36**】 $(\mathcal{X}, \|\cdot\|)$ を $\mathbf{K}$ 上のバナッハ空間，$\mathcal{M}$ を $(\mathcal{X}, \|\cdot\|)$ の閉部分空間とする．このとき，$(\mathcal{M}, \|\cdot\|)$ は $\mathbf{K}$ 上のバナッハ空間である．

証明 $\{\psi_n\}_n$ を $(\mathcal{M}, \|\cdot\|)$ のコーシー列とすれば，それは $(\mathcal{X}, \|\cdot\|)$ のコーシー列である．したがって，$(\mathcal{X}, \|\cdot\|)$ の完備性により，極限 $\psi := \lim_{n\to\infty} \psi_n$ が $\mathcal{X}$ の中に存在する．だが，$\mathcal{M}$ は閉集合であるから，$\psi \in \mathcal{M}$ である．したがって，$\{\psi_n\}_n$ は $\mathcal{M}$ において収束する．ゆえに $(\mathcal{M}, \|\cdot\|)$ は完備，すなわち，バナッハ空間である． ∎

1.7.3 完備でないノルム空間の完備化

例 1.13 で見たように，完備でない内積空間，したがって，完備でないノルム空間も存在する．だが，実は，完備でないノルム空間は，ある仕方で，バナッハ空間へと拡大することができる．この拡大の方法の考え方自体は，有理数の

---

[13] 証明は読者の演習とする（$\mathbf{K}$ の完備性に帰着させる）．

全体を完備化して実数体を構成する方法の考え方と同様である.

$\mathcal{X}$ を完備でないノルム空間とし，$\mathrm{CS}(\mathcal{X})$ を $\mathcal{X}$ のコーシー列の全体としよう. 二つのコーシー列 $\{\psi_n\}_n, \{\phi_n\}_n \in \mathrm{CS}(\mathcal{X})$ に対して，関係 $\sim$ を次のように定義する：

$$\{\psi_n\}_n \sim \{\phi_n\}_n \stackrel{\mathrm{def}}{\iff} \lim_{n\to\infty}\|\psi_n - \phi_n\| = 0.$$

この関係 $\sim$ が同値関係であることを示すのは難しくない．この同値関係による商集合を $\widetilde{\mathcal{X}}$ とする：

$$\widetilde{\mathcal{X}} := \mathrm{CS}(\mathcal{X})/\sim = \{[\{\psi_n\}_n] | \{\psi_n\}_n \in \mathrm{CS}(\mathcal{X})\}.$$

ただし，$[\{\psi_n\}_n]$ は $\{\psi_n\}_n$ の同値類を表す．商集合 $\widetilde{\mathcal{X}}$ には和とスカラー倍が次のように定義される：

$$[\{\psi_n\}_n] + [\{\phi_n\}_n] := [\{\psi_n + \phi_n\}_n],$$
$$\alpha[\{\psi_n\}_n] := [\{\alpha\psi_n\}_n], \quad \alpha \in \mathbf{K}, \{\psi_n\}_n, \{\phi_n\}_n \in \mathrm{CS}(\mathcal{X}).$$

$\{\psi_n\}_n \sim \{\psi'_n\}_n \in \mathrm{CS}(\mathcal{X}), \{\phi_n\}_n \sim \{\phi'_n\}_n \in \mathrm{CS}(\mathcal{X})$ ならば $\{\psi_n + \phi_n\}_n \sim \{\psi'_n + \phi'_n\}_n, \{\alpha\psi_n\}_n \sim \{\alpha\psi'_n\}_n$ が成り立つので，この定義は同値類の代表元の選び方によらないこと，したがって，意味をもつことがわかる．さらに，いま導入した和とスカラー倍に関して，$\widetilde{\mathcal{X}}$ は $\mathbf{K}$ 上のベクトル空間となることがわかる．この場合，零ベクトルは $[\{0_\mathcal{X}\}_n]$（$\{0_\mathcal{X}\}_n$ はすべての項が $0_\mathcal{X}$ である点列）であり，$[\{\psi_n\}_n]$ の逆ベクトルは $[\{-\psi_n\}_n]$ である.

ノルムに対する 3 角不等式により，$\widetilde{\mathcal{X}}$ の各元 $[\{\psi_n\}_n]$ に対して，$|\|\psi_n\| - \|\psi_m\|| \leq \|\psi_n - \psi_m\|, n, m \in \mathbf{N}$ が成立するので（証明は，(1.30) のそれと同様），$\{\|\psi_n\|\}_n$ は $\mathbf{R}$ のコーシー列である．したがって，$\lim_{n\to\infty}\|\psi_n\|$ が存在する．そこで

$$\|[\{\psi_n\}_n]\|_{\widetilde{\mathcal{X}}} := \lim_{n\to\infty}\|\psi_n\| \geq 0$$

とすれば，この $\|\cdot\|_{\widetilde{\mathcal{X}}} : \widetilde{\mathcal{X}} \to [0, \infty)$ は $\widetilde{\mathcal{X}}$ のノルムであることが示される（$\|[\{\psi_n\}_n]\|_{\widetilde{\mathcal{X}}} = 0$ ならば $\lim_{n\to\infty}\|\psi_n\| = 0$ であるので，$\{\psi_n\}_n \sim \{0_\mathcal{X}\}_n$. したがって，$[\{\psi_n\}_n] = 0_{\widetilde{\mathcal{X}}}$. ゆえに正定値性が成立する．他の特性は $\|\cdot\|$ に対する (N.2), (N.3) から導かれる）.

次に，ノルム空間 $(\widetilde{\mathcal{X}}, \|\cdot\|_{\widetilde{\mathcal{X}}})$ は完備であることを示そう.

1.7 より一般的な空間への上昇——ノルム空間とバナッハ空間　51

各 $\psi \in \mathcal{X}$ に対して，すべての項が同じ ψ である点列（定点列）を $\{\psi\}_n$ と記す：$\{\psi\}_n := \{\underset{\text{第1項}}{\psi}, \underset{\text{第2項}}{\psi}, \ldots, \underset{\text{第}n\text{項}}{\psi}, \ldots\}$. したがって，$[\{\psi\}_n] = \{\{\phi_n\}_n \in \mathrm{CS}(\mathcal{X}) | \lim_{n\to\infty} \phi_n = \psi\}$. 明らかに

$$\|[\{\psi\}_n]\|_{\widetilde{\mathcal{X}}} = \|\psi\|, \quad \psi \in \mathcal{X}. \tag{1.56}$$

定点列の同値類の全体

$$[\mathcal{X}] := \{[\{\psi\}_n] | \psi \in \mathcal{X}\}$$

は $\widetilde{\mathcal{X}}$ の部分空間である．次の補題は，$[\mathcal{X}]$ が $\widetilde{\mathcal{X}}$ で稠密であることを語る：

【補題 1.37】 任意の $\Psi := [\{\psi_n\}_n] \in \widetilde{\mathcal{X}}$ に対して，$\Psi^{(k)} := [\{\psi_k\}_n] \in [\mathcal{X}]$ （すべての項が ψ_k である定点列）とすれば $\lim_{k\to\infty} \|\Psi^{(k)} - \Psi\|_{\widetilde{\mathcal{X}}} = 0$.

証明　ノルム $\|\cdot\|_{\widetilde{\mathcal{X}}}$ の定義から，$\|\Psi^{(k)} - \Psi\|_{\widetilde{\mathcal{X}}} = \lim_{n\to\infty} \|\psi_k - \psi_n\|$. $\{\psi_n\}_n$ はコーシー列であるから，$\lim_{k\to\infty} \lim_{n\to\infty} \|\psi_k - \psi_n\| = 0$. したがって，$\lim_{k\to\infty} \|\Psi^{(k)} - \Psi\|_{\widetilde{\mathcal{X}}} = 0$. ∎

さて，$\{\Psi_N\}_N$ を $\widetilde{\mathcal{X}}$ の任意のコーシー列とすれば，各 $\varepsilon > 0$ に対して，$n_0 \in \mathbf{N}$ が存在して，$\|\Psi_N - \Psi_M\|_{\widetilde{\mathcal{X}}} < \varepsilon, N, M \geq n_0$ が成り立つ．補題1.37によって，各 N に対して，$\Phi_N \in [\mathcal{X}]$ で $\|\Phi_N - \Psi_N\|_{\widetilde{\mathcal{X}}} < 1/N$ を満たすものが存在する．$\Phi_N = [\{\phi_N\}_n] (\phi_N \in \mathcal{X})$ とすれば

$$\begin{aligned}
\|\phi_N - \phi_M\| &= \|\Phi_N - \Phi_M\|_{\widetilde{\mathcal{X}}} \\
&= \|(\Phi_N - \Psi_N) + (\Psi_N - \Psi_M) + (\Psi_M - \Phi_M)\|_{\widetilde{\mathcal{X}}} \\
&\leq \|\Phi_N - \Psi_N\|_{\widetilde{\mathcal{X}}} + \|\Psi_N - \Psi_M\|_{\widetilde{\mathcal{X}}} + \|\Psi_M - \Phi_M\|_{\widetilde{\mathcal{X}}} \\
&< \varepsilon + \frac{1}{N} + \frac{1}{M} \quad (N, M \geq n_0).
\end{aligned}$$

したがって，$\{\phi_n\}_n \in \mathrm{CS}(\mathcal{X})$. そこで，$\Phi := [\{\phi_n\}_n] \in \widetilde{\mathcal{X}}$ とすれば

$$\begin{aligned}
\|\Psi_N - \Phi\|_{\widetilde{\mathcal{X}}} &\leq \|\Psi_N - \Phi_N\|_{\widetilde{\mathcal{X}}} + \|\Phi_N - \Phi\|_{\widetilde{\mathcal{X}}} \\
&< \frac{1}{N} + \lim_{n\to\infty} \|\phi_N - \phi_n\| \\
&\leq \varepsilon + \frac{2}{N} \quad (N \geq n_0).
\end{aligned}$$

したがって，$\lim_{N\to\infty}\Psi_N=\Phi$. ゆえに，$\widetilde{\mathcal{X}}$ の任意のコーシー列は収束する. よって，$\widetilde{\mathcal{X}}$ は完備である. こうして，ノルム空間 $(\widetilde{\mathcal{X}},\|\cdot\|_{\widetilde{\mathcal{X}}})$ はバナッハ空間であることがわかる.

ところで，対応：$\mathcal{X}\ni\psi\mapsto[\{\psi\}_n]\in[\mathcal{X}]$ は 1 対 1 である（$\because[\{\psi\}_n]=[\{\phi\}_n]\,(\psi,\phi\in\mathcal{X})$ ならば $0=\|[\{\psi\}_n]-[\{\phi\}_n]\|_{\widetilde{\mathcal{X}}}=\|\psi-\phi\|$. したがって，$\psi=\phi$). また，任意の ψ,ϕ の和 $\psi+\phi$ には，$[\{\psi\}_n]+[\{\phi\}_n]$ が対応し（$\because[\{\psi+\phi\}_n]=[\{\psi\}_n]+[\{\phi\}_n]$)，スカラー倍 $\alpha\psi(\alpha\in\mathbf{K})$ には $\alpha[\{\psi\}_n]$ が対応する. さらに，(1.56) によって，この対応はノルムを変えない. したがって，$(\mathcal{X},\|\cdot\|)$ のノルム空間としての構造はノルム空間 $([\mathcal{X}],\|\cdot\|_{\widetilde{\mathcal{X}}})$ のそれと同じである. ゆえに，ノルム空間として，$(\mathcal{X},\|\cdot\|)$ と $([\mathcal{X}],\|\cdot\|_{\widetilde{\mathcal{X}}})$ を同一視することが可能である. この同一視と補題 1.37 によって，$(\mathcal{X},\|\cdot\|)$ はバナッハ空間 $(\widetilde{\mathcal{X}},\|\cdot\|_{\widetilde{\mathcal{X}}})$ の稠密な部分空間とみることができる. この意味において，バナッハ空間 $(\widetilde{\mathcal{X}},\|\cdot\|_{\widetilde{\mathcal{X}}})$ を $(\mathcal{X},\|\cdot\|)$ の**完備化**と呼ぶ.

1.7.4　内積空間の完備化

$\mathcal{X}$ が完備でない内積空間の場合を考えよう. この場合，$\Psi=[\{\psi_n\}_n],\Phi=[\{\phi_n\}_n]\in\widetilde{\mathcal{X}}$ に対して

$$(\Psi,\Phi):=\lim_{n\to\infty}(\psi_n,\phi_n) \tag{1.57}$$

によって写像 $(\cdot,\cdot):\widetilde{\mathcal{X}}\times\widetilde{\mathcal{X}}\to\mathbf{K}$ を導入すると，これは内積であることがわかる（上式の右辺が代表元の選び方に依らないことは，$\{\psi_n\}_n\sim\{\psi'_n\}_n,\{\phi_n\}_n\sim\{\phi'_n\}_n$ とすれば，$|(\psi_n,\phi_n)-(\psi'_n,\phi'_n)|\leq|(\psi_n-\psi'_n,\phi_n)|+|(\psi'_n,\phi_n-\phi'_n)|\leq\|\psi_n-\psi'_n\|\|\phi_n\|+\|\psi'_n\|\|\phi_n-\phi'_n\|\to 0(n\to\infty)$ からわかる). 明らかに，$\sqrt{(\Psi,\Psi)}=\|\Psi\|_{\widetilde{\mathcal{X}}}$ であるので，$\widetilde{\mathcal{X}}$ は (1.57) によって定義される内積に関してヒルベルト空間になる. このヒルベルト空間を**内積空間 $\mathcal{X}$ の完備化**と呼ぶ.

こうして，任意の完備でない内積空間は，あるヒルベルト空間の稠密な部分空間と同一視できることがわかる.

練 習 問 題

1. (1.1) 式を証明せよ.
2. (1.2)〜(1.4) 式を証明せよ.

3. $\{\psi_j\}_{j=1}^n$ をベクトル空間 $\mathbf{V}$ の基底とする. $\mathbf{V}$ の任意のベクトル ψ に対して, ただひとつの数の組 $\{\alpha_j\}_{j=1}^n \subset \mathbf{K}$ が存在して, $\psi = \sum_{j=1}^n \alpha_j \psi_j$ と一意的に表されることを示せ.
4. $f_n(x) = e^{nx}$, $x \in [a,b]$ とおく ($n = 0, 1, 2, \cdots$). このとき, 任意の n に対して, $f_0, f_1, \cdots, f_n$ は $C[a,b]$ において一次独立であることを示せ.
5. $f_n(x) = e^{inx}$, $x \in [a,b]$ ($n = 0, \pm 1, \pm 2, \cdots$) とおく. このとき, 任意の自然数 m, n に対して, $\{f_k\}_{k=-m}^n$ は $C[a,b]$ において一次独立であることを示せ. この結果を用いて, 任意の自然数 m, n に対して,

$$\{\sin x, \cdots, \sin mx\}, \quad \{1, \cos x, \cdots, \cos nx\},$$

$$\{\sin x, \cdots, \sin mx, 1, \cos x, \cdots, \cos nx\}$$

は, いずれも, $C[a,b]$ において一次独立なベクトルの組であることを示せ.
6. ベクトル空間 $\mathbf{R}^X$ を考える (例 1.4 で $\mathbf{V} = \mathbf{R}$ の場合). X の元 x において 1 の値をとり, X の他の元では 0 となる関数を e_x で表す: $e_x(x) = 1$, $e_x(y) = 0$, $y \neq x, y \in X$ (明らかに, $e_x \in \mathbf{R}^X$).
   (i) 相異なる任意の点 $x_1, \cdots, x_n \in X$ ($n \in \mathbf{N}$) に対して, $e_{x_1}, \cdots, e_{x_n}$ は一次独立であることを示せ.
   (ii) $\{e_x\}_{x \in X}$ によって生成される部分空間はどのようなものか. $\{e_x\}_{x \in X}$ によって生成される部分空間を**集合 X から生成されるベクトル空間**という. $\{e_x\}_{x \in X}$ はこのベクトル空間の**標準的な基底**とよばれる.
7. (1.16) 式を証明せよ.
8. (1.29) 式と (1.30) 式が同値であることを示せ.
9. $\ell = 0, 1, 2, \cdots$ に対して,

$$P_\ell(x) = \frac{1}{2^\ell \ell!} \frac{d^\ell}{dx^\ell}(x^2 - 1)^\ell, \quad x \in \mathbf{R}$$

とおく〔$P_0(x) = 1$〕. このとき, P_ℓ は ℓ 次の多項式であり, $\{\sqrt{2\ell+1}P_\ell/\sqrt{2}\}_{\ell=0}^\infty$ は $L^2([-1,1])$ の正規直交系であることを示せ. 多項式 P_ℓ をルジャンドル (Legendre) の**多項式**という.
10. $n = 0, 1, 2, \cdots$ に対して

$$H_n(x) = (-1)^n e^{x^2} \frac{d^n}{dx^n} e^{-x^2}, \quad x \in \mathbf{R}$$

とおく. このとき, H_n は n 次の多項式であり, $\{e^{-x^2/2}H_n(x)/\pi^{1/4}\sqrt{2^n n!}\}_{n=0}^\infty$ は $L^2(\mathbf{R})$ における正規直交系であることを示せ. 多項式 H_n を**エルミート** (Hermite) **多項式**という.

11. $\mathcal{H}$ が可分であるための必要十分条件は,たかだか可算個の元からなる稠密な部分集合が存在することである.これを証明せよ.[14]

12. ヒルベルト空間 $\mathcal{H}$ の部分集合 $\mathcal{D}$ とベクトル ϕ に対して,$\mathcal{D}+\phi := \{\psi+\phi | \psi \in \mathcal{D}\}$ をベクトル ϕ による,$\mathcal{D}$ の**並進**あるいは**平行移動**という.$\mathcal{H}$ が無限次元のとき,半径 r の開球 B_r(例 1.18)は,適当な $\delta < r$ に対して,互いに共通部分をもたない,B_δ の並進を無限個含むことを示せ.

> **!注意.** この事実は次の否定的な結果を意味する.無限次元ヒルベルト空間上においては,並進不変な測度で開球の測度が有限の正の値をとるものは存在しない〔$\mathcal{H}$ 上の測度 μ が並進不変であるとは,$\mathcal{H}$ の任意のボレル集合 $\mathcal{D}$ と任意の $\phi \in \mathcal{H}$ に対して,$\mu(\mathcal{D}+\phi) = \mu(\mathcal{D})$ が成り立つときをいう〕.

13. $L^2(\mathbf{R})$ の部分集合 $L^2_{\text{even}}(\mathbf{R}) := \{f \in L^2(\mathbf{R}) | f(x) = f(-x) \text{ a.e.} x\}$, $L^2_{\text{odd}}(\mathbf{R}) := \{f \in L^2(\mathbf{R}) | f(x) = -f(-x) \text{ a.e.} x\}$ を考える.
  (i) $L^2_{\text{even}}(\mathbf{R})$, $L^2_{\text{odd}}(\mathbf{R})$ は閉部分空間であることを示せ.
  (ii) $L^2_{\text{even}}(\mathbf{R}) \perp L^2_{\text{odd}}(\mathbf{R})$ を示せ.
  (iii) 任意の $f \in L^2(\mathbf{R})$ は,$f = f_+ + f_-$〔$f_+ \in L^2_{\text{even}}(\mathbf{R}), f_- \in L^2_{\text{odd}}(\mathbf{R})$〕と一意的に表されることを示せ.

14. $L^2(\mathbf{R})$ の部分集合 $L^2_+(\mathbf{R}) := \{f \in L^2(\mathbf{R}) | f(x) = 0 \text{ a.e. } x \in (-\infty, 0]\}$, $L^2_-(\mathbf{R}) := \{f \in L^2(\mathbf{R}) | f(x) = 0 \text{ a.e. } x \in [0, \infty)\}$ を考える.
  (i) $L^2_\pm(\mathbf{R})$ は閉部分空間であることを示せ.
  (ii) $L^2_+(\mathbf{R}) \perp L^2_-(\mathbf{R})$ を示せ.
  (iii) 任意の $f \in L^2(\mathbf{R})$ は,$f = f_+ + f_-$〔$(f_+ \in L^2_+(\mathbf{R}), f_- \in L^2_-(\mathbf{R})$〕と一意的に表されることを示せ.

15. 次の条件 (i)~(iii) をみたす関数 $f_n \in C_0^\infty(\mathbf{R})(n=1,2,3,\cdots)$ をつくれ.
  (i) $0 \le f_n(x) \le 1, x \in \mathbf{R}$, (ii) $|x| \le n$ ならば $f_n(x) = 1$, (iii) $|x| \ge n+1$ ならば,$f_n(x) = 0$(ヒント:定理 1.26 の証明).

16. 閉区間 $[0,1]$ 上の複素数値関数 f で,$[0,1]$ のたかだか可算個の点以外では 0 であって,かつ $\sum_{x \in [0,1]} |f(x)|^2 < \infty$ をみたすものの全体を $\ell^2([0,1])$ とする(和は f によって決まるたかだか可算個の点にわたる).
  (i) $\ell^2([0,1])$ は複素ベクトル空間であることを示せ.
  (ii) $\ell^2([0,1])$ には,$(f, g) = \sum_{x \in [0,1]} f(x)^* g(x)$〔$f, g \in \ell^2([0,1])$〕によって内積が定義され〔$f(x)^* g(x)$ が 0 でない点 x の個数もたかだか可算個である〕,この内積に関して,$\ell^2([0,1])$ はヒルベルト空間になることを示せ.

---

14) この命題を可分性の定義とする場合もある.

(iii) 各 $x \in [0,1]$ に対して,関数 $e_x \in \ell^2([0,1])$ を $e_x(x) = 1, e_x(y) = 0$, $y \neq x, y \in [0,1]$ によって定義すれば,$\{e_x\}_{x \in [0,1]}$ は $\ell^2([0,1])$ の正規直交系であることを示せ.

(iv) (iii) を用いて,$\ell^2([0,1])$ は可分でないことを示せ.

17. 関数系 $\frac{1}{\sqrt{2\pi}}$, $\frac{1}{\sqrt{\pi}} \sin nx$, $\frac{1}{\sqrt{\pi}} \cos nx$, $n = 1, 2, \cdots$ は $L^2([0, 2\pi])$ の C.O.N.S. であることを示せ.(ヒント:定理 1.32 を用いよ.)

18. $\mathcal{H}_i (i = 1, 2)$ をヒルベルト空間とし,$\mathcal{D}_i \subset \mathcal{H}_i (i = 1, 2)$ を部分空間とする.$\mathcal{D}_1 \oplus \mathcal{D}_2 \subset \mathcal{H}_1 \oplus \mathcal{H}_2$ を $\mathcal{D}_1$ と $\mathcal{D}_2$ のベクトル空間としての直和とする.

(i) $\overline{\mathcal{D}_1 \oplus \mathcal{D}_2} = \overline{\mathcal{D}_1} \oplus \overline{\mathcal{D}_2}$ を示せ.

(ii) $\mathcal{D}_i$ が $\mathcal{H}_i (i = 1, 2)$ で稠密ならば,$\mathcal{D}_1 \oplus \mathcal{D}_2$ は $\mathcal{H}_1 \oplus \mathcal{H}_2$ で稠密であることを示せ.

2

ヒルベルト空間上の線形作用素

　一般に，ベクトル空間の部分空間からベクトル空間への写像で線形性とよばれる条件をみたすものを線形作用素という．この章の主題はヒルベルト空間における線形作用素の一般論である．ヒルベルト空間上の線形作用素には2種類ある．すなわち，有界線形作用素と非有界線形作用素である．まず，前者の基本的な性質を調べる．有界線形作用素でその値域が $\mathbf{K}$ の部分集合であるようなものは有界線形汎関数とよばれる．この特殊な線形作用素は内積を用いて表現される（リースの表現定理）．有界線形作用素の別の特殊なクラスとしてユニタリ作用素を導入し，ヒルベルト空間の同型の概念を定義する．有界線形作用素の無限級数も考察する．次に，非有界線形作用素の場合も含む形で理論を展開する．線形作用素の中でも特に興味があり，有用なのは閉作用素，可閉作用素とよばれる2つのクラスである．複素ヒルベルト空間上の線形作用素に対して，スペクトルとよばれる，$\mathbf{C}$ の部分集合が定義される．これは線形作用素を数と結びつける概念のひとつである．量子力学との関連で特に重要なのは対称作用素と自己共役作用素である（後者は前者の特別な場合）．これらの作用素の一般的性質を論じる．さらに，有界線形作用素の範疇において基本的かつ重要な部類の一つをなすコンパクト作用素について論述する．

2.1 線形作用素

　$\mathcal{H}, \mathcal{K}$ を $\mathbf{K}$ 上のヒルベルト空間，$\mathcal{D}$ を $\mathcal{H}$ の部分空間とする．T を $\mathcal{D}$ から $\mathcal{K}$ への写像，すなわち，$\mathcal{D}$ の各ベクトル ψ に対して，$\mathcal{K}$ のベクトル $T(\psi)$ をひとつ定める対応とする（このことを $T: \mathcal{D} \to \mathcal{K}$ と記す）．すべての $\psi, \phi \in \mathcal{D}$, $\alpha \in \mathbf{K}$ に対して，

$$T(\psi + \phi) = T(\psi) + T(\phi), \quad T(\alpha\psi) = \alpha T(\psi) \tag{2.1}$$

が成立するとき，T は**線形** (linear) であるといい，T を $\mathcal{H}$ から $\mathcal{K}$ への**線形作用素** (linear operator) という．この場合，$\mathcal{D}$ を T の**定義域** (domain) とよび，$\mathcal{D} = D(T)$ と記す．線形作用素のことを**線形演算子**あるいは**線形変換**（**一次変換**；linear transformation）ともいう．ベクトル $\psi \in D(T)$ に対して，$T(\psi) \in \mathcal{K}$ を T による ψ の**像** (image)，ψ から $T(\psi)$ を得る働きを ψ に対する T の**作用** (operation) という．

線形作用素は，ひらたくいえば，その定義域に属するベクトルの和には和を，スカラー倍には同じスカラーによるスカラー倍を対応させる写像である〔これが (2.1) 式——線形性——の意味である〕．この意味で，線形作用素は，空間の線形構造を保存する．

$\mathcal{H}$ から $\mathcal{K}$ への線形作用素 T について，(2.1) 式を繰り返し用いることにより，すべての $\psi_j \in D(T)$, $\alpha_j \in \mathbf{K}$, $j = 1, \cdots, n$, $n \in \mathbf{N}$ に対して，

$$T\left(\sum_{j=1}^{n} \alpha_j \psi_j\right) = \sum_{j=1}^{n} \alpha_j T(\psi_j) \tag{2.2}$$

が成立することがわかる．

便宜上，$\mathcal{H}$ からそれ自体への線形作用素を $\mathcal{H}$ 上の線形作用素ということにする．ただし，こういったからといって，そのような線形作用素の定義域は $\mathcal{H}$ 全体であるとは限らないことに注意されたい．線形作用素の定義域の概念は，$\mathcal{H}$ 全体では定義されえないような線形作用素をきちんと扱うために必要とされる．その重要性は，本書の叙述が進む中で徐々に明らかになるはずである．

本書では，線形作用素しか扱わないので，線形作用素のことをしばしば単に作用素とよぶ．また，記号上の簡略化のため，$T(\psi) = T\psi$ 〔$\psi \in D(T)$〕とも記す．

線形作用素のうちで簡単で基本的なもののひとつは，$\mathcal{H}$ の各ベクトル ψ に ψ 自体を対応させる写像 $I_\mathcal{H}$ である：$I_\mathcal{H}\psi := \psi$．この写像を $\mathcal{H}$ 上の**恒等作用素** (identity) あるいは**単位作用素**という．どのヒルベルト空間の恒等作用素かが明らかな場合は，$I_\mathcal{H}$ を単に I と記す．

簡単な線形作用素のもう一つの例として，各 $\psi \in \mathcal{H}$ に $\mathcal{K}$ の零ベクトル $0_\mathcal{K}$ を対応させる写像 $0_{\mathcal{H},\mathcal{K}} : \mathcal{H} \to \mathcal{K}; 0_{\mathcal{H},\mathcal{K}}(\psi) := 0_\mathcal{K}, \psi \in \mathcal{H}$ がある．これは $\mathcal{H}$ か

らのへの**零作用素**と呼ばれる．混乱の恐れがない限り，零作用素は単に0と記される．

■ **例 2.1** ■ **行列から定まる線形作用素.** $A = (A_{ij})_{1\leq i\leq n,\ 1\leq j\leq m}$ を $n\times m$ 複素行列とし，各 $z = (z_1,\cdots,z_m) \in \mathbf{C}^m$ に対して，$w_i = \sum_{j=1}^m A_{ij}z_j$, $i = 1,\cdots,n$ とおく．このとき，対応 $\hat{A}: z \mapsto \hat{A}(z) := (w_1,\cdots,w_n) \in \mathbf{C}^n$ は，$\mathbf{C}^m$ 全体を定義域とする，$\mathbf{C}^m$ から $\mathbf{C}^n$ への線形作用素である．

!注意. 一般に，$\mathcal{H},\mathcal{K}$ がともに $\mathbf{K}$ 上の有限次元ヒルベルト空間で $\dim\mathcal{H} = m$, $\dim\mathcal{K} = n$ ならば，$\mathcal{H},\mathcal{K}$ の基底をそれぞれひとつ定めることにより，$\mathcal{H},\mathcal{K}$ はそれぞれ，$\mathbf{K}^m, \mathbf{K}^n$ と同一視される．これと対応して，$\mathcal{H}$ から $\mathcal{K}$ への線形作用素は，n 行 m 列の行列によって表示される．これは線形代数学においてよく知られた事実である[1]．

■ **例 2.2** ■ 各 $f \in C_0^1(\mathbf{R}) \subset L^2(\mathbf{R})$ に対して，導関数 $f'(= df/dx)$ は $C_0(\mathbf{R}) \subset L^2(\mathbf{R})$ の元であるから，対応 $\hat{D}: f \mapsto f'$ は $C_0^1(\mathbf{R})$ から $L^2(\mathbf{R})$ への写像を定める．（厳密にいえば，$\hat{D}$ は f の同値類 $[f]$ を f' の同値類 $[f']$ に対応させる写像として定義される．だが，ここでは——また，以下においても——例1.16で述べた記法上の約束にしたがう）．微分演算の線形性により，$\hat{D}$ は線形である．したがって，$\hat{D}$ は $C_0^1(\mathbf{R})$ を定義域とする，$L^2(\mathbf{R})$ 上の線形作用素である．線形作用素 $\hat{D}$ は，**微分作用素** (differential operator) とよばれる線形作用素のクラスに属し，通常，$\hat{D} = d/dx$ と記される．作用素 $\hat{D}$ は $L^2(\mathbf{R})$ 全体では定義されえないことに注意しよう．なぜなら，微分可能でない $L^2(\mathbf{R}^d)$ の元に対しては，$\hat{D}$ の作用は意味がないからである．

■ **例 2.3** ■ $z_n, n = 1, 2, \cdots,$ を絶対値が1の複素数とする：$|z_n| = 1$, $n \in \mathbf{N}$. 任意の $a = \{a_n\}_{n=1}^\infty \in \ell^2$ に対して，$\sum_{n=1}^\infty |z_n a_n|^2 = \sum_{n=1}^\infty |a_n|^2 = \|a\|^2$ であるから，$\{z_n a_n\}_{n=1}^\infty \in \ell^2$ である．したがって，$T_z a := \{z_n a_n\}_{n=1}^\infty$ とすれば，対応 $T_z: a \mapsto T_z a$ は ℓ^2 からそれ自体への写像である．この写像が線形であることは容易に確かめられる．したがって，T_z は，ℓ^2 全体で定義された，ℓ^2 上の線形作用素である．

---

[1] たとえば，本講座第2巻，佐武一郎『線形代数』を参照．

線形作用素に関する基本的な概念を定義する．

$\mathcal{H}$ から $\mathcal{K}$ への2つの線形作用素 S, T について，次の2つの条件 (i), (ii) がみたされるとき，S と T は**等しい**といい，$S = T$ と記す．(i) $D(S) = D(T)$（定義域が等しい），(ii) すべての $\psi \in D(S)\, [= D(T)]$ に対して $S\psi = T\psi$（作用が等しい）．

T を $\mathcal{H}$ から $\mathcal{K}$ への線形作用素とする．$\psi \neq \phi$ であるような $\psi, \phi \in D(T)$ に対して，$T\psi \neq T\phi$ であるとき，T は **1対1** (one-to-one) あるいは**単射** (injection) であるという．これは，言い換えれば，$T\psi = T\phi\, [\psi, \phi \in D(T)]$（像が等しい）ならば，$\psi = \phi$ が成立する（もとのベクトルも等しい）ということである．

T を作用させると零ベクトルとなるような〔$D(T)$ に属する〕ベクトルの集合

$$\ker T := \{\psi \in D(T) | T\psi = 0\} \qquad (2.3)$$

を T の**核** (kernel) あるいは**零空間** (null space) という．T の線形性によって，$\ker T$ は $\mathcal{H}$ の部分空間であることがわかる．この空間を用いて，線形作用素の単射性を特徴づけることができる．

【**命題 2.1**】 T が単射であるための必要十分条件は，$\ker T = \{0\}$ となることである．

証明 条件の必要性の証明は簡単である（$T0 = 0$ に注意）．十分性を示そう．$\ker T = \{0\}$ とする．$T\psi = T\phi\, [\psi, \phi \in D(T)]$ とすれば，線形性により，$T(\psi - \phi) = 0$．したがって，仮定により，$\psi - \phi = 0$，すなわち，$\psi = \phi$．ゆえに T は単射である． ∎

■ **例 2.4** ■ 例 2.3 の作用素 T_z は単射である．実際，$T_z a = 0$ ならば，$z_n a_n = 0, n \in \mathbf{N}$ であるから，$a_n = 0, n \in \mathbf{N}$（$z_n \neq 0, n \in \mathbf{N}$ に注意）．すなわち，$a = 0$．ゆえに，$\ker T_z = \{0\}$．

T による像の全体

$$R(T) := \{T\psi | \psi \in D(T)\} \qquad (2.4)$$

は $\mathcal{K}$ の部分空間である（確かめよ）．この部分空間を T の**値域** (range) という．

$R(T) = \mathcal{K}$ が成立するとき，T は**全射** (surjection) であるという．これは，

任意の $\phi \in \mathcal{K}$ に対して，$T\psi = \phi$ となる $\psi \in D(T)$ が存在するということと同じである．

T が全射であり，かつ単射ならば，T は**全単射** (bijection) であるという．

S を $\mathcal{K}$ からヒルベルト空間 $\mathcal{X}$ への線形作用素とする．このとき，

$$D(ST) := \{\psi \in D(T) | T\psi \in D(S)\}$$

は $\mathcal{H}$ の部分空間である（この部分空間は，言葉で述べれば，T の定義域に属するベクトル ψ のうち，$T\psi$ が S の定義域にはいるものの全体である）．各 $\psi \in D(ST)$ に対して，$(ST)(\psi) \in \mathcal{X}$ を

$$(ST)(\psi) = S(T\psi)$$

によって定義すれば，これから定まる対応 $ST : \psi \mapsto (ST)(\psi)$ は，$D(ST)$ を定義域とする，$\mathcal{H}$ から $\mathcal{X}$ への線形作用素である．これを T と S の**積** (product) とよぶ．

作用素 T が単射ならば，任意の $\phi \in R(T)$ に対して，$T\psi = \phi$ となる $\psi \in D(T)$ がただひとつ存在する．したがって，対応：$\phi \mapsto \psi$ は $R(T)$ から $\mathcal{H}$ への写像を定める．この写像を T の**逆作用素** (inverse operator) とよび，T^{-1} で表す．$T^{-1}\phi := \psi$．T^{-1} は，定義域を $R(T)$ とする，$\mathcal{K}$ から $\mathcal{H}$ への線形作用素である（練習問題 1）．定義から，すべての $\phi \in R(T), \psi \in D(T)$ に対して

$$TT^{-1}\phi = \phi, \quad T^{-1}T\psi = \psi \tag{2.5}$$

が成立することがわかる．

■ **例 2.5** ■ 例 2.4 で見たように，例 2.3 の作用素 T_z は単射である．実は，この T_z は全射でもある．実際，任意の $a = \{a_n\}_{n=1}^{\infty} \in \ell^2$ に対して，$b = \{z_n^{-1} a_n\}_{n=1}^{\infty}$ とおけば，$|z_n^{-1}| = 1$ であるから，例 2.3 の計算と同様にして，$b \in \ell^2$ であり，$T_z b = a$ が成り立つことがわかる．いまの計算からわかるように，T_z の逆作用素の作用は $T_z^{-1} a = \{z_n^{-1} a_n\}$，$a \in \ell^2$ である．

線形作用素の 3 個以上の積は，次のようにして帰納的に定義される．$n \geq 2$ とし，$\mathcal{H}_j$ ($j = 1, \cdots, n+1$) を $\mathbf{K}$ 上のヒルベルト空間，T_j ($j = 1, \cdots, n$) を

$\mathcal{H}_j$ から $\mathcal{H}_{j+1}$ への線形作用素とする．このとき，$T_3(T_2T_1)$ は，

$$D(T_3T_2T_1) := \{\psi \in D(T_2T_1) | (T_2T_1)\psi \in D(T_3)\}$$
$$= \{\psi \in D(T_1) | T_1\psi \in D(T_3T_2)\}$$

を定義域とする，$\mathcal{H}_1$ から $\mathcal{H}_4$ への線形作用素である．この場合，

$$(T_3(T_2T_1))\psi = T_3((T_2T_1)(\psi)) = T_3(T_2(T_1\psi))$$

が成り立つ．そこで，$T_3(T_2T_1) = T_3T_2T_1$ と記す．以下，同様にして，$\mathcal{H}_1$ から $\mathcal{H}_{n+1}$ への線形作用素 $T_n \cdots T_1$ が帰納的に，

$$D(T_n \cdots T_1) = \{\psi \in D(T_{n-1} \cdots T_1) | T_{n-1} \cdots T_1\psi \in D(T_n)\}$$
$$(T_nT_{n-1} \cdots T_1)(\psi) = T_n((T_{n-1} \cdots T_1)\psi), \quad \psi \in D(T_n \cdots T_1)$$

によって定義される．

 T が $\mathcal{H}$ 上の線形作用素のとき，T の有限個の積を T の**ベキ乗**あるいは**累乗**といい，

$$\underbrace{T \cdots T}_{n \text{ 個}} = T^n \tag{2.6}$$

と記す．これを T の $\boldsymbol{n}$ **乗**という．便宜上，$T^0 := I$ とする．

■ **例 2.6** ■ 例 2.2 の微分作用素 $\hat{D}$ のベキ乗を求めてみよう．$\hat{D}^2$ の定義域については，$D(\hat{D}^2) = \{f \in C_0^1(\mathbf{R}) | f' \in C_0^1(\mathbf{R})\} = C_0^2(\mathbf{R})$ が成立する．$\hat{D}^2$ の作用は，$(\hat{D}^2 f)(x) = f''(x), f \in D(\hat{D}^2)$ となる．同様にして，$D(\hat{D}^n) = C_0^n(\mathbf{R})$，$(\hat{D}^n f)(x) = f^{(n)}(x), f \in D(\hat{D}^n)$ が示される．

 $\mathcal{H}$ から $\mathcal{K}$ への線形作用素 T, S に対して，$D(T) \cap D(S)$ は $\mathcal{H}$ の部分空間である．$D(T) \cap D(S)$ から，$\mathcal{K}$ への写像 $T + S$ を

$$(T + S)(\psi) = T\psi + S\psi, \quad \psi \in D(T) \cap D(S)$$

によって定義する．この写像は線形である．したがって，$T+S$ は，$D(T) \cap D(S)$ を定義域とする，$\mathcal{H}$ から $\mathcal{K}$ への線形作用素である．この線形作用素 $T + S$ を T と S の**和**とよぶ．明らかに，$T + S = S + T$ が成立する．

任意の $\alpha \in \mathbf{K}$ に対して，

$$(\alpha T)(\psi) := \alpha T\psi, \quad \psi \in D(T)$$

とすれば，αT は，$D(T)$ を定義域とする，$\mathcal{H}$ から $\mathcal{K}$ への線形作用素である．この線形作用素 αT を T の α 倍という．

任意の $\alpha, \beta \in \mathbf{K}$ に対して，$(\alpha\beta)T = \alpha(\beta T)$ が成り立つ．また，すべての自然数 n に対して，$nT = \underbrace{T + \cdots + T}_{n \text{ 個}}$ が成立する．

2.2 有界線形作用素

$\mathcal{H}, \mathcal{K}$ をヒルベルト空間，T を $\mathcal{H}$ から $\mathcal{K}$ への線形作用素とする．定数 $C > 0$ が存在して，すべての $\psi \in D(T)$ に対して

$$\|T\psi\| \leq C\|\psi\| \tag{2.7}$$

が成り立つとき，T は**有界**であるという．有界な線形作用素を**有界線形作用素** (bounded linear operator) あるいは単に**有界作用素**という．有界ではない線形作用素を**非有界作用素** (unbounded linear operator) という．

作用素 T が有界のとき，(2.7) 式によって，

$$\|T\| := \sup_{\psi \neq 0, \psi \in D(T)} \frac{\|T\psi\|}{\|\psi\|} \leq C \tag{2.8}$$

は有限な量である．これを T の**作用素ノルム**あるいは単に**ノルム**という．定義から

$$\|T\psi\| \leq \|T\| \|\psi\|, \quad \psi \in D(T) \tag{2.9}$$

が成立する．T のノルムは

$$\|T\| = \sup_{\|\psi\|=1, \psi \in D(T)} \|T\psi\| \tag{2.10}$$

とも表される（練習問題 2）．

次の命題 2.2 が示すように，非有界な作用素という概念は，実質的には，無限次元ヒルベルト空間の作用素に対してのみ意義をもつ．

2.2 有界線形作用素

【命題 2.2】 $\mathcal{H}, \mathcal{K}$ を $\mathbf{K}$ 上の有限次元ヒルベルト空間とすると，$\mathcal{H}$ から $\mathcal{K}$ への線形作用素はすべて有界である．

証明 $\dim \mathcal{H} = m$, $\dim \mathcal{K} = n$ とし，T を $\mathcal{H}$ から $\mathcal{K}$ への線形作用素とする．$D(T)$ は $\mathcal{H}$ の有限次元部分空間であるから，$D(T)$ をあらためて $\mathcal{H}$ とみなすことにより，はじめから $D(T) = \mathcal{H}$ の場合を考察すれば十分である．$\{\psi_j\}_{j=1}^m, \{\phi_k\}_{k=1}^n$ を，それぞれ，$\mathcal{H}, \mathcal{K}$ の正規直交基底とすれば，任意の $\xi \in \mathcal{H}$ は $\xi = \sum_{j=1}^m \xi_j \psi_j$ と一意的に表される．ここで，$\xi_j = (\psi_j, \xi) \in \mathbf{K}$, $j = 1, \cdots, m$. したがって，$T\xi = \sum_{j=1}^m \xi_j T\psi_j$. 他方，$T\psi_j \in \mathcal{K}$ であるから，$T\psi_j = \sum_{k=1}^n T_{kj} \phi_k$ と一意的に表される．ここで，$T_{kj} = (\phi_k, T\psi_j)$. したがって，$T\xi = \sum_{k=1}^n (\sum_{j=1}^m T_{kj} \xi_j) \phi_k$. ゆえに，

$$\|T\xi\|^2 = \sum_{k=1}^n \left|\sum_{j=1}^m T_{kj} \xi_j\right|^2 \leq \sum_{k=1}^n \left(\sum_{j=1}^m |T_{kj}|^2 \sum_{j=1}^m |\xi_j|^2\right)$$

（j の和についてのコーシー–シュヴァルツの不等式）．$\sum_{j=1}^m |\xi_j|^2 = \|\xi\|^2$ であるから，$\|T\xi\| \leq C\|\xi\|$ を得る．ただし，$C = \sqrt{\sum_{k=1}^n \sum_{j=1}^m |T_{kj}|^2}$. ゆえに T は有界である．いまの場合，$\|T\| \leq C$ であるから，

$$\|T\| \leq \sqrt{\sum_{k=1}^n \sum_{j=1}^m |(\phi_k, T\psi_j)|^2} \tag{2.11}$$

も同時に示されたことになる．∎

■ **例 2.7** ■ 例 2.3 の作用素 T_z は有界である．実際，そこでの計算より，$\|T_z a\| = \|a\|, a \in \ell^2$. これから，$\|T_z\| = 1$.

■ **例 2.8** ■ $\mathbf{R}^d$ 上の複素数値ボレル可測関数 F について，定数 $C > 0$ があって $|F(x)| \leq C$ a.e. $x \in \mathbf{R}^d$ が成り立つとき，F は**本質的に有界**であるという．このような C の下限を $|F(x)|$ の**本質的上限**と呼び，$\|F\|_\infty$ と記す．したがって，$|F(x)| \leq \|F\|_\infty$, a.e. $x \in \mathbf{R}^d$. F を $\mathbf{R}^d$ 上の本質的に有界な複素数値ボレル可測関数としよう．このとき，任意の $f \in L^2(\mathbf{R}^d)$ に対して，

$$\int_{\mathbf{R}^d} |F(x)f(x)|^2 dx \leq \|F\|_\infty^2 \int_{\mathbf{R}^d} |f(x)|^2 dx < \infty$$

であるので，

$$(M_F f)(x) = F(x) f(x), \text{ a.e. } x \in \mathbf{R}^d \tag{2.12}$$

によって，写像 $M_F : L^2(\mathbf{R}^d) \to L^2(\mathbf{R}^d)$ が定義される．この写像は線形であり，上の計算から，

$$\|M_F f\|_{L^2(\mathbf{R}^d)} \leq \|F\|_\infty \|f\|_{L^2(\mathbf{R}^d)}$$

したがって，M_F は $L^2(\mathbf{R}^d)$ 全体で定義された，$L^2(\mathbf{R}^d)$ 上の有界線形作用素であり，そのノルムは

$$\|M_F\| \leq \|F\|_\infty$$

と評価される．作用素 M_F を関数 F による**かけ算作用素** (multiplication operator) という．

■ **例 2.9** ■ K を $\mathbf{R}^d \times \mathbf{R}^d$ 上のボレル可測関数で，$\int_{\mathbf{R}^d \times \mathbf{R}^d} |K(x, y)|^2 dx dy < \infty$ をみたすものとする〔すなわち，$K \in L^2(\mathbf{R}^d \times \mathbf{R}^d)$〕．フビニ (Fubini) の定理により，a.e. $x \in \mathbf{R}^d$ に対して，$K(x, y)$ は y の関数として，$L^2(\mathbf{R}^d)$ の元である．したがって，任意の $f \in L^2(\mathbf{R}^d)$ に対して，シュヴァルツの不等式によって

$$\int_{\mathbf{R}^d} |K(x,y)f(y)| dy \leq \left(\int_{\mathbf{R}^d} |K(x,y)|^2 dy\right)^{\frac{1}{2}} \|f\|_{L^2(\mathbf{R}^d)}$$

が成立する．ゆえに，

$$\int_{\mathbf{R}^d} \left|\int_{\mathbf{R}^d} |K(x, y)f(y)| dy\right|^2 dx \leq \|K\|_{L^2(\mathbf{R}^d \times \mathbf{R}^d)}^2 \|f\|_{L^2(\mathbf{R}^d)}^2$$

そこで，写像 T_K を

$$(T_K f)(x) := \int_{\mathbf{R}^d} K(x, y) f(y) dy$$

によって定義すれば，これは $L^2(\mathbf{R}^d)$ 上の有界線形作用素であって，

$$\|T_K f\|_{L^2(\mathbf{R}^d)} \leq \|K\|_{L^2(\mathbf{R}^d \times \mathbf{R}^d)} \|f\|_{L^2(\mathbf{R}^d)}$$

が成立する．したがって，

$$\|T_K\| \leq \|K\|_{L^2(\mathbf{R}^d \times \mathbf{R}^d)}$$

作用素 T_K は**ヒルベルト−シュミット型積分作用素** (integral operator) とよばれる．この場合，関数 K を T_K の**積分核** (integral kernel) という．

有界作用素に関する基本的な性質を2つあげておく．

【命題 2.3】 T を $\mathcal{H}$ から $\mathcal{K}$ への有界線形作用素とする．

(i) (**連続性**) $\psi_n \in D(T), \psi_n \to \psi \in D(T)(n \to \infty)$ ならば，$T\psi_n \to T\psi(n \to \infty)$ である．

(ii) $D(T) = \mathcal{H}$ のとき，$\ker T$ は閉部分空間である．

証明 (i) T の線形性と有界性により，$\|T\psi_n - T\psi\| = \|T(\psi_n - \psi)\| \leq \|T\|\|\psi_n - \psi\|$．これは求める結果を意味する．

(ii) $\ker T$ が閉集合であることを示す．$\psi_n \in \ker T, \psi_n \to \psi \in \mathcal{H}(n \to \infty)$ としよう．このとき，連続性により，$T\psi_n \to T\psi(n \to \infty)$．一方，$T\psi_n = 0(n \geq 1)$．したがって，$T\psi = 0$, すなわち，$\psi \in \ker T$．ゆえに，$\ker T$ は閉集合である． ∎

!注意． 命題2.3(i) の逆も（少し弱い条件のもとで）成り立つ．すなわち，点 $0_\mathcal{H}$－幾何学的には**原点**とよばれる－で連続な線形作用素は有界である（練習問題29）．

2.3 有界線形汎関数とリースの表現定理

$\mathcal{H}$ を $\mathbf{K}$ 上のヒルベルト空間とする．$\mathcal{H}$ の部分集合から $\mathbf{K}$ への写像を**汎関数** (functional) という．特に，$\mathcal{H}$ から $\mathbf{K}$ への有界線形作用素（前節の $\mathcal{K}$ が $\mathbf{K}$ の場合の線形作用素）を**有界線形汎関数** (bounded linear functional) とよぶ[2]．これは，有界線形作用素の特別のクラスを形成する．$\mathcal{H}$ 全体を定義域とする有界線形汎関数のすべてからなる集合を $\mathcal{H}$ の**双対空間** (dual space) といい，$\mathcal{H}^*$ と記す．この集合は，有界線形汎関数の和とスカラー倍に関して，$\mathbf{K}$ 上のベクトル空間になる．

$\dim \mathcal{H} \geq 1$ ならば，$\mathcal{H}^* \neq \{0\}$ である．たとえば，任意の $\eta \in \mathcal{H}$ に対して，$F_\eta(\psi) = (\eta, \psi), \psi \in \mathcal{H}$ とすれば，これは，内積の線形性により，線形である．また，シュヴァルツの不等式によって，$|F_\eta(\psi)| \leq \|\eta\|\|\psi\|$ が成り立つ．したがって，F_η は有界である．ゆえに，$F_\eta \in \mathcal{H}^*$．$\eta \neq 0$ ならば $F_\eta \neq 0$ である．

$\mathcal{H}^*$ の完全な特徴づけは，次に述べるリース (F. Riesz) の**表現定理**によって

---
[2] **連続線形汎関数** (continuous linear functional) ともいう（命題2.3(i) と上の注意を参照）．

あたえられる．この定理は，$\mathcal{H}^*$ の任意の元が上に例としてあげた有界線形汎関数 F_η の形に限られることを示すものであり，ヒルベルト空間論における重要な定理のひとつである．

【定理 2.4】 各 $F \in \mathcal{H}^*$ に対して，ベクトル $\phi_F \in \mathcal{H}$ がただひとつ存在して，$F(\psi) = (\phi_F, \psi), \psi \in \mathcal{H}$ と表される．さらに，$\|\phi_F\| = \|F\|$ が成立する．

証明 まず，$\ker F = \mathcal{H}$ の場合を考えよう．この場合は，$\phi_F = 0$ とすれば，$F(\psi) = 0 = (\phi_F, \psi), \psi \in \mathcal{H}$ が成り立つので，ϕ_F の存在に関する主張が得られる．次に $\ker F \neq \mathcal{H}$ の場合を考える．$\ker F$ は閉部分空間であるから〔命題 2.3 (ii)〕，正射影定理により，零でないベクトル $\psi_0 \in (\ker F)^\perp$ が存在し，$F(\psi_0) \neq 0$ が成り立つ．任意の $\psi \in \mathcal{H}$ に対して $\phi := \psi - F(\psi) F(\psi_0)^{-1} \psi_0$ は $\ker F$ の元である．したがって，$(\psi_0, \phi) = 0$. これを書き直すと，$F(\psi) = F(\psi_0)(\psi_0, \psi)/\|\psi_0\|^2$ を得る．したがって，$\phi_F = F(\psi_0)^* \psi_0/\|\psi_0\|^2$ とすれば，$F(\psi) = (\phi_F, \psi)$ となる．ゆえに，ϕ_F の存在に関する主張が示された．最後に，ϕ_F の一意性を示すために，別に $F(\psi) = (\phi', \psi), \psi \in \mathcal{H}$ をみたす $\phi' \in \mathcal{H}$ があったとしよう．したがって，$(\phi' - \phi_F, \psi) = 0$ となる．ψ は任意であるから，特に，$\psi = \phi' - \phi_F$ とすれば，$\|\phi' - \phi_F\| = 0$. したがって，$\phi' = \phi_F$ である．

$\|F\| = \|\phi_F\|$ を示そう．$\phi_F = 0$ の場合は自明であるから，$\phi_F \neq 0$ とする．$\|F\|$ の定義と前半の結果およびシュヴァルツの不等式によって，$\|F\| = \sup_{\psi \neq 0, \psi \in \mathcal{H}} |(\phi_F, \psi)|/\|\psi\| \leq \|\phi_F\|$. 一方，$\|F\| \geq |F(\phi_F)|/\|\phi_F\| = \|\phi_F\|$. したがって，求める等式が得られる． ∎

2.4 ユニタリ作用素とヒルベルト空間の同型

有界線形作用素の特殊なクラスをもうひとつ導入しておこう．$\mathcal{H}$ から $\mathcal{K}$ への線形作用素 U が次の条件 (U.1), (U.2), (U.3) をみたすとき，U を**ユニタリ作用素** (unitary operator) あるいは**ユニタリ変換**という．

(U.1)　　$D(U) = \mathcal{H}$　(U の定義域は $\mathcal{H}$ 全体)

(U.2)　　$R(U) = \mathcal{K}$　(U は全射)

(U.3)　　U は内積を保存する．すなわち，任意の $\psi, \phi \in \mathcal{H}$ に対して

$$(U\psi, U\phi)_{\mathcal{K}} = (\psi, \phi)_{\mathcal{H}}.$$
ユニタリ変換は自動的に単射になっている．なぜなら，(U.3) によって，

(U.4) $\|U\psi\|_{\mathcal{K}} = \|\psi\|_{\mathcal{H}}, \quad \psi \in \mathcal{H}$

となるので，$U\psi = 0$ ならば $\psi = 0$ がでるからである．性質 (U.4) をユニタリ変換 U の**等長性**という．(U.4) から，U は有界であり，$\|U\| = 1$ であることがわかる．

線形作用素 T がユニタリ作用素であることを単に「T はユニタリである」ともいう．

■ **例 2.10** ■ 例2.3の作用素 T_z はユニタリである．

一般に，必ずしもユニタリであるとは限らない有界作用素 $U : \mathcal{H} \to \mathcal{K}$ が (U.4) をみたすとき，U は**等長である** (isometric) といい，このような作用素を**等長作用素** (isometry) あるいは**等距離作用素**とよぶ．

ユニタリ変換は，その定義からわかるように，ヒルベルト空間の抽象的構造（線形構造と計量構造）を変えない．この意味でユニタリ変換によって結ばれるヒルベルト空間どうしは本質的に同じものとみなすことができる．そこで，$\mathcal{H}$ から $\mathcal{K}$ へのユニタリ変換が存在するとき，$\mathcal{H}$ と $\mathcal{K}$ は**同型** (isomorphic) であるという．

■ **例 2.11** ■ $\mathcal{H}$ をヒルベルト空間，$\mathcal{M}$ を $\mathcal{H}$ の閉部分空間とすれば，正射影定理により，任意の $\psi \in \mathcal{H}$ に対して，$\psi = \psi_1 + \psi_2$ となるベクトル $\psi_1 \in \mathcal{M}, \psi_2 \in \mathcal{M}^{\perp}$ が，それぞれ，ただひとつ存在する．したがって，ψ に対して，$\mathcal{M} \oplus \mathcal{M}^{\perp}$ のベクトル (ψ_1, ψ_2)（内積ではない！）がただひとつ定まる（ヒルベルト空間の直和については第1章，1.3.3項を参照）．したがって，

$$U\psi := (\psi_1, \psi_2), \quad \psi \in \mathcal{H}$$

によって，写像 $U : \mathcal{H} \to \mathcal{M} \oplus \mathcal{M}^{\perp}$ が定義される．これがユニタリ変換であることは容易にわかる．したがって，$\mathcal{H}$ と $\mathcal{M} \oplus \mathcal{M}^{\perp}$ は同型である．この同型においては，$\psi = \psi_1 + \psi_2$ と (ψ_1, ψ_2) が同一視される．この意味で

$$\mathcal{H} = \mathcal{M} \oplus \mathcal{M}^{\perp}$$

と書く．

この同型の概念はもっと一般化される．$\mathcal{H}$ の互いに直交する閉部分空間 $\mathcal{H}_n$，$n=1,\cdots,N$ があって，任意の $\psi\in\mathcal{H}$ に対して，$\psi_n\in\mathcal{H}_n$，$n=1,\cdots,N$ がただひとつ存在して，$\psi=\psi_1+\cdots+\psi_N$ と表されるとしよう．このとき，ψ に対して，$\oplus_{n=1}^N \mathcal{H}_n$ の元 $(\psi_1,\cdots,\psi_N)$ がただひとつ定まる．したがって，

$$U\psi=(\psi_1,\cdots,\psi_N)$$

によって，写像 $U:\mathcal{H}\to\oplus_{n=1}^N \mathcal{H}_n$ が定義される．上の場合と同様にして，U はユニタリであることが示される．したがって，いまの仮定のもとで，$\mathcal{H}$ と $\oplus_{n=1}^N \mathcal{H}_n$ は同型である．この意味で，$\mathcal{H}$ は $\mathcal{H}_1,\cdots,\mathcal{H}_N$ の直和として表される，といい，

$$\mathcal{H}=\bigoplus_{n=1}^N \mathcal{H}_n$$

と書く．この場合，$\psi=\psi_1+\cdots+\psi_N$ と $(\psi_1,\cdots,\psi_N)$ が同一視される．この同型（同一視）の概念は N が可算無限の場合にもまったく同様に定義される．

いまの例のように，$\mathcal{H}$ が高々可算個の閉部分空間の直和として表されるとき，この表現を $\mathcal{H}$ の**直交分解** (orthogonal decomposition) という．

■ **例 2.12** ■ $a<b$, $c<d$, $a,b,c,d\in\mathbf{R}$ とし，写像 $\tau:[c,d]\to[a,b]$ を

$$\tau(x)=\frac{b-a}{d-c}x+\frac{ad-bc}{d-c},\quad x\in[c,d]$$

によって定義すれば，τ は 1 対 1 かつ上への写像である．任意の $f\in L^2([a,b])$ に対して，$[c,d]$ 上の関数 $x\to f(\tau(x))$（の同値類）は $L^2([c,d])$ に属し，変数変換により，$\int_c^d |f(\tau(x))|^2 dx=(\frac{d-c}{b-a})\|f\|^2_{L^2([a,b])}$ となることがわかる．そこで，写像 $U:L^2([a,b])\to L^2([c,d])$ を

$$(Uf)(x)=\sqrt{\frac{b-a}{d-c}}f(\tau(x)),\quad x\in[c,d]$$

によって定義すれば，これはユニタリになる．このユニタリ変換 U を $L^2([a,b])$ と $L^2([c,d])$ の自然な同型対応という．

ユニタリ変換の存在に関する次の事実は基本的である．

【定理 2.5】 $\mathcal{H}, \mathcal{K}$ を可分なヒルベルト空間，$\{\psi_n\}_{n=1}^N$, $\{\phi_n\}_{n=1}^N$ を，それぞれ，$\mathcal{H}, \mathcal{K}$ の C.O.N.S. とする．ただし，N は有限または可算無限とする．このとき，すべての n に対して，$U\psi_n = \phi_n$ をみたすユニタリ変換 $U: \mathcal{H} \to \mathcal{K}$ がただひとつ存在する．

証明 $N = \infty$ の場合について証明する（$N < \infty$ の場合も同様）．任意の $\psi \in \mathcal{H}$ は，$\psi = \sum_{n=1}^\infty \alpha_n \psi_n$ と展開できる〔$\alpha_n = (\psi_n, \psi)$〕．$\sum_{n=1}^\infty |\alpha_n|^2 < \infty$ であるから，$\sum_{n=1}^\infty \alpha_n \phi_n$ は $\mathcal{K}$ において収束する（補題1.21）．したがって，写像 $U: \mathcal{H} \to \mathcal{K}$ を $U\psi = \sum_{n=1}^\infty \alpha_n \phi_n$ によって定義することができる．これが線形であり，内積を保存することは容易に確かめられる．U の全射性を示すために，$\phi \in \mathcal{K}$ を任意にとる．$\phi = \sum_{n=1}^\infty \beta_n \phi_n$〔$\beta_n = (\phi_n, \phi)$〕と展開できる．このとき，$\sum_{n=1}^\infty \beta_n \psi_n$ は $\mathcal{H}$ において収束するので，これを ψ とおけば，$U\psi = \phi$ が成立する．よって，U はユニタリである．この U が $U\psi_n = \phi_n$ をみたすことは明らかである．

一意性の証明：別にユニタリ変換 $U': \mathcal{H} \to \mathcal{K}$ で $U'\psi_n = \phi_n$, $n \in \mathbf{N}$ をみたすものがあったとする．ユニタリ変換の連続性と線形性により，すべての $\psi \in \mathcal{H}$ に対して，$U'\psi = \sum_{n=1}^\infty (\psi_n, \psi) U'\psi_n = \sum_{n=1}^\infty (\psi_n, \psi) \phi_n = \sum_{n=1}^\infty (\psi_n, \psi) U\psi_n = U\psi$. ゆえに $U = U'$. ∎

定理2.5から次の結果が得られる．

【定理 2.6】 $\mathcal{H}$ を可分な複素ヒルベルト空間，$\{\psi_n\}_{n=1}^N$ を $\mathcal{H}$ の C.O.N.S. とする（N は有限または可算無限）．このとき，次の (i), (ii) が成立する．

(i) $N < \infty$ ならば，対応 $\psi \mapsto \{(\psi_n, \psi)\}_{n=1}^N \in \mathbf{C}^N (\psi \in \mathcal{H})$ によって，$\mathcal{H}$ と $\mathbf{C}^N$ は同型である．

(ii) $N = \infty$ ならば，対応 $\psi \mapsto \{(\psi_n, \psi)\}_{n=1}^\infty \in \ell^2 (\psi \in \mathcal{H})$ によって，$\mathcal{H}$ と ℓ^2 は同型である．

証明 (i) (1.8) 式によって定義されるベクトル v_j の組 $\{v_n\}_{n=1}^N$ は $\mathbf{C}^N$ の正規直交基底である．定理2.5によって，$U\psi_n = v_n$ となるユニタリ変換 $U: \mathcal{H} \to \mathbf{C}^N$ が存在する．任意の $\psi \in \mathcal{H}$ は $\psi = \sum_{n=1}^N (\psi_n, \psi) \psi_n$ と表されるので $U\psi = \sum_{n=l}^N (\psi_n, \psi) v_n = \{(\psi_n, \psi)\}_{n=1}^N$ となる．したがって，題意が成立する．

(ii) (1.12) 式で定義されるベクトル e_n の集合 $\{e_n\}_{n=1}^\infty$ が ℓ^2 の C.O.N.S. であることに注意し，(i) と同様に論を進めればよい． ∎

上の定理の (ii) は，可分な無限次元ヒルベルト空間は本質的にはただひとつしかないことを意味する．したがって，次のような疑問が生じえよう．なぜ，ℓ^2 以外のヒルベルト空間も考察しなければならないのか？ この問いに対しては次のように答えることができる．まず，ℓ^2 というのは，幾何学的には，可分な無限次元ヒルベルト空間 $\mathcal{H}$ の中に，ひとつの完全正規直交系から定まる"直交座標系"を設定してヒルベルト空間を眺めたものとみることができる（つまり，$\mathcal{H}$ のベクトルをひとつの完全正規直交系に関して，成分表示をするということ；これがまさに上の同型対応の意味である）．したがって，ℓ^2 は，（可分な無限次元の）抽象ヒルベルト空間の特定の表現であって，これのみに考察を限定することは，"座標系から自由な"思考の展開——これによってヒルベルト空間の（具体的な実現に依存しない）普遍的本質が明らかになる——にとって適切であるとはいえない．第2に，ヒルベルト空間においては，空間の構造だけでなく，この空間に付随する他の構造（たとえば，この空間上で働く線形作用素たち）も重要であり，興味がある．その種の構造は，あるヒルベルト空間でみれば単純だが，ℓ^2 で考えた場合には複雑になる，という場合があるのである．具体的な問題を解く場合には，その問題に適したヒルベルト空間を見いだすことが重要であり，本質的である．

ユニタリ変換の基本的性質を見ておこう．

【定理 2.7】 $\mathcal{H}, \mathcal{K}$ をヒルベルト空間，$U: \mathcal{H} \to \mathcal{K}$ をユニタリ変換とする．このとき，次の (i)〜(iii) が成立する．
  (i) U の逆作用素 U^{-1} は $\mathcal{K}$ から $\mathcal{H}$ へのユニタリ変換である．
  (ii) $\mathcal{D}$ が $\mathcal{H}$ における稠密な部分空間ならば，$U\mathcal{D} := \{U\psi | \psi \in \mathcal{D}\}$ は $\mathcal{K}$ の稠密な部分空間である．
  (iii) $\mathcal{H}$ の任意の C.O.N.S. $\{\psi_n\}_{n=1}^\infty$ に対して，$\{U\psi_n\}_{n=1}^\infty$ は $\mathcal{K}$ の C.O.N.S. である．

証明 (i) U の内積保存性により，任意の $\eta, \chi \in \mathcal{K}$ に対して，$(U^{-1}\eta, U^{-1}\chi) = (U(U^{-1}\eta), U(U^{-1}\chi))$．一方，$U(U^{-1}\xi) = \xi, \xi \in \mathcal{K}$ であるから，U^{-1} は内積

を保存することがわかる．U^{-1} が全射であることは明らか．ゆえに，U^{-1} はユニタリ変換である．

(ii) $\phi \in (U\mathcal{D})^\perp$ としよう．したがって，任意の $\psi \in \mathcal{D}$ に対して，$(\phi, U\psi) = 0$ が成り立つ．U は全単射であるから，$\phi = U\eta$ となる $\eta \in \mathcal{H}$ がただひとつ存在する．したがって，$0 = (U\eta, U\psi) = (\eta, \psi)$．$\mathcal{D}$ は稠密であるから，これは，$\eta = 0$ を導く．したがって，$\phi = 0$．これは $(U\mathcal{D})^\perp = \{0\}$ を意味する．ゆえに，命題 1.24(i) によって，$U\mathcal{D}$ は $\mathcal{K}$ で稠密である．

(iii) $\{U\psi_n\}_{n=1}^\infty$ が $\mathcal{K}$ の正規直交系であることは容易にわかる．$\{\psi_n\}_{n=1}^\infty$ の完全性により，$\mathcal{L}(\{\psi_n\}_{n=1}^\infty)$ は $\mathcal{H}$ で稠密である．したがって，(ii) により，$\mathcal{L}(\{U\psi_n\}_{n=1}^\infty)$ は $\mathcal{K}$ で稠密である．ゆえに，$\{U\psi_n\}_{n=1}^\infty$ は完全である． ∎

2.5 有界作用素の基本的性質

2.5.1 稠密に定義された有界作用素の拡大

作用素の定義域が稠密なとき，その作用素は**稠密に定義されている**という．

【定理 2.8】 (拡大定理) T をヒルベルト空間 $\mathcal{H}$ からヒルベルト空間 $\mathcal{K}$ への稠密に定義された有界作用素とする．このとき，$D(\tilde{T}) = \mathcal{H}$,

$$T\psi = \tilde{T}\psi, \quad \psi \in D(T) \tag{2.13}$$

$$\|T\| = \|\tilde{T}\| \tag{2.14}$$

となる $\mathcal{H}$ から $\mathcal{K}$ への有界作用素 $\tilde{T}$ がただひとつ存在する．

証明 $D(T)$ は稠密だから，任意の $\psi \in \mathcal{H}$ に対して，$\psi_n \to \psi (n \to \infty)$ となる点列 $\{\psi_n\}_{n=1}^\infty \subset D(T)$ がとれる．T の有界性により，$\|T\psi_n - T\psi_m\| \leq \|T\| \|\psi_n - \psi_m\| \to 0 (n, m \to \infty)$．したがって，$\{T\psi_n\}_{n=1}^\infty$ は $\mathcal{K}$ における基本列である．ゆえに，$\lim_{n\to\infty} T\psi_n = \phi$ となる $\phi \in \mathcal{K}$ が存在する．この場合，極限 ϕ は，ψ に収束する点列 $\{\psi_n\}_{n=1}^\infty$ の選び方によらない．実際，$\psi'_n \to \psi (n \to \infty)$ となるもうひとつの点列 $\{\psi'_n\}_{n=1}^\infty$ があったとし，$\lim_{n\to\infty} T\psi'_n = \phi'$ とすれば，3 角不等式によって，$\|\phi - \phi'\| \leq \|\phi - T\psi_n\| + \|T\psi_n - T\psi'_n\| + \|T\psi'_n - \phi'\| \leq \|\phi - T\psi_n\| + \|T\| \|\psi_n - \psi'_n\| + \|T\psi'_n - \phi'\| \to 0 (n \to \infty)$．したがって，$\phi = \phi'$．ゆえに，$\tilde{T}\psi := \phi = \lim_{n\to\infty} T\psi_n$ によって，$\mathcal{H}$ から $\mathcal{K}$ への写像 $\tilde{T}$ が定義される．$\tilde{T}$ が線形であることは T の線形性を使って容易に確かめられる．また，

$\|T\psi_n\| \leq \|T\| \|\psi_n\|$ と内積の連続性を使えば $\|\tilde{T}\psi\| \leq \|T\| \|\psi\|$. したがって, $\tilde{T}$ は有界であり, $\|\tilde{T}\| \leq \|T\| \cdots (*)$. $\psi \in D(T)$ ならば, $\psi_n = \psi$ と選ぶことにより, (2.13) 式が成立する. (2.13) 式から, $\|T\psi\| \leq \|\tilde{T}\| \|\psi\|, \psi \in D(T)$. したがって, $\|T\| \leq \|\tilde{T}\|$. これと $(*)$ をあわせると (2.14) 式を得る. ∎

定理 2.8 の意味は次の通りである. 稠密に定義された有界作用素は, その作用素ノルムを保存しながら, ヒルベルト空間全体を定義域とする有界作用素へと一意的に拡大される. こうして, 稠密に定義された有界作用素はヒルベルト空間全体で定義されているとして一般性を失わない. この理由により, 以下では, **特に断わらない限り, 有界作用素の定義域はヒルベルト空間全体である**とする.

2.5.2 有界作用素の空間

ヒルベルト空間における有界作用素を考察するひとつの方法は, 有界作用素からなる集合の構造を調べることである. ヒルベルト空間 $\mathcal{H}$ からヒルベルト空間 $\mathcal{K}$ への有界作用素の全体を $\mathcal{B}(\mathcal{H}, \mathcal{K})$ で表す. 特に, $\mathcal{B}(\mathcal{H}) = \mathcal{B}(\mathcal{H}, \mathcal{H})$ ($\mathcal{H} = \mathcal{K}$ の場合) と記す.

容易にわかるように, 任意の $T, S \in \mathcal{B}(\mathcal{H}, \mathcal{K}), \alpha \in \mathbf{K}$ に対して, $T + S, \alpha T \in \mathcal{B}(\mathcal{H}, \mathcal{K})$ であり

$$\|T + S\| \leq \|T\| + \|S\|, \quad \|\alpha T\| = |\alpha| \|T\|$$

が成り立つ (線形作用素の和とスカラー倍については, 2.1 節を参照). したがって, $\mathcal{B}(\mathcal{H}, \mathcal{K})$ はベクトル空間になることがわかる. この場合, $\mathcal{B}(\mathcal{H}, \mathcal{K})$ の零ベクトル 0 は, 零作用素である. さらに, $\|T\| = 0 \Rightarrow T = 0$ が成り立つことも有界作用素のノルムの定義から容易にわかる. ゆえに $\mathcal{B}(\mathcal{H}, \mathcal{K})$ は作用素ノルムをノルムとするノルム空間である (1.7 節を参照).

ノルム空間における収束の概念をいまの場合に適用すると次のようになる. $\{T_n\}_n$ を $\mathcal{B}(\mathcal{H}, \mathcal{K})$ の点列とする. $T \in \mathcal{B}(\mathcal{H}, \mathcal{K})$ があって, $\|T_n - T\| \to 0 (n \to \infty)$ のとき, $\{T_n\}_n$ は T に**収束する**といい, T を $\{T_n\}_n$ の**極限**とよぶ. このことを記号的に $\lim_{n \to \infty} T_n = T$ あるいは単に $T_n \to T (n \to \infty)$ と書く. 収束する点列を**収束列**という. 内積空間の場合と同様に, 収束列の極限はただひ

2.5 有界作用素の基本的性質

とつに定まる.

■ **例 2.13** ■ $A_N = (A_{ij}^{(N)})(N = 1, 2, \cdots)$, $A = (A_{ij})$ を $n \times m$ 複素行列とし，これらから定まる $\mathbf{C}^m$ から $\mathbf{C}^n$ への線形作用素を，$\hat{A}_N, \hat{A}$ とする（例 2.1 を参照）．もし，すべての $i = 1, \cdots, n, j = 1, \cdots, m$ に対して，$\lim_{N \to \infty} A_{ij}^{(N)} = A_{ij}$ ならば，$\lim_{N \to \infty} \hat{A}_N = \hat{A}$ である．実際, (2.11) 式を, $T = \hat{A}_N - \hat{A}$, $\psi_j = v_j$, $\phi_k = v_k$〔v_j は第 1 章の (1.8) 式によって定義されるベクトル〕として応用すれば，$\|\hat{A}_N - \hat{A}\| \leq \sqrt{\sum_{i=1}^n \sum_{j=1}^m |A_{ij}^{(N)} - A_{ij}|^2} \to 0 (N \to \infty)$.

■ **例 2.14** ■ 自然数 N に対して，写像 $T_N : \ell^2 \to \ell^2$ を

$$(T_N a)_n = \begin{cases} a_n/n & ; 1 \leq n \leq N \text{ のとき} \\ 0 & ; n \geq N+1 \text{ のとき} \end{cases}$$

($a \in \ell^2$) によって定義する．これが線形であることは容易にわかる．すべての $a \in \ell^2$ に対して, $\|T_N a\|^2 = \sum_{n=1}^N |a_n|^2/n^2 \leq \sum_{n=1}^N |a_n|^2 \leq \|a\|^2$. したがって, T_N は有界であり, $\|T_N\| \leq 1$ が成立する．任意の $a \in \ell^2$ に対して，$\{a_n/n\}_{n=1}^\infty \in \ell^2$ であるから，

$$Ta = \left\{\frac{a_n}{n}\right\}_{n=1}^\infty$$

によって，写像 $T : \ell^2 \to \ell^2$ が定義される．これは $\|T\| \leq 1$ をみたす有界線形作用素である．さらに，

$$\|(T_N - T)a\|^2 = \sum_{n=N+1}^\infty \frac{|a_n|^2}{n^2} \leq \frac{1}{(N+1)^2} \sum_{n=N+1}^\infty |a_n|^2$$
$$\leq \frac{1}{(N+1)^2} \|a\|^2$$

したがって, $\|T_N - T\| \leq 1/(N+1) \to 0 (N \to \infty)$. すなわち，$\lim_{N \to \infty} T_N = T$.

作用素の列 $\{T_n\}_n \subset \mathcal{B}(\mathcal{H}, \mathcal{K})$ について，任意の $\varepsilon > 0$ に対して，番号 n_0 があって，$n, m \geq n_0$ ならば，$\|T_n - T_m\| < \varepsilon$ が成り立つとき，$\{T_n\}_n$ を $\mathcal{B}(\mathcal{H}, \mathcal{K})$ の**基本列**あるいは**コーシー列**という．これは，言い換えれば，$\lim_{n,m \to \infty} \|T_n - T_m\| = 0$ が成り立つということである．

有界作用素の空間 $\mathcal{B}(\mathcal{H}, \mathcal{K})$ に関する次の性質は重要である．

【定理 2.9】 $\mathcal{B}(\mathcal{H},\mathcal{K})$ の任意の基本列は $\mathcal{B}(\mathcal{H},\mathcal{K})$ の収束列である．すなわち，任意の基本列 $\{T_n\}_n \subset \mathcal{B}(\mathcal{H},\mathcal{K})$ に対して，$\lim_{n\to\infty} T_n = T$ となる $T \in \mathcal{B}(\mathcal{H},\mathcal{K})$ がただひとつ存在する．

証明 $\{T_n\}_{n=1}^{\infty}$ を $\mathcal{B}(\mathcal{H},\mathcal{K})$ の基本列とする．すなわち，任意の $\varepsilon > 0$ に対して番号 N が存在し，$\|T_n - T_m\| < \varepsilon$, $n, m \geq N$ が成り立つとする．このとき，任意の $\psi \in \mathcal{H}$ に対して

$$\|T_n\psi - T_m\psi\| \leq \varepsilon\|\psi\|, \quad n, m \geq N \tag{2.15}$$

これは $\{T_n\psi\}_{n=1}^{\infty}$ が $\mathcal{K}$ の基本列であることを意味する．したがって，$\phi := \lim_{n\to\infty} T_n\psi \in \mathcal{K}$ が存在する．対応 $\psi \mapsto \phi$ は $\mathcal{H}$ から $\mathcal{K}$ へのひとつの写像をあたえる．この写像を T と書く．T_n の線形性により，T は線形であることがわかる．(2.15) 式で，$m \to \infty$ とすれば

$$\|T_n\psi - T\psi\| \leq \varepsilon\|\psi\|, \quad n \geq N \tag{2.16}$$

内積空間の場合と同様にして，$\mathcal{B}(\mathcal{H},\mathcal{K})$ の基本列は有界であることが証明される．したがって，ある定数 $C > 0$ が存在して $\|T_n\| \leq C$, $n \geq 1$．これと (2.16) 式によって，$\|T\psi\| = \|(T\psi - T_n\psi) + T_n\psi\| \leq \|T\psi - T_n\psi\| + \|T_n\psi\| \leq \varepsilon\|\psi\| + \|T_n\|\|\psi\| \leq (\varepsilon + C)\|\psi\|$．したがって，$T \in \mathcal{B}(\mathcal{H},\mathcal{K})$．さらに，$\|T_n - T\| = \sup_{\|\psi\|=1} \|T_n\psi - T\psi\| \leq \varepsilon, n \geq N$．これは $T_n \to T (n \to \infty)$ を意味する． ∎

定理 2.9 にいう性質は，有界作用素の空間 $\mathcal{B}(\mathcal{H},\mathcal{K})$ の**完備性** (completeness) とよばれる．したがって，$\mathcal{B}(\mathcal{H},\mathcal{K})$ はバナッハ空間（1.7 節を参照）である．

$\mathcal{H} = \mathcal{K}$ の場合を考えよう．任意の $T, S \in \mathcal{B}(\mathcal{H})$ に対して，

$$(TS)\psi = T(S\psi), \quad \psi \in \mathcal{H}$$

であるから（2.1 節を参照），$\|(TS)\psi\| \leq \|T\|\|S\psi\| \leq \|T\|\|S\|\|\psi\|$．したがって，$TS \in \mathcal{B}(\mathcal{H})$ であり，

$$\|TS\| \leq \|T\|\|S\| \tag{2.17}$$

が成り立つ．ゆえに，$\mathcal{B}(\mathcal{H})$ は作用素の積について閉じている．

作用素の積に関して注意しなければならないことのひとつは，$S, T \in \mathcal{B}(\mathcal{H})$ に対して，ST と TS は等しくない場合がありうるということである（たとえば，2×2 行列から定まる $\mathbf{C}^2$ 上の線形作用素 S, T で，$ST \neq TS$ となる例をつくってみよ）．そこで，もし，$S, T \in \mathcal{B}(\mathcal{H})$ について $ST = TS$ が成り立つならば，S と T は**可換** (commuting) であるといい，$ST \neq TS$ のときは，S と T は**非可換**であるという（練習問題 4 を参照）．また，$ST = -TS$ をみたすならば，S と T は**反可換** (anti-commuting) であるという[3]．

(2.17) 式を繰り返し用いることにより，任意の $T \in \mathcal{B}(\mathcal{H})$ に対して，

$$\|T^n\| \leq \|T\|^n, \ n = 1, 2, \cdots \tag{2.18}$$

という重要な不等式が得られる．

2.5.3 有界作用素の無限級数とノイマン級数

ヒルベルト空間における無限級数と同様の考え方により，$\mathcal{B}(\mathcal{H}, \mathcal{K})$ における無限級数を定義することができる．$\mathcal{B}(\mathcal{H}, \mathcal{K})$ の点列 $\{T_n\}_{n=1}^{\infty}$ があたえられるとその部分和 $S_N = \sum_{n=1}^{N} T_n$, $N \geq 1$ が定まる．このとき，$\{S_N\}_{N=1}^{\infty}$ も $\mathcal{B}(\mathcal{H}, \mathcal{K})$ の点列である．これが収束列であるとき，すなわち，ある $S \in \mathcal{B}(\mathcal{H}, \mathcal{K})$ があって $\lim_{N \to \infty} \|S_N - S\| = 0$ となるとき，作用素 T_n の**無限級数** $\sum_{n=1}^{\infty} T_n$ は S に**収束する**といい，$\sum_{n=1}^{\infty} T_n = S$ と書く．S を無限級数 $\sum_{n=1}^{\infty} T_n$ の**和**という．このことをより精密に述べれば，任意の $\varepsilon > 0$ に対して，番号 N_0 があって，$N \geq N_0$ ならば $\|\sum_{n=1}^{N} T_n - S\| < \varepsilon$ が成立するということである．

$\mathcal{B}(\mathcal{H}, \mathcal{K})$ における無限級数が収束するための十分条件は次の命題によってあたえられる．

【命題 2.10】 $\mathcal{B}(\mathcal{H}, \mathcal{K})$ の点列 $\{T_n\}_{n=1}^{\infty}$ が $\sum_{n=1}^{\infty} \|T_n\| < \infty$ をみたすならば，$\sum_{n=1}^{\infty} T_n$ は収束する．

証明 定理 2.9 により，$S_N = \sum_{n=1}^{N} T_n$, $N = 1, 2, \cdots$ が基本列であることを示せばよい．$N > M$ とするとき，

---

[3] 簡単な例については，練習問題 5 を参照．反可換な作用素は，量子力学においては，フェルミオン——スピンが半整数 $(1/2, 3/2, 5/2, \cdots)$ の素粒子——の理論において重要な役割を演じる．

$$\|S_N - S_M\| = \|T_{M+1} + \cdots + T_N\| \leq \|T_{M+1}\| + \cdots + \|T_N\|$$

仮定により，この最後の量は，$N, M \to \infty$ のとき 0 に収束する．したがって，$\{S_N\}_{N=1}^{\infty}$ は基本列である． ∎

命題 2.10 のひとつの応用として，ある重要な事実を証明しておこう．

【定理 2.11】 $\mathcal{H}$ をヒルベルト空間，$T \in \mathcal{B}(\mathcal{H})$ は $\|T\| < 1$ をみたすとする．このとき，$I+T$ は全単射であり（I は $\mathcal{H}$ 上の恒等作用素），$(I+T)^{-1} \in \mathcal{B}(\mathcal{H})$，かつ

$$(I+T)^{-1} = \sum_{n=0}^{\infty} (-1)^n T^n \tag{2.19}$$

が成立する．

無限級数 (2.19) 式を**ノイマン (C. Neumann) 級数**という[4]．この定理の証明のために，簡単な補題を 2 つ用意する．

【補題 2.12】 $T_n, T \in \mathcal{B}(\mathcal{H}), T_n \to T (n \to \infty)$ とする．このとき，任意の $S \in \mathcal{B}(\mathcal{H})$ に対して $T_n S \to TS, S T_n \to ST (n \to \infty)$．

証明 (2.17) 式によって，$\|T_n S - TS\| = \|(T_n - T)S\| \leq \|T_n - T\| \|S\| \to 0 (n \to \infty)$．$S T_n \to ST$ についても同様． ∎

補題 2.12 は，$\mathcal{B}(\mathcal{H})$ における積の演算が作用素ノルムの位相で連続であることをいっているのである．

【補題 2.13】 $T \in \mathcal{B}(\mathcal{H})$ とする．もし，$TS = I, ST = I$ をみたす $S \in \mathcal{B}(\mathcal{H})$ が存在すれば，T は全単射であり，$S = T^{-1}$ である．

証明 $TS = I$ より，任意の $\psi \in \mathcal{H}$ に対して，$\phi = S\psi$ とすれば，$T\phi = \psi$ が成り立つ．したがって，T は全射である．$\psi \in \ker T$ とすれば，$ST = I$ より，$\psi = ST\psi = S0 = 0$．したがって，$\ker T = \{0\}$．ゆえに，T は単射である．逆作用素 T^{-1} の定義によって，任意の $\psi \in \mathcal{H}$ に対して，$T^{-1}\psi = \phi$．た

---

[4] 注意するまでもないかもしれないが，これは，$|z| < 1$ をみたす任意の複素数 z に対して成り立つ級数展開（幾何級数展開）$(1+z)^{-1} = \sum_{n=0}^{\infty} (-1)^n z^n$．の作用素版である．

だし，$\phi \in \mathcal{H}$ は $T\phi = \psi$ をみたすベクトルである．したがって，$ST\phi = S\psi$. $ST = I$ より，$\phi = S\psi$. ゆえに，$T^{-1}\psi = S\psi$. $\psi \in \mathcal{H}$ は任意であったから，$T^{-1} = S$ である． ∎

定理 2.11 の証明 (2.18) 式によって，$\|(-1)^n T^n\| \leq \|T\|^n$ であり，仮定により $\|T\| < 1$ であるから $\sum_{n=0}^{\infty} \|(-1)^n T^n\|$ は収束する．したがって，命題 2.10 によって，$S := \sum_{n=0}^{\infty}(-1)^n T^n$ は収束する．$S_N = \sum_{n=0}^{N}(-1)^n T^n$ とすれば，補題 2.12 によって $(I+T)S_N \to (I+T)S, S_N(I+T) \to S(I+T)(N \to \infty)$. 一方，$(I+T)S_N = S_N(I+T) = I + (-1)^N T^{N+1}$. したがって，

$$\|(I+T)S_N - I\| = \|S_N(I+T) - I\| \leq \|T\|^{N+1} \to 0 \, (N \to \infty)$$

ゆえに $(I+T)S = I, S(I+T) = I$ でなければならない．この事実と補題 2.13 によって，$I+T$ は全単射であり，$S = (I+T)^{-1}$ である． ∎

2.5.4 ヒルベルト空間と有界作用素の空間の収束の諸位相

これまでは，ヒルベルト空間 $\mathcal{H}$ の点列（ベクトル列）の収束はノルムの意味で考察してきた．しかし，ヒルベルト空間には内積が備わっているので，これを用いて，別の意味での収束を考えることができる．$\mathcal{H}$ の点列 $\{\psi_n\}_{n=1}^{\infty}$ に対して，ベクトル $\psi \in \mathcal{H}$ が存在して，すべての $\phi \in \mathcal{H}$ に対して，$\lim_{n \to \infty}(\phi, \psi_n) = (\phi, \psi)$ が成り立つとき，$\{\psi_n\}_{n=1}^{\infty}$ は ψ に **弱収束** (weak convergence) するといい，w-$\lim_{n \to \infty} \psi_n = \psi$ と記す．この場合，ψ を $\{\psi_n\}_{n=1}^{\infty}$ の **弱極限** (weak limit) とよぶ．

弱収束と区別する意味で，$\mathcal{H}$ における，通常の収束を **強収束** (strong convergence) という．すなわち，$\{\psi_n\}_{n=1}^{\infty}$ が ψ に強収束するとは，$\lim_{n \to \infty} \|\psi_n - \psi\| = 0$ が成立するときをいう．この場合，s-$\lim_{n \to \infty} \psi_n = \psi$ と記し，ψ を $\{\psi_n\}_{n=1}^{\infty}$ の **強極限** (strong limit) という（誤解のおそれがない場合には，通常のように，s-lim を単に lim と記す）．

内積の連続性によって，$\{\psi_n\}_{n=1}^{\infty}$ が ψ に強収束すれば，それは ψ に弱収束する．だが，$\mathcal{H}$ が無限次元の場合，この逆は一般には成立しない．

■ **例 2.15** ■ $\{\psi_n\}_{n=1}^{\infty}$ をヒルベルト空間 $\mathcal{H}$ の正規直交系とする（C.O.N.S. である必要はない）．これに対して，系 1.9 によって，$\{\psi_n\}_{n=1}^{\infty}$ は零ベクトル 0

に弱収束する：w-$\lim_{n\to\infty}\psi_n = 0$. しかし，$\{\psi_n\}_{n=1}^{\infty}$ は 0 に強収束はしない．なぜなら，$\|\psi_n\| = 1$, $n \in \mathbf{N}$ によって，$\lim_{n\to\infty}\|\psi_n - 0\| = 1 \neq 0$ が成り立つからである．

すでに述べたように，ヒルベルト空間 $\mathcal{H}$ からヒルベルト空間 $\mathcal{K}$ への有界作用素の列 $\{T_n\}_{n=1}^{\infty}$ が有界作用素 $T \in \mathcal{B}(\mathcal{H},\mathcal{K})$ に収束するとは，$\lim_{n\to\infty}\|T_n - T\| = 0$ がみたされることであった．しかし，ヒルベルト空間の点列の場合と同様に，別の意味（位相）で，$\{T_n\}_{n=1}^{\infty}$ の収束を考えることもできる：任意の $\psi \in \mathcal{H}$ に対して，点列 $\{T_n\psi\}_n$ が $T\psi$ に強収束するとき，$\{T_n\}_{n=1}^{\infty}$ は T に**強収束**するといい，s-$\lim_{n\to\infty}T_n = T$ と記す．

また，任意の $\psi \in \mathcal{H}$ に対して点列 $\{T_n\psi\}_n$ が $T\psi$ に弱収束するとき，$\{T_n\}_{n=1}^{\infty}$ は T に**弱収束**するといい，w-$\lim_{n\to\infty}T_n = T$ と記す．

これらの収束の概念と区別する意味で，作用素ノルムによる収束を**一様収束** (uniform convergence) といい，u-$\lim_{n\to\infty}T_n = T$ と記す．

次の論理的図式が成り立つことは容易にわかる（練習問題 7）．

$$[一様収束] \Rightarrow [強収束] \Rightarrow [弱収束]$$

これらの収束の概念は，$\mathcal{H},\mathcal{K}$ が有限次元の場合は，実は，同値である．だが，$\mathcal{H},\mathcal{K}$ のどちらかが無限次元の場合には，本質的に異なるものである（練習問題 8, 9）．

2.6 非有界作用素

以下では，有界作用素だけでなく，非有界作用素も含む形で作用素の理論を展開する．だが，一般論に入る前に，まず，非有界作用素の例を見ておくことにする．

作用素の非有界性に対する判定条件は次の命題によってあたえられる．

【命題 2.14】 ヒルベルト空間 $\mathcal{H}$ からヒルベルト空間 $\mathcal{K}$ への作用素 T が非有界であるための必要十分条件は，$\psi_n \in D(T)$, $\|\psi_n\| = 1$, $n \in \mathbf{N}$, $\|T\psi_n\| \to \infty$ $(n \to \infty)$ となる点列 $\{\psi_n\}_n$ が存在することである．

証明 （必要性）T が非有界ならば，(2.10) 式の右辺の量は有限でない．した

がって，題意にいう点列 $\{\psi_n\}_n$ が存在する．

（十分性）T が有界であるとすると，(2.9) 式が成立する．したがって，題意にいうような点列 $\{\psi_n\}_n$ は存在しえない． ∎

■ **例 2.16** ■ 例2.2の微分作用素 $\hat{D}$ は非有界作用素である．実際，$\|f\|_{L^2(\mathbf{R})} = 1$ をみたす $f \in C_0^1(\mathbf{R})$ に対して，$f_n(x) = \sqrt{n}f(nx)$, $n \in \mathbf{N}$ とおけば，$f_n \in C_0^1(\mathbf{R})$, $\|f_n\|_{L^2(\mathbf{R})} = 1$ であり，$(\hat{D}f_n)(x) = n\sqrt{n}f'(nx)$．したがって，$\|\hat{D}f_n\|_{L^2(\mathbf{R})} = n\|f'\|_{L^2(\mathbf{R})} \to \infty (n \to \infty)$（$f$ に対する仮定は $f' \not\equiv 0$ を導くことに注意）．したがって，命題2.14により，$\hat{D}$ は非有界である．

■ **例 2.17** ■ F を $\mathbf{R}^d$ 上の複素数値ボレル可測関数でルベーグ測度に関して，$|F(x)|$ はほとんどいたるところ有限であるとする．例2.8で示したように，F が本質的に有界の場合，(2.12) 式によって定義されるかけ算作用素 M_F は有界である．ところで，F が必ずしも本質的に有界でない場合にもかけ算作用素は定義される．すなわち，この場合には，定義域を

$$D(M_F) := \left\{ f \in L^2(\mathbf{R}^d) \,\bigg|\, \int_{\mathbf{R}^d} |F(x)f(x)|^2 dx < \infty \right\}$$

とし，その作用が (2.12) 式の形であたえられる作用素 M_F を**関数 F によるかけ算作用素**とよぶ．F が本質的に有界ならば，$D(M_F) = L^2(\mathbf{R}^d)$ となるので，いま定義した作用素 M_F は例2.8のかけ算作用素の一般化になっている．だが，F が本質的に有界でないならば，次の (i), (ii) が成立する．

(i) $D(M_F) \neq L^2(\mathbf{R}^d)$ であり，$D(M_F)$ は稠密である．

(ii) M_F は非有界作用素である．

＜証明：$S_n = \{x \in \mathbf{R}^d | n \leq |F(x)| < n+1\}(n = 0, 1, 2, \cdots)$ とする．$n \neq m$ ならば，$S_n \cap S_m = \emptyset$ である．関数 $|F|$ はルベーグ測度に関して a.e. 有限であるから，$|\mathbf{R}^d \backslash (\bigcup_{n=0}^{\infty} S_n)| = 0$（ボレル集合 $M \subset \mathbf{R}^d$ に対して，$|M|$ は M のルベーグ測度を表す）．これと $|F|$ が本質的に有界な関数ではないことから，$S_n, n = 0, 1, 2, \cdots$ のうち，$|S_n|$ が0でないものが可算無限個存在する．それらを $S_{n(k)}, k = 1, 2, \cdots, (n(1) < n(2) < \cdots < n(k) < n(k+1) < \cdots)$ とする（$|S_{n(k)}| < \infty$ とは限らないことに注意）．$K_m = \{x \in \mathbf{R}^d | |x| \leq m\}(m \geq 1)$ とおくと，$0 < |K_m| < \infty$, $\bigcup_{m=1}^{\infty} K_m = \mathbf{R}^d$．この事実と $|S_{n(k)}| > 0$ によって，各 k に対して，$|S_{n(k)} \cap K_{m_k}| > 0$ となる番号 m_k があ

る．$B = \bigcup_{k=1}^{\infty}(S_{n(k)} \cap K_{m_k})$ とおき，$\mathbf{R}^d$ 上の関数 g を次のように定義する：
$x \in S_{n(k)} \cap K_{m_k}$ ならば，$g(x) = \left(n(k)\sqrt{|S_{n(k)} \cap K_{m_k}|}\right)^{-1}$ とし，$x \notin B$ のときは，$g(x) = 0$ とする．このとき，

$$\int_{\mathbf{R}^d}|g(x)|^2 dx = \sum_{k=1}^{\infty}\int_{S_{n(k)}\cap K_{m_k}}|g(x)|^2 dx = \sum_{k=1}^{\infty}\frac{1}{n(k)^2} \leq \sum_{n=1}^{\infty}\frac{1}{n^2} < \infty$$

したがって，$g \in L^2(\mathbf{R}^d)$．しかし，任意の自然数 N に対して，

$$\int_{\bigcup_{k=1}^{N} S_{n(k)}\cap K_{m_k}}|F(x)g(x)|^2 dx \geq \sum_{k=1}^{N} n(k)^2 \cdot \frac{1}{n(k)^2} = N$$

であるから，$\int_{\bigcup_{k=1}^{N} S_{n(k)}\cap K_{m_k}}|F(x)g(x)|^2 dx$ は，$N \to \infty$ のとき，発散する．したがって，$Fg \notin L^2(\mathbf{R}^d)$，すなわち，$g \notin D(M_F)$．ゆえに，(i) の最初の主張が得られる．

$D(M_F)$ の稠密性を示すために，$D_N = \bigcup_{n=0}^{N} S_n$ とし，任意の $f \in L^2(\mathbf{R}^d)$ に対して，$f_N = \chi_{D_N} f$ とおく（χ_{D_N} は D_N の定義関数）．このとき，$f_N \in D(M_F)$ であることは容易にわかる．さらに，

$$\|f_N - f\|_{L^2(\mathbf{R}^d)}^2 = \sum_{n=N+1}^{\infty}\int_{S_n}|f(x)|^2 dx \to 0 (N \to \infty)$$

（ここで，$|\mathbf{R}^d \setminus (\bigcup_{n=0}^{\infty} S_n)| = 0$ という条件を使う）．したがって，$D(M_F)$ は稠密である．これで (i) の 2 番目の主張も示された．

次に (ii) を示す．各 k に対して，$f_k(x) = \chi_{S_{n(k)}\cap K_{m_k}}(x)/\sqrt{|S_{n(k)}\cap K_{m_k}|}$ とすれば，$\|f_k\| = 1, f_k \in D(M_F)$ であって，$\|M_F f_k\| \geq n(k)$．したがって，$\|M_F f_k\| \to \infty (k \to \infty)$．ゆえに M_F は非有界である．▷

❗注意． 通常，関数 F によるかけ算作用素 M_F は単に F と書かれることが多い．本書では，この慣習的な記法はおもに第 6 章以降で用いることにする．

次の例に進む前に，ある一般概念を定義しておく．T をヒルベルト空間 $\mathcal{H}$ 上の作用素，$\mathcal{D}$ を $D(T)$ に含まれる部分空間とする．もし，任意の $\psi \in \mathcal{D}$ に対して，$T\psi \in \mathcal{D}$ が成立するならば，T は $\mathcal{D}$ を**不変にする**という．この場合，$\mathcal{D}$ を T の（ひとつの）**不変部分空間** (invariant subspace) という．T が $\mathcal{D}$ を不変にするならば，任意の $n \in \mathbf{N}$ に対して，$\mathcal{D} \subset D(T^n)$ である（作用素の積の

定義については，2.1 節を参照）．つまり，T は $\mathcal{D}$ 上で何度でも作用することができる．

■ **例 2.18** ■ 関数 $f \in C_0^\infty(\mathbf{R}^d)$ に対して，1 階の偏導関数 $\partial f/\partial x_j$〔$x = (x_1, \cdots, x_d) \in \mathbf{R}^d$〕を対応させる写像を ∂_j で表す．

$$(\partial_j f)(x) = \frac{\partial f(x)}{\partial x_j}$$

このとき，∂_j は，定義域を $C_0^\infty(\mathbf{R}^d)$ とする，$L^2(\mathbf{R}^d)$ 上の線形作用素である．明らかに，∂_j は $C_0^\infty(\mathbf{R}^d)$ を不変にしている．したがって，それらの積が $C_0^\infty(\mathbf{R}^d)$ 上で定義される．

作用素 $\partial_j, j = 1, \cdots, d$，の積を扱うためにある便利な記号を導入する．$d$ 個の非負整数の組 $\alpha = (\alpha_1, \cdots, \alpha_d)$ を**多重指数** (multi-index) とよび，$|\alpha| = \sum_{j=1}^d \alpha_j$ とおく．多重指数 α に対して，作用素

$$\partial^\alpha := \partial_1^{\alpha_1} \cdots \partial_d^{\alpha_d}$$

を定義する（$|\alpha| = 0$ の場合は，$\partial^\alpha = I$ と規約する）．すでに指摘したように，各 ∂_j は $C_0^\infty(\mathbf{R}^d)$ を不変にしているので，∂^α は，$C_0^\infty(\mathbf{R}^d)$ 上を定義域とする，$L^2(\mathbf{R}^d)$ 上の線形作用素とみることができる．作用素 ∂^α は，階数が $|\alpha|$ の**偏微分作用素** (partial differential operator) とよばれる．

作用素 ∂^α は非有界である ($|\alpha| \geq 1$)．実際，$\|f\|_{L^2(\mathbf{R}^d)} = 1, \|\partial^\alpha f\|_{L^2(\mathbf{R}^d)} \neq 0$ となる任意の $f \in C_0^\infty(\mathbf{R}^d)$ と $n \in \mathbf{N}$ に対して，$f_n(x) = n^{d/2} f(nx)$ とすれば，$\|f_n\|_{L^2(\mathbf{R}^d)} = 1, f_n \in C_0^\infty(\mathbf{R}^d)$．ところが，$(\partial^\alpha f_n)(x) = n^{|\alpha|} n^{d/2} (\partial^\alpha f)(nx)$ であるから，$\|\partial^\alpha f_n\|_{L^2(\mathbf{R}^d)} = n^{|\alpha|} \|\partial^\alpha f\|_{L^2(\mathbf{R}^d)} \to \infty (n \to \infty)$．

2.7 作用素の拡大と共役作用素

2.7.1 作用素の拡大

T, S をヒルベルト空間 $\mathcal{H}$ からヒルベルト空間 $\mathcal{K}$ への作用素とする．もし，

$$D(T) \subset D(S), \quad T\psi = S\psi, \quad \psi \in D(T)$$

が成立するならば，S は T の**拡大** (extension) あるいは**拡張**であるといい，$T \subset S$ あるいは $S \supset T$ と記す．つまり，S が T の拡大であるというのは，S

の定義域が T のそれに等しいかそれよりも広い場合であり,しかも S の作用を $D(T)$ のベクトルに制限した場合には,その作用の結果は T のそれと同じである,ということである.また,この場合,$D(T) = D$ と書くと,T は S の D の上への**制限** (restriction) あるいは**縮小**であるといい,$T = S \upharpoonright D$ と記す.

たとえば,$D(T)$ の任意の部分空間 M に対して,M を定義域とする線形作用素 T_M が $T_M\psi = T\psi, \psi \in M$ によって定義される.このとき,$T_M \subset T$, $T_M = T \upharpoonright M$ である.

$T \subset S, T \neq S$ のとき,S は T の真の拡大(あるいは T は S の真の縮小)であるという.

拡大の概念を用いると,2つの作用素 T, S が等しいこと ($S = T$) は,$S \subset T$ かつ $T \subset S$ と同値である.

■ **例 2.19** ■ $L^2(\mathbf{R})$ 上の作用素 $\hat{D}_0$ を次のように定義する.

$$\text{定義域}: D(\hat{D}_0) = C_0^\infty(\mathbf{R})$$
$$\text{作\ 用}: (\hat{D}_0 f)(x) = f'(x), \quad x \in \mathbf{R}, \quad f \in D(\hat{D}_0)$$

このとき,$\hat{D}_0 \subset \hat{D}, \hat{D}_0 \neq \hat{D}$ ($\hat{D}$ は例 2.2 で定義した作用素)であり,$\hat{D}_0 = \hat{D} \upharpoonright C_0^\infty(\mathbf{R})$.

作用素の拡大の概念に関連して,非有界作用素の扱いにとって有用な概念をもうひとつ導入しておこう.部分空間 $D \subset D(T) \cap D(S)$ が存在して,任意の $\psi \in D$ に対して,$T\psi = S\psi$ が成立するとき,T と S は D 上で等しいといい,「D 上で $T = S$ が成立する」という言い方をする.これは,言い換えれば,$T \upharpoonright D = S \upharpoonright D$ ということである.本書の第 6 章〔6.4 節,特に例 6.2,6.6 節の定理 6.14 (i)〕と第 7 章でこのような作用素の例に出合うであろう.

2.7.2　共役作用素

$\mathcal{H}, \mathcal{K}$ をヒルベルト空間,T を $\mathcal{H}$ から $\mathcal{K}$ への稠密に定義された作用素とする.この T に対して,$\mathcal{K}$ の部分集合 $D(T^*)$ を次のように定義する.

$$D(T^*) := \{\phi \in \mathcal{K} \,|\, \text{すべての } \psi \in D(T) \text{ に対して } (\phi, T\psi)_\mathcal{K} = (\eta, \psi)_\mathcal{H} \text{ が} \\ \text{成立するような } \eta \in \mathcal{H} \text{ が存在する}\} \quad (2.20)$$

ここで，右辺の集合の条件に現れるベクトル η は ϕ に対してただひとつ定まる．実際，別に，$\eta' \in \mathcal{H}$ が存在して，すべての $\psi \in D(T)$ に対して，$(\phi, T\psi)_{\mathcal{K}} = (\eta', \psi)_{\mathcal{H}}$ が成立するとすれば，$(\eta - \eta', \psi)_{\mathcal{H}} = 0$．$D(T)$ は稠密であるから，$\eta = \eta'$ でなければならない〔命題 1.24(i)〕．したがって，対応：$\phi \mapsto \eta$ は $D(T^*)$ から $\mathcal{H}$ への写像を定める．この写像を T^* と記す：$T^*\phi = \eta$〔$\phi \in D(T^*)$ と η は (2.20) 式の右辺の集合の条件に述べられたベクトル〕．$D(T^*)$ が $\mathcal{K}$ の部分空間であり，T^* が線形であることは容易に確かめられる．この線形作用素 T^* を T の**共役作用素** (adjoint) という．この概念は，$D(T)$ が $\mathcal{H}$ で稠密でなければ定義されないことに注意しよう．

共役作用素 T^* の定義から

$$(\phi, T\psi)_{\mathcal{K}} = (T^*\phi, \psi)_{\mathcal{H}}, \quad \psi \in D(T), \quad \phi \in D(T^*) \tag{2.21}$$

が成り立つ．

稠密に定義された作用素 T, S に対して

$$T \subset S \Rightarrow S^* \subset T^* \tag{2.22}$$

が成立する．つまり，共役をとる演算は，作用素の大小関係を逆にする．実際，$T \subset S$ を仮定し，$\phi \in D(S^*)$ とすれば，任意の $\psi \in D(S)$ に対して，$(S^*\phi, \psi) = (\phi, S\psi)$．仮定により，特に，すべての $\psi \in D(T)$ に対して，$(S^*\phi, \psi) = (\phi, T\psi)$ となる．したがって，$\phi \in D(T^*)$ かつ $T^*\phi = S^*\phi$．$\phi \in D(S^*)$ は任意であったから，$S^* \subset T^*$ である．

T が稠密に定義された作用素であって，$D(T^*)$ も稠密ならば，T^* の共役作用素 $(T^*)^*$ も定義される．この場合 $(T^*)^* = T^{**}$ と記す．

次の命題は，T が有界の場合に，T^* の特徴づけをあたえる．

【**命題 2.15**】 $T \in \mathcal{B}(\mathcal{H}, \mathcal{K})$ とする．このとき，$T^* \in \mathcal{B}(\mathcal{K}, \mathcal{H})$，$T^{**} = T$，$\|T^*\| = \|T\|$ が成立する．

証明 各 $\phi \in \mathcal{K}$ に対して，写像 $F_\phi : \mathcal{H} \to \mathbf{K}$ を $F_\phi(\psi) = (\phi, T\psi)_{\mathcal{K}}, \psi \in \mathcal{H}$ によって定義すれば，これは $\mathcal{H}$ 上の有界線形汎関数であり，$\|F_\phi\| \le \|T\|\|\phi\|_{\mathcal{K}}$ 〔$|F_\phi(\psi)| \le (\|T\|\|\phi\|_{\mathcal{K}})\|\psi\|_{\mathcal{H}}$ に注意〕．したがって，リースの表現定理により，$F_\phi(\psi) = (\eta, \psi)_{\mathcal{H}}, \psi \in \mathcal{H}$ となる $\eta \in \mathcal{H}$ がただひとつ存在し，しか

も $\|F_\phi\| = \|\eta\|_{\mathcal{H}}$ が成立する．したがって，$\phi \in D(T^*)$ かつ $T^*\phi = \eta$ である．ゆえに，$D(T^*) = \mathcal{K}$ であって，$\|T^*\phi\|_{\mathcal{H}} = \|\eta\|_{\mathcal{K}} \leq \|T\|\|\phi\|_{\mathcal{H}}$ となるので，T^* は有界であり，$\|T^*\| \leq \|T\|$ が成立する．

いまの結果により，任意の $\psi \in \mathcal{H}, \phi \in \mathcal{K}$ に対して $(\phi, T\psi)_{\mathcal{K}} = (T^*\phi, \psi)_{\mathcal{H}}$ が成り立つ．この式を，ψ を固定して，任意の $\phi \in D(T^*) = \mathcal{K}$ に対して成り立つ式と見ると，$\psi \in D(T^{**}) = \mathcal{H}$ かつ $T\psi = T^{**}\psi$ が結論される．ゆえに $T^{**} = T$.

すでに見たように，$\|T^*\| \leq \|T\|$．T の代わりに T^* を考えれば，$\|T^{**}\| \leq \|T^*\|$ も成り立つことになる．そこで，$T^{**} = T$ を使えば，$\|T\| \leq \|T^*\|$ となる．ゆえに，$\|T\| = \|T^*\|$． ∎

作用素 T が非有界の場合，T^* の定義域は稠密であるとは限らないことを注意しておく（練習問題 10 を参照）．

■ **例 2.20** ■ 例 2.17 のかけ算作用素 M_F の共役作用素を求めてみよう．例 2.17 で示したように，$D(M_F)$ は稠密である．$f \in L^2(\mathbf{R}^d), g \in D(M_F)$ とすれば，$(f, M_F g) = \int f(x)^* F(x) g(x) dx = \int (F(x)^* f(x))^* g(x) dx$．したがって，$F^* f \in L^2(\mathbf{R}^d)$ ならば，$f \in D(M_F^*)$ であり，$(M_F^* f)(x) = F(x)^* f(x)$．ところが，$F^* f \in L^2(\mathbf{R}^d)$ と $f \in D(M_F)$ とは同じことであるから $D(M_F) \subset D(M_F^*)$ を得る．

逆に，$f \in D(M_F^*)$ とし，χ_n（n は自然数）を $\{x \in \mathbf{R}^d | |F(x)| \leq n\}$ の定義関数とする．このとき，$\|M_F^* f\| = \lim_{n \to \infty} \|\chi_n M_F^* f\|$．$\|\psi\| = \sup_{\|\phi\|=1, \phi \in \mathcal{H}} |(\phi, \psi)|, \psi \in \mathcal{H}$ により，$\|\chi_n M_F^* f\| = \sup_{\|g\|=1} |(g, \chi_n M_F^* f)| = \sup_{\|g\|=1} |(\chi_n g, M_F^* f)|$．そこで，$\chi_n g \in D(M_F), \chi_n F^* f \in L^2(\mathbf{R}^d)$ に注意すれば，$(\chi_n g, M_F^* f) = (M_F \chi_n g, f) = (F \chi_n g, f) = (g, \chi_n F^* f)$ と変形できる．したがって，

$$\|\chi_n M_F^* f\| = \sup_{\|g\|=1} |(g, \chi_n F^* f)| = \|\chi_n F^* f\| = \|\chi_n F f\|$$

ゆえに $\|M_F^* f\|^2 = \lim_{n \to \infty} \int_{\mathbf{R}^d} |\chi_n(x) F(x) f(x)|^2 dx$．この事実とルベーグ積分論の単調収束定理（付録 A を参照）により，$Ff \in L^2(\mathbf{R}^d)$ かつ $\|M_F^* f\| = \|Ff\|$ が結論される．ゆえに $D(M_F^*) \subset D(M_F)$．以上から

$$D(M_F) = D(M_F^*), \quad (M_F^* f)(x) = F(x)^* f(x), \quad f \in D(M_F^*)$$

を得る．これは，作用素の等式 $M_F^* = M_{F^*}$ を意味する．つまり，M_F の共役作用素は，F の複素共役関数 F^* によるかけ算作用素に等しい．

作用素の和と積の共役作用素については，次の事実が成立する．

【命題 2.16】 (i) S, T を $\mathcal{H}$ から $\mathcal{K}$ への稠密に定義された作用素とする．$D(T+S)$ $[= D(T) \cap D(S)]$ が稠密であるとき，

$$(S+T)^* \supset S^* + T^* \tag{2.23}$$

が成り立つ．特に，S または T が有界ならば，$(S+T)^* = S^* + T^*$．

(ii) T を $\mathcal{H}$ から $\mathcal{K}$ への稠密に定義された作用素，S を $\mathcal{K}$ からヒルベルト空間 $\mathcal{X}$ への稠密に定義された作用素とする．$D(ST)$ が稠密であるとき，

$$(ST)^* \supset T^* S^* \tag{2.24}$$

が成り立つ．特に，S が有界ならば，$(ST)^* = T^* S^*$．

証明 (i) 任意の $\psi \in D(T^* + S^*) = D(T^*) \cap D(S^*)$ と任意の $\phi \in D(T+S) = D(T) \cap D(S)$ に対して，

$(\psi, (T+S)\phi) = (\psi, T\phi) + (\psi, S\phi) = (T^*\psi, \phi) + (S^*\psi, \phi) = ((T^* + S^*)\psi, \phi)$

したがって，$\psi \in D((T+S)^*)$ であり，$(T+S)^*\psi = T^*\psi + S^*\psi$．これは，(2.23) 式を意味する．$S \in \mathcal{B}(\mathcal{H}, \mathcal{K})$ としよう．このとき，$D(S+T) = D(T)$ であるから，任意の $\psi \in D((S+T)^*)$ と $\phi \in D(T)$ に対して，$((S+T)^*\psi, \phi) = (\psi, (S+T)\phi) = (S^*\psi, \phi) + (\psi, T\phi)$．したがって，$\eta := (S+T)^*\psi - S^*\psi$ とすれば，$(\psi, T\phi) = (\eta, \phi)$．これは，$\psi \in D(T^*)$ かつ $T^*\psi = \eta$ を意味する．したがって，$D((S+T)^*) \subset D(T^*) = D(S^* + T^*)$．ゆえに $(S+T)^* = S^* + T^*$．$T \in \mathcal{B}(\mathcal{H}, K)$ の場合も同様．

(ii) 任意の $\psi \in D(T^*S^*)$ と任意の $\phi \in D(ST)$ に対して，$(\psi, ST\phi) = (S^*\psi, T\phi) = (T^*S^*\psi, \phi)$．したがって，$\psi \in D((ST)^*), (ST)^*\psi = T^*S^*\psi$．これ

は，(2.24) 式を意味する．S が有界ならば，$D(ST) = D(T)$ であり，S^* も有界である．任意の $\psi \in D((ST)^*)$ と任意の $\phi \in D(ST) = D(T)$ に対して，$((ST)^*\psi, \phi) = (\psi, ST\phi) = (S^*\psi, T\phi)$．したがって，$S^*\psi \in D(T^*)$ であり〔すなわち，$\psi \in D(T^*S^*)$〕，$T^*S^*\psi = (ST)^*\psi$ を得る．これは，$(ST)^* \subset T^*S^*$ を意味するから，求める作用素の等式が得られる． ∎

2.8 閉作用素と可閉作用素

2.8.1 閉作用素

$\mathcal{H}$ から $\mathcal{K}$ への線形作用素 T が次の性質 (*) を有するとき，T は**閉である** (closed) という．

> 性質 (*)：$D(T)$ に属するベクトルの列 ψ_n が条件 $\psi_n \to \psi \in \mathcal{H}, T\psi_n \to \phi \in \mathcal{K}(n \to \infty)$ をみたすならば，つねに $\psi \in D(T)$ かつ $\phi = T\psi$ が成り立つ．

閉である線形作用素を**閉作用素** (closed operator) という．

有界作用素はすべて閉作用素である．実際，$T: \mathcal{H} \to \mathcal{K}$ を有界作用素とし，ψ_n, ψ, ϕ を (*) の仮定をみたすベクトルとすれば，$\psi \in D(T)$ は自明であり〔いまの場合，$D(T) = \mathcal{H}$〕，T の連続性により，$\phi = T\psi$ が成り立つ．したがって，T は性質 (*) を有する．

いま示した事実によって，閉作用素という概念が実質的に意義をもつのは非有界作用素に対してである．

念のために，注意しておけば，T が非有界作用素ならば，$D(T)$ に属するベクトル列 $\{\psi_n\}_n$ があるベクトル ψ に収束しても $T\psi_n$ は収束するとは限らない．しかし，もし，後者もあるベクトル ϕ に収束しているならば，必ず $\psi \in D(T)$ であって，$T\psi = \phi$ が成り立っているというのが性質 (*) の要点である．

非有界な閉作用素の例はあとで見ることにして，次の命題に注目しよう．

【命題 2.17】 $D(T)$ は稠密であるとする．このとき，T^* は閉である．

証明 $D(T^*) \subset \mathcal{K}$ に属するベクトル列 $\{\psi_n\}_n$ が $\psi_n \to \psi \in \mathcal{K}$，$T^*\psi_n \to \phi \in \mathcal{H}$ をみたすとしよう．このとき，すべての $\chi \in D(T)$ に対して，$(T^*\psi_n, \chi) \to$

$(\phi, \chi)(n \to \infty)$. 一方,$(T^*\psi_n, \chi) = (\psi_n, T\chi) \to (\psi, T\chi)\,(n \to \infty)$. したがって,$(\psi, T\chi) = (\phi, \chi)$. これが,すべての $\chi \in D(T)$ に対して成り立つから,$\psi \in D(T^*)$,$\phi = T^*\psi$ が結論される.したがって,T^* は閉である. ∎

■ **例 2.21** ■ 例 2.17 のかけ算作用素 M_F は閉作用素であることを示そう.例 2.20 の結果によって,$M_F = (M_{F^*})^*$. これと命題 2.17 によって,M_F は閉である.すでに見たように,F が本質的に有界でないならば,M_F は有界ではないから,これは,非有界な閉作用素の例をあたえる.

2.8.2 可閉作用素

非有界な閉作用素は,その定義からわかるように,非有界作用素の中でもある意味で性質のよい作用素とみることができる.作用素の中にはそのままでは閉ではないが,拡大をとれば閉になるものが存在しうる.そこで,次の定義を設ける:$\mathcal{H}$ から $\mathcal{K}$ への作用素 T について,$T \subset S$ となる閉作用素 S が存在するとき,T は**可閉** (closable) であるといい,S を T の(ひとつの)**閉拡大** (closed extension) という.可閉な作用素を**可閉作用素** (closable operator) とよぶ.可閉作用素の閉拡大は,一般には,ひとつとは限らない.閉作用素は自明的に可閉作用素である.

作用素が可閉であるための必要十分条件は次の命題によってあたえられる.

【**命題 2.18**】 次の (i), (ii) は同値である.
  (i) T は可閉である.
  (ii) $D(T)$ に属するベクトル列 $\{\psi_n\}_n$ が $\psi_n \to 0$,$T\psi_n \to \phi$ $(n \to \infty)$ をみたすならば,$\phi = 0$.

証明 (i) が成り立っているとする.このとき,ある閉作用素 S が存在して,$T \subset S$. したがって,(ii) の仮定のもとで $S\psi_n \to \phi$. S の閉性によって,$\phi = S0 = 0$ を得る.

逆に (ii) が成立するとしよう.容易にわかるように,

$$D(\overline{T}) := \{\psi \in \mathcal{H} | \psi_n \to \psi,\ \text{かつ}\ \{T\psi_n\}_n\ \text{が収束列となる}$$
$$\text{点列}\ \{\psi_n\}_n \subset D(T)\ \text{が存在する}\} \tag{2.25}$$

は $\mathcal{H}$ の部分空間である．$D(\overline{T})$ から $\mathcal{K}$ への写像 $\overline{T}$ を

$$\overline{T}\psi = \lim_{n\to\infty} T\psi_n, \quad \psi \in D(\overline{T}) \tag{2.26}$$

によって定義する．条件 (ii) のおかげで，$\overline{T}\psi$ が $D(\overline{T})$ の定義においてあたえられた点列 ψ_n の選び方によらずに定まることに注意しよう．つまり，$\overline{T}$ は確かに写像を定義する．さらに，T の線形性によって，$\overline{T}$ も線形になる．したがって，$\overline{T}$ は $D(\overline{T})$ を定義域とする線形作用素である．また，$\psi \in D(T)$ ならば，$\psi_n = \psi$ ととることにより，$\psi \in D(\overline{T}), \overline{T}\psi = T\psi$ となる．これは，$\overline{T}$ が T の拡大であることを意味する．$\overline{T}$ が閉であることを示そう．そのために $\psi_n \in D(\overline{T}), \psi_n \to \psi \in \mathcal{H}, \overline{T}\psi_n \to \phi \in \mathcal{K}$ としよう．これは，任意の $\varepsilon > 0$ に対し，ある番号 N が存在して，$n \geq N$ ならば $\|\psi_n - \psi\| < \varepsilon, \|\overline{T}\psi_n - \phi\| < \varepsilon$ と同値である．一方，$\overline{T}$ の定義によって，$\|\psi_n - \eta_n\| < \varepsilon$ と $\|\overline{T}\psi_n - T\eta_n\| < \varepsilon$ とをみたす $\eta_n \in D(T)$ が存在する．3角不等式を用いることにより，$\|\eta_n - \psi\| < 2\varepsilon, \|T\eta_n - \phi\| < 2\varepsilon$ を得る．これは，$\psi \in D(\overline{T})$ かつ $\phi = \overline{T}\psi$ であることを示すものである．よって，$\overline{T}$ は閉である．こうして，$\overline{T}$ は T のひとつの閉拡大であることがわかった．ゆえに T は可閉である．■

■ **例 2.22** ■ 例 2.18 の偏微分作用素 ∂^α が可閉であることを示そう．$f_n \in D(\partial^\alpha) = C_0^\infty(\mathbf{R}^d), \|f_n\|_{L^2(\mathbf{R}^d)} \to 0, \|\partial^\alpha f_n - g\|_{L^2(\mathbf{R}^d)} \to 0 (n \to \infty)$ 〔$g \in L^2(\mathbf{R}^d)$〕としよう．このとき，内積の連続性と部分積分によって，任意の $f \in C_0^\infty(\mathbf{R}^d)$ に対して，$(g, f) = \lim_{n\to\infty}(\partial^\alpha f_n, f) = \lim_{n\to\infty}(-1)^{|\alpha|}(f_n, \partial^\alpha f) = 0$．これは，$g \in C_0^\infty(\mathbf{R}^d)^\perp$ を意味する．$C_0^\infty(\mathbf{R}^d)$ は稠密であるから，$g = 0$ である．したがって，命題 2.18 によって，∂^α は可閉である．

作用素 T が可閉のとき，(2.25), (2.26) 式によって定義される作用素 $\overline{T}$ を T の**閉包** (closure) とよぶ．

$\overline{T}$ は T の最小の閉拡大である．つまり，S を T の任意の閉拡大とすれば，$\overline{T} \subset S$ が成立する．

＜証明：任意の $\psi \in D(\overline{T})$ に対して，$\psi_n \to \psi, T\psi_n \to \overline{T}\psi (n \to \infty)$ となる $\psi_n \in D(T)$ が存在する．すべての n に対して $T\psi_n = S\psi_n$ である．したがって，$S\psi_n \to \overline{T}\psi (n \to \infty)$．$S$ は閉であったから，$\psi \in D(S)$ かつ $S\psi = \overline{T}\psi$ でなければならない．これは $\overline{T} \subset S$ を意味する．＞

いま示した事実を使えば，次のことは容易に証明される．$\mathcal{H}$から$\mathcal{K}$への可閉作用素T, Sに関して

$$T \subset S \Rightarrow \overline{T} \subset \overline{S} \tag{2.27}$$

が成り立つ．すなわち，閉包をとる演算は可閉作用素の大小関係を保存する．

2.8.3 作用素のグラフ，可閉性に対する条件

あたえられた作用素が閉であるか否かを判定することは，純理論的にも応用上も重要である．次にこの問題を考察する．このために，まず，非有界作用素の解析において有用な概念をひとつ定義する．ヒルベルト空間$\mathcal{H}$からヒルベルト空間$\mathcal{K}$への任意の作用素Tに対し，直和$\mathcal{H} \oplus \mathcal{K}$の部分空間

$$G(T) := \{(\psi, T\psi) | \psi \in D(T)\} \tag{2.28}$$

をTのグラフ (graph) とよぶ〔右辺の$(\psi, T\psi)$は内積ではない！〕．これは，通常の関数のグラフの概念を作用素の場合へと抽象化したものにほかならない．

容易にわかるように，$G(T)$の閉包$\overline{G(T)}$は，

$$\overline{G(T)} = \{(\psi, \phi) \in \mathcal{H} \oplus \mathcal{K} | \psi_n \to \psi, T\psi_n \to \phi (n \to \infty) \\ となる \psi_n \in D(T) が存在する\} \tag{2.29}$$

と表される．さらに，次の事実が成立する．

【補題 2.19】 (i) Tが閉作用素ならば，$\overline{G(T)} = G(T)$，すなわち，$G(T)$は$\mathcal{H} \oplus \mathcal{K}$の閉部分空間である．

(ii) $D(T)$が稠密のとき，

$$\overline{G(T)} = \{(\psi, \phi) \in \mathcal{H} \oplus \mathcal{K} | (T^*\eta, \psi)_{\mathcal{H}} = (\eta, \phi)_{\mathcal{K}}, \eta \in D(T^*)\} \tag{2.30}$$

証明 (i) これは (2.29) 式からでる．

(ii) 一般に，ヒルベルト空間の任意の部分空間$\mathcal{M}$に対し$\overline{\mathcal{M}} = (\mathcal{M}^\perp)^\perp$であるから (命題1.20)，これを$\mathcal{M} = G(T)$として応用すれば，$\overline{G(T)} = (G(T)^\perp)^\perp$. 一方，$G(T)^\perp = \{(-T^*\phi, \phi) \in \mathcal{H} \oplus \mathcal{K} | \phi \in D(T^*)\}$を示すのは難しくない．これから，$(G(T)^\perp)^\perp$は (2.30) 式の右辺の集合に等しいことがわかる．■

次の命題の (i) は，作用素が可閉であるための有用な判定条件をあたえる．

【命題 2.20】 T を $\mathcal{H}$ から $\mathcal{K}$ への稠密に定義された作用素とする（したがって，その共役作用素 T^* が存在する）．このとき，次の (i), (ii) が成立する．

(i) T が可閉であるための必要十分条件は $D(T^*)$ が稠密であることである．この場合，$\overline{T} = T^{**}$ が成り立つ．

(ii) T が可閉ならば，$(\overline{T})^* = T^*$．

証明 (i)（必要性）T は可閉であると仮定する．$\phi \in D(T^*)^\perp$ とする．したがって，すべての $\eta \in D(T^*)$ に対して，$(\phi, \eta) = 0$．このとき，(2.30) 式によって，$(0, \phi) \in \overline{G(T)}$．したがって，(2.29) 式によって，$\psi_n \to 0$, $T\psi_n \to \phi (n \to \infty)$ となる $\psi_n \in D(T)$ が存在する．T の可閉性と命題 2.18 によって，$\phi = 0$ が結論される．ゆえに，$D(T^*)$ は稠密である．

（十分性）$D(T^*)$ は稠密であると仮定する．$D(T)$ に属するベクトル列 $\{\psi_n\}_n$ が $\psi_n \to 0$, $T\psi_n \to \phi \in \mathcal{K}$ $(n \to \infty)$ をみたすとしよう．このとき，(2.29) 式によって，$(0, \phi) \in \overline{G(T)}$．したがって，(2.30) 式により，すべての $\eta \in D(T^*)$ に対して $(\eta, \phi) = 0$．$D(T^*)$ は稠密であったから，$\phi = 0$ となる．ゆえに，T は可閉である（命題 2.18）．

いま示したことにより，T が可閉ならば，$D(T^*)$ が稠密であるので，(2.30) 式は，$\overline{G(T)} = \{(\psi, T^{**}\psi) | \psi \in D(T^{**})\} = G(T^{**})$ と同値になる．一方，T の可閉性によって，$\overline{G(T)} = G(\overline{T})$ が成立することも容易にわかる．したがって，$G(T^{**}) = G(\overline{T})$．これは，$\overline{T} = T^{**}$ と同値である．

(ii) T を可閉作用素とする．任意の $\psi \in D(\overline{T})$ に対して，$n \to \infty$ のとき，$\psi_n \to \psi$, $T\psi_n \to \overline{T}\psi$ となる $\psi_n \in D(T)$ がある．任意の $\phi \in D(T^*)$ に対して，$(T^*\phi, \psi_n) = (\phi, T\psi_n)$ であるから，$n \to \infty$ とすることにより $(T^*\phi, \psi) = (\phi, \overline{T}\psi)$ を得る．したがって，$\phi \in D((\overline{T})^*)$ かつ $(\overline{T})^*\phi = T^*\phi$ を得る．これは，$T^* \subset (\overline{T})^*$ を意味する．

逆に $\phi \in D((\overline{T})^*)$ とすれば，すべての $\psi \in D(\overline{T})$ に対して $((\overline{T})^*\phi, \psi) = (\phi, \overline{T}\psi)$ が成り立つ．特に $\psi \in D(T)$ とすれば $((\overline{T})^*\phi, \psi) = (\phi, T\psi)$．したがって，$\phi \in D(T^*)$ かつ $T^*\phi = (\overline{T})^*\phi$．これは $(\overline{T})^* \subset T^*$ を意味する．これと前半の結果をあわせれば，$T^* = (\overline{T})^*$ を得る． ∎

2.9 レゾルヴェントとスペクトル

2.9.1 作用素の固有値,固有ベクトル,固有空間

線形代数学でよく知られているように,n 次元ユニタリ空間 $\mathbf{C}^n$ 上の線形作用素である $n \times n$ 行列に対して,これを複素数と関連づける概念として固有値なる概念が存在する.この概念は一般の複素ヒルベルト空間上の線形作用素に対してもまったく同様に定義される.以下,$\mathcal{H}$ を複素ヒルベルト空間,T を $\mathcal{H}$ 上の線形作用素とする.

複素数 λ が T の**固有値** (eigenvalue) であるとは,$T\psi = \lambda\psi$ をみたすベクトル $\psi \in D(T)$, $\psi \neq 0$ が存在するときをいう.この場合,ψ を固有値 λ に属する(あるいは対応する)T の**固有ベクトル** (eigenvector) とよぶ.考察下のヒルベルト空間が,L^2 型空間のように,関数(の同値類)から構成されている場合,固有ベクトルのことを**固有関数** (eigenfunction) ともいう.

あたえられた作用素の固有値および固有ベクトルを求める問題を**固有値問題** (eigenvalue problem) という.作用素 T に対する固有値問題は,ベクトル方程式 $T\psi = \lambda\psi$ をみたす複素数 λ とベクトル $\psi \in D(T)$ の組 $<\lambda, \psi>$ を求める問題にほかならない.この方程式を T の**固有ベクトル方程式**とよぶ.T が偏微分作用素の場合,T の固有ベクトル方程式は偏微分方程式になる(つぎの例 2.23,第6章,第7章を参照).

以下では,記号の簡略化のため,複素数 λ をかける作用素 λI (I は $\mathcal{H}$ 上の恒等作用素)を単に λ と記すことにする.核(零空間)の概念を用いると,λ が T の固有値であるというのは,$\ker(T - \lambda) \neq \{0\}$ となっている場合にほかならず,$\ker(T - \lambda)$ の零でない任意のベクトルが固有値 λ に属する固有ベクトルである.部分空間 $\ker(T - \lambda)$ を固有値 λ に属する**固有空間** (eigenspace),その次元を固有値 λ の**多重度** (multiplicity) という.固有値 λ の多重度が 1 のとき,λ は**単純** (simple) であるといい,多重度が 2 以上のとき,λ は**縮退している**という.後者の場合,その多重度を**縮退度**ともいう.

$\mathcal{H}$ 上の恒等作用素 I は,任意の $\psi \in \mathcal{H}$ に対して,$I\psi = \psi$ をみたすので,1 を固有値としてもち,$\mathcal{H}$ の任意の 0 でないベクトルはそれに属する固有ベクトルである.その多重度は,$\mathcal{H}$ の次元に等しい.これは,固有値と固有ベクトルに関する自明な例である.

T の固有値の全体を $\sigma_{\mathrm{p}}(T)$ で表し,これを T の**点スペクトル** (point spectrum) とよぶ.

■ **例 2.23** ■　$L^2([0, 2\pi])$ において,次式によって作用素 p を定義する.

$$D(p) = C_{\mathrm{P}}^1[0, 2\pi], \quad (pf)(x) = -i\frac{df(x)}{dx}, \ f \in D(p)$$

($C_{\mathrm{P}}^1[0, 2\pi]$ については,1.6.2 項を参照.) 容易にわかるように,(1.52) 式によって定義される関数 φ_n は $D(p)$ に属し,

$$p\varphi_n = n\varphi_n, \quad n = 0, \pm 1, \pm 2, \cdots$$

が成り立つ.したがって,任意の整数 n は作用素 p の固有値であり,φ_n はこれに属する固有関数である.これらの固有値はいずれも単純である(微分方程式 $-if' = nf$ の解 f で $f \in C_{\mathrm{P}}^1[0, 2\pi]$ となるものは,φ_n の定数倍に限られることを示せ).

容易にわかるように,

$$D(p^2) = \{f \in C_{\mathrm{P}}^1[0, 2\pi] | f' \in C_{\mathrm{P}}^1[0, 2\pi]\}, \quad p^2 f = -f'', \ f \in D(p^2)$$

したがって,$\varphi_n \in D(p^2)$ であり,$p^2 \varphi_{\pm n} = n^2 \varphi_{\pm n}$.ゆえに,$n^2$ は p^2 の固有値である.微分方程式 $-f'' = n^2 f$ の解 f で $f \in D(p^2)$ となるものは,φ_n, φ_{-n} の一次結合に限られることも容易に確かめられる.したがって,$\ker(p^2 - n^2)$ は φ_n, φ_{-n} から生成される部分空間であるので,p^2 の固有値 n^2 の多重度は,$n \neq 0$ のとき,2 であり,$n = 0$ のとき,1 である.

すでに見たように,$\{\varphi_n\}_{n=-\infty}^{\infty}$ は $L^2([0, 2\pi])$ の C.O.N.S. である(定理 1.32).このことに注目すると,1.6.2 項で述べた,フーリエ級数に対する,さらに高次の観点が得られる.すなわち,$L^2([0, 2\pi])$ におけるフーリエ級数というのは,作用素 p の固有関数系による級数展開とみることができるということである.

一般に,ひとつの作用素の固有関数系によって,(適当なクラスの)関数を級数展開することを**固有関数展開** (eigenfunction expansion) という.フーリエ級数はその一例である.固有関数展開の理念は,フーリエ解析のある種の一般化を可能にするという意味でも重要である.

$\mathcal{H}$ が無限次元の場合,固有値を全然もたないような作用素も存在しうる.

■ 例 2.24 ■ $L^2(\mathbf{R})$ において,$\mathbf{R}$ 上の関数 $F(x) = x, x \in \mathbf{R}$ によるかけ算作用素を M_x とする.M_x は固有値をもたない.実際,$M_x f = \lambda f (\lambda \in \mathbf{C})$ とすれば,$(x-\lambda)f(x) = 0$, a.e.x. もし,$\lambda \notin \mathbf{R}$ ならば,任意の $x \in \mathbf{R}$ に対して,$x - \lambda \neq 0$ であるから,$f(x) = 0$, a.e.x. したがって,$f = 0$. また,λ が実数ならば,$\{\lambda\}$ はルベーグ測度 0 の集合であるから,やはり,$f(x) = 0$, a.e.x が成り立ち,$f = 0$ となる.

2.9.2 レゾルヴェント集合とスペクトル

固有値をまったくもたないような作用素に対しても,これを複素数と関連づける概念が存在する.以下,T を $\mathcal{H}$ 上の閉作用素とする.作用素 $T - \lambda (\lambda \in \mathbf{C})$ が全単射であり,その逆作用素

$$R_\lambda(T) := (T - \lambda)^{-1} \tag{2.31}$$

が有界であるとき,λ は T の**レゾルヴェント集合** (resolvent set) にあるといい,$R_\lambda(T)$ を T の λ における**レゾルヴェント**あるいは単にレゾルヴェントという[5].T のレゾルヴェント集合を $\rho(T)$ で表す.この集合の基本的特徴づけは次の命題によってあたえられる.

【命題 2.21】 $\lambda \in \rho(T)$ であるための必要十分条件は,$\mathcal{H}$ 上の有界作用素 S が存在して,$R(S) \subset D(T)$,

$$(T - \lambda)S = I, \qquad S(T - \lambda) \subset I \tag{2.32}$$

が成立することである.この場合,$S = R_\lambda(T)$ である.

証明 (必要性) $\lambda \in \rho(T)$ とすれば,レゾルヴェントの定義により,$S = R_\lambda(T)$ として,(2.32) 式が成り立つ.

(十分性) $R(S) \subset D(T)$ と (2.32) 式が成り立つとする.任意の $\phi \in \mathcal{H}$ に対して,$\psi = S\phi$ とおけば,$\psi \in D(T)$ であり,(2.32) 式の第 1 の式により,$(T - \lambda)\psi = \phi$. したがって,$T - \lambda$ は全射である.また,$\psi \in \ker(T - \lambda)$ とすれば,(2.32) 式の第 2 式より,$\psi = S(T - \lambda)\psi = 0$. したがって,$T - \lambda$ は単射.

---

[5] $(\lambda - T)^{-1}$ を T のレゾルヴェントという流儀もあるので,他の文献を読む場合は注意されたい.

よって，$T-\lambda$ は全単射であり，$S=(T-\lambda)^{-1}$ が成り立つので，$\lambda\in\rho(T)$．∎

T のレゾルヴェント集合の補集合 $\sigma(T):=\mathbf{C}\backslash\rho(T)$ を T の**スペクトル** (spectrum) とよび，その元を T の**スペクトル点**という．明らかに，

$$\sigma_{\mathrm{p}}(T)\subset\sigma(T) \tag{2.33}$$

次の例が示すように，$\mathcal{H}$ が有限次元の場合は，(2.33) 式で等号が成立するが，$\mathcal{H}$ が無限次元の場合，$\sigma(T)\backslash\sigma_{\mathrm{p}}(T)\neq\emptyset$ という状況がごく普通に起こりうる（後の例 2.28 を参照）．

■ **例 2.25** ■ 例 2.1 の作用素 $\hat{A}$ に関して，$m=n$ の場合を考えよう．線形代数学でよく知られているように，$\hat{A}-\lambda(\lambda\in\mathbf{C})$ が単射ならば，$\hat{A}-\lambda$ は自動的に全射になり，命題 2.2 によって，その逆作用素は有界である．したがって，$\hat{A}$ のスペクトルはその固有値のみからなる．線形代数学の結果を援用すれば，$\hat{A}$ の固有値全体は行列 A の固有値全体に等しい．ゆえに，$\sigma(\hat{A})=\sigma_{\mathrm{p}}(\hat{A})=\{\lambda|\lambda$ は行列 A の固有値$\}$．

$\mathcal{H}$ を n 次元複素ヒルベルト空間とすれば，これは定理 2.6(i) にいう意味で $\mathbf{C}^n$ と同一視できる．この場合，$\mathcal{H}$ 上の線形作用素は，$n\times n$ 行列によってあたえられる（例 2.1 の後の注意を参照）．したがって，いまの結果により，有限次元複素ヒルベルト空間上の線形作用素のスペクトルは（有限個の）固有値だけからなる．

2.9.3 レゾルヴェントの基本的性質

【**定理 2.22**】 T をヒルベルト空間 $\mathcal{H}$ 上の閉作用素とし，$\rho(T)\neq\emptyset$ と仮定する．
(i) $\lambda_0\in\rho(T)$ を任意に固定する．このとき，$|\lambda-\lambda_0|<\|R_{\lambda_0}(T)\|^{-1}$ をみたす，すべての $\lambda\in\mathbf{C}$ は $\rho(T)$ に属し，

$$R_\lambda(T)=\sum_{n=0}^\infty R_{\lambda_0}(T)^{n+1}(\lambda-\lambda_0)^n \tag{2.34}$$

が成立する．特に，$\rho(T)$ は $\mathbf{C}$ の開集合である．
(ii) $D(T)$ は稠密であるとする．このとき，$\lambda\in\rho(T)$ ならば $\lambda^*\in\rho(T^*)$ であって $R_\lambda(T)^*=R_{\lambda^*}(T^*)$ が成り立つ．

証明 (i) まず,
$$T - \lambda = (1 - K_\lambda)(T - \lambda_0) \tag{2.35}$$
と変形する. ただし, $K_\lambda = (\lambda - \lambda_0)R_{\lambda_0}(T)$. この作用素は有界であり, $\|K_\lambda\| = |\lambda_0 - \lambda|\|R_{\lambda_0}(T)\|$. したがって, $|\lambda - \lambda_0| < \|R_{\lambda_0}(T)\|^{-1}$ ならば, $\|K_\lambda\| < 1$ となる. ゆえに, 定理 2.11 によって, $1 - K_\lambda$ は全単射であり, $(1 - K_\lambda)^{-1} \in \mathcal{B}(\mathcal{H})$ かつ
$$(1 - K_\lambda)^{-1} = \sum_{n=0}^{\infty} K_\lambda^n = \sum_{n=0}^{\infty} R_{\lambda_0}(T)^n (\lambda - \lambda_0)^n \tag{2.36}$$
が成立する. この事実と $T - \lambda_0$ の全単射性および (2.35) 式により, $T - \lambda$ も全単射であり, $R_\lambda(T)$ は有界であることがわかる (練習問題 11). ゆえに, $\lambda \in \rho(T)$ である. (2.35) 式から, $R_\lambda(T) = R_{\lambda_0}(T)(1 - K_\lambda)^{-1}$ であるから, これに (2.36) 式を代入すれば (2.34) 式を得る. 集合 $\{\lambda \in \mathbf{C} \mid |\lambda - \lambda_0| < \|R_{\lambda_0}(T)\|^{-1}\}$ は $\mathbf{C}$ の開近傍である. したがって, $\rho(T)$ の任意の点に対して, それを中心とする適当な近傍が $\rho(T)$ に含まれることが示されたことになる. ゆえに $\rho(T)$ は開集合である.

(ii) 命題 2.21 と命題 2.16(ii) によって, $R_\lambda(T)^*(T^* - \lambda^*) \subset I, (T^* - \lambda^*)R_\lambda(T)^* = I$. これらの式は求める結果を意味する. ∎

任意の $\lambda, \mu \in \rho(T)$ に対して,
$$R_\lambda(T) - R_\mu(T) = (\lambda - \mu)R_\lambda(T)R_\mu(T) \tag{2.37}$$
が成り立つ. なぜなら, 命題 2.21 により, $R_\lambda(T) - R_\mu(T) = R_\lambda(T)[(T - \mu) - (T - \lambda)]R_\mu(T)$ と変形できるからである. (2.37) 式を**第1レゾルヴェント公式**という.

$\lambda \neq \mu$ の場合, (2.37) 式は
$$\frac{R_\lambda(T) - R_\mu(T)}{\lambda - \mu} = R_\lambda(T)R_\mu(T) \tag{2.38}$$
と同値であるが, この左辺は, λ と μ の入れ替えで不変であるので
$$R_\lambda(T)R_\mu(T) = R_\mu(T)R_\lambda(T) \tag{2.39}$$
が得られる. こうして, **任意の $\lambda, \mu \in \rho(T)$ に対して, $R_\lambda(T)$ と $R_\mu(T)$ は可換である**ことがわかる.

2.9.4 スペクトルの基本的性質

【定理 2.23】 T をヒルベルト空間 $\mathcal{H}$ 上の閉作用素とする．このとき，次の (i) ～(iii) が成立する．

(i) $\sigma(T)$ は $\mathbf{C}$ の閉集合である．

(ii) T が有界ならば，$\sigma(T) \subset \{\lambda \in \mathbf{C} | |\lambda| \leq \|T\|\}$ であり，$\sigma(T) \neq \emptyset$．

(iii) （スペクトルのユニタリ不変性）$\mathcal{H}$ 上の任意のユニタリ作用素 U に対して，

$$\sigma(UTU^{-1}) = \sigma(T), \quad \sigma_{\mathrm{p}}(UTU^{-1}) = \sigma_{\mathrm{p}}(T)$$

が成り立つ．さらに，任意の $\lambda \in \sigma_{\mathrm{p}}(T)$ に対して，T の固有値としての多重度と UTU^{-1} の固有値としての多重度は等しい．

証明 (i) $\sigma(T) = \rho(T)^c$ であり，$\rho(T)$ が開集合であることによる．

(ii) $|\lambda| > \|T\|$ なる任意の $\lambda \in \mathbf{C}$ が $\rho(T)$ に含まれることを示せば十分である．λ をそのようなものとすれば，$\|T/\lambda\| < 1$．したがって，定理 2.11 により，$I - (T/\lambda)$ は全単射であり，$(1-(T/\lambda))^{-1} = \sum_{n=0}^{\infty}(T/\lambda)^n \in \mathcal{B}(\mathcal{H})$ が成り立つ．したがって，$T - \lambda = -\lambda[I - (T/\lambda)]$ は全単射であり，$R_\lambda(T)$ は有界である．ゆえに，$\lambda \in \rho(T)$．

$\sigma(T) \neq \emptyset$ を示そう．いまの結果により，$|z| > \|T\|$ をみたす任意の $z \in \mathbf{C}$ に対して，$z \in \rho(T)$ であり，$R_z(T) = -z^{-1}(1 - (T/z))^{-1}$ と書けることに注意すると，$\|R_z(T)\| \leq |z|^{-1}\sum_{n=0}^{\infty}\|T/z\|^n = (|z|-\|T\|)^{-1}\cdots(*)$．仮に，$\sigma(T) = \emptyset$ としてみよう．このとき，$\rho(T) = \mathbf{C}$ であるから，任意の $\psi, \phi \in \mathcal{H}$ に対して，$\mathbf{C}$ 上の関数 $f(z) := (\phi, R_z(T)\psi), z \in \mathbf{C}$ が定義される．(2.38) 式によって，任意の $h \in \mathbf{C}, h \neq 0$ に対して，$\{f(z+h)-f(z)\}/h = (\phi, R_{z+h}(T)R_z(T)\psi)$．(2.34) 式から，u-$\lim_{h \to 0} R_{z+h}(T) = R_z(T)$ がわかる．したがって，$f(z)$ は微分可能であり，$f'(z) = (\phi, R_z(T)^2\psi)$ となる．ゆえに，$f(z)$ は整関数である．一方，$|z| > \|T\|$ ならば，シュヴァルツの不等式と $(*)$ から，$|f(z)| \leq \|\phi\|\|\psi\|/(|z| - \|T\|)\cdots(**)$．$f(z)$ は連続関数であるから，任意の $r > 0$ に対して，$\sup_{|z|\leq r}|f(z)| < \infty$．ゆえに，$f(z)$ は $\mathbf{C}$ 上で有界な整関数である．したがって，リューヴィル (Liouville) の定理によって，ある定数 $c \in \mathbf{C}$ があって $f(z) = c, z \in \mathbf{C}$．$(**)$ によって，$f(z) \to 0 (|z| \to \infty)$ であるから，$c = 0$

でなければならない. ゆえに, $(\phi, R_z(T)\psi) = 0$. これはすべての $\psi, \phi \in \mathcal{H}$ について成り立つから, $R_z(T) = 0$. だが, これは矛盾である. したがって, $\sigma(T) \neq \emptyset$.

(iii) $T_U = UTU^{-1}$ とおく〔$D(T_U) = \{\psi \in \mathcal{H} | U^{-1}\psi \in D(T)\}$〕. 複素数 λ に対して, $T_U - \lambda = U(T-\lambda)U^{-1}$ に注意すれば, $\lambda \in \rho(T)$ と $\lambda \in \rho(T_U)$ は同値であることがわかる. ゆえに, T_U と T のスペクトルは等しい. $\lambda \in \sigma_{\mathrm{p}}(T), T\psi = \lambda\psi, \psi \neq 0$ ならば, $T_U U\psi = \lambda U\psi, U\psi \neq 0$. したがって, $\lambda \in \sigma_{\mathrm{p}}(T_U)$. 同様に, $\sigma_{\mathrm{p}}(T_U) \subset \sigma_{\mathrm{p}}(T)$ が示される. いまの証明から, $U \ker(T-\lambda) = \ker(T_U - \lambda)$ であるので, 多重度に関する主張が得られる. ∎

定理 2.23 (ii) によって, 有界な線形作用素のスペクトルは空でない. だが, 非有界な作用素に対しては, 次の例が示すように, この定理はもはや一般には成立しない.

■ **例 2.26** ■ $L^2([0, 2\pi])$ 上の線形作用素 p_1 を次のように定義する.

$$D(p_1) = \{f : [0, 2\pi] \to \mathbf{C}, 絶対連続 | f(0) = 0\},$$
$$(p_1 f)(x) = -if'(x), \text{a.e.} \, x \in [0, \, 2\pi]$$

このとき, p_1 は閉であり, $\sigma(p_1) = \emptyset$.

<証明:部分積分により, $D(p_1^*) \supset C_0^\infty(0, 2\pi)$ であることがわかる. したがって, $D(p_1^*)$ は稠密であるので, 命題 2.20(i) によって, p_1 は可閉である. $z = a + ib \in \mathbf{C}(a, b \in \mathbf{R})$ とし, $g \in L^2([0, 2\pi])$ に対して,

$$(S_z g)(x) = i \int_0^x e^{iz(x-y)} g(y) dy, \quad x \in [0, 2\pi]$$

とおく. このとき, 積分に関するシュヴァルツの不等式によって,

$$|(S_z g)(x)|^2 \leq \left(\int_0^x |e^{iz(x-y)}|^2 dy\right)\left(\int_0^x |g(y)|^2 dy\right)$$
$$\leq e^{-2bx} \int_0^{2\pi} e^{2by} dy \left(\int_0^{2\pi} |g(y)|^2 dy\right)$$
$$\leq C_b \|g\|_{L^2([0,2\pi])}^2$$

ただし, $C_b = \sup_{x \in [0, 2\pi]} e^{-2bx} (\int_0^{2\pi} e^{2by} dy) < \infty$ とおいた (この定数は計算できるが, いまはその有限性だけが重要である). したがって,

$$\|S_z g\|_{L^2([0,2\pi])}^2 \leq \int_0^{2\pi} C_b \|g\|_{L^2([0,2\pi])}^2 dx = 2\pi C_b \|g\|_{L^2([0,2\pi])}^2$$

ゆえに, 対応 $S_z : g \to S_z g$ は $L^2([0,2\pi])$ 上の写像を定める. S_z の線形性は明らか. これといま示した, $\|S_z g\|_{L^2([0,2\pi])}^2$ の評価式によって, S_z は $L^2([0,2\pi])$ 上の有界線形作用素であることがわかる. 容易に確かめられるように, $R(S_z) \subset D(p_1)$ であり, $(p_1 - z)S_z = I$, $S_z(p_1 - z) \subset I$ が成立する. これらの関係式は, $p_1 - z$ が全単射な閉作用素であること, および $(p_1 - z)^{-1} = S_z$ を意味する (練習問題 25 を参照). したがって, $p_1 = (p_1 - z) + z$ は閉であり (練習問題 26 を参照), $z \in \rho(p_1)$ を得る. $z \in \mathbf{C}$ は任意であったから, $\rho(p_1) = \mathbf{C}$. したがって, 求める結果を得る. ▷

なお, p_1 の非有界性は, 例 2.16 と同様にして示される.

例 2.26 とは対照的に, そのスペクトルが $\mathbf{C}$ 全体になるような作用素も存在する.

■ **例 2.27** ■ $L^2([0,2\pi])$ 上の線形作用素 p_2 を次のように定義する.

$$D(p_2) = C^1([0,2\pi]), \quad (p_2 f)(x) = -if'(x), \quad x \in [0,2\pi]$$

このとき, p_2 は可閉であり, $\overline{p_2}$ のスペクトルは $\mathbf{C}$ 全体である: $\sigma(\overline{p_2}) = \sigma_{\mathrm{p}}(\overline{p_2}) = \mathbf{C}$.

◁ 証明: 部分積分により, $C_0^\infty(0, 2\pi) \subset D(p_2^*)$ がわかる. したがって, p_2 は可閉である. 任意の $z \in \mathbf{C}$ に対して, $f_z(x) = e^{izx}$ とすれば, 明らかに, $f_z \in D(p_2)$ であり, $p_2 f_z = z f_z$. したがって, z は p_2 の固有値である. ゆえに, $\sigma(\overline{p_2}) = \sigma_{\mathrm{p}}(\overline{p_2}) = \mathbf{C}$. ▷

例 2.26 と例 2.27 の教えは次の通りである. 非有界な作用素については, その作用が同じ形をしていても, スペクトルの性質は定義域の選び方にきわめて敏感である, ということである. こうして, 非有界作用素に関しては, 定義域の概念は本質的な意味をもっていることがわかる.

$\mathcal{H}$ 上のユニタリ作用素のスペクトルについては次の定理が成立する.

【定理 2.24】 $\mathcal{H}$ をヒルベルト空間, U を $\mathcal{H}$ 上のユニタリ作用素とする. このとき, $\sigma(U)$ は, $\mathbf{C}$ の単位円周に含まれる: $\sigma(U) \subset \{\lambda \in \mathbf{C} | |\lambda| = 1\}$.

証明　$\|U\|=1$ であるから，定理 2.23 (ii) により，$\sigma(U) \subset \{\lambda \in \mathbf{C} | |\lambda| \leq 1\}$. したがって，$0 \leq |\lambda| < 1$ ならば，$\lambda \in \rho(U)$ を示せばよい．そこで $0 \leq |\lambda| < 1$ としよう．このとき，$\|\lambda U^{-1}\| = |\lambda| < 1$. したがって，$1 - \lambda U^{-1}$ は全単射である．これと $U - \lambda = U(1 - \lambda U^{-1})$ に注意すれば，$U - \lambda$ も全単射であり，その逆作用素は有界であることがわかる．したがって，$\lambda \in \rho(U)$. ∎

■ **例 2.28** ■　F を $\mathbf{R}^d$ 上の連続関数とする．このとき，$L^2(\mathbf{R}^d)$ 上の，F によるかけ算作用素 M_F は，すでに示したように，稠密に定義された閉作用素である（例 2.21）．関数 F の像を

$$F(\mathbf{R}^d) := \{F(x) | x \in \mathbf{R}^d\}$$

とし，その閉包を $\overline{F(\mathbf{R}^d)}$ とする．作用素 M_F のスペクトルについて次の定理が成立する．

【定理 2.25】　F を $\mathbf{R}^d$ 上の連続関数とする．このとき，次の (i)〜(iii) が成立する．

(i)　$\sigma(M_F) = \overline{F(\mathbf{R}^d)}$ 　　　　　　　　　　　　　　　　　　　(2.40)

(ii)　複素数 λ に対して，集合

$$F_\lambda := \{x \in \mathbf{R}^d | F(x) = \lambda\}$$

の d 次元ルベーグ測度 $|F_\lambda|$ が 0 ならば，$\lambda \notin \sigma_{\mathrm{p}}(M_F)$.
特に，すべての複素数 λ に対して，$|F_\lambda| = 0$ ならば，$\sigma_{\mathrm{p}}(M_F) = \emptyset$.

(iii)　$|F_\lambda| \neq 0$ ならば，λ は M_F の固有値であり，これに属する，M_F の固有空間は $\{f \in D(M_F) | \mathrm{supp} f \subset F_\lambda\}$ である．

証明　(i) $\lambda \in \mathbf{C} \setminus \overline{F(\mathbf{R}^d)}$ としよう．このとき，$\delta_\lambda := \inf_{x \in \mathbf{R}^d} |\lambda - F(x)| > 0$. したがって，まず，$M_F - \lambda$ は単射であることがわかる．さらに，任意の $g \in L^2(\mathbf{R}^d)$ に対して，$f(x) = (F(x) - \lambda)^{-1} g(x)$ とすれば，

$$\int_{\mathbf{R}^d} |f(x)|^2 dx \leq \frac{1}{\delta_\lambda^2} \int_{\mathbf{R}^d} |g(x)|^2 dx < \infty$$

であるから，$f \in L^2(\mathbf{R}^d)$ である．$F(x)(F(x) - \lambda)^{-1} = 1 + \lambda(F(x) - \lambda)^{-1}$ に注意すれば，$f \in D(M_F)$ かつ $(M_F - \lambda) f = g$ が成立することもわかる．したがっ

て, $M_F - \lambda$ は全単射であり,その逆作用素は有界である.ゆえに, $\lambda \in \rho(M_F)$ を得る.したがって, $\mathbf{C} \backslash \overline{F(\mathbf{R}^d)} \subset \rho(M_F)$. ゆえに, $\sigma(M_F) \subset \overline{F(\mathbf{R}^d)}$.

次に $F(\mathbf{R}^d) \subset \sigma(M_F)$ を示そう. $\lambda \in F(\mathbf{R}^d)$ とすれば, $\lambda = F(x_0)$ となる $x_0 \in \mathbf{R}^d$ がある. F の連続性により,任意の $\varepsilon > 0$ に対して,正数 δ が存在して, $|x - x_0| < \delta$ ならば, $|F(x) - \lambda| < \varepsilon$ が成立する.もし,仮に, $\lambda \in \rho(M_F)$ であったとすると, $(M_F - \lambda)^{-1}$ は有界であるから,定数 $C > 0$ が存在して,すべての $g \in L^2(\mathbf{R}^d)$ に対して, $\|(M_F - \lambda)^{-1} g\| \leq C \|g\|$ が成り立つ.これは,すべての $f \in D(M_F)$ に対して $C\|(M_F - \lambda) f\| \geq \|f\|$ が成立することを意味する.そこで, $S = \{x \in \mathbf{R}^d | |x - x_0| < \delta\}$ とし, $f = \chi_S \in D(M_F)$ を代入すると, $C\varepsilon \geq 1$ が導かれる. $\varepsilon > 0$ は任意であるから,これは矛盾である.したがって, $\lambda \in \sigma(M_F)$ でなければならない. $\sigma(M_F)$ は閉集合であるから〔定理 2.23(i)〕,いまの結果は, $\overline{F(\mathbf{R}^d)} \subset \sigma(M_F)$ を意味する.これと前半の結果をあわせれば, (2.40) 式が得られる.

(ii) $(M_F - \lambda) f = 0 \, [f \in D(M_F)]$ は $(F(x) - \lambda) f(x) = 0, \text{a.e.} \, x$ を導くが,仮定により, $|F_\lambda| = 0$ であるから, $f(x) = 0, \text{a.e.} \, x$ となる.したがって, $f = 0$. ゆえに, $M_F - \lambda$ は単射である.したがって, $\lambda \notin \sigma_p(M_F)$.

(iii) $(M_F - \lambda) f = 0$ とすると, $|N| = 0$ となる可測集合 $N \subset \mathbf{R}^d$ が存在して, $(F(x) - \lambda) f(x) = 0, \, x \in \mathbf{R}^d \backslash N$. これと $|N| = 0$ によって, $\text{supp} f \subset F_\lambda$ として一般性を失わない〔f は $L^2(\mathbf{R}^d)$ の元として考えていることに注意〕.一方, $g \in D(M_F), \text{supp} \, g \subset F_\lambda$ ならば,自明的に $(M_F - \lambda) g = 0$ が成立する.特に,任意のルベーグ可測集合 $S \subset F_\lambda$ で $0 < |S| < \infty$ なるものに対して, $\chi_S \in D(M_F), (M_F - \lambda) \chi_S = 0$ が成立する.したがって,確かに $\lambda \in \sigma_p(M_F)$ であり,固有空間に関する主張が成立する. ∎

2.10 自己共役作用素

量子力学への応用において重要な役割を演じる作用素のクラスを導入する.

2.10.1 対称作用素とエルミート作用素

線形代数学で学んだように,有限次元ベクトル空間上の行列論において,エルミート行列はその顕著な特性——(i) 固有値はすべて実数である. (ii) ユニタ

リ行列によって，固有値を対角成分とする対角行列へと相似変換（対角化）される——によって特別な位置をしめている．エルミート行列の概念をヒルベルト空間の枠組みにおいて一般化したものが次に定義する対称作用素とエルミート作用素の概念である．

$\mathcal{H}$ を複素ヒルベルト空間，T を稠密な定義域をもつ，$\mathcal{H}$ 上の作用素とする．もし，$D(T) \subset D(T^*)$, $T\psi = T^*\psi$, $\psi \in D(T)$ がみたされるならば，T は**対称である**といい，T を**対称作用素** (symmetric operator) とよぶ．これは，言い換えれば，T^* が T の拡大になっている場合である：$T \subset T^*$. T が対称であることと，すべての $\psi, \phi \in D(T)$ に対して，$(T\psi, \phi) = (\psi, T\phi)$ が成立することは同値である．したがって，T が対称ならば，任意の $\psi \in D(T)$ に対して，$(\psi, T\psi)$ は実数である．

逆に，**稠密に定義された作用素** T について，すべての $\psi \in D(T)$ に対して，$(\psi, T\psi)$ が実数ならば，T は対称作用素である（練習問題 12）．

■ **例 2.29** ■　(i) 例 2.2 の微分作用素 $\hat{D}$ の $-i$ 倍，$-i\hat{D}$ は対称作用素である．実際，任意の $f, g \in D(-i\hat{D}) = D(\hat{D}) = C_0^1(\mathbf{R})$ に対して，部分積分によって，$(f, -i\hat{D}g) = (-i\hat{D}f, g)$ が成り立つ．

(ii) 例 2.19 の微分作用素 $\hat{D}_0$ の $-i$ 倍，$-i\hat{D}_0$ は対称作用素である〔証明は (i) と同様〕．明らかに，$-i\hat{D}_0 \subset -i\overline{\hat{D}}$.

(iii) 例 2.23 の作用素 p は対称作用素である〔証明は (i) と同様〕．

■ **例 2.30** ■　例 2.18 の偏微分作用素 ∂^α からつくられる作用素

$$T_\alpha := (-i)^{|\alpha|} \partial^\alpha, \quad D(T_\alpha) := C_0^\infty(\mathbf{R}^d)$$

は $L^2(\mathbf{R}^d)$ 上の対称作用素である（部分積分をすればよい）．

T が対称作用素ならば，$D(T^*)$ は稠密であるので，T は可閉である〔命題 2.20(i)〕．この場合，T の閉包 $\overline{T}$ は対称作用素である．実際，$\psi, \phi \in D(\overline{T})$ とすれば，$\psi_n \to \psi$, $T\psi_n \to \overline{T}\psi$, $\phi_n \to \phi$, $T\phi_n \to \overline{T}\phi (n \to \infty)$ をみたす列 $\{\psi_n\}_n, \{\phi_n\}_n \subset D(T)$ が存在する．したがって

$$(\psi, \overline{T}\phi) = \lim_{n \to \infty} (\psi_n, T\phi_n) = \lim_{n \to \infty} (T\psi_n, \phi_n) = (\overline{T}\psi, \phi)$$

T が対称であり,かつ閉であるとき,T を**閉対称作用素** (closed symmetric operator) という.

上に示したように,対称作用素の閉包は閉対称作用素であるから,**任意の対称作用素はつねに閉対称作用素の拡大をもつ**.

対称作用素よりも少し一般的な作用素の範疇が存在する:$\mathcal{H}$ 上の線形作用素 T($D(T)$ は稠密であるとは限らない)が**エルミート性** $(\phi, T\psi) = (T\phi, \psi), \phi, \psi \in D(T)$ をみたすとき,T を**エルミート作用素** (Hermitian operator) とよぶ.(文献によっては,対称作用素のことをエルミート作用素とよぶこともあるので,他の文献を読む場合には注意されたい).

対称作用素はエルミート作用素であり,稠密な定義域をもつエルミート作用素は対称作用素である.

エルミート作用素 T に対して,ある定数 $\gamma \in \mathbf{R}$ が存在し,不等式 $(\psi, T\psi) \geq \gamma \|\psi\|^2, \psi \in D(T)$ がみたされるとき,T は**下に有界** (bounded below) であるという.このことを記号的に $T \geq \gamma$ と書く.特に $\gamma = 0\,(\gamma > 0)$ の場合,T は**非負** (nonnegative)〔**正** (positive)〕であるという.

2つのエルミート作用素 T, S について,$D(S) \subset D(T)$ であって,すべての $\psi \in D(S)$ に対して,$(\psi, T\psi) \leq (\psi, S\psi)$ が成り立つとき,$T \leq S$ と記す.

エルミート作用素の固有値と固有ベクトルは,次の命題に述べるように,特別な性質をもっている.

【**命題 2.26**】 T がエルミート作用素ならば,次の (i), (ii) が成り立つ.

(i) T の固有値はすべて実数である.特に,$T \geq 0$ ならば,T の任意の固有値は非負の実数である.

(ii) T の相異なる固有値に属する固有ベクトルは直交する.すなわち,固有値 $\lambda, \mu \in \sigma_\mathrm{p}(T)(\lambda \neq \mu)$ に属する固有ベクトルをそれぞれ,ψ_λ, ψ_μ とすれば,$(\psi_\lambda, \psi_\mu) = 0$.

証明 (i) $\lambda \in \sigma_\mathrm{p}(T)$ とし,ψ_λ を λ に属する規格化された固有ベクトルとすれば ($\|\psi_\lambda\| = 1$),$\lambda = (\psi_\lambda, T\psi_\lambda) = (T\psi_\lambda, \psi_\lambda) = \lambda^*$.したがって,$\lambda$ は実数である.$T \geq 0$ ならば,$(\psi_\lambda, T\psi_\lambda) \geq 0$ であるから,$\lambda \geq 0$ である.

(ii) $\lambda(\psi_\lambda, \psi_\mu) = (T\psi_\lambda, \psi_\mu) = (\psi_\lambda, T\psi_\mu) = \mu(\psi_\lambda, \psi_\mu)$.したがって,

$(\lambda - \mu)(\psi_\lambda, \psi_\mu) = 0$. ゆえに求める結果を得る. ■

2.10.2 自己共役作用素

対称作用素のうちで重要なクラスが存在する. $D(T) = D(T^*)$ をみたす対称作用素 T を **自己共役作用素** (self-adjoint operator) という. 言い換えれば, 作用素 T が自己共役であるとは, $D(T)$ が稠密であり, 作用素の等式 $T = T^*$ が成立するということである. 共役作用素は閉であるから, 自己共役作用素は自動的に閉である. 自己共役作用素は, 後にみるように (第6章), 量子力学では中心的な役割を演ずる作用素である.

定義からただちにわかるように, 有界な対称作用素は自己共役である.

■ **例 2.31** ■ $\mathcal{H}$ 上の任意の有界作用素 T に対して,

$$T_1 = \frac{T + T^*}{2}, \quad T_2 = \frac{T - T^*}{2i}$$

とおけば, T_1, T_2 は有界な自己共役作用素であり〔命題 2.16 (i) と命題 2.15 を用いよ〕,

$$T = T_1 + iT_2$$

と書ける. 複素数とのアナロジーから, T_1, T_2 をそれぞれ, T の **実部**, **虚部** という.

■ **例 2.32** ■ $\mathcal{H}$ からヒルベルト空間 $\mathcal{K}$ への任意の有界作用素 T に対して, T^*T は $\mathcal{H}$ 上の有界な非負自己共役作用素である〔命題 2.16 (ii) と命題 2.15 を用いよ〕. 非負性は, $(\psi, T^*T\psi) = (T\psi, T\psi) \geq 0$, $\psi \in \mathcal{H}$ による.

■ **例 2.33** ■ M_F を例 2.17 のかけ算作用素とする. F が実数値関数ならば, 例 2.20 の結果から, M_F は自己共役である. F が非負の関数ならば, M_F は非負である.

すでに述べたように, 有界な対称作用素は自動的に自己共役である. だが, 有界でない対称作用素は必ずしも自己共役とは限らないことに注意しよう. 反例をひとつあげる.

■ **例 2.34** ■ $L^2([0, 2\pi])$ 上の作用素 p_0 を次のように定義する〔$C_0^\infty(0, 2\pi)$ に

ついては，1.6.2 項のはじめのほうを参照］．

$$D(p_0) = \mathrm{C}_0^\infty(0, 2\pi), \quad (p_0 f)(x) = -i\frac{df(x)}{dx}, \quad f \in D(p_0)$$

部分積分により，p_0 が対称作用素であることは容易にわかる．p_0 の閉包を $\overline{p_0}$ としよう．したがって，$\overline{p_0}$ は閉対称作用素である．だが，これは自己共役ではない．

< 証明：$u(x) = e^x$ とすれば，$u \in L^2([0, 2\pi])$ であり，すべての $f \in D(p_0)$ に対して，部分積分により，$(u, p_0 f) = (-iu', f) = (-iu, f)$ となる．これは，$u \in D(p_0^*)$ かつ $p_0^* u = -iu$ を意味する．命題 2.20 (ii) によって，$(\overline{p_0})^* = p_0^*$ であるから，$u \in D((\overline{p_0})^*)$，$(\overline{p_0})^* u = -iu$ となる．もし，$u \in D(\overline{p_0})$ であるとすると，$\overline{p_0} u = -iu$．これは $\overline{p_0}$ が純虚数の固有値をもつことを意味する．一方，対称作用素の固有値は実数に限られるから，これは矛盾である．したがって，$u \notin D(\overline{p_0})$．ゆえに，$D(\overline{p_0}) \neq D((\overline{p_0})^*)$．これは，閉対称作用素 $\overline{p_0}$ が自己共役ではないことを意味する．>

p を例 2.23 の作用素とすれば，$p_0 \subset p$ という関係が成り立っている．したがって，$\overline{p_0} \subset \overline{p}$，$p^* \subset p_0^*$．

この反例からもうかがえるように，非有界な作用素に関しては，対称作用素と自己共役作用素の区別は重要である．このことは，通常の量子力学の教科書や文献では，十分に注意がはらわれていないので，ここで特に強調しておきたい．もっとも，そのような教科書や文献の内容の記述の仕方は発見法的であり，数学的厳密さにこだわらないで形式的であるのが通常であるから，それは必要ないともいえよう．また，物理学としては，多くの場合，それで用がたりてしまうのである．しかし，量子力学を数学的に厳密な理論として展開し，明晰で確実な認識を獲得するには，対称作用素と自己共役作用素をきちんと区別してかかることは本質的である．また，このことなしには，自然の根底において働いている深い数理を透徹した形で把握し経験することは不可能である．たとえば，第 3 章で見るように，スペクトル定理——有限次元エルミート行列の対角化（スペクトル分解）の一般化——が成り立つのは，対称作用素ではなく，自己共役作用素に対してである．また，第 6 章で議論する正準交換関係の表現論においても，対称作用素と自己共役作用素の違いは本質的である．

自己共役作用素のひとつの特徴は、それが非自明な対称作用素の拡大をもたないことである。

【命題 2.27】 T を自己共役作用素、S を対称作用素とする。もし、$T \subset S$ であるならば、実は $T = S$ である。

証明 $T \subset S$ ならば $S^* \subset T^* = T$. 一方、S は対称であるから、$S \subset S^*$. したがって $S^* \subset T \subset S \subset S^*$ という関係が成り立つ。これは、$S^* = T = S$ を意味する。 ■

2.11 自己共役作用素のスペクトル

この節では、自己共役作用素のスペクトルの性質を調べる。まず、一般的な事実を補題として準備する。

【補題 2.28】 T をヒルベルト空間 $\mathcal{H}$ からヒルベルト空間 $\mathcal{K}$ への閉作用素とする。このとき、次の (i), (ii) が成り立つ。

(i) T の核 $\ker T$ は $\mathcal{H}$ の閉部分空間である。

(ii) $D(T)$ が稠密であるとき、$\mathcal{H} = \ker T \oplus \overline{R(T^*)}$ (2.41)

証明 (i) $\ker T$ が部分空間であることはすでに見た (2.1 節). $\ker T$ の閉性を示そう。$\psi_n \in \ker T, \psi_n \to \psi \in \mathcal{H} (n \to \infty)$ とする。このとき、$T\psi_n = 0$ であるから、明らかに、$T\psi_n \to 0 \, (n \to \infty)$. そこで、$T$ が閉であることを使えば、$\psi \in D(T)$ かつ $T\psi = 0$ を得る。したがって、$\psi \in \ker T$. ゆえに $\ker T$ は閉集合である。

(ii) 任意の $\psi \in \ker T, \phi \in D(T^*)$ に対して $0 = (T\psi, \phi) = (\psi, T^*\phi)$. したがって、$\ker T$ と $R(T^*)$ は直交する。そこで、部分空間 $D := \{\psi + \phi | \psi \in \ker T, \phi \in R(T^*)\}$ を考え、これが $\mathcal{H}$ で稠密であることを示そう。$\chi \in D^\perp$ とすれば、任意の $\psi \in \ker T, \phi \in R(T^*)$ に対して $(\psi + \phi, \chi) = 0$. 特に、$\phi = 0$ の場合を考えると $\chi \in (\ker T)^\perp$ がわかる。また、$\psi = 0, \phi = T^*\eta, \eta \in D(T^*)$ の場合を考えれば、$(T^*\eta, \chi) = 0 = (\eta, 0)$. これは、$\chi \in D((T^*)^*) = D(T)$, $T\chi = 0$ を意味する。したがって $\chi \in \ker T$. こうして $\chi \in \ker T \cap (\ker T)^\perp$ を得る。したがって、$\chi = 0$. よって、D は $\mathcal{H}$ で稠密である〔命題 1.24(i)〕. ゆえに

$\mathcal{H} = \overline{D}$. 他方, 明らかに $D \subset \ker T \oplus \overline{R(T^*)}$. これは, $\overline{D} \subset \ker T \oplus \overline{R(T^*)} \subset \mathcal{H}$ を意味する. したがって, $\mathcal{H} = \ker T \oplus \overline{R(T^*)}$. ∎

ヒルベルト空間 $\mathcal{H}$ の, 稠密に定義された閉作用素 T に関する直交分解 (2.41) 式はしばしば有用である.

【補題 2.29】 T をヒルベルト空間 $\mathcal{H}$ 上のエルミート作用素とする. このとき, 次の (i)〜(iv) が成立する.

(i) 任意の $z \in \mathbf{C} \backslash \mathbf{R}$ に対して,

$$\|(T - z)\psi\| \geq |\operatorname{Im} z| \|\psi\|, \quad \psi \in D(T) \tag{2.42}$$

(ii) $T \geq 0$ ならば, 任意の $c > 0$ に対して,

$$\|(T + c)\psi\| \geq c\|\psi\|, \quad \psi \in D(T) \tag{2.43}$$

(iii) T が閉ならば, 任意の $z \in \mathbf{C} \backslash \mathbf{R}$ に対して, $R(T - z)$ は閉集合である.

(iv) T が閉で非負ならば, 任意の $c > 0$ に対して, $R(T + c)$ は閉集合である.

証明 (i) $z = x + iy, x, y \in \mathbf{R}, \psi \in D(T)$ とすれば,

$$\|(T - z)\psi\|^2 = \|(T - x)\psi\|^2 + y^2\|\psi\|^2 \geq y^2\|\psi\|^2$$

したがって, (2.42) 式が成立する.

(ii) 任意の $\psi \in D(T)$ に対して

$$\|(T + c)\psi\|^2 = \|T\psi\|^2 + 2c(\psi, T\psi) + c^2\|\psi\|^2 \geq c^2\|\psi\|^2$$

したがって, (2.43) 式が得られる.

(iii) $\phi_n \in R(T - z), \phi_n \to \phi \in \mathcal{H} (n \to \infty)$ とすれば, $(T - z)\psi_n = \phi_n$ となる $\psi_n \in D(T)$ が存在する. (2.42) 式において, ψ の代わりに $\psi_n - \psi_m$ を考えると, $\{\psi_n\}_n$ はコーシー列であることがわかる. したがって, $\lim_{n \to \infty} \psi_n = \psi$ が存在する. したがって, $T\psi_n = z\psi_n + \phi_n \to z\psi + \phi$. T の閉性により,

$\psi \in D(T)$ であって，$T\psi = z\psi + \phi$，すなわち，$\phi = (T-z)\psi$ となる．ゆえに，$\phi \in R(T-z)$ であるから，$R(T-z)$ は閉である．

(iv) (ii) を用いることにより，(iii) と同様にして示される． ∎

自己共役作用素のスペクトルの基本的性質は次の定理によってあたえられる．

【定理 2.30】 T をヒルベルト空間 $\mathcal{H}$ 上の自己共役作用素とする．このとき，次の (i), (ii) が成立する．
   (i) $\sigma(T)$ は $\mathbf{R}$ の閉部分集合である．
   (ii) ある定数 $\gamma \in \mathbf{R}$ に対して，$T \geq \gamma$ ならば，$\sigma(T) \subset [\gamma, \infty)$．

証明 (i) $\sigma(T)$ が閉集合であることは，定理 2.23 (i) による．したがって，$\sigma(T) \subset \mathbf{R}$ を示せばよい．これは，T のレゾルヴェント集合 $\rho(T)$ が $\mathbf{C} \setminus \mathbf{R}$ を含むことと同値である．そこで，こちらのほうを証明しよう．$z \in \mathbf{C}$, $\text{Im } z \neq 0$ とすれば，補題 2.29(i) によって，$T-z$ は単射である．同様に，$T-z^*$ は単射であるから，$\ker(T-z^*) = \{0\}$．T は自己共役なので，$(T-z^*)^* = T-z$．したがって，(2.41) 式によって，$\mathcal{H} = \overline{R(T-z)}$．$T$ は閉であるから，補題 2.29 (iii) によって，$R(T-z)$ は閉である．したがって，$\mathcal{H} = R(T-z)$．ゆえに，$T-z$ は全単射である．(2.42) 式から，$(T-z)^{-1}$ は有界であり，

$$\|(T-z)^{-1}\| \leq \frac{1}{|\text{Im } z|} \tag{2.44}$$

が成立する．したがって，$z \in \rho(T)$．

(ii) $\tilde{T} = T - \gamma$ とすれば，$\tilde{T}$ は非負の自己共役作用素である．$\sigma(\tilde{T}) \subset [0, \infty)$ を示せば十分である．補題 2.29 (ii) によって，任意の $c > 0$ に対して，$\tilde{T} + c$ は単射である．$(\tilde{T}+c)^* = \tilde{T}+c$ であるから，補題 2.28 と補題 2.29 (iv) によって，$R(\tilde{T}+c) = \mathcal{H}$．したがって，$\tilde{T}+c$ は全単射である．(2.43) 式によって，$(\tilde{T}+c)^{-1}$ は有界である．ゆえに，$-c \in \rho(\tilde{T})$．$c > 0$ は任意であったから，$(-\infty, 0) \subset \rho(\tilde{T})$．これと (i) により，求める結果を得る． ∎

次の定理は，自己共役作用素 T のスペクトルの要素に関する特徴づけをあたえるとともに，ある実数が T のスペクトルに属するか否かを判定するのに有用である．

【定理 2.31】 T を自己共役作用素とする．このとき，$\lambda \in \sigma(T)$ であるための必要十分条件は，

$$\|\psi_n\| = 1, \quad n = 1, 2, 3, \cdots, \quad \lim_{n \to \infty} \|(T - \lambda)\psi_n\| = 0$$

をみたす点列 $\{\psi_n\}_{n=1}^\infty \subset D(T)$ が存在することである．

証明 （必要性）対偶を示す．そこで，λ を実数として，条件にいう点列 $\{\psi_n\}_{n=1}^\infty$ が存在しないと仮定しよう．このとき，定数 $c > 0$ が存在して，任意の $\psi \in D(T)$ に対して，

$$\|(T - \lambda)\psi\| \geq c\|\psi\| \tag{2.45}$$

が成り立つ．〔もし，そのような c が存在しないとすれば，$\|(T-\lambda)\psi_n\|/\|\psi_n\| \to 0 \, (n \to \infty)$ となる点列 $\{\psi_n\}_{n=1}^\infty \subset D(T) (\psi_n \neq 0)$ が存在する．$\phi_n = \psi_n/\|\psi_n\|$ とおけば，$\phi_n \in D(T)$, $\|\phi_n\| = 1$, $\lim_{n\to\infty}\|(T-\lambda)\phi_n\| = 0$ となるので，仮定に反する．〕これは，$T - \lambda$ が単射であることを意味する．したがって，(2.41) 式によって，$\mathcal{H} = \overline{R(T-\lambda)}$．$T - \lambda$ は閉であり，(2.45) 式が成り立つので，補題 2.29 (iii) の証明と同様にして，$\overline{R(T-\lambda)} = R(T-\lambda)$ が示される．こうして，$T - \lambda$ は全単射であることがわかる．(2.45) 式によって，$(T - \lambda)^{-1}$ は有界であるから，$\lambda \in \rho(T)$.

（十分性）ψ_n を条件のものとする．仮に，$\lambda \in \rho(T)$ とすれば，$T - \lambda$ は全単射であり，$(T-\lambda)^{-1}$ は有界である．したがって，$\psi_n = (T-\lambda)^{-1}(T-\lambda)\psi_n \to (T-\lambda)^{-1}0 = 0 \, (n \to \infty)$．これは，$\|\psi_n\| = 1$ と矛盾する．ゆえに，$\lambda \in \sigma(T)$ でなければならない． ∎

定理 2.31 から，自己共役作用素の場合には，スペクトルの点は固有値の概念のある種の一般化になっていることがわかる（練習問題 28 も参照）．

2.12 コンパクト作用素

この節では，ヒルベルト空間上の有界線形作用素の部類のうち，最も基本的で重要なものの一つを取り上げる．

2.12.1 定義と基本的性質

$\mathcal{H}, \mathcal{K}$ を $\mathbf{K}$ 上のヒルベルト空間とする．

2.12 コンパクト作用素

【定義 2.32】 $\mathcal{H}$ から $\mathcal{K}$ への線形作用素 A は，$D(A) = \mathcal{H}$ かつ次の条件 (C) を満たすとき，**コンパクト作用素** (compact operator) または**完全連続作用素** (completely continuous operator) とよばれる：

(C) $\mathcal{H}$ におけるすべての有界列 $\{\psi_n\}_{n=1}^{\infty}$ ($\psi_n \in \mathcal{H}, n \in \mathbf{N}$) に対して，$\mathcal{K}$ の点列 $\{A\psi_n\}_{n=1}^{\infty}$ が収束する部分列を含む (すなわち，ある部分列 $\{A\psi_{n_k}\}_{k=1}^{\infty}$ が存在して極限 $\lim_{k\to\infty} A\psi_{n_k} \in \mathcal{K}$ が存在する).

!注意. この定義は，$\mathcal{H}, \mathcal{K}$ をバナッハ空間 $\mathcal{X}, \mathcal{Y}$ (1.7 節を参照) に置き換えれば，そのまま，$\mathcal{X}$ から $\mathcal{Y}$ へのコンパクト作用素の定義になる[6]．以下において論じられる，ヒルベルト空間上のコンパクト作用素に関する諸事実は，その証明に内積が使用されていないものは，バナッハ空間の場合でも成立する．ただし，内積が使用されていても，バナッハ空間の場合において成立する事実もある[7]．

コンパクト作用素の「意味」を理解するために，位相空間論におけるある集合概念をいまの文脈で想起しておこう．$\mathcal{H}$ の部分集合 $\mathcal{C}$ に属する任意の点列が収束する部分列を含み，その極限が $\mathcal{C}$ に属するとき，$\mathcal{C}$ は**コンパクト**であるという（したがって，コンパクト集合は閉集合である）．部分集合 $\mathcal{D} \subset \mathcal{H}$ の閉包 $\overline{\mathcal{D}}$ がコンパクトであるとき，$\mathcal{D}$ は**相対コンパクト**または**前コンパクト**であるという．

作用素のコンパクト性は集合のコンパクト性と次のような仕方で関連している：$\mathcal{H}$ から $\mathcal{K}$ へのコンパクト作用素とは，$\mathcal{H}$ の任意の有界集合を $\mathcal{K}$ の相対コンパクトな**集合**へうつす線形作用素のことである[8]．

---

[6] $\mathcal{X}$ から $\mathcal{Y}$ への線形作用素 T の概念は，2.1 節における線形作用素の定義において，$\mathcal{H}, \mathcal{K}$ を $\mathcal{X}, \mathcal{Y}$ に置き換えたものによって定義される．T の有界性もヒルベルト空間の場合と同様に定義される．

[7] ヒルベルト空間はバナッハ空間であるから，バナッハ空間で成立する事実は，当然，ヒルベルト空間でも成立する．だが，一般的に言って，構造がより豊かなヒルベルト空間の方が，証明はより容易になり得る．

[8] $\because A : \mathcal{H} \to \mathcal{K}$ を線形作用素とする ($D(A) = \mathcal{H}$)．(i) A はコンパクトであるとしよう．$\mathcal{B} \subset \mathcal{H}$ を任意の有界集合とし，$\mathcal{D} := A(\mathcal{B}) = \{A\psi | \psi \in \mathcal{B}\}$ とおく．このとき，$\mathcal{D}$ の任意の点列は $\{A\psi_n\}_n$ ($\psi_n \in \mathcal{B}$) という形で与えられる．$\mathcal{B}$ は有界であるので，$\{\psi_n\}_n$ は有界列である．したがって，部分列 $\{\psi_{n_k}\}_k$ で $\{A\psi_{n_k}\}_k$ が収束するものが存在する．ゆえに，$\mathcal{D}$ は相対コンパクトである ($\overline{\mathcal{D}}$ の任意の点列 $\{\phi_n\}_{n=1}^{\infty}$ については，$\|A\psi_n - \phi_n\| < 1/n$ となる $\psi_n \in \mathcal{B}$ が存在する

コンパクト作用素の自明な例として零作用素 $0 : \mathcal{H} \to \mathcal{K}; 0(\psi) := 0_{\mathcal{K}}, \psi \in \mathcal{H}$ がある．

さて，コンパクト作用素の一般論を展開するにあたって，まず，次の事実に注意しよう：

【定理 2.33】 コンパクト作用素は有界である．

証明 $A : \mathcal{H} \to \mathcal{K}$ をコンパクト作用素とする．仮に，A が有界でないとすれば，単位ベクトル $\psi_n \in \mathcal{H}$ で $\|A\psi_n\| \to \infty\ (n \to \infty)$ となるものが存在する（命題 2.14）．一方，$\{\psi_n\}_n$ は有界であるから，部分列 $\{A\psi_{n_k}\}_k$ があって $\lim_{k\to\infty} \|A\psi_{n_k}\|$ は収束する．だが，これは矛盾である． ∎

コンパクト作用素の概念が実質的な意味をもつのは $\mathcal{H}$ と $\mathcal{K}$ が無限次元の場合である：

【定理 2.34】

    (i) $\mathcal{H}$ が有限次元ならば，$\mathcal{H}$ から $\mathcal{K}$ への任意の線形作用素 A はコンパクトである．

    (ii) $\mathcal{K}$ が有限次元ならば，任意の $T \in \mathcal{B}(\mathcal{H},\mathcal{K})$ はコンパクトである．

証明 (i) $\mathcal{H}$ は有限次元であるので，$D(A) = \mathcal{H}$ として一般性を失わない．$\dim \mathcal{H} = N$ とし，$\{e_j\}_{j=1}^{N}$ を $\mathcal{H}$ の正規直交基底とする．このとき，任意の $\psi \in \mathcal{H}$ は，$\psi = \sum_{j=1}^{N}(e_j, \psi)e_j$ と展開できるので，$A\psi = \sum_{j=1}^{N}(e_j, \psi)Ae_j$．したがって，$\|A\psi\| \leq \left(\sum_{j=1}^{N} \|Ae_j\|\right)\|\psi\|$．ゆえに A は有界である．さて，$\{\psi_n\}_n$ を $\mathcal{H}$ の任意の有界列とすれば，$M := \sup_{n \in \mathbf{N}} \|\psi_n\| < \infty$ である．$\psi_n = \sum_{j=1}^{N} a_{jn} e_j\ (a_{jn} = (e_j, \psi_n))$ と展開できる．シュヴァルツの不等式により，$|a_{jn}| \leq M$．したがって，$a_n := (a_{1n}, \ldots, a_{Nn})$ とすれば，$\{a_n\}_n$ は $\mathbf{K}^N$ の有界列である．ゆえに，ボルツァーノ–ヴァイエルシュトラスの定理により，$\{a_n\}_n$ の部分列 $\{a_{n_k}\}_k$ があって，$b := \lim_{k\to\infty} a_{n_k} \in \mathbf{K}^N$ は存在する．そこで，$b = (b_1, \ldots, b_N)$ とし，$\psi := \sum_{j=1}^{N} b_j e_j$ とすれば，$\psi_{n_k} \to \psi\ (k \to \infty)$ が

ことに注意し，いまの結果を用いればよい）．(ii) 逆に，A は $\mathcal{H}$ の任意の有界集合を $\mathcal{K}$ の相対コンパクトな集合へうつすとしよう．$\{\psi_n\}_n$ を $\mathcal{H}$ の任意の有界列とすれば，$\{\psi_n | n \in \mathbf{N}\}$ は $\mathcal{H}$ の有界集合であるから，$\{A\psi_n | n \in \mathbf{N}\}$ は相対コンパクトな集合である．したがって，収束する部分列 $\{A\psi_{n_k}\}_k$ が存在する．ゆえに A はコンパクトである．

成り立つ．これと A の有界性により，$A\psi_{n_k} \to A\psi \ (k \to \infty)$．ゆえに A はコンパクトである．

(ii) $p := \dim \mathcal{K} < \infty$ とし，$\{f_j\}_{j=1}^p$ を $\mathcal{K}$ の正規直交基底とする．このとき，任意の $\psi \in \mathcal{H}$ に対して，$T\psi = \sum_{j=1}^p (f_j, T\psi) f_j$ と展開できる．$\{\psi_n\}_n$ を (i) のものとすれば，$T\psi_n = \sum_{j=1}^p c_{jn} f_j \ (c_{jn} := (f_j, T\psi_n))$ であり，シュヴァルツの不等式により，$|c_{jn}| \le \|T\| M$．したがって，(i) と同様にして，$\{T\psi_n\}_n$ は収束する部分列を含むことが示される．■

$\mathcal{H}$ が無限次元の場合にはコンパクトでない有界作用素が存在する：

■ **例 2.35** ■ $\mathcal{H}$ が無限次元ならば，$\mathcal{H}$ 上の恒等作用素 I はコンパクトではない．

＜証明：仮定により，$\mathcal{H}$ には正規直交系 $\{e_n\}_{n=1}^\infty$ が存在する．I の定義により，$Ie_n = e_n, n \in \mathbf{N}$．したがって，仮に I がコンパクトであるとすると，$\{e_n\}_n$ の部分列 $\{e_{n_k}\}$ はあるベクトル $\psi \in \mathcal{H}$ に強収束する．この場合，$\|\psi\| = 1$ が成り立つ．一方，例 2.15 により，w-$\lim_{k \to \infty} e_{n_k} = 0$ であるから，$\psi = 0$ が導かれる．だが，これは矛盾である．ゆえに，I はコンパクトではない．＞

定理 2.34(ii) に注目すると，$\mathcal{H}$ と $\mathcal{K}$ の次元性に関わらず，コンパクト作用素の一つのクラスの存在が見出される：

【定義 2.35】 有界線形作用素 $T \in \mathcal{B}(\mathcal{H}, \mathcal{K})$ の値域 $R(T)$ が有限次元のとき，T を**有限階作用素** (finite-rank operator) とよぶ．$R(T)$ の次元 $\dim R(T)$ を T の**階数**または**ランク**といい，ランクが n の有限階作用素を n-**ランク作用素**とよぶ．

有限階作用素 $T : \mathcal{H} \to \mathcal{K}$ は $\mathcal{B}(\mathcal{H}, R(T))$ の元とみなせるので，定理 2.34(ii) によって，コンパクト作用素である．有限階作用素の一般形は次の定理によって与えられる：

【定理 2.36】 $n \in \mathbf{N}$ を任意に固定する．このとき，各 n-ランク作用素 $T \in$

$\mathcal{B}(\mathcal{H}, \mathcal{K})$ に対して,$\mathcal{K}$ の正規直交系 $\{f_j\}_{j=1}^n$ と $\mathcal{H}$ のベクトル $g_j \in \mathcal{H}, j = 1, \ldots, n$ が存在して

$$T\psi = \sum_{j=1}^n (g_j, \psi) f_j, \quad \psi \in \mathcal{H}, \tag{2.46}$$

が成り立つ.

証明 定理 2.34(ii) の証明における $\mathcal{K}$ を $R(T)$ で置き換え,$p = n$, $T^* f_j = g_j$ とすればよい. ∎

次の定理は,コンパクト作用素が有する代数的構造に関するものである:

【定理 2.37】

(i) $A, B : \mathcal{H} \to \mathcal{K}$ がコンパクト作用素ならば,任意の $\alpha, \beta \in \mathbf{K}$ に対して,$\alpha A + \beta B$ もコンパクト作用素である.

(ii) $A : \mathcal{H} \to \mathcal{K}$ をコンパクト作用素,$\mathcal{G}, \mathcal{L}$ をヒルベルト空間とする.このとき,任意の $B \in \mathcal{B}(\mathcal{K}, \mathcal{L}), C \in \mathcal{B}(\mathcal{G}, \mathcal{H})$ に対して,BA, AC はコンパクトである.

証明 (i) $\{\psi_n\}_n$ を $\mathcal{H}$ の任意の有界列とすれば,$\{A\psi_n\}_n$ は収束する部分列 $\{A\psi_{n_k}\}_k$ を含む.$\{\psi_{n_k}\}_k$ も有界列であるから,$\{B\psi_{n_k}\}_k$ は収束する部分列 $\{B\phi_j\}_j$ を含む.このとき,$\{A\phi_j\}_j$ も収束する.したがって,$(\alpha A + \beta B)\phi_j = \alpha A\phi_j + \beta B\phi_j$ は収束する.ゆえに $\alpha A + \beta B$ はコンパクトである.

(ii) $\{\psi_n\}_n$ を $\mathcal{H}$ の任意の有界列とすれば,部分列 $\{\psi_{n_k}\}_k$ があって,$\{A\psi_{n_k}\}_k$ は収束する.B は有界であるから,$\{BA\psi_{n_k}\}_k$ も収束する.したがって,BA はコンパクトである.

$\{\phi_n\}_n$ を $\mathcal{G}$ の任意の有界列とすれば,$\{C\phi_n\}_n$ は $\mathcal{H}$ の有界列である.したがって,A のコンパクト性により,$\{AC\phi_n\}_n$ は収束する部分列を含む.ゆえに AC はコンパクトである. ∎

定理 2.37(i) は,$\mathcal{H}$ から $\mathcal{K}$ へのコンパクト作用素全体の集合

$$\mathrm{Com}(\mathcal{H}, \mathcal{K}) := \{A : \mathcal{H} \to \mathcal{K} | A はコンパクト\} \tag{2.47}$$

が $\mathcal{B}(\mathcal{H}, \mathcal{K})$ の部分空間であることを語る.実は,$\mathrm{Com}(\mathcal{H}, \mathcal{K})$ は閉集合である

こともわかる:

【定理 2.38】 $A \in \mathcal{B}(\mathcal{H}, \mathcal{K}), A_n \in \mathrm{Com}(\mathcal{H}, \mathcal{K}), n \in \mathbf{N}$ が $\|A_n - A\| \to 0\,(n \to \infty)$ を満たすとする. このとき, $A \in \mathrm{Com}(\mathcal{H}, \mathcal{K})$.

証明 仮定により, 任意の $\varepsilon > 0$ に対して, $n_0 \in \mathbf{N}$ があって, $n \geq n_0$ ならば $\|A_n - A\| < \varepsilon \cdots (*)$ が成り立つ. $\{\psi_m\}_m$ を $\mathcal{H}$ の任意の有界列とし, $M := \sup_{m \in \mathbf{N}} \|\psi_m\|$ とする. このとき, $\{\psi_m\}_m$ の部分列 $\{\psi_k^{(1)}\}_k$ で $\{A_1 \psi_k^{(1)}\}_k$ が収束するものがとれる. $\{\psi_m^{(1)}\}_m$ も有界列であるから, この列の部分列 $\{\psi_k^{(2)}\}_k$ で $\{A_2 \psi_k^{(2)}\}_k$ が収束するものがとれる. 以下, 同様にして, 各 $j \in \mathbf{N}$ に対して, $\{\psi_m\}_m$ の部分列 $\{\psi_k^{(j)}\}_k$ で次の性質 (i), (ii) を満たすものがとれる: (i) $\{\psi_k^{(j)}\}_k$ は $\{\psi_k^{(j-1)}\}_k$ の部分列; (ii) $\{A_p \psi_k^{(n)}\}_k\,(p = 1, \ldots, n)$ は収束する. さて, $\phi_m := \psi_m^{(m)}$ とすれば, $\{\phi_m\}_m$ は $\{\psi_m\}_m$ の部分列である. 明らかに, $\{A_{n_0} \phi_m\}_m$ は収束する. したがって, $m_0 \in \mathbf{N}$ があって, $m, \ell \geq m_0$ ならば $\|A_{n_0} \phi_m - A_{n_0} \phi_\ell\| \leq \varepsilon$ が成り立つ. 3角不等式と $(*)$ によって, $m, \ell \geq m_0$ ならば

$$\|A\phi_m - A\phi_\ell\| \leq \|A\phi_m - A_{n_0}\phi_m\| + \|A_{n_0}\phi_m - A_{n_0}\phi_\ell\| + \|A_{n_0}\phi_\ell - A\phi_\ell\|$$
$$\leq M\varepsilon + \varepsilon + M\varepsilon = (2M+1)\varepsilon.$$

したがって, $\{A\phi_m\}_{m \geq m_0}$ は $\mathcal{K}$ のコーシー列である. $\mathcal{K}$ の完備性により, この点列は収束する. ゆえに A はコンパクトである. ∎

【定理 2.39】 $T \in \mathrm{Com}(\mathcal{H}, \mathcal{K})$ ならば $T^* \in \mathrm{Com}(\mathcal{K}, \mathcal{H})$.

証明 $\{\phi_n\}_n$ を $\mathcal{K}$ の任意の有界列とし, $M := \sup_{n \geq 1} \|\phi_n\|$ とする. $\psi_n := T^*\phi_n$ とおくと, $\{\psi_n\}_n$ は $\mathcal{H}$ の有界列である. したがって, $\{T\psi_n\}_n$ は収束する部分列 $\{T\psi_{n_k}\}_k$ を含む. 他方

$$\|T^*\phi_{n_k} - T^*\phi_{n_\ell}\|^2 = (\phi_{n_k} - \phi_{n_\ell}, T(\psi_{n_k} - \psi_{n_\ell}))$$
$$\leq \|\phi_{n_k} - \phi_{n_\ell}\| \|T\psi_{n_k} - T\psi_{n_\ell}\|$$
$$\leq 2M\|T\psi_{n_k} - T\psi_{n_\ell}\| \to 0\,(k, \ell \to \infty).$$

したがって, $\{T^*\phi_{n_k}\}_k$ は $\mathcal{H}$ のコーシー列である. $\mathcal{H}$ の完備性により, それは収束する. ゆえに T^* はコンパクトである. ∎

次の定理に進む前に，バナッハ空間論における基本原理の一つを証明なしで取り上げておく[9]．

【定理 2.40】 （一様有界性の原理，バナッハ–シュタインハウスの定理）$\mathcal{X}$ をバナッハ空間，$\mathcal{Y}$ をノルム空間とし，$\{T_\lambda | \lambda \in \Lambda\}$ （Λ は添え字集合）を $\mathcal{X}$ から $\mathcal{Y}$ への有界線形作用素の族とする（各 T_λ は $\mathcal{X}$ から $\mathcal{Y}$ への有界線形作用素 $(D(T_\lambda) = \mathcal{X})$）．各 $\psi \in \mathcal{X}$ に対して，$\sup_{\lambda \in \Lambda} \|T_\lambda \psi\| < \infty$ としよう．このとき，$\sup_{\lambda \in \Lambda} \|T_\lambda\| < \infty$．

この定理の要点は，各ベクトル $\psi \in \mathcal{X}$ ごとの Λ に関する一様有界性（各点一様有界性）$\sup_{\lambda \in \Lambda} \|T_\lambda \psi\| < \infty$ から作用素ノルムに関する一様有界性 $\sup_{\lambda \in \Lambda} \|T_\lambda\| < \infty$ が出ることである．

一様有界性の原理の一つの応用が次の定理によって与えられる：

【定理 2.41】 ヒルベルト空間 $\mathcal{H}$ の点列 $\{\psi_n\}_n$ が弱収束するならば，$\{\psi_n\}_n$ は有界である．

証明 $\psi_\infty := \text{w-}\lim_{n\to\infty} \psi_n$ （弱極限）とし，$F_n(\psi) := (\psi_n, \psi), \psi \in \mathcal{H}$ とすれば，$\lim_{n\to\infty} F_n(\psi) = (\psi_\infty, \psi)$．したがって，$\{F_n(\psi)\}_n$ は有界な数列である．ゆえに，$\sup_{n \geq 1} |F_n(\psi)| < \infty$．そこで，$\mathcal{H}$ から $\mathbf{K}$ への有界線形作用素の族 $\{F_n | n \in \mathbf{N}\}$ に一様有界性の原理を適用すれば，$\sup_{n \geq 1} \|F_n\| < \infty$．一方，$\|F_n\| = \|\psi_n\|$．ゆえに，$\sup_{n \geq 1} \|\psi_n\| < \infty$．∎

定理 2.41 は，通常，**弱収束する点列は有界である**，という形で語られる．

以上の準備のもとで，コンパクト作用素が有する重要な性質の一つ，すなわち，**コンパクト作用素は弱収束列を強収束列にうつす**という性質を証明できる：

【定理 2.42】 $A \in \text{Com}(\mathcal{H}, \mathcal{K})$ とする．$\{\psi_n\}_n$ を $\mathcal{H}$ の弱収束列とし，$\psi = \text{w-}\lim_{n\to\infty} \psi_n$ とする．このとき，$\lim_{n\to\infty} A\psi_n = A\psi$．

証明 任意の $\chi \in \mathcal{K}$ に対して $(\chi, A\psi_n) = (A^*\chi, \psi_n) \xrightarrow{n\to\infty} (A^*\chi, \psi) =$

---
[9] 証明については，新井朝雄・江沢 洋『量子力学の数学的構造II』（朝倉書店，1999）の定理 3.48 や関数解析学の本を参照．

$(\chi, A\psi)$. したがって，w-$\lim_{n\to\infty} A\psi_n = A\psi$. 仮に，$\{A\psi_n\}_n$ が $A\psi$ に強収束しないとしてみよう．このとき，ある $\varepsilon_0 > 0$ と $\{A\psi_n\}_n$ の部分列 $\{A\psi_{n_k}\}_k$ があって，$\|A\psi_{n_k} - A\psi\| \geq \varepsilon_0$ が成り立つ．他方，弱収束する点列は有界であり（定理 2.41），A はコンパクトであるから，$\{A\psi_{n_k}\}_k$ は収束する部分列を含む．これを $\{A\phi_n\}_n$ とし，$\eta = \lim_{n\to\infty} A\phi_n$ とすれば，任意の $\chi \in \mathcal{K}$ に対して，$(\chi, \eta) = \lim_{n\to\infty}(A^*\chi, \phi_n) = (A^*\chi, \psi) = (\chi, A\psi)$. したがって，$\eta = A\psi$. 一方，$\|A\phi_n - A\psi\| \geq \varepsilon_0$ であるから，$n \to \infty$ とすれば，$\|\eta - A\psi\| \geq \varepsilon_0 > 0$. これは $\eta \neq A\psi$ を意味するので，矛盾である．よって，$\lim_{n\to\infty} A\psi_n = A\psi$. ∎

次の定理は，$\mathcal{H}$ が可分の場合，有限階作用素の全体が，作用素ノルムの位相で，$\mathrm{Com}(\mathcal{H}, \mathcal{K})$ で稠密であることを語る：

【定理 2.43】 $\mathcal{H}$ が可分ならば，任意の $A \in \mathrm{Com}(\mathcal{H}, \mathcal{K})$ に対して，有限階作用素の列 $\{A_n\}_{n=1}^{\infty}$ が存在して，$\lim_{n\to\infty} \|A_n - A\| = 0$ が成り立つ．

証明 $\{e_j\}_{j=1}^{\infty}$ を $\mathcal{H}$ の C.O.N.S（完全正規直交系）としよう．このとき，任意の $\psi \in \mathcal{H}$ は $\psi = \sum_{j=1}^{\infty}(e_j, \psi)e_j$ と展開できる．したがって，$A\psi = \sum_{j=1}^{\infty}(e_j, \psi)Ae_j$. そこで，作用素 A_n を

$$A_n \psi := A\left(\sum_{j=1}^{n}(e_j, \psi)e_j\right) = \sum_{j=1}^{n}(e_j, \psi)Ae_j$$

によって定義する．明らかに，A_n は有限階作用素である[10]．A_n の定義から，$\|A_n\psi - A\psi\| = \|A(\psi - \sum_{j=1}^{n}(e_j, \psi)e_j)\|$. $\psi - \sum_{j=1}^{n}(e_j, \psi)e_j \in \{e_1, \ldots, e_n\}^{\perp}$ に注意すると，

$$\|A_n - A\| = \sup_{\psi \in \mathcal{H}, \|\psi\|=1} \|A_n\psi - A\psi\| \leq \lambda_n := \sup_{\phi \in \{e_1, \ldots, e_n\}^{\perp}, \|\phi\| \leq 1} \|A\phi\|.$$

を得る．$\{\lambda_n\}_n$ は非負の単調減少数列であるので $\lambda := \lim_{n\to\infty} \lambda_n \geq 0$ が存在する．$\lambda = 0$ を示そう．$\lambda_n \geq \lambda$, $n \in \mathbf{N}$ であるから，各 $n \in \mathbf{N}$ に対して，ベクトル $\phi_n \in \{e_1, \ldots, e_n\}^{\perp} \cdots (*)$ で，$\|\phi_n\| \leq 1$, $\|A\phi_n\| \geq \lambda - 1/n \geq$

---

[10] s-$\lim_{n\to\infty} A_n = A$ であることは容易にわかる．

$-1/n \cdots (**)$ を満たすものが存在する．$(*)$ によって，任意の $\psi \in \mathcal{H}$ に対して，$(\psi, \phi_n) = \sum_{j=n+1}^{\infty} (\psi, e_j)(e_j, \phi_n)$ であるから，級数に対するコーシー–シュヴァルツの不等式とベッセルの不等式により

$$\begin{aligned}
|(\psi, \phi_n)| &\leq \left(\sum_{j=n+1}^{\infty} |(\psi, e_j)|^2 \right)^{\frac{1}{2}} \left(\sum_{j=n+1}^{\infty} |(e_j, \phi_n)|^2 \right)^{\frac{1}{2}} \\
&\leq \left(\sum_{j=n+1}^{\infty} |(\psi, e_j)|^2 \right)^{\frac{1}{2}} \|\phi_n\| \\
&\leq \left(\sum_{j=n+1}^{\infty} |(\psi, e_j)|^2 \right)^{\frac{1}{2}} \\
&\to 0 \; (n \to \infty).
\end{aligned}$$

したがって，w-$\lim_{n \to \infty} \phi_n = 0$．すると，定理 2.42 によって，$\lim_{n \to \infty} A\phi_n = A0 = 0$．これと $(**)$ は $\lambda = 0$ を意味する．ゆえに $\|A_n - A\| \to 0 \, (n \to \infty)$． ∎

2.12.2 自己共役なコンパクト作用素のスペクトル

コンパクト作用素は，その定義から洞察されるように，ある意味で強い性質をもつので，そのスペクトルについても，特徴的な構造を持ち得ることが期待される．そこで，次に，コンパクト作用素のスペクトル特性について調べよう．

【定理 2.44】 ヒルベルト空間 $\mathcal{H}$ 上のコンパクト作用素 A の零でない固有値 λ (すなわち，$\lambda \in \sigma_{\mathrm{p}}(A) \setminus \{0\}$) の多重度は有限である．

証明 背理法による．そこで，固有空間 $\ker(A - \lambda)$ の次元が無限次元であるとしてみよう．このとき，可算無限個の元からなる正規直交系 $\{\psi_n | n \in \mathbf{N}\} \subset \ker(A - \lambda)$ が存在する．$A\psi_n = \lambda\psi_n, n \in \mathbf{N}$ であるから，$n \neq m$ ならば，

$$\|A\psi_n - A\psi_m\|^2 = \lambda^2 \|\psi_n - \psi_m\|^2 = \lambda^2 (\|\psi_n\|^2 + \|\psi_m\|^2) = 2\lambda^2 > 0.$$

だが，これは，$\{A\psi_n\}_n$ が収束する部分列をもたないことを意味する．ゆえに，A はコンパクトではない．したがって，矛盾が生じる． ∎

すでに知っているように，ヒルベルト空間 $\mathcal{H}$ 上の任意の有界作用素 T

のスペクトル $\sigma(T)$ は，複素平面 $\mathbf{C}$ の原点を中心とする半径 $\|T\|$ の閉円盤 $\{\lambda \in \mathbf{C} | |\lambda| \leq \|T\|\}$ に含まれる（定理 2.23(ii)）．したがって，特に，T が自己共役ならば，$\sigma(T) \subset \mathbf{R}$ であるので（定理 2.30(i)），$\sigma(T) \subset [-\|T\|, \|T\|]$ が成り立つ．そこで，端点 $\pm\|T\|$ は $\sigma(T)$ に属するかどうかが自然な問題として浮上する．次に，この問題を考察しよう．

エルミート作用素に関わる計算法則を一つの補題として用意する．

【補題 2.45】 S を $\mathcal{H}$ 上のエルミート作用素とするとき，任意の単位ベクトル $\psi \in D(S)$（$\|\psi\| = 1$）に対して

$$\|S\psi - (\psi, S\psi)\psi\|^2 = \|S\psi\|^2 - (\psi, S\psi)^2 \tag{2.48}$$

が成り立つ．

証明 $c := (\psi, S\psi)$ とおくと，c は実数であり，$c = (S\psi, \psi)$ であるので，$\|S\psi - c\psi\|^2 = \|S\psi\|^2 - 2c^2 + c^2\|\psi\|^2 = \|S\psi\|^2 - c^2$ となる． ∎

自己共役なコンパクト作用素の固有値に関する基本的事実の一つが次の定理によって与えられる：

【定理 2.46】 A を $\mathcal{H}$ 上の自己共役なコンパクト作用素で零でないものとする．このとき，$\|A\|, -\|A\|$ の少なくとも一方は A の固有値である．

証明 作用素ノルムの定義により，$\mathcal{H}$ の単位ベクトルの列 $\{\psi_n\}_n$ で $\|A\psi_n\| \to \|A\|$ $(n \to \infty)$ となるものが存在する．$c_n = \|A\psi_n\|$ とおくと，$c_n^2 = (\psi_n, A^2\psi_n)$ であり，A^2 は自己共役作用素，したがって，エルミート作用素であるので，補題 2.45 を $S = A^2$ として応用すれば

$$\|A^2\psi_n - c_n^2\psi_n\|^2 = \|A^2\psi_n\|^2 - c_n^4$$

を得る．ここで，$\|A^2\psi_n\| = \|A(A\psi_n)\| \leq \|A\|\|A\psi_n\| = \|A\|c_n$ に注意すれば

$$\|A^2\psi_n - c_n^2\psi_n\|^2 \leq c_n^2(\|A\|^2 - c_n^2)$$

と評価される．$\lim_{n\to\infty} c_n = \|A\|$ であるから，$\lim_{n\to\infty} \|A^2\psi_n - c_n^2\psi_n\|^2 = 0 \cdots (*)$ がしたがう．A はコンパクトであるから，$A^2 = AA$ もコンパクトであ

る (定理 2.37(ii)). したがって, $\{\psi_n\}_n$ の部分列 $\{\psi_{n_k}\}_k$ で $\{A^2\psi_{n_k}\}_k$ が収束列となるものが存在する. $\phi := \lim_{k\to\infty} A^2\psi_{n_k}$ としよう. $A \neq 0$ であるから, $\|A\| \neq 0$. したがって, 十分大きな k に対しては, $c_{n_k} \neq 0$ としてよい. このとき,

$$\psi_{n_k} = \frac{1}{c_{n_k}^2}(c_{n_k}^2\psi_{n_k} - A^2\psi_{n_k}) + \frac{1}{c_{n_k}^2}A^2\psi_{n_k} \to \frac{1}{\|A\|^2}\cdot 0 + \frac{1}{\|A\|^2}\phi\ (k\to\infty).$$

すなわち, $\lim_{k\to\infty}\psi_{n_k} = \|A\|^{-2}\phi\cdots(**)$. したがって, $k\to\infty$ のとき, $A^2\psi_{n_k} \to \|A\|^{-2}A^2\phi$ および $c_{n_k}^2\psi_{n_k} \to \phi$. これと $(*)$ により, $\|\|A\|^{-2}A^2\phi - \phi\|^2 = 0$. ゆえに, $A^2\phi = \|A\|^2\phi$. これは $(A - \|A\|)(A + \|A\|)\phi = 0 \cdots (\dagger)$ と $(A + \|A\|)(A - \|A\|)\phi = 0 \cdots (\dagger\dagger)$ を意味する. $(**)$ より, $1 = \|\psi_{n_k}\| \to \|\|A\|^{-2}\phi\| = \|A\|^{-2}\|\phi\|$ であるから, $\|\phi\| = \|A\|^2$. 特に, $\phi \neq 0$. そこで $\chi_\pm := (A \pm \|A\|)\phi$ とおこう. このとき, χ_+, χ_- のうちすくなくとも一方は零でない ($\because$ 仮に, $\chi_\pm = 0$ とすれば, $0 = \chi_+ - \chi_- = 2\|A\|\phi$. したがって, $\phi = 0$ となり矛盾). そこで次の場合分けが可能である: (i) $\chi_+ \neq 0$ ならば, $(\dagger)$ により, $(A - \|A\|)\chi_+ = 0$. したがって, $\|A\|$ は A の固有値であり, χ_+ はその固有ベクトルの一つである. (ii) $\chi_- \neq 0$ ならば, $(\dagger\dagger)$ により, $(A + \|A\|)\chi_- = 0$. したがって, $-\|A\|$ は A の固有値であり, χ_- はその固有ベクトルの一つである. ∎

次の定理は自己共役なコンパクト作用素のスペクトル特性に関するものである:

【定理 2.47】 A を $\mathcal{H}$ 上の自己共役なコンパクト作用素とする.

(i) A の零でないスペクトル点は A の固有値である: $\sigma(A)\setminus\{0\} = \sigma_\mathrm{p}(A)\setminus\{0\}$. さらに, 任意の零でない固有値 $\lambda \in \sigma_\mathrm{p}(A)\setminus\{0\}$ の多重度は有限である.

(ii) $A \neq 0$ のとき, $\sigma_\mathrm{p}(A)\setminus\{0\}$ は有限集合または可算無限集合である.

(iii) $\sigma_\mathrm{p}(A)\setminus\{0\}$ が可算無限集合の場合, $\sigma_\mathrm{p}(A)\setminus\{0\} = \{\lambda_n | n \in \mathbf{N}\}$ とすれば, $\lim_{n\to\infty}\lambda_n = 0$ および $0 \in \sigma(A)$ が成り立つ.

証明 (i) $\lambda \in \sigma(A)\setminus\{0\}$ とすれば, 定理 2.31 によって, $\mathcal{H}$ の単位ベクトルの列

$\{\psi_n\}_n$ で $\|A\psi_n - \lambda\psi_n\| \to 0 (n \to \infty)$ となるものが存在する. A のコンパクト性により, $\{\psi_n\}_n$ の部分列 $\{\psi_{n_k}\}_k$ で $\{A\psi_{n_k}\}_k$ が収束するものが存在する. $\eta := \lim_{k\to\infty} A\psi_{n_k}$ としよう. $\chi_n := A\psi_n - \lambda\psi_n$ とおけば, 上のことから, $\chi_n \to 0 (n \to \infty)$ である. $\lambda\psi_n = A\psi_n - \chi_n$ となるので, $\lim_{k\to\infty} \lambda\psi_{n_k} = \eta$ が成り立つ. したがって, $\lim_{k\to\infty} \psi_{n_k} = \lambda^{-1}\eta \cdots (*)$. ゆえに $A\psi_{n_k} \to \lambda^{-1}A\eta$ $(k \to \infty)$. よって, $\lambda^{-1}A\eta = \eta$, すなわち, $A\eta = \lambda\eta$ が成り立つ. $(*)$ により, $\|\lambda^{-1}\eta\| = 1$, すなわち, $\|\eta\| = |\lambda| > 0$ であるので, $\eta \neq 0$. したがって, λ は A の固有値であり, η はその固有ベクトルの一つである.

多重度に関する言明は定理 2.44 による.

(ii) すでに知っているように, A の固有値は閉区間 $[-\|A\|, \|A\|]$ の中にある. 自然数 k に対して, $|\lambda| \in [\|A\|/(k+1), \|A\|]$ となる固有値 $\lambda \in \sigma_p(A)$ の全体を Λ_k とするとき, これが有限集合であることを示そう.

仮に, Λ_k が無限集合であるとし, $\Lambda_k = \{\lambda_n\}_n$ とする. ただし, $n \neq m$ ならば $\lambda_n \neq \lambda_m$ とする. 固有ベクトル $\psi_n \in \ker(A - \lambda_n)$ で $\|\psi_n\| = 1$ となるものをとる: $A\psi_n = \lambda_n\psi_n$. 命題 2.26(ii) によって, $(\psi_n, \psi_m) = 0, n \neq m$. したがって

$$\|A\psi_n - A\psi_m\|^2 = \|\lambda_n\psi_n - \lambda_m\psi_m\|^2 = \lambda_n^2 + \lambda_m^2 \geq \frac{2\|A\|^2}{(k+1)^2} > 0.$$

ゆえに $\{A\psi_n\}_n$ は収束する部分列を含み得ない. だが, これは A のコンパクト性に反する. よって, Λ_k は有限集合である.

容易にわかるように, $\sigma_p(A) \setminus \{0\} = \bigcup_{k=1}^{\infty} \Lambda_k$ が成り立つ. 前段の結果により, 右辺の集合は有限集合または可算無限集合である. ゆえに $\sigma_p(A) \setminus \{0\}$ もそうである.

(iii) $\Lambda := \{\lambda_n | n \in \mathbf{N}\}$ は有界な無限集合であるから, ボルツァーノ–ヴァイエルシュトラスの定理により, 集積点をもつ. これを α とし, $\alpha = 0$ を示そう. 仮に, $\alpha \neq 0$ ならば, α の任意の近傍の中に, A の零でない固有値が可算無限個存在する. したがって, $|\alpha| > \varepsilon > 0$ を満たす任意の ε に対して, $\{\lambda \in \sigma_p(A) | |\lambda| \in [|\alpha| - \varepsilon, \|A\|]\}$ は可算無限集合である. だが, これはすでに導いた結果に矛盾する. ゆえに $\alpha = 0$ でなければならない.

さて, 仮に, $\lim_{n\to\infty} \lambda_n = 0$ が成立しないとしてみよう. このとき, ある定数 $\varepsilon_0 > 0$ とある部分列 $\{\lambda_{n_k}\}_k$ が存在して, $|\lambda_{n_k}| \geq \varepsilon_0, k \in \mathbf{N}$ が成り立

つ．$\{\lambda_{n_k}|k \in \mathbf{N}\}$ も有界な無限集合であるから，集積点 β をもつ．この場合，$|\beta| \geq \varepsilon_0 > 0$．だが，$\beta$ は Λ の集積点でもあるので，前段の結果により，$\beta = 0$ でなければならない．したがって，矛盾が生じる．ゆえに $\lim_{n \to \infty} \lambda_n = 0$．$\lambda_n \in \sigma(A)$ であり，$\sigma(A)$ は閉集合であるから，$0 \in \sigma(A)$ である． ∎

！注意． 定理 2.34 はバナッハ空間上の任意のコンパクト作用素に対して成り立つ[11]．

以上によって，自己共役なコンパクト作用素のスペクトルに関する基本構造が明らかにされた．次に，この構造から帰結される重要な事実を導こう．

2.12.3 展 開 定 理

A を $\mathcal{H}$ 上の自己共役なコンパクト作用素としよう．$\{\lambda_n | n = 1, \ldots, N\}$（$N < \infty$ または $N = \infty$）を A の零でない相異なる固有値の全体とすれば，固有空間 $\ker(A - \lambda_n)$ の直和

$$\mathcal{M} := \bigoplus_{n=1}^{N} \ker(A - \lambda_n)$$

は $\mathcal{H}$ の閉部分空間である．

【補題 2.48】 $\mathcal{M}$ とその直交補空間 $\mathcal{M}^\perp$ は A の不変部分空間である．

証明 任意の $\psi \in \ker(A - \lambda_n)$ に対して，$A\psi = \lambda_n \psi$ であるから，$A\psi \in \ker(A - \lambda_n)$ である．したがって，各固有空間 $\ker(A - \lambda_n)$ は A の不変部分空間である．

(1) $N < \infty$ の場合．この場合，$\mathcal{M} = \oplus_{n=1}^{N} \ker(A - \lambda_n)$ であるので，A は $\mathcal{M}$ を不変にする．

(2) $N = \infty$ の場合．任意の $\psi \in \mathcal{M}$ は $\psi = \lim_{L \to \infty} \sum_{n=1}^{L} \psi_n$（$\psi_n \in \ker(A - \lambda_n)$）という形に表される．$A$ は有界であるから，$A\psi = \lim_{L \to \infty} \sum_{n=1}^{L} A\psi_n$．そこで，$A\psi_n \in \ker(A - \lambda_n)$ に注意すれば，$A\psi \in \mathcal{M}$ が結論される．よって，A は $\mathcal{M}$ を不変にする．

---

[11] たとえば，黒田成俊『関数解析』（共立出版，1980）の定理 11.29 を参照．

任意の $\phi \in \mathcal{M}^\perp$ と $\psi \in \mathcal{M}$ に対して, $(A\phi, \psi) = (\phi, A\psi) = 0$ ($\because A\psi \in \mathcal{M}$) であるから, $A\phi \in \mathcal{M}^\perp$. したがって, A は $\mathcal{M}^\perp$ も不変にする. ■

補題 2.48 によって, 線形作用素 $A_1 : \mathcal{M} \to \mathcal{M}, A_2 : \mathcal{M}^\perp \to \mathcal{M}^\perp$ を次のように定義できる:

$$A_1\psi := A\psi, \quad \psi \in \mathcal{M},$$
$$A_2\phi := A\phi, \quad \phi \in \mathcal{M}^\perp.$$

【補題 2.49】 $A_2 = 0$

証明 A が自己共役なコンパクト作用素であるので, A_2 も自己共役なコンパクト作用素である. しかし, A_2 は零でない固有値をもたない (もし, A_2 が零でない固有値 λ をもてば, λ は A の零でない固有値であるので, ある n_0 があって $\lambda = \lambda_{n_0}$ が成り立つ. したがって, 固有値 λ に属する固有空間は $[\ker(A - \lambda_{n_0})] \cap \mathcal{M}^\perp$ である. だが, この集合は $\{0\}$ である. したがって, 矛盾が生じる). したがって, $A_2 = 0$ (もし, $A_2 \neq 0$ ならば, 定理 2.46 によって, $\|A_2\|$ または $-\|A_2\|$ は A_2 の固有値であるので, A_2 は零でない固有値をもつことになる). ■

【補題 2.50】 $\mathcal{M}^\perp = \ker A$.

証明 $\psi \in \mathcal{M}^\perp$ ならば, 直前の補題により, $A\psi = A_2\psi = 0$. したがって, $\psi \in \ker A$. ゆえに $\mathcal{M}^\perp \subset \ker A$. 逆に, $\psi \in \ker A$ としよう. このとき, $A\psi = 0$ である. したがって, 任意の n と $\chi_n \in \ker(A - \lambda_n)$ に対して, $0 = (A\psi, \chi_n) = (\psi, A\chi_n) = \lambda_n(\psi, \chi_n)$. $\lambda_n \neq 0$ であるから, $(\psi, \chi_n) = 0$. これは $\psi \in \mathcal{M}^\perp$ を意味する. ゆえに $\ker A \subset \mathcal{M}^\perp$. ■

以上から, 次の定理が得られたことになる:

【定理 2.51】 (ヒルベルト–シュミット定理) 任意の零でない自己共役なコンパクト作用素 A に対して

$$\mathcal{H} = \ker A \oplus \mathcal{M}. \tag{2.49}$$

すなわち, 任意の $\psi \in \mathcal{H}$ に対して, 直交系 $\{\psi_n\}_n$ ($\psi_n \in \ker(A - \lambda_n)$) と

$\phi \in \ker A$ がそれぞれただ一つ定まり

$$\psi = \sum_n \psi_n + \phi \tag{2.50}$$

が成り立つ.

$d_n := \dim \ker(A - \lambda_n)$ (定理 2.44 によって, $d_n < \infty$) とし, $\mathcal{E}_n := \{\psi_n^{(k)} | k = 1, \ldots, d_n\}$ を $\ker(A - \lambda_n)$ の正規直交基底とする.

【補題 2.52】 $\mathcal{E} := \bigcup_{n=1}^N \mathcal{E}_n$ は $\mathcal{M}$ の C.O.N.S. (完全正規直交系) である.

証明 $N < \infty$ の場合は明らかである. $N = \infty$ の場合, $\psi \in \mathcal{E}^\perp \cap \mathcal{M}$ としよう. このとき, $(\psi, \psi_n^{(k)}) = 0, n \in \mathbf{N}, k = 1, \ldots, d_n$. 他方, $\psi = \sum_{m=1}^\infty \chi_m, \chi_m \in \ker(A - \lambda_m)$ と表される. これを代入し, $(\chi_m, \psi_n^{(k)}) = 0, n \neq m$ に注意すれば, 各 n に対して $(\chi_n, \psi_n^{(k)}) = 0, k = 1, \ldots, d_n$ を得る. したがって, $\chi_n = 0$. ゆえに $\psi = 0$. この結果と定理 1.23(iv) の判定条件により, 題意が成立する. ∎

各 (n, k) に対して, $\mathcal{H}$ 上の線形作用素 $P_{n,k}$ を

$$P_{n,k}\psi := (\psi_n^{(k)}, \psi)\psi_n^{(k)}, \quad \psi \in \mathcal{H}$$

によって定義する. $P_{n,k}$ は 1-ランク作用素であるからコンパクトである.

【定理 2.53】 (ヒルベルト–シュミットの展開定理) 任意の零でない自己共役なコンパクト作用素 A に対して

$$A = \sum_{n=1}^N \sum_{k=1}^{d_n} \lambda_n P_{n,k} \tag{2.51}$$

が成り立つ. $N = \infty$ の場合, 右辺は作用素ノルムの意味で収束する ($\lim_{N \to \infty} \|A - \sum_{n=1}^N \sum_{k=1}^{d_n} \lambda_n P_{n,k}\| = 0$).

証明 $\psi = \psi_1 + \psi_2$ ($\psi_1 \in \mathcal{M}, \psi_2 \in \mathcal{M}^\perp$) と一意的に分解できる. 補題 2.50 により, $A\psi_2 = 0$ であるので, $A\psi = A\psi_1$.

まず, $N < \infty$ の場合を考える. 補題 2.52 によって,

$$\psi_1 = \sum_{n=1}^N \sum_{k=1}^{d_n} (\psi_n^{(k)}, \psi_1)\psi_n^{(k)}.$$

したがって，

$$A\psi_1 = \sum_{n=1}^{N}\sum_{k=1}^{d_n}(\psi_n^{(k)},\psi_1)A\psi_n^{(k)} = \sum_{n=1}^{N}\sum_{k=1}^{d_n}\lambda_n(\psi_n^{(k)},\psi_1)\psi_n^{(k)}.$$

一方，$(\psi_n^{(k)},\psi_1) = (\psi_n^{(k)},\psi)$. ゆえに

$$A\psi = \sum_{n=1}^{N}\sum_{k=1}^{d_n}\lambda_n(\psi_n^{(k)},\psi)\psi_n^{(k)} \qquad (2.52)$$

よって，$N < \infty$ の場合，(2.51) が得られる．

次に $N = \infty$ の場合を考えよう．この場合，(2.52) において，$N = \infty$ の場合が強収束の意味で成立するから

$$B_N := A - \sum_{n=1}^{N}\sum_{k=1}^{d_n}\lambda_n P_{n,k}$$

とおけば

$$\|B_N\psi\|^2 = \left\|\sum_{n=N+1}^{\infty}\sum_{k=1}^{d_n}\lambda_n P_{n,k}\psi\right\|^2 = \sum_{n=N+1}^{\infty}\sum_{k=1}^{d_n}\lambda_n^2|(\psi_n^{(k)},\psi)|^2.$$

定理 2.47(iii) によって，$\lim_{n\to\infty}\lambda_n = 0$ であるから，任意の $\varepsilon > 0$ に対して，$n_0 \in \mathbf{N}$ があって，$n \geq n_0$ ならば $|\lambda_n| < \varepsilon$ が成り立つ．そこで，$N \geq n_0$ とすれば

$$\|B_N\psi\|^2 \leq \varepsilon^2\sum_{n=N+1}^{\infty}\sum_{k=1}^{d_n}|(\psi_n^{(k)},\psi)|^2 \leq \varepsilon^2\|\psi\|^2.$$

ここで，最後の不等号はベッセルの不等式による．したがって，

$$\|B_N\| = \sup_{\psi\neq 0}\frac{\|B_N\psi\|}{\|\psi\|} \leq \varepsilon \quad (N \geq n_0).$$

これは，$\lim_{N\to\infty}\|B_N\| = 0$ を意味する． ∎

2.12.4 コンパクト作用素の標準形

ベクトル $f \in \mathcal{H}\setminus\{0\}$ と $g \in \mathcal{K}\setminus\{0\}$ から定まる 1-ランク作用素 $P : \mathcal{H} \to \mathcal{K}, P\psi := (f,\psi)g, \psi \in \mathcal{H}$ を $P = (f,\cdot)g$ と表す．

【定理 2.54】 各コンパクト作用素 $A \in \mathrm{Com}(\mathcal{H},\mathcal{K}) \setminus \{0\}$ に対して，正の実数列 $\{\mu_n\}_{n=1}^N$ ($N<\infty$ または $N=\infty$) と $\mathcal{H}$ の正規直交系 $\{\psi_n\}_{n=1}^N$ および $\mathcal{K}$ の正規直交系 $\{\phi_n\}_{n=1}^N$ が存在して

$$A = \sum_{n=1}^N \mu_n(\psi_n, \cdot)\phi_n \tag{2.53}$$

が成り立つ．$N = \infty$ の場合，右辺は作用素ノルムの意味で収束する．

証明 仮定から，$A \neq 0$．練習問題20によって，$\ker A = \ker A^*A$．定理2.37(ii) によって，A^*A は $\mathcal{H}$ 上の自己共役なコンパクト作用素であり，しかも非負である．定理2.53によって，$(\ker A)^\perp = (\ker A^*A)^\perp$ の C.O.N.S.$\{\psi_n\}_{n=1}^N$ で $A^*A\psi_n = \alpha_n\psi_n$ ($\alpha_n \in \sigma_\mathrm{p}(A^*A) \setminus \{0\}$) を満たすものが存在する ($\alpha_n$ は互いに異なるとは限らない)．したがって，任意の $\psi \in \mathcal{H}$ は $\psi = \psi_0 + \sum_{n=1}^N (\psi_n,\psi)\psi_n$ と一意的に展開される ($\psi_0 \in \ker A$)．そこで，$\mu_n := \sqrt{\alpha_n}$，$\phi_n := A\psi_n/\mu_n$ とおけば，$A\psi = \sum_{n=1}^N \mu_n(\psi_n,\psi)\phi_n$ が成り立つ．$\{\phi_n\}_{n=1}^N$ が正規直交系であることは容易に確かめられる．よって，(2.53) が成り立つ．$N = \infty$ の場合，(2.53) の右辺の収束が作用素ノルムの意味で収束することは，定理2.53の場合と同様にして示される． ∎

(2.53) を**コンパクト作用素の標準形**とよぶ．(2.53) における μ_n は A の**特異値** (singular value) とよばれる．それは，A^*A の正の固有値の正の平方根である．

2.13 一般の線形作用素のスペクトルの分類

本章を終えるにあたって，閉作用素とは限らない線形作用素のスペクトルの概念について簡単にふれておく．T を複素ヒルベルト空間 $\mathcal{H}$ 上の線形作用素としよう．作用素 T を数と関連づけるために，複素数 λ に対して定まる作用素 $T - \lambda$ の写像特性に応じて λ を分類することを考える．

(I) $T - \lambda$ が単射でない場合．この条件と $\ker(T - \lambda) \neq \{0\}$ は同値であるから，この場合，λ は T の固有値である：$\lambda \in \sigma_\mathrm{p}(T)$．

(II) $T - \lambda$ が単射である場合．このとき，逆作用素 $(T - \lambda)^{-1}$ が存在する ($D((T - \lambda)^{-1}) = R(T - \lambda)$)．そこで，次のような場合分けが可能で

ある：
(1) $R(T-\lambda)$ が稠密でない場合．この場合は λ は T の**剰余スペクトル** $\sigma_{\mathrm{r}}(T)$ に属するという．
(2) $R(T-\lambda)$ が稠密な場合．
  (i) $(T-\lambda)^{-1}$ が有界であるとき，λ は T の**レゾルヴェント集合** $\rho(T)$ に属するという．
  (ii) $(T-\lambda)^{-1}$ が非有界のとき，λ は T の**連続スペクトル** $\sigma_{\mathrm{c}}(T)$ に属するという．

以上から，任意の $\lambda \in \mathbf{C}$ は $\sigma_{\mathrm{p}}(T), \sigma_{\mathrm{r}}(T), \rho(T), \sigma_{\mathrm{c}}(T)$ のどれかに属するので，複素平面 $\mathbf{C}$ は

$$\mathbf{C} = \rho(T) \cup \sigma_{\mathrm{p}}(T) \cup \sigma_{\mathrm{r}}(T) \cup \sigma_{\mathrm{c}}(T)$$

と分解される．しかも，四つの集合 $\sigma_{\mathrm{p}}(T), \sigma_{\mathrm{r}}(T), \rho(T), \sigma_{\mathrm{c}}(T)$ は互いに素である．三つの集合 $\sigma_{\mathrm{p}}(T), \sigma_{\mathrm{r}}(T), \sigma_{\mathrm{c}}(T)$ の和集合

$$\sigma(T) := \sigma_{\mathrm{p}}(T) \cup \sigma_{\mathrm{r}}(T) \cup \sigma_{\mathrm{c}}(T)$$

を T の**スペクトル**という．したがって

$$\sigma(T) = \mathbf{C} \setminus \rho(T)$$

が成り立つ．

T が閉作用素の場合，上述の意味でのレゾルヴェント集合（したがって，スペクトル）の定義は，2.9.2 項のそれと一致する（ゆえに上述の定義は整合的であり，より一般的である）．

<証明：上述の意味で $\lambda \in \rho(T)$ としよう．このとき，$T-\lambda$ は単射であり，$R(T-\lambda)$ は稠密かつ $(T-\lambda)^{-1}$ は有界である．$R(T-\lambda)$ の稠密性により，任意の $\phi \in \mathcal{H}$ に対して，$D(T)$ 内の点列 $\{\psi_n\}_{n=1}^{\infty}$ で $\phi_n := (T-\lambda)\psi_n \to \phi (n \to \infty)$ を満たすものが存在する．$\psi_n = (T-\lambda)^{-1}\phi_n$ であり，$(T-\lambda)^{-1}$ は有界であるから，$\{\psi_n\}_n$ はコーシー列であることがわかる．したがって，$\psi := \lim_{n \to \infty} \psi_n \in \mathcal{H}$ が存在する．すると $T-\lambda$ の閉性により，$\psi \in D(T-\lambda) = D(T)$ かつ $(T-\lambda)\psi = \phi$ が成り立つ．ゆえに $R(T-\lambda) = \mathcal{H}$．したがって，$T-\lambda$ は全射である．ゆえに，λ は，2.9.2 項の意味で，T のレゾルヴェント集合に属する．

一方,$\lambda \in \mathbf{C}$ が,2.9.2項の意味で,T のレゾルヴェント集合に属するならば,上述の意味で $\lambda \in \rho(T)$ であることは明らかであろう.>

■ **例 2.36** ■ 例2.24のかけ算作用素 M_x を考えよう.定理2.25(i)によって,$\sigma(M_x) = \overline{\{x|x \in \mathbf{R}\}} = \mathbf{R}$ である.実は,M_x のスペクトルは連続スペクトルだけからなる:$\sigma(M_x) = \sigma_{\mathrm{c}}(M_x) = \mathbf{R}$.

<証明:$\lambda \in \mathbf{R}$ とする.$M_x - \lambda$ の単射性は例2.24ですでに見た.$R(M_x - \lambda)$ の稠密性を示すために,$g \in R(M_x - \lambda)^{\perp}$ としよう.このとき,任意の $f \in D(M_x)$ に対して,$(g, (M_x - \lambda)f) = 0$ である.したがって,$\int_{\mathbf{R}} g(x)^*(x-\lambda)f(x)dx = 0$.そこで,$R > 0$ を任意にとり,$f(x) = \chi_{[-R,R]}(x)(x-\lambda)g(x)$($\chi_{[-R,R]}$ は区間 $[-R,R]$ の定義関数)とすれば,$f \in D(M_x)$ であり,$\int_{-R}^{R} |g(x)|^2 (x-\lambda)^2 dx = 0$ が成り立つ.したがって,$g(x)(x-\lambda) = 0$ a.e. $x \in [-R,R]$.1点集合 $\{\lambda\}$ のルベーグ測度は0であるから,$g(x) = 0$ a.e. $x \in [-R,R]$ となる.$R > 0$ は任意であったから,$L^2(\mathbf{R})$ の元として $g = 0$ が結論される.したがって,$R(M_x - \lambda)$ は稠密である.

次に,$(M_x - \lambda)^{-1}$ は非有界であることを示そう.仮に,それが有界であるとすれば,定数 $C > 0$ が存在して,$\|f\| \leq C\|(M_x - \lambda)f\|, f \in D(M_x)$ が成り立つ.そこで,$\varepsilon > 0$ を $C\varepsilon < 1$ となるようにとり,$f = \chi_{[\lambda-\varepsilon,\lambda+\varepsilon]}$ とすれば,$f \in D(M_x)$ であり,$\|(M_x - \lambda)f\| \leq \varepsilon\|f\|$ となる.したがって,$1 \leq C\varepsilon$.だが,これは矛盾である.ゆえに,$(M_x - \lambda)^{-1}$ は非有界である.

以上から,$\lambda \in \sigma_{\mathrm{c}}(M_x)$ である.>

T が閉作用素の場合には,実は,上記のレゾルヴェント集合の定義において,$(T-\lambda)^{-1}$ の有界性の条件は不要である.すなわち,次の定理が成り立つ:

【定理 2.55】 T を $\mathcal{H}$ 上の閉作用素とする.このとき,複素数 λ が $\rho(T)$ の元であるための必要十分条件は $T - \lambda$ が全単射であることである.

この定理の証明にはある原理的な定理が使われる:

【定理 2.56】 (閉グラフ定理) $\mathcal{X}, \mathcal{Y}$ を $\mathbf{K}$ 上のバナッハ空間とし,T を $\mathcal{X}$ から $\mathcal{Y}$ への閉作用素で $D(T) = \mathcal{X}$ を満たすものとする.このとき,T は有界

である.

閉グラフ定理の証明は簡単ではないので,ここでは割愛する[12].

定理 2.55 の証明

条件の必要性はすでに見た.十分性を示そう.$T-\lambda$ が全単射であるとする.このとき,$Q:=(T-\lambda)^{-1}$ が有界であることを示せばよい.$D(Q)=\mathcal{H}$ であるから,閉グラフ定理により,Q が閉作用素であることを示せばよい.そこで,$\phi_n, \phi, \psi \in \mathcal{H}$ が $\phi_n \to \phi, Q\phi_n \to \psi\,(n\to\infty)$ を満たしているとする.$\psi_n := Q\phi_n$ とおけば,$\psi_n \to \psi\,(n\to\infty)$ であり,$(T-\lambda)\psi_n = \phi_n \to \phi\,(n\to\infty)$.したがって,$\psi \in D(T)$ かつ $(T-\lambda)\psi = \phi$.ゆえに $\psi = Q\phi$.よって,Q は閉である. ∎

練 習 問 題

以下の問題において,$\mathcal{H}, \mathcal{K}$ は一般の複素ヒルベルト空間を表す.

1. $\mathcal{H}$ から $\mathcal{K}$ への線形作用素 T が単射であるとき,その逆作用素 T^{-1} は,定義域を $R(T)$ とする,$\mathcal{K}$ から $\mathcal{H}$ への線形作用素であることを示せ.
2. (2.10) 式を証明せよ.
3. ヒルベルト空間 ℓ^2 における線形作用素 $T_n, S_n^{\pm}\,(n=1,2,\cdots)$ を次のように定義する.

$$T_n(a_1, a_2, \cdots) = \left(\frac{a_1}{n}, \frac{a_2}{n}, \cdots, \frac{a_j}{n}, \cdots\right),$$
$$S_n^-(a_1, a_2, \cdots) = (a_{n+1}, a_{n+2}, \cdots),$$
$$S_n^+(a_1, a_2, \cdots) = (\underbrace{0, \cdots, 0}_{n\text{ 個}}, a_1, a_2, \cdots),\ a = \{a_j\}_{j=1}^{\infty} \in \ell^2$$

これらは,いずれも有界であって,(i) $\|T_n\| = 1/n$, (ii) $\|S_n^-\| = 1$, (iii) $\|S_n^+\| = 1$ が成立することを示せ.また,(iv) $(S_n^+)^* = S_n^-$, $(S_n^-)^* = S_n^+$ を示せ.S_n^- を**左シフト作用素**,S_n^+ を**右シフト作用素**という.

4. (i) F, G を $\mathbf{R}^d$ 上の本質的に有界なボレル可測関数とする.このとき,$L^2(\mathbf{R}^d)$ 上のかけ算作用素 M_F と M_G は可換であることを示せ.
   (ii) 問題 3 の T_n と $S_n^{\pm}$ は可換であることを示せ.

---

[12] たとえば,新井朝雄・江沢 洋『量子力学の数学的構造I』(朝倉書店,1999) の 2.1.5 項を参照.

(iii) 問題 3 の S_n^- と S_n^+ は非可換であることを示せ.

5. 2×2 エルミート行列 $\sigma_j, j = 1, 2, 3$ を次のように定義する.

$$\sigma_1 = \begin{pmatrix} 0 & 1 \\ 1 & 0 \end{pmatrix}, \quad \sigma_2 = \begin{pmatrix} 0 & -i \\ i & 0 \end{pmatrix}, \quad \sigma_3 = \begin{pmatrix} 1 & 0 \\ 0 & -1 \end{pmatrix}$$

このとき,次の関係式を示せ:$\sigma_1\sigma_2 = i\sigma_3, \sigma_2\sigma_3 = i\sigma_1, \sigma_3\sigma_1 = i\sigma_2, \sigma_j\sigma_k + \sigma_k\sigma_j = 2\delta_{jk}, j, k = 1, 2, 3$. したがって,特に,$\sigma_j$ と $\sigma_k (j \neq k)$ は反可換である. $\sigma_j, j = 1, 2, 3$ はパウリ (Pauli) のスピン行列とよばれる.

6. $\lambda \in \mathbf{C}, a < b$ とし,$K(x, y), f(x)$ $(x, y \in [a, b])$ はあたえられた関数とする. これらの関数から定まる積分方程式

$$\phi(x) = f(x) + \lambda \int_a^b K(x, y)\phi(y)dy \tag{F.1}$$

を**第二種のフレドホルム** (Fredholm) **の積分方程式**という [13]. ここでは,$f \in L^2([a, b])$, $K \in L^2([a, b] \times [a, b])$ と仮定し,(F.1) 式の解を $L^2([a, b])$ の中に求めることを考える.

(I) $\phi \in L^2([a, b])$ が (F.1) 式の解であるとする. $\{\phi_n^{a,b}\}_{n=-\infty}^{\infty}$ を第 1 章,例 1.9 のものとし,

$$a_n = \int_a^b \phi_n^{a,b}(x)^* \phi(x)dx, \quad f_n = \int_a^b \phi_n^{a,b}(x)^* f(x)dx$$
$$b_{n,m} = \int_{[a,b] \times [a,b]} \phi_n^{a,b}(x)^* K(x, y)\phi_m^{a,b}(y)dxdy$$

とおく. このとき,$\{a_n\}_{n=-\infty}^{\infty} \in \ell^2(\mathbf{Z})$ (例 1.7, 例 1.15 を参照) であって,

$$a_n - \sum_{m=-\infty}^{\infty} b_{n,m} a_m = f_n, \quad n \in \mathbf{Z} \tag{F.2}$$

が成立することを示せ.

逆に,(F.2) 式の解 $\{a_n\}_{n=-\infty}^{\infty}$ が $\ell^2(\mathbf{Z})$ の元ならば,$\phi(x) := \sum_{n=-\infty}^{\infty} a_n \phi_n^{a,b}(x)$ は $L^2([a, b])$ で収束し,(F.1) 式の解であることを示せ [14].

(II) $L^2([a, b])$ 上の線形作用素 T を

$$(T\psi)(x) = \int_a^b K(x, y)\psi(y)dy, \quad \psi \in L^2([a, b])$$

---

[13] 一般に,積分方程式とは,積分記号の中に未知関数が含まれる方程式のことをいう. 積分方程式 (F.1) 式を解くとは,あたえられた K, f に対して,(F.1) 式をみたす関数 ϕ (未知関数) を求めるという意味である. そのような ϕ を (F.1) 式の解という.

[14] これが,「まえがき」でふれた,第二種のフレドホルム積分方程式の解法に関するヒルベルトの方法の基本的アイディアである.

によって導入すれば，方程式 (F.1) は $(I - \lambda T)\phi = f$ と書かれることに注意しよう．
  (i) T は有界であり，$\|T\| \leq \|K\|$ であることを示せ．ただし，$\|K\| = \|K\|_{L^2([a,b] \times [a,b])}$．
  (ii) $|\lambda| < 1/\|K\|$ ならば，$\phi := \sum_{n=0}^{\infty} \lambda^n T^n f$ は $L^2([a, b])$ において収束し，ϕ は方程式 (F.1) のただひとつの解であることを示せ．
  (iii) $K(x, y) = e^{t(x-y)} (t \in \mathbf{R})$ の場合の解の具体的表示を求めよ．
7. $T_n, T \in \mathcal{B}(\mathcal{H}, \mathcal{K}) (n = 1, 2, \cdots)$ とする．
  (i) u-$\lim_{n \to \infty} T_n = T$ ならば，s-$\lim_{n \to \infty} T_n = T$ を示せ．
  (ii) s-$\lim_{n \to \infty} T_n = T$ ならば，w-$\lim_{n \to \infty} T_n = T$ を示せ．
8. $\dim \mathcal{H} < \infty, \dim \mathcal{K} < \infty$ ならば，作用素の収束に関して，一様収束，強収束，弱収束は互いに同値であることを示せ．
9. $T_n, S_n^\pm$ は問題 3 で定義された作用素とする．次のことを確認せよ．(i) T_n は 0 に一様収束する，(ii) S_n^- は 0 に強収束するが，一様収束はしない，(iii) S_n^+ は 0 に弱収束するが，強収束はしない．
10. $\xi \in \ell^2, \xi \neq 0, c > 1$ を固定し，ℓ^2 上の作用素 T を次のように定義する．
$$D(T) = \ell_0, \quad Ta = \left(\sum_{m=1}^{\infty} c^m a_m\right) \xi, \quad a \in \ell_0$$

($\sum_{m=1}^{\infty} |c^m|^2 = \infty$ であるが，$a \in \ell_0$ によって，$\sum_{m=1}^{\infty} c^m a_m$ は実質的には有限項の和であるので収束している)．このとき，T は稠密に定義された線形作用素であり，$D(T^*) = \{\xi\}^\perp, T^* = 0$ ($D(T^*)$ 上) であることを示せ．

  !注意．これは，稠密に定義された作用素の共役作用素の定義域が稠密ではなく，しかも共役作用素の作用が 0 であるような例をあたえる．

11. S, T を $\mathcal{H}$ 上の全単射な作用素で，$D(S) = \mathcal{H}$，S^{-1}, T^{-1} は有界であるとする．このとき，ST も全単射であり，$(ST)^{-1}$ は有界であること，および $(ST)^{-1} = T^{-1}S^{-1}$ が成立することを示せ．
12. (i) T を $\mathcal{H}$ 上の任意の線形作用素とするとき，すべての $\psi, \phi \in D(T)$ に対して
$$\begin{aligned}(\psi, T\phi) = &\frac{1}{4}\{(\psi+\phi, T(\psi+\phi)) - (\psi-\phi, T(\psi-\phi)) \\ &- i(\psi+i\phi, T(\psi+i\phi)) + i(\psi-i\phi, T(\psi-i\phi))\}\end{aligned}$$

が成立することを示せ．この等式を作用素 T に関する**偏極恒等式** (polarization identity) という．特に，$T = I$ (単位作用素) の場合，単に偏極恒等式という．

(ii) (i) を利用して，任意の $\psi \in D(T)$ に対して，$(\psi, T\psi)$ が実数ならば，T はエルミート作用素であることを証明せよ．

13. T を $\mathcal{H}$ 上の有界な自己共役作用素とすれば，$\|T\| = \sup_{\|\psi\|=1} |(\psi, T\psi)|$ が成り立つことを証明せよ．

14. 任意の $T \in \mathcal{B}(\mathcal{H}, \mathcal{K})$ に対して，$\|T^*T\| = \|T\|^2$ を示せ．

15. 任意の $T \in \mathcal{B}(\mathcal{H})$ に対して，$\lim_{n \to \infty} \|T^n\|^{1/n}$ は存在し，$\inf_{n \geq 1} \|T^n\|^{1/n}$ に等しいことを以下の手順で証明せよ．
  (i) $a_n = \log \|T^n\|$ とすれば，$a_{n+m} \leq a_n + a_m, n, m \in \mathbf{N}$ が成り立つことを示せ．
  (ii) $n > m$ ならば，$n = mq + r$ と書ける ($m, q \geq 1, 0 \leq r \leq m-1$) ことに注意し，これと (i) を用いて，$\overline{\lim}_{n \to \infty} a_n/n \leq a_m/m$ を示せ．
  (iii) (ii) から，$\lim_{n \to \infty} a_n/n = \inf_n a_n/n$ を導け．
  (iv) (iii) から示すべき事実が得られることを示せ．

16. 線形作用素 $U: \mathcal{H} \to \mathcal{K}$ がユニタリであるための必要十分条件は，$U^*U = I, UU^* = I$ が成立することである．これを証明せよ．

17. $U^*U = I$ をみたすが，ユニタリではない作用素 $U: \mathcal{H} \to \mathcal{K}$ の例をつくれ．

18. $\{\psi_n\}_{n \in \mathbf{Z}}$ を $\mathcal{H}$ の C.O.N.S. とする．このとき，$S\psi_n = \psi_{n+1}, n \in \mathbf{Z}$ となる $S \in \mathcal{B}(\mathcal{H})$ がただひとつ存在すること，および S はユニタリであることを示せ．作用素 S を**シフト作用素**という．

19. $T \in \mathcal{B}(\mathcal{H})$ に対して，その指数作用素 e^T を $e^T := \sum_{n=0}^{\infty} \dfrac{T^n}{n!}$ によって定義する．ただし，$T^0 := I, 0^0 := I$ とする．右辺は一様収束していること〔したがって，$e^T \in \mathcal{B}(\mathcal{H})$〕，および $\|e^T\| \leq e^{\|T\|}$ を示せ．さらに，以下の事柄を証明せよ．
  (i) 任意の $n \in \mathbf{N}$ に対して，$(e^T)^n = e^{nT}$．
  (ii) $e^0 = I$．
  (iii) $T, S \in \mathcal{B}(\mathcal{H})$ が可換ならば，$e^{S+T} = e^S e^T = e^T e^S$．
  (iv) e^T は全単射であり，$(e^T)^{-1} = e^{-T}$．
  (v) T が自己共役ならば，e^{iT} はユニタリである．

20. $\mathcal{H}$ から $\mathcal{K}$ への稠密に定義された任意の作用素 T に対して，$\ker T = \ker T^*T$ を示せ．

21. $\mathcal{H}$ 上の稠密に定義された閉作用素 T は $T^*T = TT^*$ をみたすとき，**正規作用素** (normal operator) であるという．有界作用素 T が正規であるための必要十分条件は，可換な自己共役作用素 $A, B \in \mathcal{B}(\mathcal{H})$ が存在して，$T = A + iB$ となることである．これを証明せよ．

22. T を $\mathcal{H}$ 上の非負エルミート作用素とする．任意の $\psi, \phi \in D(T)$ に対して，$|(\psi, T\phi)|^2 \leq (\psi, T\psi)(\phi, T\phi)$ が成立することを示せ．

23. $T_n \in \mathcal{B}(\mathcal{H},\mathcal{K}), n=1,2,\cdots, \sup_{n\geq 1}\|T_n\| < \infty$ とする．さらに，任意の $\psi \in \mathcal{H}$ に対して，$\lim_{n\to\infty} T_n\psi$ は存在するとする．このとき，s-$\lim_{n\to\infty} T_n = T$ となる $T \in \mathcal{B}(\mathcal{H},\mathcal{K})$ が存在することを示せ．

24. $T_n, n=1,2,\cdots$ を $\mathcal{H}$ 上の有界対称作用素とする．
    (i) $T_1 \leq T_2 \leq \cdots \leq cI$ (c は実定数, I は $\mathcal{H}$ 上の恒等作用素) ならば，$T_n \leq T \leq cI, n=1,2,\cdots, T=$ s-$\lim_{n\to\infty} T_n$ をみたす有界対称作用素 T が存在することを示せ．
    (ii) $T_1 \geq T_2 \geq \cdots \geq bI$ (b は実定数) ならば，$T_n \geq T \geq bI, n=1,2,\cdots, T=$ s-$\lim_{n\to\infty} T_n$ をみたす有界対称作用素 T が存在することを示せ．

25. $\mathcal{H}$ 上の線形作用素 T に対して，$S \in \mathcal{B}(\mathcal{H})$ が存在して，$TS=I, ST \subset I$ が成り立つならば，T は全単射な閉作用素であり，$S=T^{-1}$ であることを示せ．

26. T を $\mathcal{H}$ から $\mathcal{K}$ への閉作用素（可閉作用素）とする．このとき，任意の $S \in \mathcal{B}(\mathcal{H},\mathcal{K})$ に対して，$T+S$ は閉（可閉）であることを示せ．（前の括弧には後の括弧を対応させて読む）．

27. $\mathcal{H}$ から $\mathcal{K}$ への閉作用素 T に対して，定数 $C>0$ が存在して，$\|T\psi\| \geq C\|\psi\|, \psi \in D(T) \cap (\ker T)^\perp$ が成立するとする．このとき，$R(T)$ は閉であることを示せ．

28. T を $\mathcal{H}$ 上の閉作用素とする．複素数 λ と単位ベクトルの列 $\{\psi_n\}_{n=1}^\infty$ ($\psi_n \in D(T), n \geq 1$) が存在して，$\lim_{n\to\infty}\|(T-\lambda)\psi_n\| = 0$ が成り立つならば，$\lambda \in \sigma(T)$ であることを示せ．

29. $\mathcal{H}$ から $\mathcal{K}$ への線形作用素 T が原点 $0_\mathcal{H}$ （$\mathcal{H}$ の零ベクトル）で連続ならば，T は有界であることを示せ．

30. A を $\mathcal{B}(\mathcal{H},\mathcal{K})$ の元とし，$\mathcal{H}$ のある C.O.N.S. $\{e_n\}_{n=1}^\infty$ 対して，無限級数 $\sum_{n=1}^\infty \|Ae_n\|^2$ が収束するとする．このような A をヒルベルト–シュミット作用素とよぶ．$\|A\|_2 := \sqrt{\sum_{n=1}^\infty \|Ae_n\|^2}$ とおく．$\{e_n'\}_{n=1}^\infty$ を $\mathcal{H}$ の任意の C.O.N.S. とする．
    (i) $\|A\|_2^2 = \sum_{n=1}^\infty \|A^*e_n'\|^2$ を示せ．
    (ii) 例 2.31 にしたがって，$A=A_1+iA_2$ と表す (A_1, A_2 はそれぞれ，A の実部，虚部)．$\sum_{n=1}^\infty (A_1e_n', A_2e_n') = \sum_{n=1}^\infty (A_2e_n', A_1e_n')$ を示せ．
    (iii) (i), (ii) を用いて，$\|A\|_2^2 = \sum_{n=1}^\infty \|Ae_n'\|^2$ を示せ．
    (iv) $\|A\| \leq \|A\|_2$ を示せ．
    (v) A はコンパクトであることを示せ（ヒント：A がある有限階作用素の一様極限になっていることを示せ）．

    ❗注意．$\|A\|_2$ は A のヒルベルト–シュミットノルムとよばれる．上の (iii) は，これが C.O.N.S. の取り方に依らないことを示す（したがって，その定義は意味をもつ）．

31. $\{a_{mn}\}_{m,n\in\mathbf{N}}$ は複素二重数列 $(a_{mn} \in \mathbf{C}, m,n \in \mathbf{N})$ でその無限級数 $\sum_{m,n=1}^{\infty} |a_{mn}|^2$ が収束するものとする.$M := \sqrt{\sum_{m,n=1}^{\infty} |a_{mn}|^2}$ とおこう.$\{e_n\}_{n=1}^{\infty}$, $\{f_n\}_{n=1}^{\infty}$ をそれぞれ,$\mathcal{H}, \mathcal{K}$ の C.O.N.S. とする.

(i) 任意の $\psi \in \mathcal{H}$ と $m \in \mathbf{N}$ に対して,$b_m(\psi) := \sum_{n=1}^{\infty} a_{mn}(e_n, \psi)$ は絶対収束し,$|b_m(\psi)|^2 \leq (\sum_{n=1}^{\infty} |a_{mn}|^2)\|\psi\|^2$ が成り立つを示せ.

(ii) 任意の $\psi \in \mathcal{H}$ に対して,$\mathcal{K}$ における無限級数 $\sum_{m=1}^{\infty} b_m(\psi) f_m$ は収束することに示せ.

(iii) (ii) に基づいて,写像 $A : \mathcal{H} \to \mathcal{K}$ を $A\psi := \sum_{m=1}^{\infty} b_m(\psi) f_m = \sum_{m=1}^{\infty} (\sum_{n=1}^{\infty} a_{mn}(e_n, \psi)) f_m$, $\psi \in \mathcal{H}$ によって定義する.このとき,A は有界線形作用素であり,$\|A\| \leq M$ が成り立つことを示せ.また,$a_{mn} = (f_m, Ae_n), m,n \in \mathbf{N}$ を示せ.

(iv) A はヒルベルト–シュミット作用素(したがって,コンパクト)であり,$\|A\|_2 = M$ が成り立つことを示せ.

3

作用素解析とスペクトル定理

　線形代数学においてよく知られているように，任意のエルミート行列は対角化可能である．この重要な結果は，ヒルベルト空間の理論おいて，自己共役作用素のスペクトル定理として一般化される．このスペクトル定理を理解し，応用のための基礎を叙述するのが本章の目標である．まず，ベクトルの正射影を対応させる写像である正射影作用素（直交射影）を考察し，その基本的な性質を見る．$\mathbf{R}^d$ のボレル集合体から正射影作用素の集合の中への写像の族である種の性質をみたすものとして d 次元の単位の分解が定義される．単位の分解は，$\mathbf{R}^d$ 上の任意のボレル可測関数に対して，作用素を対応させることを可能にする．この対応の代数的性質が明らかにされる（作用素解析）．以上の準備のもとで，自己共役作用素に対するスペクトル定理を定式化し，自己共役作用素のスペクトル表示とスペクトルとの関係を調べる．また，スペクトル定理を用いて，自己共役作用素の関数が定義される．

3.1 正射影作用素

　$\mathcal{H}$ を複素ヒルベルト空間，$\mathcal{M}$ を $\mathcal{H}$ の閉部分空間とする．正射影定理によって，任意の $\psi \in \mathcal{H}$ に対し，$\psi = \psi_\mathcal{M} + \psi_{\mathcal{M}^\perp}$ となるベクトル $\psi_\mathcal{M} \in \mathcal{M}, \psi_{\mathcal{M}^\perp} \in \mathcal{M}^\perp$ がそれぞれ，ただひとつ存在する．したがって，対応：$\psi \mapsto \psi_\mathcal{M}$ は $\mathcal{H}$ 上の写像を定める．この写像を $P_\mathcal{M}$ と書く．

$$P_\mathcal{M}\psi := \psi_\mathcal{M} \tag{3.1}$$

容易にわかるように，$P_\mathcal{M}$ は線形である（練習問題1）．$\|\psi_\mathcal{M}\| \leq \|\psi\|$ であるから，$\|P_\mathcal{M}\psi\| \leq \|\psi\|$．したがって，$P_\mathcal{M}$ は $\mathcal{H}$ 上の有界線形作用素である．$P_\mathcal{M}$ を $\mathcal{M}$ 上への**正射影作用素**あるいは**直交射影** (orthogonal projection) とよぶ．

■ **例 3.1** ■ $\mathcal{M}$ を $\mathcal{H}$ の有限次元部分空間とし,$\dim \mathcal{M} = N$ とする.$\{\psi_n\}_{n=1}^N$ を $\mathcal{M}$ の正規直交基底とすれば,例 1.19 によって,$P_\mathcal{M}\psi = \sum_{n=1}^N (\psi_n, \psi)\psi_n$, $\psi \in \mathcal{H}$ である.$\mathcal{M}$ が無限次元の場合については,練習問題 2 を参照.

■ **例 3.2** ■ $L^2(\mathbf{R})$ の部分集合

$$L_+^2(\mathbf{R}) := \{f \in L^2(\mathbf{R}) | f(x) = 0 \text{ a.e. } x \in (-\infty, 0]\}$$

は閉部分空間である(第 1 章,練習問題 14 を参照).この閉部分空間への正射影作用素を P_+ とする.任意の $f \in L^2(\mathbf{R})$ を,$f = f_+ + f_-$,$f_+ := \chi_{[0,\infty)}f$,$f_- := \chi_{(-\infty,0)}f$ と書きなおすと,$f_+ \in L_+^2(\mathbf{R})$,$f_- \in L_+^2(\mathbf{R})^\perp$.したがって,正射影定理により,$P_+ f = \chi_{[0,\infty)}f$.

$\psi \in \mathcal{M}$ ならば,ψ の上述の直交分解において $\psi_{\mathcal{M}^\perp} = 0$ であるから,$P_\mathcal{M}\psi = \psi$.これは,$P_\mathcal{M}$ の値域 $R(P_\mathcal{M})$ が $\mathcal{M}$ 全体であること,すなわち,

$$R(P_\mathcal{M}) = \mathcal{M} \tag{3.2}$$

を意味する.

すべての $\psi \in \mathcal{H}$ に対して,$P_\mathcal{M}\psi \in \mathcal{M}$ であるから,前段の結果によって,$P_\mathcal{M}^2 \psi = P_\mathcal{M}\psi$.したがって,作用素の等式

$$P_\mathcal{M}^2 = P_\mathcal{M} \tag{3.3}$$

が成立する.さらに,任意の $\psi, \phi \in \mathcal{H}$ に対して,$(P_\mathcal{M}\psi, \phi) = (\psi_\mathcal{M}, \phi_\mathcal{M}) = (\psi, \phi_\mathcal{M}) = (\psi, P_\mathcal{M}\phi)$.したがって,$P_\mathcal{M} = P_\mathcal{M}^*$,すなわち,$P_\mathcal{M}$ は自己共役である.

作用素 $P_\mathcal{M}$ の自己共役性と性質 (3.3) を抽象化することにより,正射影作用素の一般概念が定義される.$\mathcal{H}$ 上の有界作用素 P で,$P^2 = P$(ベキ等性)および $P^* = P$(自己共役性)をみたすものを**正射影作用素**あるいは**直交射影**という(単に正射影という場合もある).

【**命題 3.1**】 P を正射影作用素とする.このとき,

(i) $\psi \in R(P)$ ならば,$P\psi = \psi$.

(ii) $P \geq 0$,すなわち,P は非負である.

(iii) $\|P\| \leq 1$. 特に, $P \neq 0$ ならば, $\|P\| = 1$.

(iv) $R(P)$ は閉部分空間である.

(v) $P \neq 0$ かつ $P \neq I$ ならば, $\sigma(P) = \sigma_{\mathrm{p}}(P) = \{0, 1\}$.

証明 (i) $\psi \in R(P)$ ならば, $\psi = P\phi$ となる $\phi \in \mathcal{H}$ が存在する. したがって, $P\psi = P^2\phi = P\phi = \psi$.

(ii) P の自己共役性とベキ等性を用いることにより, 任意の $\psi \in \mathcal{H}$ に対して, $(\psi, P\psi) = (\psi, P^2\psi) = (P\psi, P\psi) = \|P\psi\|^2 \geq 0$.

(iii) (ii) で示したように, 任意の $\psi \in \mathcal{H}$ に対して, $\|P\psi\|^2 = (\psi, P\psi)$ であるから, シュヴァルツの不等式によって, $\|P\psi\|^2 \leq \|\psi\| \|P\psi\|$. これから, $\|P\psi\| \neq 0$ ならば $\|P\psi\| \leq \|\psi\|$ を得る. $\|P\psi\| = 0$ の場合はこの不等式は自明. したがって, $\|P\| \leq 1$. いま, $P \neq 0$ とすれば, $\phi := P\psi \neq 0$ なる $\psi \in \mathcal{H}$ が存在する. これに対し, $P\phi = P^2\psi = P\psi = \phi$. したがって, $\|P\phi\| = \|\phi\|$. これは, $\|P\| \geq 1$ を意味する. ゆえに $\|P\| = 1$ が得られる.

(iv) $\psi_n \in R(P), \psi_n \to \psi \in \mathcal{H}$ としよう. このとき, $\psi \in R(P)$ がいえればよい. P は有界であるから, $P\psi_n \to P\psi$. 一方, (i) によって, $P\psi_n = \psi_n$ であるから, $\psi_n \to P\psi$ となる. ゆえに, $\psi = P\psi \in R(P)$.

(v) $P\psi = \lambda\psi (\psi \in \mathcal{H}, \lambda \in \mathbf{C})$ とすると, $P^2 = P$ により, $\lambda^2\psi = \lambda\psi$, すなわち, $\lambda(\lambda-1)\psi = 0$. したがって, $\lambda \notin \{0, 1\}$ ならば, $\psi = 0$, つまり, $P - \lambda$ は単射である. この場合, 任意の ϕ に対して, $\psi = \lambda^{-1}(P-I)\phi + (1-\lambda)^{-1}P\phi$ とおけば, $(P-\lambda)\psi = \phi$ となる. したがって, $P - \lambda$ は全射である. ゆえに, $\mathbf{C} \backslash \{0, 1\} \subset \rho(P)$. 一方, 任意の $\psi \in R(P)$ に対して, $P\psi = \psi$ である. $P \neq 0$ ならば, $\psi \neq 0$ なる $\psi \in R(P)$ が存在するから, そのような ψ は, P の固有値 1 に属する固有ベクトルである. したがって, $1 \in \sigma_{\mathrm{p}}(P)$. また, $P \neq I$ ならば, $R(P)^\perp \neq \{0\}$. このとき, 任意の $\psi \in R(P)^\perp$ に対して, $P\psi = 0$. したがって, $0 \in \sigma_{\mathrm{p}}(P)$. こうして, 求める結果が得られる. ∎

正射影作用素 P に対して, $\mathcal{M} = R(P)$ とすれば, 命題 3.1(iv) によって, $\mathcal{M}$ は閉部分空間である. 任意の $\psi \in \mathcal{H}$ は, $\psi = P\psi + (I-P)\psi$ と書けて, $P\psi \in \mathcal{M}, (I-P)\psi \in \mathcal{M}^\perp$ であるので (練習問題 3), $P_{\mathcal{M}}\psi = P\psi$ となる. したがって, $P = P_{\mathcal{M}}$. ゆえに, P は $\mathcal{M}$ 上への正射影作用素に等しい. こう

して，任意の正射影作用素はある閉部分空間上への正射影作用素であることがわかる．

【命題 3.2】 $\mathcal{M}, \mathcal{N}$ を $\mathcal{H}$ の閉部分空間とする．このとき，

$$P_{\mathcal{M}} P_{\mathcal{N}} = 0 \iff \mathcal{M} \perp \mathcal{N} \tag{3.4}$$

証明は読者の演習とする（練習問題4）．命題3.2の事実に基づいて，2つの正射影作用素 P, Q が $PQ = 0$ をみたすとき，P と Q は**直交する**という．

3.2 単位の分解と作用素値汎関数

3.2.1 単位の分解と測度

$\mathbf{B}^d$ を $\mathbf{R}^d$ のボレル集合体，すなわち，$\mathbf{R}^d$ の開集合全体を含む最小の σ-加法族とする．$\mathcal{P}(\mathcal{H})$ を $\mathcal{H}$ 上の正射影作用素の全体とする．E を $\mathbf{B}^d$ から $\mathcal{P}(\mathcal{H})$ への写像，すなわち，各 $B \in \mathbf{B}^d$ に対し，$\mathcal{H}$ 上の正射影作用素 $E(B)$ をただひとつ定める対応とする．したがって，この写像は，正射影作用素の族 (family) $\{E(B) | B \in \mathbf{B}^d\}$ をあたえる．この族が次の条件 (E.1), (E.2) をみたすとき，これを d 次元の**単位の分解** (resolution of identity) あるいは**スペクトル測度** (spectral measure) という[1]．

(E.1) $E(\emptyset) = 0$, $E(\mathbf{R}^d) = I$

(E.2) $B = \bigcup_{n=1}^{\infty} B_n$, $B_n \cap B_m = \emptyset \ (n \neq m) \ (B_n \in \mathbf{B}^d, n = 1, 2, \cdots)$ ならば，

$$E(B) = \operatorname*{s-lim}_{N \to \infty} \sum_{n=1}^{N} E(B_n) \tag{3.5}$$

ここで，s-lim は作用素の強収束を表す（2.5.4項を参照）．

(E.2) において，$n \geq 2$ を任意に固定し，$B_{n+k} = \emptyset, k \geq 1$ の場合を考えると次の事実が得られる：

(E.2)′（有限加法性）$E\left(\bigcup_{j=1}^{n} B_j\right) = \sum_{j=1}^{n} E(B_j)$, $B_j \cap B_k = \emptyset, j \neq k$, $j, k = 1, \ldots, n$.

---

[1] 正射影作用素値測度 (projection-valued measure) ともいう．

さらに，(E.1), (E.2) から次の性質 (E.3) が導かれる：

(E.3) 任意の $B_1, B_2 \in \mathbf{B}^d$ に対して，$E(B_1)E(B_2) = E(B_1 \cap B_2)$.

<証明：(E.2)$'$ において，$n = 2, B_1 = A_1, B_2 = A_2, A_1 \cap A_2 = \emptyset$ の場合を考えると，$E(A_1 \cup A_2) = E(A_1) + E(A_2)$. 両辺を 2 乗し，$E(\cdot)$ のベキ等性を用いると，$E(A_1)E(A_2) + E(A_2)E(A_1) = 0 \cdots (*)$ を得る．左と右から，$E(A_1)$ をかけると，$2E(A_1)E(A_2)E(A_1) = 0$. したがって，$E(A_1)E(A_2)E(A_1) = 0$. $(*)$ において，左から $E(A_1)$ をかけると，$E(A_1)E(A_2) + E(A_1)E(A_2)E(A_1) = 0$. したがって，$E(A_1)E(A_2) = 0 \cdots (**)$ が得られる．ゆえに，任意の $A, B \in \mathbf{B}^d$ に対して，$E(A)E(B \setminus A) = 0 = E(B \setminus A)E(A)$ が成り立つ．これから，$A \subset B$ ならば，$E(A)E(B) = E(A)(E(A) + E(B \setminus A)) = E(A)^2 = E(A) \cdots (\dagger)$ がしたがう．両辺の共役をとれば，$E(B)E(A) = E(A) \cdots (\dagger\dagger)$ $(A \subset B)$ を得る．任意の $B_1, B_2 \in \mathbf{B}^d$ に対して

$$B_1 \cup B_2 = (B_1 \cap B_2) \cup C \cup D, \quad C := B_1 \setminus B_2, D := B_2 \setminus B_1$$

が成り立つから，(E.2)$'$ により

$$E(B_1 \cup B_2) = E(B_1 \cap B_2) + E(C) + E(D).$$

両辺に左から $E(B_j)$ $(j = 1, 2)$ をかけて，$(\dagger), (\dagger\dagger)$ を用いると

$$E(B_1) = E(B_1 \cap B_2) + E(C), \quad E(B_2) = E(B_1 \cap B_2) + E(D)$$

が導かれる．これらの等式を用いて $E(B_1)E(B_2)$ を計算し，$(**)$ から導かれる結果 $E(C)E(D) = 0, E(C)E(B_1 \cap B_2) = 0, E(B_1 \cap B_2)E(D) = 0$ を用いると，(E.3) が得られる．>

条件 (E.2) において，$B = \mathbf{R}^d$ の場合を考え，(E.1) を用いると

$$I = \underset{N \to \infty}{\text{s-lim}} \sum_{n=1}^{N} E(B_n) \tag{3.6}$$

しかも，この場合，$B_m \cap B_n = \emptyset$ $(m \neq n)$ であるから，(E.3) と (E.1) によって，$E(B_m)E(B_n) = 0, m \neq n$ である．したがって，(3.6) 式は，単位作用素が互いに直交する正射影作用素の和で書かれることを意味する．これが $\{E(B) | B \in \mathbf{B}^d\}$ を単位の分解とよぶゆえんである．

単位の分解に関する性質 (E.3) は，任意の $B_1, B_2 \in \mathbf{B}^d$ に対して $E(B_1)$ と $E(B_2)$ が可換であることを意味する．すなわち，単位の分解 $\{E(B)|B \in \mathbf{B}^d\}$ は可換な正射影作用素の族になっている．

!注意． 条件 (E.2) における作用素 $\sum_{n=1}^{N} E(B_n)$ の収束の位相は，実は弱収束でよい．なぜなら，正射影作用素の収束に関しては，強収束と弱収束は同値になるからである（練習問題 5, 6 を参照）．

■ **例 3.3** ■ $\Lambda := \{\lambda_n\}_{n=1}^{N}(N \leq \infty)$ を $\mathbf{R}$ の部分集合とし，各 λ_n に対して，ヒルベルト空間 $\mathcal{H}$ 上の正射影作用素 P_n が対応しているとする．さらに，$m \neq n$ ならば，$P_n P_m = 0$ であり，$\sum_{n=1}^{N} P_n = I$ をみたすとする（$N = \infty$ の場合は，強収束で考える）．このような仮定のもとで，1 次元ボレル集合 $B \in \mathbf{B}^1$ に対して，$\mathcal{H}$ 上の作用素 $E(B)$ を

$$E(B) = \sum_{\lambda_n \in B} P_n$$

によって定義する．ただし，右辺は λ_n が B に入るような n についての和を表し，$\Lambda \cap B = \emptyset$ のときは，$E(B) = 0$ とする．このとき，$\{E(B)|B \in \mathbf{B}^1\}$ は 1 次元の単位の分解である．実際，これが (E.1) をみたすことは定義から容易にわかる．B, B_n を (E.2) の条件のようにとれば（ただし，$d = 1$ の場合），

$$\sum_{m=1}^{M} E(B_m) = \sum_{m=1}^{M} \sum_{\lambda_n \in B_m} P_n = \sum_{\lambda_n \in \bigcup_{m=1}^{M} B_m} P_n \to \sum_{\lambda_n \in B} P_n = E(B)$$

($M \to \infty$)（$B \cap \Lambda$ が無限集合のときは，強収束の意味で成立）．したがって，(E.2) が成立する．

■ **例 3.4** ■ ボレル集合 $B \in \mathbf{B}^d$ の定義関数を χ_B とする．ヒルベルト空間 $L^2(\mathbf{R}^d)$ 上に，作用素 $E(B)$ を

$$(E(B)f)(x) = \chi_B(x)f(x), \quad f \in L^2(\mathbf{R}^d)$$

によって定義する．これは，関数 χ_B によるかけ算作用素である．$E(B)$ が正射影作用素であることは容易に確かめられる．この作用素の族 $\{E(B)|B \in \mathbf{B}^d\}$ が単位の分解であることを示そう．

まず, $E(\cdot)$ が上記の (E.1) の性質をみたすことはほとんど明らかであろう. B, B_n を (E.2) のようにとると

$$(E(B)f)(x) - \sum_{n=1}^{N}(E(B_n)f)(x) = \begin{cases} f(x) & x \in B \setminus \bigcup_{n=1}^{N} B_n \\ 0 & x \in (\bigcup_{n=1}^{N} B_n) \cup B^c \end{cases}$$

したがって

$$\|E(B)f - \sum_{n=1}^{N} E(B_n)f\|^2 = \int_{B \setminus \bigcup_{n=1}^{N} B_n} |f(x)|^2 dx$$

$|f|^2$ は可積分であるから, この式の右辺は $N \to \infty$ とすれば 0 に収束する. したがって, (E.2) が証明された.

以下, $\{E(B)|B \in \mathbf{B}^d\}$ を単位の分解とする. このとき, 各 $\psi \in \mathcal{H}$ に対して,

$$(\psi, E(B)\psi) = \|E(B)\psi\|^2 \geq 0 \tag{3.7}$$

が成立する. そこで,

$$\mu_\psi(B) = (\psi, E(B)\psi), \qquad B \in \mathbf{B}^d \tag{3.8}$$

とおけば, μ_ψ は $\mathbf{B}^d$ から半無限区間 $[0, \infty)$ への写像である.

【補題 3.3】 μ_ψ は可測空間 $(\mathbf{R}^d, \mathbf{B}^d)$ 上の有界な測度であり, $\mu_\psi(\mathbf{R}^d) = \|\psi\|^2$ が成立する.

証明 $\mu_\psi(B)$ $(B \in \mathbf{B}^d)$ の非負性は上に見たとおりである. $\mu_\psi(\emptyset) = 0$ と $\mu_\psi(\mathbf{R}^d) = \|\psi\|^2$ は条件 (E.1) による. B, B_n を条件 (E.2) のようにとると, (E.2) と内積の連続性により, $\mu_\psi(B) = \lim_{N \to \infty} \sum_{n=1}^{N}(\psi, E(B_n)\psi) = \sum_{n=1}^{\infty} \mu_\psi(B_n)$. したがって, μ_ψ は完全加法的である. 以上から, 題意が成立する. ∎

$\mathbf{R}^d$ 上のボレル可測関数 f に対して, 測度 μ_ψ による積分 $\int_{\mathbf{R}^d} f(\lambda) d\mu_\psi(\lambda)$ を便宜上, $\int_{\mathbf{R}^d} f(\lambda) d(\psi, E(\lambda)\psi)$ と書く. 等式 (3.7) に基づいて, この積分を $\int_{\mathbf{R}^d} f(\lambda) d\|E(\lambda)\psi\|^2$ とも記すことにする.

任意の2つのベクトル $\psi, \phi \in \mathcal{H}$ に対して, $\mathbf{B}^d$ から $\mathbf{C}$ への写像

$$\mu_{\psi,\phi}(B) = (\psi, E(B)\phi), \qquad B \in \mathbf{B}^d \tag{3.9}$$

を考えることができる．(E.1), (E.2) により $\mu_{\psi,\phi}$ は $(\mathbf{R}^d, \mathbf{B}^d)$ 上の有界な複素測度（複素数値加法的集合関数）である[2]．$\mu_{\psi,\phi}$ の全変動 $|\mu_{\psi,\phi}| : \mathbf{B}^d \to [0,\infty)$ は $|\mu_{\psi,\phi}|(B) := \sup \sum_{j=1}^n |\mu_{\psi,\phi}(B_j)|$ $(B = \bigcup_{j=1}^n B_j, B_j \cap B_k = \emptyset (j \neq k))$ をみたす $\{B_j\}_{j=1}^n$ についての上限）によって定義される．加法的集合関数の一般論により，$|\mu_{\psi,\phi}|$ は $(\mathbf{R}^d, \mathbf{B}^d)$ 上の測度である．$\mathbf{R}^d$ 上のボレル可測関数 f が測度 $|\mu_{\psi,\phi}|$ に関して可積分，すなわち，$\int_{\mathbf{R}^d} |f(\lambda)| d|\mu_{\psi,\phi}|(\lambda) < \infty$ ならば，一般論により，ルベーグ–スティルチェス積分 $\int_{\mathbf{R}^d} f(\lambda) d\mu_{\psi,\phi}(\lambda)$ が存在する．この積分を $\int_{\mathbf{R}^d} f(\lambda) d(\psi, E(\lambda)\phi)$ と記す．

3.2.2 作用素値汎関数

$\mathbf{R}^d$ 上の任意のボレル可測関数 f に対して，

$$\mathcal{D}_f := \left\{ \psi \in \mathcal{H} \,\Big|\, \int_{\mathbf{R}^d} |f(\lambda)|^2 d(\psi, E(\lambda)\psi) < \infty \right\} \tag{3.10}$$

によって定義される部分集合を考える．

【補題 3.4】

(i) $\mathcal{D}_f$ は $\mathcal{H}$ の部分空間である．

(ii) $E(\{\lambda \in \mathbf{R}^d \,|\, |f(\lambda)| = \infty\}) = 0$ ならば，$\mathcal{D}_f$ は $\mathcal{H}$ で稠密である[3]．

(iii) f が有界ならば，$\mathcal{D}_f = \mathcal{H}$ である．

(iv) 任意の $\psi \in \mathcal{H}$ と $\phi \in \mathcal{D}_f$ に対して，$\int_{\mathbf{R}^d} |f(\lambda)| d|\mu_{\psi,\phi}|(\lambda) < \infty$ であり，

$$\int_{\mathbf{R}^d} |f(\lambda)| d|\mu_{\psi,\phi}|(\lambda) \leq \left(\int_{\mathbf{R}^d} |f(\lambda)|^2 d\|E(\lambda)\phi\|^2 \right)^{\frac{1}{2}} \|\psi\|$$

が成り立つ．

証明 (i) $\psi, \phi \in \mathcal{D}_f$, $\alpha, \beta \in \mathbf{C}$ とする．(3.7) 式と $\|E(B)(\alpha\psi + \beta\phi)\|^2 \leq 2|\alpha|^2 \|E(B)\psi\|^2 + 2|\beta|^2 \|E(B)\phi\|^2$ によって，

---

[2] 加法的集合関数については，伊藤清三『ルベーグ積分入門』（裳華房，1963）の IV 章を参照．練習問題 9 も参照せよ．

[3] $\{\lambda \in \mathbf{R}^d \,|\, |f(\lambda)| = \infty\} := \mathbf{R}^d \backslash \{\lambda \in \mathbf{R}^d \,|\, |f(\lambda)| < \infty\}$

$$\int_{\mathbf{R}^d} |f(\lambda)|^2 d(\alpha\psi + \beta\phi, E(\lambda)(\alpha\psi + \beta\phi))$$
$$\leq 2|\alpha|^2 \int_{\mathbf{R}^d} |f(\lambda)|^2 d\|E(\lambda)\psi\|^2 + 2|\beta|^2 \int_{\mathbf{R}^d} |f(\lambda)|^2 d\|E(\lambda)\phi\|^2 < \infty$$

したがって $\alpha\psi + \beta\phi \in \mathcal{D}_f$, すなわち, $\mathcal{D}_f$ は部分空間である.

(ii) 各 $n \geq 1$ に対し, $B_n = \{\lambda \in \mathbf{R}^d | n-1 \leq |f(\lambda)| < n\}$ を定義する. f がボレル可測であることにより, $B_n \in \mathbf{B}^d$ である. $\psi_n = E(B_n)\psi$ とすれば

$$(\psi_n, E(B)\psi_n) = (\psi, E(B_n)E(B)E(B_n)\psi) = (\psi, E(B_n \cap B)\psi)$$

これから,

$$\int_{\mathbf{R}^d} |f(\lambda)|^2 d(\psi_n, E(\lambda)\psi_n) = \int_{B_n} |f(\lambda)|^2 d(\psi, E(\lambda)\psi) \leq n^2 \|E(B_n)\psi\|^2 < \infty$$

したがって, $\psi_n \in \mathcal{D}_f$. $S = \{\lambda \in \mathbf{R}^d | |f(\lambda)| = \infty\}$ とすれば, 仮定によって, すべての $\psi \in \mathcal{H}$ に対して, $E(S)\psi = 0$ であり, $\mathbf{R}^d \setminus S = \bigcup_{n=1}^{\infty} B_n$ が成立する. さらに, $n \neq m$ ならば, $B_n \cap B_m = \emptyset$ であるから, 単位の分解の性質 (E.2) により, $E(\mathbf{R}^d \setminus S)\psi = \text{s-}\lim_{N \to \infty} \sum_{n=1}^{N} \psi_n$. $E(S)\psi = 0$ であるから, $E(\mathbf{R}^d \setminus S)\psi = E(\mathbf{R}^d)\psi = \psi$. したがって, ψ は $\mathcal{D}_f$ の元の極限であるので, $\mathcal{D}_f$ は稠密である.

(iii) f が有界ならば, $\|f\|_\infty := \sup_{x \in \mathbf{R}^d} |f(x)| < \infty$ であるから, すべての $\psi \in \mathcal{H}$ に対して,

$$\int_{\mathbf{R}^d} |f(\lambda)|^2 d(\psi, E(\lambda)\psi) \leq \|f\|_\infty^2 \int_{\mathbf{R}^d} d(\psi, E(\lambda)\psi) = \|f\|_\infty^2 \|\psi\|^2 < \infty \tag{3.11}$$

したがって, $\psi \in \mathcal{D}_f$. ゆえに, $\mathcal{D}_f = \mathcal{H}$ である.

(iv) $|f(\lambda)| \geq 0, \lambda \in \mathbf{R}^d$, であるから, 単関数の単調増大列 $g_n = \sum_{k=1}^{p_n} c_{n,k} \chi_{A_{n,k}}$ ($p_n \in \mathbf{N}, c_{n,k} \geq 0, A_{n,k} \in \mathbf{B}^d, A_{n,k} \cap A_{n,j} = \emptyset, j \neq k, \mathbf{R}^d = \bigcup_{k=1}^{p_n} A_{n,k}$) で $\lim_{n \to \infty} g_n(\lambda) = |f(\lambda)|, \lambda \in \mathbf{R}^d$ となるものが存在する. 積分の定義により,

$$S_n := \sum_{k=1}^{p_n} c_{n,k} |\mu_{\psi,\phi}|(A_{n,k}) = \int_{\mathbf{R}^d} g_n(\lambda) d|\mu_{\psi,\phi}|(\lambda) \underset{n \to \infty}{\longrightarrow} \int_{\mathbf{R}^d} |f(\lambda)| d|\mu_{\psi,\phi}|(\lambda).$$

練習問題 9 の事実により, $|\mu_{\psi,\phi}|(A_{n,k}) \leq \|E(A_{n,k})\psi\| \|E(A_{n,k})\phi\|$ であるから,

$$S_n \leq \sum_{k=1}^{p_n} c_{n,k}\|E(A_{n,k})\psi\|\|E(A_{n,k})\phi\|$$

$$\leq \left(\sum_{k=1}^{p_n} c_{n,k}^2\|E(A_{n,k})\phi\|^2\right)^{\frac{1}{2}} \left(\sum_{k=1}^{p_n} \|E(A_{n,k})\psi\|^2\right)^{\frac{1}{2}}$$

$$= \left(\sum_{k=1}^{p_n} c_{n,k}^2\|E(A_{n,k})\phi\|^2\right)^{\frac{1}{2}} \|\psi\| = \left(\int_{\mathbf{R}^d} g_n(\lambda)^2 d\|E(\lambda)\phi\|^2\right)^{\frac{1}{2}} \|\psi\|$$

$$\leq \left(\int_{\mathbf{R}^d} |f(\lambda)|^2 d\|E(\lambda)\phi\|^2\right)^{\frac{1}{2}} \|\psi\|$$

これは $\lim_{n\to\infty} S_n \leq \left(\int_{\mathbf{R}^d} |f(\lambda)|^2 d\|E(\lambda)\phi\|^2\right)^{1/2} \|\psi\|$ を導く．したがって，題意が成立する． ∎

以下において，次の重要な定理を証明する．

【定理 3.5】 $\mathcal{H}$ 上の線形作用素 A_f で，$D(A_f) = \mathcal{D}_f$，

$$(\psi, A_f\phi) = \int_{\mathbf{R}^d} f(\lambda) d(\psi, E(\lambda)\phi), \quad \psi \in \mathcal{H}, \quad \phi \in \mathcal{D}_f \tag{3.12}$$

をみたすものがただひとつ存在する．この場合，

$$\|A_f\phi\| = \left(\int_{\mathbf{R}^d} |f(\lambda)|^2 d(\phi, E(\lambda)\phi)\right)^{\frac{1}{2}}, \quad \phi \in \mathcal{D}_f \tag{3.13}$$

が成立する．

この定理を証明するために補題をひとつ用意する．$\phi \in \mathcal{D}_f$ を任意に固定する．このとき，補題3.4(iv)によって，

$$F_f(\psi) = \int_{\mathbf{R}^d} f(\lambda)^* d(\phi, E(\lambda)\psi), \quad \psi \in \mathcal{H} \tag{3.14}$$

は存在し，対応 $F_f : \psi \mapsto F_f(\psi)$ は，$\mathcal{H}$ 上の線形汎関数を定める（線形性については，積分の定義にもどって考えよ）．実は，次の事実が成立する．

3.2 単位の分解と作用素値汎関数　143

【補題 3.6】 $F_f \in \mathcal{H}^*$ であり,

$$\|F_f\| = \left(\int_{\mathbf{R}^d} |f(\lambda)|^2 d(\phi, E(\lambda)\phi)\right)^{\frac{1}{2}} \tag{3.15}$$

証明 複素測度に関する積分の一般論により,

$$\left|\int_{\mathbf{R}^d} f(\lambda)^* d(\phi, E(\lambda)\psi)\right| \leq \int_{\mathbf{R}^d} |f(\lambda)| d|\mu_{\phi,\psi}|(\lambda).$$

したがって, 補題 3.4(iv) により,

$$|F_f(\psi)| \leq C(\phi)\|\psi\|, \quad C(\phi) := \left(\int_{\mathbf{R}^d} |f(\lambda)|^2 d\|E(\lambda)\phi\|^2\right)^{\frac{1}{2}}$$

が成り立つ. ゆえに, $F_f \in \mathcal{H}^*$ であり, $\|F_f\| \leq C(\phi) \cdots (*)$ が成り立つ.

次に $\|F_f\| = C(\phi)$ を示そう. $C(\phi) \neq 0$ の場合を考えれば十分である.

f_1, f_2 をそれぞれ, f の実部, 虚部とすれば, $f = f_1 + if_2$ と書ける. $a = 1, 2$ に対して, $f_{a,+}(\lambda) := \max\{f_a(\lambda), 0\}, f_{a,-}(\lambda) := \max\{-f_a(\lambda), 0\}$ とすれば, $f_{a,\pm} \geq 0$ であり, $f_a = f_{a,+} - f_{a,-}$ が成り立つ. したがって, $f = f_{1,+} - f_{1,-} + i(f_{2,+} - f_{2,-})$ と表される. 各 $f_{a,\pm}$ に各点収束する単関数の単調増大列を考えることにより, 単関数列 $f_n = \sum_{k=1}^{r_n} \alpha_{n,k} \chi_{B_{n,k}}$ で

$$|f_n(\lambda)| \leq |f(\lambda)|, \quad \lim_{n \to \infty} f_n(\lambda) = f(\lambda)$$

を満たすものがとれる. ただし, $r_n \in \mathbf{N}, \alpha_{n,k} \in \mathbf{C}, B_{n,k} \in \mathbf{B}^d, B_{n,j} \cap B_{n,k} = \emptyset (j \neq k), \mathbf{R}^d = \bigcup_{k=1}^{r_n} B_{n,k}$. したがって, $F_f(\psi) = \lim_{n \to \infty} \sum_{k=1}^{r_n} \alpha_{n,k}^*(\phi, E(B_{n,k})\psi)$. $|f_n(\lambda)|^2 = \sum_{k=1}^{r_n} |\alpha_{n,k}|^2 \chi_{B_{n,k}}(\lambda)$ であるから

$$\sum_{k=1}^{r_n} |\alpha_{n,k}|^2 \chi_{B_{n,k}}(\lambda) \xrightarrow[n \to \infty]{} |f(\lambda)|^2$$

が成り立つことに注意しよう.

$\psi_n := \sum_{k=1}^{r_n} \alpha_{n,k} E(B_{n,k})\phi$ とおこう. このとき,

$$\|\psi_n\|^2 = \sum_{k=1}^{r_n} |\alpha_{n,k}|^2 (\phi, E(B_{n,k})\phi) \xrightarrow[n \to \infty]{} \int_{\mathbf{R}^d} |f(\lambda)|^2 d\|E(\lambda)\phi\|^2 = C(\phi)^2 > 0.$$

したがって, 十分大きな n すべてに対して $\|\psi_n\| \neq 0$. 一方,

$$F_f(\psi_n) = \sum_{j=1}^{r_n} \alpha_{n,j} \lim_{m \to \infty} \sum_{k=1}^{r_m} \alpha_{m,k}^* (\phi, E(B_{m,k} \cap B_{n,j})\phi)$$

$$= \int_{\mathbf{R}} f_n(\lambda) f(\lambda)^* d(\phi, E(\lambda)\phi)$$
$$\xrightarrow[n\to\infty]{} C(\phi)^2.$$

したがって,$\lim_{n\to\infty} |F_f(\psi_n)|/\|\psi_n\| = C(\phi)$. これは,$\|F_f\| \geq C(\phi)$ を意味する. (∗) と合わせれば,$\|F_f\| = C(\phi)$ が得られる. ∎

定理 3.5 の証明 補題 3.6 とリース (Riesz) の表現定理によって,$F_f(\psi) = (u_\phi, \psi)$,$\|F_f\| = \|u_\phi\|$ をみたすベクトル $u_\phi \in \mathcal{H}$ がただひとつ存在する. これから,$\phi \in \mathcal{D}_f$ に対して,u_ϕ を対応させる写像が定まる. この写像を A_f としよう. したがって,すべての $\psi \in \mathcal{H}$, $\phi \in \mathcal{D}_f$ に対して,$F_f(\psi) = (A_f\phi, \psi), \|A_f\phi\| = \|F_f\|$ が成立する. (3.14) 式の複素共役と (3.15) 式により,(3.12) 式と (3.13) 式が成立することがわかる. A_f が線形であることを示すには,(3.12) 式と $(\psi, E(B)\phi)$ $(B \in \mathbf{B}^d)$ の ϕ についての線形性を用いればよい.

A_f の一意性:$D(T) = \mathcal{D}_f$ で,すべての $\psi \in \mathcal{H}$, $\phi \in \mathcal{D}_f$ に対して,$(\psi, T\phi)$ が (3.12) 式の右辺に等しいものがあったとすれば,$(\psi, T\phi) = (\psi, A_f\phi)$. したがって,$T\phi = A_f\phi, \phi \in \mathcal{D}_f$. これは,$T = A_f$ を意味する. ∎

定理 3.5 であたえられる作用素 A_f を記号的に

$$A_f = \int_{\mathbf{R}^d} f(\lambda) dE(\lambda) \tag{3.16}$$

と表す.

以上の議論をまとめると,ヒルベルト空間 $\mathcal{H}$ 上に d 次元の単位の分解があたえられると,$\mathbf{R}^d$ 上の任意のボレル可測関数 f に対して,$\mathcal{H}$ 上の作用素 A_f がひとつ定まるということである. これは,$\mathbf{R}^d$ 上のボレル可測関数の空間から $\mathcal{H}$ 上の作用素の空間への写像 $\mathbb{A} : f \mapsto A_f$ を定義する ($\mathbb{A}(f) := A_f$). 一般に,定義域が関数空間で,値域が作用素の空間の中にある写像を**作用素値汎関数** (operator-valued functional) という. 写像 $\mathbb{A}$ は作用素値汎関数のひとつの例である.

3.3 作用素値汎関数の性質——作用素解析

前節で定義した作用素値汎関数 $\mathbb{A}$ の性質を調べよう．$\{E(B)|B \in \mathbf{B}^d\}$ を単位の分解，f を $\mathbf{R}^d$ 上のボレル可測関数とする．

【補題 3.7】 任意の $\psi \in D(A_f)$ と $B \in \mathbf{B}^d$ に対して，$E(B)\psi \in D(A_f)$．また，任意の $\phi \in \mathcal{H}$ に対して，

$$\int_{\mathbf{R}^d} f(\lambda)d(E(B)\phi, E(\lambda)E(B)\psi) = \int_{\mathbf{R}^d} f(\lambda)d(\phi, E(\lambda)E(B)\psi)$$
$$= \int_{\mathbf{R}^d} f(\lambda)d(E(B)\phi, E(\lambda)\psi)$$
$$= \int_B f(\lambda)d(\phi, E(\lambda)\psi) \quad (3.17)$$

さらに，
$$(A_f\psi, E(B)A_f\psi) = \int_B |f(\lambda)|^2 d(\psi, E(\lambda)\psi) \quad (3.18)$$

証明 補題 3.6 の証明におけるように f_n をとる．したがって，

$$\int_{\mathbf{R}^d} |f(\lambda)|^2 d(E(B)\psi, E(\lambda)E(B)\psi)$$
$$= \lim_{n\to\infty} \sum_{k=1}^{r_n} |\alpha_{n,k}|^2 (E(B)\psi, E(B_{n,k})E(B)\psi) \quad (3.19)$$

単位の分解の自己共役性，可換性，ベキ等性および性質 (E.3) によって，

$$(E(B)\phi, E(B_{n,k})E(B)\psi) = (\phi, E(B_{n,k})E(B)\psi) = (E(B)\phi, E(B_{n,k})\psi)$$
$$= (\phi, E(B_{n,k} \cap B)\psi), \quad \phi, \psi \in \mathcal{H} \quad (3.20)$$

が成立する．これらの関係式のうち，最後のものを用いると，(3.19) 式から，

$$\int_{\mathbf{R}^d} |f(\lambda)|^2 d(E(B)\psi, E(\lambda)E(B)\psi)$$
$$= \lim_{n\to\infty} \int_{\mathbf{R}^d} \sum_{k=1}^{r_n} |\alpha_{n,k}|^2 \chi_{B_{n,k}\cap B}(\lambda) d(\psi, E(\lambda)\psi)$$
$$= \int_B |f(\lambda)|^2 d(\psi, E(\lambda)\psi) < \infty$$

したがって, $E(B)\psi \in D(A_f)$ である.

いま示した事実と補題 3.6 の証明によって, (3.17) 式の最左辺の積分は存在し,

$$\int_{\mathbf{R}^d} f(\lambda)d(E(B)\phi, E(\lambda)E(B)\psi) = \lim_{n\to\infty}\sum_{k=1}^{r_n}\alpha_{n,k}(E(B)\phi, E(B_{n,k})E(B)\psi)$$

と書ける. これと (3.20) 式の第 1, 第 2 の等式から, それぞれ, (3.17) 式の第 1, 第 2 の等式が得られる. さらに, (3.20) 式の最後の等式から,

$$\int_{\mathbf{R}^d} f(\lambda)d(E(B)\phi,\ E(\lambda)E(B)\psi) = \lim_{n\to\infty}\sum_{k=1}^{r_n}\alpha_{n,k}(\phi,\ E(B_{n,k}\cap B)\psi)$$

したがって, (3.17) 式の最後の等式が得られる.

(3.17) 式によって, 任意の $B \in \mathbf{B}^d$ に対して,

$$(A_f\psi, E(B)A_f\psi) = (E(B)A_f\psi, A_f\psi) = \int_B f(\lambda)d(A_f\psi, E(\lambda)\psi)$$

同様に, $(A_f\psi, E(B)\psi) = \int_B f(\lambda)^* d(\psi, E(\lambda)\psi)$. したがって, 付録 A の定理 A.6 (積分の変数変換公式) を応用すれば, (3.18) 式が得られる. ∎

作用素値汎関数 $\mathbb{A}$ の基本的性質は次の定理によってあたえられる.

【定理 3.8】

(i) 任意の $B \in \mathbf{B}^d$ に対して, $E(B)A_f \subset A_f E(B)$, すなわち, $A_f E(B)$ は $E(B)A_f$ の拡大である.

(ii) $E(\{\lambda\,|\,|f(\lambda)|=\infty\}) = 0$ ならば, A_f は稠密に定義された閉作用素であり, $A_f^* = A_{f^*}$. 特に, f が $\mathbf{R}^d$ 上の連続関数ならば, A_f は稠密に定義された閉作用素である.

(iii) f が有界ならば, $D(A_f) = \mathcal{H}$, A_f は有界であって, $\|A_f\| \leq \|f\|_\infty$, $A_f^* = A_{f^*}$.

(iv) $\mathbf{R}^d$ 上の任意のボレル可測関数 g に対して,

$$D(A_{fg}) \cap D(A_g) = D(A_f A_g), \qquad A_f A_g \subset A_{fg}$$

特に, g が有界ならば, $A_g A_f \subset A_f A_g = A_{fg}$.

(v) $|f(\lambda)| = 1, \lambda \in \mathbf{R}^d$ ならば,A_f はユニタリである.

(vi) f が実数値で $E(\{\lambda \,|\, |f(\lambda)| = \infty\}) = 0$ ならば,A_f は自己共役である.特に,f が $\mathbf{R}^d$ 上の実数値連続関数ならば A_f は自己共役である.

証明 (i) 補題 3.7 によって,$\psi \in D(A_f)$ ならば $E(B)\psi \in D(A_f)$. (3.17) 式の第 2 の等式と A_f の定義によって,任意の $\psi \in D(A_f)$ と $\phi \in \mathcal{H}$ に対して,$(\phi, A_f E(B)\psi) = (E(B)\phi, A_f \psi) = (\phi, E(B) A_f \psi)$ が成り立つ.これは求める結果を意味する.

(ii) f があたえられた条件をみたすとする.このとき,補題 3.4(ii) によって,$D(A_f)$ は稠密である.したがって,共役作用素 A_f^* が存在する.$D(A_f)$ の定義から,$D(A_f) = D(A_{f^*})$ であり,任意の $\psi, \phi \in D(A_f)$ に対して,$(\psi, A_f \phi) = (A_{f^*}\psi, \phi)$ が成り立つことは容易にわかる.したがって,$\psi \in D(A_f^*)$, $A_f^* \psi = A_{f^*} \psi$. すなわち,$A_{f^*} \subset A_f^*$ である.したがって,$D(A_f^*) \subset D(A_{f^*})$ を示せば,$A_f^* = A_{f^*}$ が得られる.そこで,$\psi \in D(A_f^*)$ を任意にとる.$C_n = \{\lambda \in \mathbf{R}^d \,|\, |f(\lambda)| < n\} \in \mathbf{B}^d$ とすれば,補題 3.7 によって,$\int_{\mathbf{R}^d} |f(\lambda)|^2 d(E(C_n)\psi, E(\lambda) E(C_n)\psi) = \int_{C_n} |f(\lambda)|^2 d(\psi, E(\lambda)\psi) \leq n^2 \|\psi\|^2 < \infty$ であるから,$E(C_n)\psi \in D(A_{f^*})$. さらに,任意の $\phi \in D(A_f)$ に対して,$(\phi, A_{f^*} E(C_n)\psi) = (A_f \phi, E(C_n)\psi) = (E(C_n) A_f \phi, \psi) = (A_f E(C_n)\phi, \psi)$ 〔(i) による〕$= (\phi, E(C_n) A_f^* \psi)$. $D(A_f)$ は稠密であるから,$A_{f^*} E(C_n)\psi = E(C_n) A_f^* \psi$ が得られる.したがって,

$$\|A_{f^*} E(C_n)\psi\|^2 \leq \|E(C_n)\|^2 \|A_f^* \psi\|^2 \leq \|A_f^* \psi\|^2$$

一方,$\|A_{f^*} E(C_n)\psi\|^2 = \int_{\mathbf{R}^d} \chi_{C_n}(\lambda) |f(\lambda)|^2 d(\psi, E(\lambda)\psi)$ であるから,

$$\int_{\mathbf{R}^d} \chi_{C_n}(\lambda) |f(\lambda)|^2 d(\psi, E(\lambda)\psi) \leq \|A_f^* \psi\|^2$$

いま,$E(\mathbf{R}^d \setminus \bigcup_{n \geq 1} C_n) = 0$ であるから,測度 $(\psi, E(\cdot)\psi)$ に関してほとんどいたるところの点 λ に対して,$\lim_{n \to \infty} \chi_{C_n}(\lambda) = 1$. したがって,ファトゥー (Fatou) の補題によって,

$$\int_{\mathbf{R}^d} |f(\lambda)|^2 d(\psi, E(\lambda)\psi)$$

$$\leq \lim_{n\to\infty} \int_{\mathbf{R}^d} \chi_{c_n}(\lambda)|f(\lambda)|^2 d(\psi, E(\lambda)\psi) \leq \|A_f^*\psi\|^2 < \infty$$

ゆえに，$\psi \in D(A_{f^*})$．今得た結果により，$A_f = (A_{f^*})^*$ であり，共役作用素は閉であるから（命題 2.17），A_f は閉である．

f が $\mathbf{R}^d$ 上の連続関数ならば $\{\lambda \in \mathbf{R}^d | |f(\lambda)| = \infty\} = \emptyset$．したがって，$E(\{\lambda \in \mathbf{R}||f(\lambda)| = \infty\}) = 0$ であるから，前半の結果より，A_f は稠密に定義された閉作用素である．

(iii) 補題 3.4(iii) によって，f が有界ならば $D(A_f) = \mathcal{H}$ である．(3.11) 式と (3.13) 式によって，A_f は有界であり，$\|A_f\| \leq \|f\|_\infty$ が成り立つ．(ii) の仮定がみたされるので，$A_f^* = A_{f^*}$ である．

(iv) $\psi \in D(A_{fg}) \cap D(A_g)$ とする．このとき，(3.18) 式と付録 A，定理 A.6 によって

$$\int_{\mathbf{R}^d} |f(\lambda)|^2 d(A_g\psi, E(\lambda)A_g\psi) = \int_{\mathbf{R}^d} |f(\lambda)|^2 |g(\lambda)|^2 d(\psi, E(\lambda)\psi) < \infty \quad (3.21)$$

したがって，$A_g\psi \in D(A_f)$，すなわち，$\psi \in D(A_fA_g)$．ゆえに $D(A_{fg}) \cap D(A_g) \subset D(A_fA_g)$．逆に，$\psi \in D(A_fA_g)$ とすれば，$\psi \in D(A_g)$ であり，$\int_{\mathbf{R}^d} |f(\lambda)|^2 d(A_g\psi, E(\lambda)A_g\psi) < \infty$．これと (3.21) 式によって，$\psi \in D(A_{fg})$．したがって，$\psi \in D(A_{fg}) \cap D(A_g)$．ゆえに，$D(A_fA_g) \subset D(A_{fg}) \cap D(A_g)$．以上から，$D(A_fA_g) = D(A_{fg}) \cap D(A_g)$．

$\psi \in \mathcal{H}$，$\phi \in D(A_fA_g)$ とすれば，$(\psi, A_fA_g\phi) = \int_{\mathbf{R}^d} f(\lambda) d(\psi, E(\lambda)A_g\phi)$．一方，任意の $B \in \mathbf{B}^d$ に対して，$(\psi, E(B)A_g\phi) = \int_B g(\lambda) d(\psi, E(\lambda)\phi)$．したがって，積分の変数変換公式（付録 A の定理 A.6——これは μ が複素測度の場合にも拡張される）によって，$(\psi, A_fA_g\phi) = \int_{\mathbf{R}^d} f(\lambda)g(\lambda) d(\psi, E(\lambda)\phi)$．この右辺は $(\psi, A_{fg}\phi)$ にほかならない．したがって，$A_{fg}\phi = A_fA_g\phi$．ゆえに $A_fA_g \subset A_{fg}$ が示された．もし，g が有界ならば，$D(A_g) = \mathcal{H}$ であるから，$D(A_fA_g) = D(A_{fg}) = D(A_{gf}) \supset D(A_gA_f) [= D(A_f)]$．したがって，$A_fA_g = A_{fg}$ であり，任意の $\psi \in D(A_gA_f)$ に対して，$A_gA_f\psi = A_{gf}\psi = A_{fg}\psi = A_fA_g\psi$．ゆえに，$A_gA_f \subset A_fA_g$．

(v) $|f(\lambda)| = 1, \lambda \in \mathbf{R}^d$ ならば，(iv) で証明した作用素の関係式と $A_{f^*} = A_f^*$ 〔(ii) を参照〕により，$A_fA_f^* = A_{|f|^2} = I$．同様に，$A_f^*A_f = I$ が成り立つ．したがって，A_f はユニタリである（第 2 章，練習問題 16 を参照）．

(vi) (ii) と f が実数値であることにより，$A_f^* = A_{f^*} = A_f$. したがって，A_f は自己共役である．もし，f が実数値連続関数ならば，$\{\lambda \in \mathbf{R}^d | |f(\lambda)| = \infty\} = \emptyset$. したがって，$E(\{\lambda \in \mathbf{R}^d | |f(\lambda)| = \infty\}) = 0$. ゆえに，前の主張の仮定が自動的にみたされる．よって，A_f は自己共役である． ∎

一般に，作用素値汎関数に対して，定理 3.8 に述べた種類の解析を展開することを**作用素解析** (operational calculus) という．

3.4 スペクトル定理

3.4.1 自己共役作用素のスペクトル表示

1 次元の単位の分解 $\{E(B)|B \in \mathbf{B}^1\}$ があたえられたとき，定理 3.8(vi) において，$f(\lambda) = \lambda$ の場合を考えると，作用素

$$T = \int_{\mathbf{R}} \lambda dE(\lambda) \tag{3.22}$$

は自己共役である．

ところで，任意の自己共役作用素は (3.22) 式のような表示をもつであろうか．この問いに肯定的に答えるのが次の**スペクトル定理** (spectral theorem) である．

【定理 3.9】 T を複素ヒルベルト空間 $\mathcal{H}$ 上の任意の自己共役作用素とする．このとき，(3.22) 式をみたす，1 次元の単位の分解 $\{E(B)|B \in \mathbf{B}^1\}$ がただひとつ存在する．

スペクトル定理は自己共役作用素の本質を明らかにする非常に深い定理である．証明にはやや長い準備が必要とされる．紙数の都合と本書の主旨に照らして，この定理の証明は省略する[4]．本書の観点からは，スペクトル定理を正しく活用できるようになることが重要である．

自己共役作用素 T に対して，スペクトル定理から定まる単位の分解を T の**スペクトル測度**という．(3.22) 式を T の**スペクトル表示** (spectral representation) あるいは**スペクトル分解** (spectral resolution) とよぶ．

---

[4] 証明に興味のある読者は，たとえば，黒田成俊，『関数解析』(共立出版，1980) の 12 章や新井朝雄・江沢洋『量子力学の数学的構造 I』(朝倉書店，1999) の 2.9 節を参照．

■ **例 3.5** ■ $\mathcal{H}$ を m 次元複素ヒルベルト空間 ($m < \infty$), T を $\mathcal{H}$ 上の自己共役作用素とする. $\mathcal{H}$ の正規直交基底を $\{\psi_j\}_{j=1}^m$ とすれば, 命題 2.2 の証明から, 任意の $\xi = \sum_{j=1}^m \xi_j \psi_j \in \mathcal{H}$ [$\xi_j = (\psi_j, \xi)$] に対して, $T\xi = \sum_{k=1}^m (\sum_{j=1}^m T_{kj}\xi_j)\psi_k$, $T_{kj} = (\psi_k, T\psi_j)$ (命題 2.2 で $\mathcal{H} = \mathcal{K}, \psi_j = \phi_j, j = 1, \cdots, m$ の場合). T の自己共役性は, 行列 $(T_{kj})_{j,k=1,\cdots,m}$ がエルミートであることを意味する. この行列から定まる線形作用素を $\hat{T}$ とする (例 2.1 を参照). 線形代数学の結果を援用すれば, $\hat{T}$ は, 互いに異なる実固有値をたかだか m 個もつ. これらを $\lambda_1, \cdots, \lambda_n (n \leq m)$ とし, 固有値 λ_s に対する, $\hat{T}$ の固有空間への正射影作用素を $\hat{P}_s$ とすれば, $\hat{P}_s \hat{P}_r = 0, s \neq r$, $\sum_{s=1}^n \hat{P}_s = I, \hat{T} = \sum_{s=1}^n \lambda_s \hat{P}_s$ が成り立つ [これらの事実は, 行列 (T_{kj}) がユニタリ行列を用いて対角化されうることと同等である]. したがって, $\hat{P}_s$ を定める行列を (P_{kj}) とし, 任意の $\xi = \sum_{j=1}^m \xi_j \psi_j \in \mathcal{H}$ に対して, $P_s \xi := \sum_{k=1}^m (\sum_{j=1}^m P_{kj}\xi_j)\psi_k$ によって, $\mathcal{H}$ 上の作用素 P_s を定義すれば, $P_s P_r = 0, s \neq r, \sum_{s=1}^n P_s = I, T = \sum_{s=1}^n \lambda_s P_s$ が得られる. λ_s は T の固有値であり, P_s は, λ_s に対応する, T の固有空間への正射影である. 例 3.3 によって, $E_T(B) = \sum_{\lambda_s \in B} P_s, B \in \mathbf{B}^1$, とすれば, $\{E_T(B)|B \in \mathbf{B}^1\}$ は 1 次元の単位の分解である. これを用いると, 上の結果により, 任意の $\phi \in \mathcal{H}$ に対して, $(\phi, T\psi) = \sum_{s=1}^n \lambda_s (\phi, P_s\psi) = \int_\mathbf{R} \lambda d(\phi, E_T(\lambda)\psi)$ と書ける. ゆえに, いまの場合, $E = E_T$ として, (3.22) 式が成立する. 有限次元の場合には, スペクトル定理は, エルミート行列が対角化可能であるという, よく知られた定理と本質的に同等であることがわかる.

■ **例 3.6** ■ $L^2(\mathbf{R})$ 上の, 関数 x によるかけ算作用素 M_x は自己共役である (例 2.33). これに対応する単位の分解 $\{E(B)|B \in \mathbf{B}^1\}$ は

$$(E(B)f)(x) = \chi_B(x)f(x), \qquad B \in \mathbf{B}^1$$

であたえられる (例 3.4 を参照). 実際, この E に対して,

$$(f, E(B)g) = \int_B f(x)^* g(x) dx, \qquad f, g \in L^2(\mathbf{R})$$

であるから, $g \in D(M_x)$ とすれば, 付録 A, 定理 A.6 を応用することにより,

$$\int_\mathbf{R} \lambda d(f, E(\lambda)g) = \int_\mathbf{R} x f(x)^* g(x) dx = (f, M_x g)$$

を得る．この結果とスペクトル表示の一意性により，主張が示される．

もっと一般の自己共役なかけ算作用素のスペクトル分解については，練習問題10を参照．

自己共役作用素のレゾルヴェントもスペクトル表示をもつ．

【定理 3.10】 T を自己共役作用素，E をそのスペクトル測度とする．このとき，すべての $z \in \rho(T)$ と $\psi, \phi \in \mathcal{H}$ に対して，

$$(\psi, R_z(T)\phi) = \int_{\mathbf{R}} \frac{1}{\lambda - z} d(\psi, E(\lambda)\phi) \tag{3.23}$$

$$\|R_z(T)\phi\|^2 = \int_{\mathbf{R}} \frac{1}{|\lambda - z|^2} d(\phi, E(\lambda)\phi) \tag{3.24}$$

証明 まず，$z \in \mathbf{C} \backslash \mathbf{R}$ の場合を考え，$f(\lambda) = \lambda - z, g(\lambda) = (\lambda - z)^{-1}$ とすれば，g は $\mathbf{R}$ 上で有界な関数であり，$A_f = T - z$．また，(3.23)，(3.24) 式の右辺はそれぞれ，$(\psi, A_g \phi), \|A_g \phi\|^2$ に等しい．$fg = 1$ であるから，定理 3.8(iv) によって，$A_f A_g = I$，$A_g A_f \subset I$ が成り立つ．これは，$A_g = A_f^{-1} = R_z(T)$ を意味する．次に，$z \in \rho(T) \cap \mathbf{R}$ の場合には，(3.23)，(3.24) 式の z として，$z + i\varepsilon(\varepsilon > 0)$ を考え，両辺の $\varepsilon \downarrow 0$ の極限を考察すればよい．この場合，(3.23) 式については，偏極恒等式により，$\phi = \psi$ の場合に帰着できることに注意する．(3.23)，(3.24) 式それぞれの左辺の収束については，$R_\lambda(T)(\lambda \in \rho(T))$ の λ に関する連続性：$\lim_{\lambda \to \lambda_0} \|R_\lambda(T) - R_{\lambda_0}(T)\| = 0 (\lambda_0 \in \rho(T))$ —これは (2.34) 式から導かれる—を用い，右辺の収束については単調収束定理を応用する．■

3.4.2 自己共役作用素の関数とそのユニタリ変換

T をヒルベルト空間 $\mathcal{H}$ 上の自己共役作用素，$\{E(B) | B \in \mathbf{B}^1\}$ をそのスペクトル測度としよう．定理 3.5 を応用することにより，$\mathbf{R}$ 上のボレル可測関数 f に対して，

$$D(f(T)) = \left\{ \psi \in \mathcal{H} \,\Big|\, \int_{\mathbf{R}} |f(\lambda)|^2 d(\psi, E(\lambda)\psi) < \infty \right\} \tag{3.25}$$

$$(\phi, f(T)\psi) = \int_{\mathbf{R}} f(\lambda) d(\phi, E(\lambda)\psi), \quad \psi \in D(f(T)), \quad \phi \in \mathcal{H} \tag{3.26}$$

をみたす作用素 $f(T)$ がただひとつ存在する．3.2 節で導入した記法によれば，

$$f(T) = \int_{\mathbf{R}} f(\lambda) dE(\lambda) \tag{3.27}$$

である．つまり，$f(T)$ は，T のスペクトル測度 E から定まる作用素 A_f である．したがって，$A_f = f(T)$ として，$d=1$ の場合の定理 3.8 が成立する．対応：$T \mapsto f(T)$ は，自己共役作用素の全体を定義域とする，作用素値関数とみることができる．こうして，スペクトル定理を介して，自己共役作用素の関数が定義される．

$f(\lambda) = |\lambda|, \lambda \in \mathbf{R}$ の場合の $f(T)$ を $|T|$ と記し，T の**絶対値**と呼ぶ：$|T| := \int_{\mathbf{R}} |\lambda| dE(\lambda)$．

T を $\mathcal{H}$ 上の自己共役作用素，$\mathcal{K}$ を複素ヒルベルト空間とし，U を $\mathcal{H}$ から $\mathcal{K}$ へのユニタリ作用素とする．

【命題 3.11】 UTU^{-1} は $\mathcal{K}$ 上の自己共役作用素である．

証明 $T_U := UTU^{-1}$ とすれば，作用素の積の定義によって，

$$D(T_U) := \{\phi \in \mathcal{K} | U^{-1}\phi \in D(T)\} = UD(T)$$

$D(T)$ が稠密であることと定理 2.7(ii) によって，$D(T_U)$ は $\mathcal{K}$ において稠密な部分空間である．$U^* = U^{-1}$ と命題 2.16(ii) によって，$T_U^* \supset (U^{-1})^* T^* U^* = UTU^{-1} = T_U$．したがって，$T_U$ は対称作用素である．任意の $\phi \in D(T_U^*)$ に対して，$\eta = T_U^* \phi$ とおくと，任意の $\psi \in D(T)$ に対して，$\xi = U\psi$ とすれば，$(U^{-1}\eta, \psi) = (\phi, UTU^{-1}\xi) = (U^{-1}\phi, T\psi)$．したがって，$U^{-1}\phi \in D(T^*) = D(T)$ であり，$TU^{-1}\phi = U^{-1}\eta$ が成り立つ．ゆえに，$\phi \in D(T_U)$，$T_U\phi = \eta = T_U^*\phi$．よって，$D(T_U^*) = D(T_U)$ が示せたので，T_U は自己共役である． ∎

$\{E(B)|B \in \mathbf{B}^1\}$ を T のスペクトル測度とする．このとき，$\tilde{E}(B) = UE(B)U^{-1}, B \in \mathbf{B}^1$ とすれば，$\tilde{E}$ は単位の分解であり，$\mathbf{R}$ 上の任意のボレル可測関数 f に対して，

$$(\psi, Uf(T)U^{-1}\phi) = \int_{\mathbf{R}} f(\lambda) d(\psi, \tilde{E}(\lambda)\phi), \quad \psi \in \mathcal{K}, \quad \phi \in UD(f(T)) \tag{3.28}$$

が成り立つ．ここで，特に，$f(\lambda) = \lambda$ の場合を考えると，スペクトル分解の一意性によって，自己共役作用素 $\tilde{E}$ は UTU^{-1} のスペクトル測度であることが

わかる．さらに，$\int_{\mathbf{R}} |f(\lambda)|^2 d\|\tilde{E}(\lambda)\phi\|^2 = \int_{\mathbf{R}} |f(\lambda)|^2 d\|E(\lambda)U^{-1}\phi\|^2$ に注意すれば，$D(f(UTU^{-1})) = D(Uf(T)U^{-1})$ が得られる．これと (3.28) 式は，作用素の等式

$$Uf(T)U^{-1} = f(UTU^{-1}) \tag{3.29}$$

を導く．

一般に，$\mathcal{H}$ 上の作用素 S と $\mathcal{H}$ から $\mathcal{K}$ へのユニタリ作用素 W に対して，WSW^{-1} を W による，S の**ユニタリ変換**という．

(3.29) 式は，自己共役作用素 T の関数に対するユニタリ変換公式であり，応用上も重要な役割を果たす（第 5 章，5.2 節～5.4 節を参照）．

3.4.3 スペクトル測度と固有値

自己共役作用素 T のスペクトル測度 E と固有値の関係は次の定理によってあたえられる．

【定理 3.12】

(i) λ を T の固有値，これに属する T の固有ベクトルを ψ とすれば

$$E(\mathbf{R}\setminus\{\lambda\})\psi = 0 \tag{3.30}$$

$$E(\{\lambda\})\psi = \psi \tag{3.31}$$

さらに，点 λ で有限値をとる，$\mathbf{R}$ 上の任意のボレル可測関数 f に対して $f(T)\psi = f(\lambda)\psi$．

(ii) 逆に，ある実数 λ に対して，$E(\{\lambda\})\psi = \psi$ をみたす零でないベクトル ψ があれば，λ は T の固有値であり，ψ は λ に属する T の固有ベクトルである．

(iii) 実数 λ が T の固有値であるための必要十分条件は $E(\{\lambda\}) \neq 0$ である．この場合，$R(E(\{\lambda\})) = \ker(T-\lambda)$（したがって，$E(\{\lambda\})$ は固有空間 $\ker(T-\lambda)$ への正射影作用素）．

証明 (i) $T\psi = \lambda\psi, \psi \neq 0$ とすれば，$0 = \|(T-\lambda)\psi\|^2 = \int_{\mathbf{R}} |\mu-\lambda|^2 d\|E(\mu)\psi\|^2$．これは，測度 $\|E(\,\cdot\,)\psi\|^2$ について，ほとんどいたるところの μ に対して，$\mu = \lambda$ であることを意味する．したがって，$\|E(\mathbf{R}\setminus\{\lambda\})\psi\|^2 = 0$．ゆえに，(3.30) 式を得る．(3.31) 式は，$E(\mathbf{R}\setminus\{\lambda\}) + E(\{\lambda\}) = E(\mathbf{R}) = I$ と (3.30) 式から導か

れる．(3.27) により

$$\|f(T)\psi - f(\lambda)\psi\|^2 = \int_{\mathbf{R}} |f(\mu) - f(\lambda)|^2 d\|E(\mu)\psi\|^2$$

前段の結果によって，右辺は 0 である．ゆえに，$f(T)\psi = f(\lambda)\psi$．

(ii) $\psi \neq 0$，$E(\{\lambda\})\psi = \psi$ としよう．このとき，$E(\mathbf{R}\setminus\{\lambda\})\psi = 0$ であるから，$\int_{\mathbf{R}} |\mu|^2 d\|E(\mu)\psi\|^2 = \lambda^2 \|\psi\|^2 < \infty$．したがって，$\psi \in D(T)$ であり，$\|(T - \lambda)\psi\|^2 = \int_{\mathbf{R}} |\mu - \lambda|^2 d\|E(\mu)\psi\|^2 = 0$．これから求める結果を得る．

(iii) (i), (ii) は，$\lambda \in \mathbf{R}$ が T の固有値であることと $E(\{\lambda\}) \neq 0$ が同値であることを意味する．この場合，(i) は $\ker(T - \lambda) \subset R(E(\{\lambda\}))$ を意味し，(ii) は逆の包含関係を導く．したがって，$\ker(T - \lambda) = R(E(\{\lambda\}))$．ゆえに，$E(\{\lambda\})$ は $\ker(T - \lambda)$ への正射影作用素である． ∎

3.4.4　スペクトル測度の台とスペクトル

$\{E(B) | B \in \mathbf{B}^d\}$ を単位の分解とする．このとき，$\mathcal{C} := \{C \subset \mathbf{R}^d | C$ は閉集合，$E(C) = I\}$ という集合族は空でない．なぜなら，$\mathbf{R}^d$ は $\mathcal{C}$ の元だからである．$C_0 = \bigcap \mathcal{C}$ ($\mathcal{C}$ の交わり，すなわち，$\mathcal{C}$ のすべての元の共通部分) とすれば，C_0 は閉集合である．任意の $C \in \mathcal{C}$ に対して，$C\setminus C_0 = C \cap C_0^c = C \cap (\bigcup_{D \in \mathcal{C}} D^c) = \bigcup_{D \in \mathcal{C}} C \cap D^c \subset \bigcup_{D \in \mathcal{C}} D^c$．$D^c$ は開集合であるから，リンデレーフ (Lindelöf) の被覆定理[5] によって，たかだか可算無限個の $D_k \in \mathcal{C}$ $(k = 1, 2, \cdots)$ があって，$C\setminus C_0 \subset \bigcup_k D_k^c$ となる．$E(D_k^c) = 0$ であるから，$E(\bigcup_k D_k^c) = 0$．したがって，$E(C\setminus C_0) = 0$．一方，$E(C\setminus C_0) + E(C_0) = E(C) = I$ ($C_0 \subset C$ に注意)．ゆえに，$E(C_0) = I$．こうして，C_0 は，$E(C) = I$ となる閉集合のうちで最小のものであることがわかる．この閉集合 C_0 を単位の分解 E の台 (support) といい，$\mathrm{supp}\,E$ と記す．したがって，$E(\mathrm{supp}\,E) = I$．

【定理 3.13】 T を自己共役作用素，E をそのスペクトル測度とする．このとき，

$$\mathrm{supp}\,E = \sigma(T) \tag{3.32}$$

証明　$\Sigma = \mathrm{supp}\,E$ とおく〔したがって，$E(\Sigma) = I$〕．このとき，$\Sigma^c = \rho(T)$

---

[5] 伊藤清三，『ルベーグ積分入門』（裳華房，1963）の付録，定理 2 を参照．

(T のレゾルヴェント集合) を示せばよい. $\lambda \in \Sigma^c$ とすれば, Σ は閉集合だから, $\inf_{\mu \in \Sigma} |\mu - \lambda| > 0$. χ_Σ を Σ の定義関数とし, $\mathbf{R}$ 上のボレル可測関数 $f(\mu) := \chi_\Sigma(\mu)(\mu - \lambda)^{-1}$ を考えると, これは有界である. したがって, $f(T)$ は有界である. 定理 3.8(iv) の応用により, $(T - \lambda)f(T)\psi = E(\Sigma)\psi = \psi$, $\psi \in \mathcal{H}$, $f(T)(T - \lambda)\phi = E(\Sigma)\phi = \phi$, $\phi \in D(T)$ を示すことができる. これから, $\lambda \in \rho(T)$, $f(T) = (T - \lambda)^{-1}$ が結論される. ゆえに, $\Sigma^c \subset \rho(T)$.

次に, $\lambda \in \rho(T)$ とすれば, 定理 3.10 によって,

$$\|(T - \lambda)^{-1}\psi\|^2 = \int_{\mathbf{R}} \frac{1}{|\mu - \lambda|^2} d\|E(\mu)\psi\|^2, \quad \psi \in \mathcal{H}$$

と表される. $\lambda \in \mathbf{C} \setminus \mathbf{R}$ ならば, 明らかに, $\lambda \in \Sigma^c$ ($\because \Sigma \subset \mathbf{R}$). そこで, $\lambda \in \mathbf{R}$ の場合を考える. 定数 $C > 0$ が存在して, すべての $\psi \in \mathcal{H}$ に対して, $\|(T - \lambda)^{-1}\psi\| \leq C\|\psi\|$ であるから, $\int_{\mathbf{R}} 1/|\mu - \lambda|^2 d\|E(\mu)\psi\|^2 \leq C^2\|\psi\|^2$, $\psi \in \mathcal{H}$ が成り立つ. $I_\varepsilon = (\lambda - \varepsilon, \lambda + \varepsilon)(\varepsilon > 0)$ とおこう. 上の不等式で $\psi = E(I_\varepsilon)\phi$, $\phi \in \mathcal{H}$ とすれば $\|E(I_\varepsilon)\phi\|^2/\varepsilon^2 \leq C^2\|E(I_\varepsilon)\phi\|^2$. もし, どんな $\varepsilon > 0$ に対しても, $E(I_\varepsilon) \neq 0$ ならば, 各 $\varepsilon > 0$ に対して, $E(I_\varepsilon)\phi_\varepsilon \neq 0$ となる $\phi_\varepsilon \in \mathcal{H}$ が存在する. そこで, 上式で $\phi = \phi_\varepsilon$ とすれば $1/\varepsilon^2 \leq C^2$ を得る. これはすべての $\varepsilon > 0$ に対して成立しなければならない. だが, これは明らかに矛盾である. したがって, ある $\varepsilon_0 > 0$ が存在して, $E(I_{\varepsilon_0}) = 0$. これは $E(\Sigma \setminus I_{\varepsilon_0}) = I$ を導く. 集合 $\Sigma \setminus I_{\varepsilon_0}$ は閉集合である. しかし, Σ が $E(B) = I$ となる最小の閉集合 B であるから, $\Sigma \setminus I_{\varepsilon_0} = \Sigma$ でなければならない. したがって, $\Sigma \cap I_{\varepsilon_0} = \emptyset$. よって, $\lambda \in \Sigma^c$ でなければならない. よって, $\rho(T) \subset \Sigma^c$. ∎

■ **例 3.7** ■ T を $\mathcal{H}$ 上の自己共役作用素とし, そのスペクトル測度を E_T とする. T のスペクトルが可算無限個の固有値 $\{\lambda_n\}_{n=1}^\infty$ ($n \neq m$ ならば, $\lambda_n \neq \lambda_m$) からなるとする. $\mathcal{H}_n$ を固有値 λ_n に対応する固有空間, P_n を $\mathcal{H}_n$ への正射影作用素とする. 定理 3.12(iii) によって, $P_n = E_T(\{\lambda_n\})$. 定理 3.13 によって,

$$\operatorname{supp} E_T = \{\lambda_n\}_{n=1}^\infty \tag{3.33}$$

これらの事実によって, 任意のボレル可測関数 f と $\phi \in \mathcal{H}$, $\psi \in D(f(T))$ に対して, $(\phi, f(T)\psi) = \sum_{n=1}^\infty f(\lambda_n)(\phi, P_n\psi)$ を得る.

この例において、次の事実にも注目しておこう。$\mathcal{H}_n$ の次元 (λ_n の多重度) を m_n とし (m_n は有限または可算無限)、$\{\psi_n^{(j)}\}_{j=1}^{m_n}$ を $\mathcal{H}_n$ の C.O.N.S. とする。このとき、$\{\psi_n^{(j)}|n\in\mathbf{N},\ j=1,\cdots,m_n\}$ は $\mathcal{H}$ の C.O.N.S. である。

＜証明：(3.33) 式から、$\sum_{n=1}^{\infty}E_T(\{\lambda_n\})=I$ が成立するので、任意の $\psi\in\mathcal{H}$ は $\psi=\sum_{n=1}^{\infty}\phi_n,\ \phi_n=E_T(\{\lambda_n\})\psi\in\mathcal{H}_n$ と書かれる。一方、$\phi_n=\sum_{j=1}^{m_n}(\psi_n^{(j)},\phi_n)\psi_n^{(j)}$. したがって、$\psi=\sum_{n=1}^{\infty}\sum_{j=1}^{m_n}(\psi_n^{(j)},\phi_n)\psi_n^{(j)}$.＞

こうして、いまの仮定のもとでは、T は自らの固有ベクトルからなる C.O.N.S. をもつことがわかる。証明からわかるように、$\mathcal{H}=\oplus_{n=1}^{\infty}\mathcal{H}_n$ となっている (例 2.11 を参照)。

定理 3.13 は次の事実を導く。

【系 3.14】 T を自己共役作用素、E をそのスペクトル測度とする。

(i) $\sigma(T)$ は $\mathbf{R}$ の空でない閉部分集合である。

(ii) T が下に有界で、$T\geq\gamma$ ($\gamma\in\mathbf{R}$ は定数) ならば、$\mathrm{supp}\,E\subset[\gamma,\infty)$.

(iii) $\lambda\in\mathbf{R}$ とする。定数 $\delta>0$ が存在して、$\sigma(T)\cap(\lambda-\delta,\lambda+\delta)=\{\lambda\}$ ならば、λ は T の固有値である。

証明 (i) $E(\mathrm{supp}\,E)=I$ であるから、$\mathrm{supp}\,E\neq\emptyset$. したがって、(3.32) 式によって、$\sigma(T)\neq\emptyset$. $\sigma(T)$ が $\mathbf{R}$ の閉部分集合であることはすでに示されている〔定理 2.30 (i)〕。

(ii) 定理 3.13 と定理 2.30 (ii) から得られる。

(iii) 仮定により、$\sigma(T)=\{\lambda\}\cup S$ と書ける。ただし、S は $(-\infty,\lambda-\delta]\cup[\lambda+\delta,\infty)$ に含まれる閉集合。これと (3.32) 式によって、$E(\{\lambda\})\neq 0$. したがって、定理 3.12 (iii) によって、λ は T の固有値である。∎

定理 3.13 の応用として、次の重要な結果を得る。

【定理 3.15】 スペクトル写像定理 (spectral mapping theorem). 任意の自己共役作用素 T と $\mathbf{R}$ 上の任意の連続関数 f に対して、

$$\sigma(f(T))=\overline{\{f(\lambda)|\lambda\in\sigma(T)\}}$$

証明 $z\in\rho(f(T))$ とすれば、$f(T)-z$ は全単射であり、$(f(T)-z)^{-1}$ は

有界である. いま, 仮に $z = f(\mu)$ となる $\mu \in \sigma(T)$ があったとする. このとき, 任意の n に対して, $E((\mu - \frac{1}{n}, \mu + \frac{1}{n})) \neq 0$ である. したがって, $\xi_n := E((\mu - \frac{1}{n}, \mu + \frac{1}{n}))\phi_n \neq 0$ となるベクトル $\phi_n \in \mathcal{H}$ が存在する. $\psi_n = \xi_n/\|\xi_n\|$ とすれば,

$$\|(f(T) - z)^{-1}\psi_n\|^2 = \int_{(\mu - \frac{1}{n}, \mu + \frac{1}{n})} \frac{1}{|f(\lambda) - f(\mu)|^2} d\|E(\lambda)\psi_n\|^2$$

f は連続であるから, 任意の $\varepsilon > 0$ に対して, 正数 δ が存在して, $|\lambda - \mu| < \delta$ ならば, $|f(\lambda) - f(\mu)| < \varepsilon$ が成り立つ. $\lambda \in (\mu - \frac{1}{n}, \mu + \frac{1}{n})$ ならば, $|\lambda - \mu| < \frac{1}{n}$. したがって, $n > 1/\delta$ ならば, $|f(\lambda) - f(\mu)| < \varepsilon$, $\lambda \in (\mu - \frac{1}{n}, \mu + \frac{1}{n})$ が成り立つ. したがって, $n > 1/\delta$ のとき,

$$\|(f(T) - z)^{-1}\psi_n\|^2 \geq \frac{1}{\varepsilon^2} \int_{(\mu - \frac{1}{n}, \mu + \frac{1}{n})} d\|E(\lambda)\psi_n\|^2 = \frac{1}{\varepsilon^2}$$

$\|\psi_n\| = 1$ であり, $\varepsilon > 0$ は任意にとれるから, これは $(f(T) - z)^{-1}$ の有界性に反する. したがって, $z \notin \{f(\lambda) | \lambda \in \sigma(T)\}$. ゆえに, $\rho(f(T)) \subset \{f(\lambda) | \lambda \in \sigma(T)\}^c$. これは, $\sigma(f(T)) \supset \{f(\lambda) | \lambda \in \sigma(T)\}$ を意味する. したがって, $\sigma(f(T)) \supset \overline{\{f(\lambda) | \lambda \in \sigma(T)\}}$.

この逆の包含関係を示すために, $z \in (\overline{\{f(\lambda) | \lambda \in \sigma(T)\}})^c$ とする. このとき, $\inf_{\lambda \in \sigma(T)} |z - f(\lambda)| > 0$. したがって, 定理3.13によって,

$$S := \int_{\mathbf{R}} (f(\lambda) - z)^{-1} dE(\lambda) = \int_{\sigma(T)} (f(\lambda) - z)^{-1} dE(\lambda)$$

は有界な作用素であり, 作用素解析により〔定理3.8(iv) を応用〕, $(f(T) - z)S = I$, $S(f(T) - z) \subset I$. これは, $f(T) - z$ が全単射であり, $S = (f(T) - z)^{-1}$ を意味する. したがって, $z \in \rho(f(T))$. ゆえに, $\overline{(\{f(\lambda) | \lambda \in \sigma(T)\}})^c \subset \rho(f(T))$. これから, $\sigma(f(T)) \subset \overline{\{f(\lambda) | \lambda \in \sigma(T)\}}$ を得る. ∎

3.4.5 自己共役作用素のベキ乗

定理3.13が含意する重要な事実をもう一つ追加しておく. T を $\mathcal{H}$ 上の自己共役作用素とし, そのスペクトル測度を E とする.

【定理 3.16】 任意の自然数 $n \geq 2$ に対して, T^n は自己共役であり, $T^n = \int_{\mathbf{R}} \lambda^n dE(\lambda)$ が成り立つ.

証明 $D(T^n) = \{\psi \in D(T) | T^j \psi \in D(T), j = 1, \ldots, n-1\}$ であるから, $\psi \in D(T^n)$ と

$$\int_{\mathbf{R}} \lambda^2 d\|E(\lambda)\psi\|^2 < \infty, \quad \int_{\mathbf{R}} \lambda^2 d\|E(\lambda)T^j\psi\|^2 < \infty, j = 1, \ldots, n-1$$

は同値である. j に関する帰納法により, $\|E(B)T^j\psi\|^2 = \int_B \lambda^{2j} d\|E(\lambda)\psi\|^2$ が示される. したがって, 上の積分条件は $\int_{\mathbf{R}} \lambda^{2j} d\|E(\lambda)\psi\|^2 < \infty, \quad j = 1, \ldots, n$ と同値になる. だが, $1 \leq j \leq n$ ならば

$$\begin{aligned}\int_{\mathbf{R}} \lambda^{2j} d\|E(\lambda)\psi\|^2 &= \int_{|\lambda|<1} \lambda^{2j} d\|E(\lambda)\psi\|^2 + \int_{|\lambda|\geq 1} \lambda^{2j} d\|E(\lambda)\psi\|^2 \\ &\leq \int_{|\lambda|<1} 1 d\|E(\lambda)\psi\|^2 + \int_{|\lambda|\geq 1} \lambda^{2n} d\|E(\lambda)\psi\|^2 \\ &= \|E(\{\lambda||\lambda|<1\})\psi\|^2 + \int_{|\lambda|\geq 1} \lambda^{2n} d\|E(\lambda)\psi\|^2\end{aligned}$$

が成り立つので, 結局, 次の同値性が成り立つ:

$$\psi \in D(T^n) \iff \int_{\mathbf{R}} \lambda^{2n} d\|E(\lambda)\psi\|^2 < \infty \cdots (*)$$

さて, 関数 λ^n は実数値連続関数であるから, 定理 3.8(vi) によって, $S_n := \int_{\mathbf{R}} \lambda^n dE(\lambda)$ は自己共役である. $(*)$ により, $D(S_n) = D(T^n) \cdots (**)$ である. 補題 3.7 の証明と同様の手法と n に関する帰納法により, 任意の ϕ と $\psi \in D(T^n)$ に対して $(\phi, T^n\psi) = \int_{\mathbf{R}} \lambda^n d(\phi, E(\lambda)\psi)$ が示される. したがって, $(\phi, T^n\psi) = (\phi, S_n\psi)$. ゆえに, $T^n\psi = S_n\psi$. これと $(**)$ により, 作用素の等式 $T^n = S_n$ が成り立つ. ゆえに題意が成立する. ∎

次に T が非負の自己共役作用素である場合を考える. このとき, 系 3.14(ii) により, $\mathrm{supp}\, E \subset [0, \infty)$ である. 任意の正の実数 $\alpha > 0$ に対して, 関数 $f_\alpha(\lambda) := \chi_{[0,\infty)}(\lambda)|\lambda|^\alpha$ は実数値連続関数である. したがって, 定理 3.8(vi) によって, $f_\alpha(T)$ は自己共役である. 定理 3.16 によって, $f_n(T) = T^n, n \in \mathbf{N}$ である. そこで

$$T^\alpha := f_\alpha(T) = \int_{[0,\infty)} \lambda^\alpha dE(\lambda)$$

を T の α 乗とよぶ．これは非負の自己共役作用素であり，スペクトル写像定理により
$$\sigma(T^\alpha) = \overline{\{\lambda^\alpha | \lambda \in \sigma(T)\}} \subset [0, \infty)$$
が成り立つ．

$\alpha = 1/2$ の場合のベキ作用素 $T^{1/2}$ を T の**平方根**とよぶ．実際，次の事実が成立する：

【定理 3.17】 T が非負の自己共役作用素であるとき，$(T^{1/2})^2 = T$ が成立する．

証明 $f_{1/2}(\lambda)f_{1/2}(\lambda) = \chi_{[0,\infty)}(\lambda)\lambda$ であるから，定理 3.8(iv) によって，$(T^{1/2})^2 \subset \int_{[0,\infty)} \lambda dE(\lambda) = T$．任意の $\psi \in D(T)$ は $\int_{\mathbf{R}} \lambda^2 d\|E(\lambda)\psi\|^2 < \infty$ を満たすので，定理 3.16 の証明における積分不等式の証明と同様にして，$\int_{[0,\infty)} (\sqrt{\lambda})^2 d\|E(\lambda)\psi\|^2 < \infty$ が成り立つ．したがって，$\psi \in D((T^{1/2})^2)$．ゆえに，$D(T) \subset D((T^{1/2})^2)$．よって，作用素の等式 $(T^{1/2})^2 = T$ が成り立つ． ■

周知のように，正の実数の正の平方根は一意的に定まる．では，非負の自己共役作用素 T の非負の平方根（$T^{1/2}$ はその一つ）は一意的に定まるであろうか．この問いに対する答えは肯定的であるが，それを示すために，有用な事実を補題として述べる：

【補題 3.18】 $\{E(B)|B \in \mathbf{B}^d\}$ を d 次元のスペクトル測度とし ($d \in \mathbf{N}$)，写像 $X : \mathbf{R}^d \to \mathbf{R}^n$ ($n \in \mathbf{N}$) をボレル可測[6]とする．各 $B \in \mathbf{B}^n$ に対して，$E^X(B) := E(X^{-1}(B))$ ($X^{-1}(B) := \{\lambda \in \mathbf{R}^d | X(\lambda) \in B\}$) とおく．このとき，次の (i), (ii) が成立する：

(i) $\{E^X(B)|B \in \mathbf{B}^n\}$ は n 次元のスペクトル測度である．

(ii) $f : \mathbf{R}^n \to \mathbf{C} \cup \{\pm\infty\}$（ボレル可測），$\psi, \phi \in \mathcal{H}$ が $\int_{\mathbf{R}^n} |f(x)| d|\mu^X_{\psi,\phi}| < \infty$ ($\mu^X_{\psi,\phi}(B) := (\psi, E^X(B)\phi), B \in \mathbf{B}^n$) を満たすならば
$$\int_{\mathbf{R}^d} f(X(\lambda)) d(\psi, E(\lambda)\phi) = \int_{\mathbf{R}^n} f(x) d(\psi, E^X(x)\phi).$$

---

[6] X の成分表示 $X(\lambda) = (X_1(\lambda), \ldots, X_n(\lambda)) \in \mathbf{R}^n$，$\lambda \in \mathbf{R}^d$ において，各成分関数 X_j がボレル可測であること．このような写像を**ボレル写像**という．

証明 (i) 付録 B の定理 B.1 の証明と同様.

(ii) 付録 B の定理 B.2 の証明と同様. ∎

補題 3.18(i) は，d 次元スペクトル測度のそれぞれに，$\mathbf{R}^d$ から $\mathbf{R}^n$ へのボレル写像を添え字とする，n 次元スペクトル測度の族が付随していることを語る．補題 3.18(ii) はスペクトル測度に関する積分に対するある種の変数変換公式である．

【定理 3.19】 （非負の自己共役作用素の非負の平方根の一意性）T を非負の自己共役作用素とする．もし，非負の自己共役作用素 A が $A^2 = T$ を満たすならば，$A = T^{1/2}$ である．

証明 T のスペクトル測度を E，A のスペクトル測度を E_A とする．仮定により，$T = \int_{\mathbf{R}} \lambda^2 dE_A(\lambda)$．そこで，$X(\lambda) = \lambda^2, \lambda \in \mathbf{R}; f(x) = x, x \in \mathbf{R}$ とすれば，補題 3.18 によって，$T = \int_{\mathbf{R}} x \, dE_A^X(x)$ が成り立つ．スペクトル測度の一意性により，$E_A^X = E$．したがって，$T^{1/2} = \int_{[0,\infty)} x^{1/2} dE_A^X(x)$．補題 3.18 を今度は $f(x) = \chi_{[0,\infty)}(x)|x|^{1/2}, x \in \mathbf{R}$ として応用すれば，右辺は $\int_{[0,\infty)} \lambda \, dE_A(\lambda) = A$ となる．したがって，$A = T^{1/2}$． ∎

練 習 問 題

以下において，$\mathcal{H}$ は一般の複素ヒルベルト空間とする．

1. 写像 $P_{\mathcal{M}}$ の線形性を示せ．
2. $\mathcal{M}$ を $\mathcal{H}$ の閉部分空間，$\{\psi_n\}_{n=1}^{\infty}$ を $\mathcal{M}$ の C.O.N.S. とすれば，任意の $\psi \in \mathcal{H}$ に対して，$P_{\mathcal{M}}\psi = \sum_{n=1}^{\infty}(\psi_n, \psi)\psi_n$ が成り立つことを示せ．
3. 正射影作用素 P に対して，$R(P)$ と $R(I-P)$ は直交することを示せ．
4. 命題 3.2 を証明せよ．
5. P_n, P を $\mathcal{H}$ 上の正射影作用素とし，w-$\lim_{n \to \infty} P_n = P$ とする（記号については，2.5.4 項を参照）．このとき，s-$\lim_{n \to \infty} P_n = P$ を証明せよ．
6. $\{E(B) | B \in \mathbf{B}^d\}$ を d 次元の単位の分解とする．$B = \bigcup_{n=1}^{\infty} B_n, B_n \cap B_m = \emptyset \ (n \neq m)(B_n \in \mathbf{B}^d, n = 1, 2, \cdots)$，w-$\lim_{N \to \infty} \sum_{n=1}^{N} E(B_n) = E(B)$ ならば，s-$\lim_{N \to \infty} \sum_{n=1}^{N} E(B_n) = E(B)$ であることを示せ．

7. P_n を $\mathcal{H}$ 上の正射影作用素, $P \in \mathcal{B}(\mathcal{H})$ とする.
   (i) w-$\lim_{n\to\infty} P_n = P$, $\lim_{n\to\infty} \|P_n\psi\| = \|P\psi\|$, $\psi \in \mathcal{H}$ ならば, P は正射影作用素であることを示せ.
   (ii) s-$\lim_{n\to\infty} P_n = P$ ならば, P は正射影作用素であることを示せ.
8. $\{E(B)|B \in \mathbf{B}^d\}$ を d 次元の単位の分解とする.
   (i) 任意の $B_1, B_2 \in \mathbf{B}^d$ に対して, $E(B_1) + E(B_2) = E(B_1 \cup B_2) + E(B_1 \cap B_2)$ が成立することを示せ.
   (ii) $B \subset C$, $B, C \in \mathbf{B}^d$ ならば, $E(B) \leq E(C)$ を示せ.
9. (3.9) 式によって定義される $\mu_{\psi,\phi}$ に対して, $|\mu_{\psi,\phi}|(B) := \sup \sum_{j=1}^n |\mu_{\psi,\phi}(B_j)|$ とおく (右辺は $B = \bigcup_{j=1}^n B_j$, $B_j \cap B_k = \emptyset$, $j \neq k$ となる分割のあらゆる仕方に対する上限). このとき, $|\mu_{\psi,\phi}|(B) \leq \|E(B)\psi\| \|E(B)\phi\|$ が成り立つことを示せ [7].
10. F を a.e. 有限な $\mathbf{R}^d$ 上の実数値ボレル可測関数とする. 各 $B \in \mathbf{B}^1$ (1次元ボレル集合体) に対する, F の逆像を $F^{-1}(B)$ で表す. $F^{-1}(B) := \{x \in \mathbf{R}^d | F(x) \in B\}$ [$F^{-1}(B) \in \mathbf{B}^d$ であることに注意]. $L^2(\mathbf{R}^d)$ 上の作用素 $E_F(B)$ を
$$(E_F(B)f)(x) = \chi_{F^{-1}(B)}(x)f(x), \qquad x \in \mathbf{R}^d, \quad f \in L^2(\mathbf{R}^d)$$
によって定義する.
   (i) E_F は単位の分解であることを示せ.
   (ii) $\mu_F(B) = |F^{-1}(B)|$ [$F^{-1}(B)$ のルベーグ測度] とすれば, μ_F は可測空間 $(\mathbf{R}, \mathbf{B}^1)$ 上の測度であることを示せ.
   (iii) E_F はかけ算作用素 M_F のスペクトル測度であることを示せ.
11. $\{E(B)|B \in \mathbf{B}^1\}$ を1次元の単位の分解とし, 実数 λ に対して, $E(\lambda) = E((-\infty, \lambda])$ とする [8]. このとき, 次のことを示せ.
   (i) s-$\lim_{\lambda\uparrow\infty} E(\lambda) = I$
   (ii) s-$\lim_{\lambda\downarrow-\infty} E(\lambda) = 0$
   (iii) (右連続性) s-$\lim_{\varepsilon\downarrow 0} E(\lambda + \varepsilon) = E(\lambda)$
   (iv) $E(\lambda)E(\mu) = E(\min\{\lambda, \mu\})$

   !注意. ここに記された性質 (i)–(iv) をもつ正射影作用素の族 $\{E(\lambda)|\lambda \in \mathbf{R}\}$ も (1次元の) **単位の分解**とよばれる (第4章, 練習問題8を参照). あるいは, **スペクトル族** (spectral family) ともいう.

---

[7] $|\mu_{\psi,\phi}|(B)$ は, 複素数値加法的集合関数 $\mu_{\psi,\phi}$ の B における**全変動**である [伊藤清三, 『ルベーグ積分入門』(裳華房, 1963) の§17を参照]. $\|E(B)\phi\| \leq \|\phi\|$ であるから, この問題の結果は, $\mu_{\psi,\phi}$ が有界変動であることを示している.

[8] 対応: $\lambda \mapsto E(\lambda)$ は $\mathbf{R}$ 上の正射影作用素値関数をあたえる.

12. T が単射な自己共役作用素ならば,T の逆作用素 T^{-1} は自己共役作用素であり,$T^{-1} = \int_{\mathbf{R}} \lambda^{-1} dE(\lambda)$ が成立することを示せ.ただし,E は T のスペクトル測度である.

4

自己共役作用素の解析

　対称作用素の自己共役性に対する基本的な判定条件を定式化する．これは応用上重要である．対称作用素はその閉包が自己共役になるとき，本質的に自己共役であるといわれる．対称作用素の本質的自己共役性に対する特徴づけを行う．作用素解析とスペクトル定理の応用として，強連続1パラメータユニタリ群とよばれる，ユニタリ作用素の族を考察し，これに関する基本定理（ストーンの定理）を証明する．応用例として，$\mathbf{R}^d$の並進群に付随する強連続ユニタリ群をとりあげ，一般化された偏微分作用素を導入する．最後に，自己共役作用素の組に対する強可換性の概念を論じる．これは量子力学において重要な役割を演じる概念のひとつである．

4.1 自己共役性に対する判定条件

　量子力学への応用において現れる作用素は，さしあたっては対称作用素であることしかわからない場合が多い．そこで，対称作用素が自己共役になるための条件を抽象的な形で定式化しておくと便利である．次の定理は，対称作用素の自己共役性に対する判定条件をあたえる重要な定理である．

【定理 4.1】 T を複素ヒルベルト空間 $\mathcal{H}$ 上の対称作用素とする．このとき，次の (i), (ii), (iii) は同値である．

  (i) T は自己共役である．
  (ii) T は閉であり，ある実数 $s \neq 0$ に対して，$\ker(T^* \pm is) = \{0\}$.
  (iii) ある実数 $s \neq 0$ に対して，$R(T \pm is) = \mathcal{H}$.

証明 (i)⇒(ii). T が自己共役であれば，$T = T^*$ である．一方，T^* は閉であるから，T は閉である．任意の実数 $s \neq 0$ に対して，$\psi \in \ker(T^* + is)$ とすれば $T^*\psi = -is\psi$. $D(T) = D(T^*)$ であるから，$\psi \in D(T)$ であり，$T\psi = -is\psi$ となる．いま，$s \neq 0$ であり，T の固有値は実数に限られるから，$\psi = 0$ でなければならない．したがって，$\ker(T^* + is) = \{0\}$. 同様にして，$\ker(T^* - is) = \{0\}$ が証明される．

(ii)⇒(iii). $\ker(T^* + is) = \{0\}$ とすると，補題 2.28(ii) によって，

$$\mathcal{H} = \overline{R((T^* + is)^*)} = \overline{R(T^{**} - is)} = \overline{R(T - is)}$$

ここで，$T = \overline{T} = T^{**}$ を用いた（命題 2.20）．補題 2.29(iii) により，$R(T - is)$ は閉である．したがって，$R(T - is) = \mathcal{H}$. 同様に，$R(T + is) = \mathcal{H}$ が示される．

(iii)⇒(i). $T \subset T^*$ であるから，(i) を証明するには，$D(T^*) \subset D(T)$ を示せば十分である．そこで，$\psi \in D(T^*)$ としよう．$R(T - is) = \mathcal{H}$ によって，$(T - is)\phi = (T^* - is)\psi$ をみたす $\phi \in D(T)$ が存在する．$D(T) \subset D(T^*)$ であるから，$\phi - \psi \in D(T^*)$ であって，$(T^* - is)(\psi - \phi) = 0$ と変形できる．ところが，もうひとつの条件 $R(T + is) = \mathcal{H}$ は，$R(\overline{T} + is) = \mathcal{H}$ を意味する．これと補題 2.28(ii) から（そこの T として $T^* - is$ を考える），$\ker(T^* - is) = \{0\}$ を得る．したがって，$\psi = \phi$. ゆえに $\psi \in D(T)$. よって $D(T^*) \subset D(T)$ が示された．　■

!注意． 上の証明からわかるように，定理 4.1 の (i) を仮定するとき，(ii), (iii) の主張は，実は，0 と異なるすべての $s \in \mathbf{R}(s \neq 0)$ について成り立つ．対称作用素の自己共役性を示す問題への応用において重要なのは次の点である．すなわち，条件 (ii) または (iii) のどちらかが，ある 1 つの実数 $s \neq 0$ に対して成立すれば，対称作用素 T の自己共役性が導かれるということである．条件 (ii) あるいは (iii) の成立を確かめる場合，$s = 1$ として考察するのが標準的である．

■ **例 4.1** ■　F を $\mathbf{R}^d$ 上の（ルベーグ測度に関して）a.e. 有限な実数値可測関数とするとき，この F によるかけ算作用素 M_F（例 2.17 を参照）が自己共役であることはすでに見た（例 2.33）．ここでは，上の定理を応用することにより，

この事実の別証明をあたえよう．まず，M_F が対称作用素であることは容易にわかる．任意の $f \in L^2(\mathbf{R}^d)$ に対して，関数 g を $g(x) = (F(x)+i)^{-1}f(x)$ によって定義すれば，$|g(x)|^2 = |f(x)|^2/(|F(x)|^2+1) \le |f(x)|^2$, $|F(x)g(x)|^2 = |F(x)|^2|f(x)|^2/(|F(x)|^2+1) \le |f(x)|^2$, であるから，$g, Fg \in L^2(\mathbf{R}^d)$, すなわち，$g \in D(M_F)$. したがって，$g$ の定義式は $f = (M_F + i)g$ と書き直せる．これは，$R(M_F + i) = L^2(\mathbf{R}^d)$ を意味する．同様に，$R(M_F - i) = L^2(\mathbf{R}^d)$ が示される．したがって，定理 4.1(iii) によって，M_F は自己共役である．

4.2 本質的自己共役性

閉でない対称作用素は，当然，自己共役ではない．だが，その閉包が自己共役となるような対称作用素が存在しうる．そこで，次の定義を設ける：対称作用素 T の閉包 $\overline{T}$ が自己共役であるとき，T は**本質的に自己共役** (essentially selfadjoint) であるという．この言葉の使い方の正当性は，次の事実による．

【命題 4.2】 対称作用素 T が本質的に自己共役ならば，T はただひとつの自己共役拡大をもち，それは $\overline{T}$ に等しい．

証明 S を T の自己共役拡大とすれば，S は閉であるから，$\overline{T} \subset \overline{S} = S$. ところが，自己共役作用素は非自明な対称拡大をもたないから（命題 2.27），$\overline{T} = S$ でなければならない． ∎

対称作用素の本質的自己共役性の特徴づけは次の定理によってあたえられる．

【定理 4.3】 T をヒルベルト空間 $\mathcal{H}$ 上の対称作用素とするとき，次の 3 つの条件 (i), (ii), (iii) は同値である．

    (i) T は本質的に自己共役である．
    (ii)   ある実数 $s \ne 0$ に対して，$\ker(T^* \pm is) = \{0\}$.
    (iii) ある実数 $s \ne 0$ に対して，$R(T \pm is)$ は $\mathcal{H}$ で稠密である．

証明 (i)⇒(ii). T が本質的に自己共役ならば，$\overline{T}$ は自己共役．したがって，定理 4.1 によって $\ker((\overline{T})^* \pm is) = \{0\}$. ところが，$T$ は可閉であるから，

$(\overline{T})^* = T^*$. したがって, (ii) がでる.

(ii)⇒(iii). $T^* = (\overline{T})^*$ であるから, 定理 4.1 によって, $R(\overline{T} \pm is) = \mathcal{H}$. 一方, $\overline{T}$ の定義から容易にわかるように, $R(T \pm is)$ は $R(\overline{T} \pm is)$ (複合同順) で稠密である. したがって, (iii) が得られる.

(iii)⇒(i). 仮定により, 任意の $\phi \in \mathcal{H}$ に対して, $(T+is)\psi_n \to \phi(n \to \infty)$ となる $\psi_n \in D(T)$ が存在する. このとき, 不等式 (2.42) によって, $\{\psi_n\}_n$ は基本列であることがわかる. したがって, $\psi = \lim_{n\to\infty} \psi_n$ が存在する. このとき, $T\psi_n \to -is\psi + \phi$ であるから, $\psi \in D(\overline{T}), \overline{T}\psi = -is\psi + \phi$ となる. これから, $\phi = (\overline{T}+is)\psi$ であるので, $\phi \in R(\overline{T}+is)$. したがって, $R(\overline{T}+is) = \mathcal{H}$. 同様にして, $R(\overline{T}-is) = \mathcal{H}$ が示される. ゆえに, 定理 4.1 によって, $\overline{T}$ は自己共役である. ∎

!注意. 定理 4.1 について述べた注意と同様の事が定理 4.3 に対してもいえる.

一般に, 閉作用素 T に対し, 部分空間 $D \subset D(T)$ があって, T の D への制限 $T \upharpoonright D$ が可閉であって, その閉包が T に等しいとき, すなわち, $\overline{T \upharpoonright D} = T$ ならば, D を T の**芯** (core) という.

対称作用素 T の, 稠密な部分空間 $D \subset D(T)$ への制限 $T \upharpoonright D$ は対称作用素である. この対称作用素が本質的に自己共役であるとき, T は $\boldsymbol{D}$ 上で**本質的に自己共役**であるという. この場合, T は本質的に自己共役であって, $\overline{T} = \overline{T \upharpoonright D}$ が成立する (練習問題 1).

■ **例 4.2** ■ p を例 2.23 の作用素とする. 例 2.29 (iii) で見たように, p は対称作用素である. $\varphi_n, n \in \mathbf{Z}$ を (1.52) 式によってあたえられる関数とし, $D = \mathcal{L}(\{\varphi_n | n \in \mathbf{Z}\})$ とおく. $\{\varphi_n\}_{n \in \mathbf{Z}}$ が $L^2([0, 2\pi])$ の C.O.N.S. であることにより (定理 1.32), D は $L^2([0, 2\pi])$ で稠密である. また, φ_n は p の固有値 n に属する固有関数であるから, $D \subset D(p)$ であり, p は D を不変にする. p は D 上で**本質的に自己共役**であることを示そう. そこで, 任意の $f \in D$ に対して, $(g, (p+i)f) = 0$ となる $g \in L^2([0, 2\pi])$ があったとしよう. f として, 特に, φ_n を選べば, $p\varphi_n = n\varphi_n$ であるから, $(n+i)(g, \varphi_n) = 0$, したがって, $(g, \varphi_n) = 0$. $n \in \mathbf{Z}$ は任意であり, $\{\varphi_n\}_{n \in \mathbf{Z}}$ は C.O.N.S. であるから, $g = 0$

が結論される．したがって，$R(p+i)$ は稠密である．同様に，$R(p-i)$ も稠密であることがわかる．よって，定理 4.3(iii) によって，$p \upharpoonright D$ は本質的に自己共役である．

いまの結果と上に述べた一般的事実により，$\bar{p}$ は自己共役である．$\bar{p}$ は p の真の拡大になっていることを示そう．まず，次の事実が成立する．

$$D(\bar{p}) = \left\{ f \in L^2([0, 2\pi]) \,\middle|\, \sum_{n=-\infty}^{\infty} |na_n(f)|^2 < \infty \right\} \tag{4.1}$$

ただし，$a_n(f) = (\varphi_n, f)_{L^2([0,2\pi])}$ は f のフーリエ係数である．

〈証明：(4.1) 式の右辺の集合を F とする．$f \in D(\bar{p})$ とすれば，$L^2([0,2\pi])$ の収束の意味で，$f_N \to f$, $pf_N \to \bar{p}f (N \to \infty)$ となる $f_N \in D(p) = C_\mathrm{P}^1[0, 2\pi] (N = 1, 2, \cdots)$ が存在する．一般に，任意の $h \in L^2([0, 2\pi])$ に対して，パーセヴァルの等式によって，

$$\|h\|_{L^2([0,2\pi])}^2 = \sum_{n=-\infty}^{\infty} |a_n(h)|^2 \tag{4.2}$$

($\{\varphi_n\}_{n \in \mathbf{Z}}$ は C.O.N.S. であることを用いる)．p の対称性と $p\varphi_n = n\varphi_n$ により，$a_n(pf_N) = na_n(f_N)$ が成り立つ．これと (4.2) 式を用いると

$$\sum_{n=-\infty}^{\infty} |a_n(f_N) - a_n(f)|^2 \to 0, \quad \sum_{n=-\infty}^{\infty} |na_n(f_N) - b_n|^2 \to 0 \ (N \to \infty)$$

となる．ただし，$b_n = a_n(\bar{p}f)$ とおいた．これから，特に，各 $n \in \mathbf{Z}$ に対して，$a_n(f_N) \to a_n(f), na_n(f_N) \to b_n (N \to \infty)$．したがって，$b_n = na_n(f)$ が得られる．$\sum_{n=-\infty}^{\infty} |b_n|^2 < \infty$ であるから，$\sum_{n=-\infty}^{\infty} |na_n(f)|^2 < \infty$．したがって，$f \in F$ である．ゆえに，$D(\bar{p}) \subset F$.

次に逆の包含関係を示す．$f \in F$ ならば，$\sum_{n=-\infty}^{\infty} |na_n(f)|^2 < \infty$ であるから，$g := \sum_{n=-\infty}^{\infty} na_n(f)\varphi_n$ は $L^2([0,2\pi])$ で収束する（補題1.21を応用せよ）．$f_N = \sum_{n=-N}^{N} a_n(f)\varphi_n$ とおけば，$f_N \in D(p), pf_N = \sum_{n=-N}^{N} na_n(f)\varphi_n$ であり，(4.2) 式によって，$L^2([0,2\pi])$ の収束の意味で，$f_N \to f, pf_N \to g(N \to \infty)$ が成り立つ．これは，$f \in D(\bar{p}), \bar{p}f = g$ を意味する．したがって，$F \subset D(\bar{p})$.〉

$D(p) \neq D(\bar{p})$ を示そう．$1/2 < \alpha < 1$ をみたす定数 α をひとつ固定する．これに対して，$\sum_{n=1}^{\infty} n^{-2-2\alpha} < \infty$ であるから，

$$f_\alpha(x) := \sum_{n=1}^\infty \frac{1}{n^{1+\alpha}} \varphi_n(x)$$

は $L^2([0, 2\pi])$ の位相で収束する．この場合，$n \geq 1$ ならば，$a_n(f_\alpha) = n^{-1-a}$，$n \leq 0$ ならば，$a_n(f_\alpha) = 0$ であるから，$\sum_{n=-\infty}^\infty |na_n(f_\alpha)|^2 = \sum_{n=1}^\infty n^{-2\alpha} < \infty$．したがって，$f_\alpha \in D(\overline{p})$．しかし，$f_\alpha$ は $C_\mathrm{P}^1[0, 2\pi]$ の元ではないので（練習問題 2），$f_\alpha \notin D(p)$．

4.3　強連続 1 パラメータユニタリ群とストーンの定理

　この節では，第 3 章で論じた作用素解析とスペクトル定理の重要な応用のひとつを叙述する．

4.3.1　ヒルベルト空間値関数と作用素値関数

　$\mathcal{H}$ をヒルベルト空間，J を $\mathbf{R}$ の区間とする．各 $t \in J$ に対して，$\mathcal{H}$ の元をただひとつ定める対応 $\psi : t \mapsto \psi(t) \in \mathcal{H}$ を J 上の **$\mathcal{H}$-値関数** という．

■ **例 4.3** ■　f を J 上の関数，$\psi \in \mathcal{H}$ を任意にあたえられたベクトルとすれば，対応 $t \mapsto \psi_f(t) := f(t)\psi \ (t \in J)$ は $\mathcal{H}$-値関数である．

　J 上の $\mathcal{H}$-値関数に対しても微分や積分の概念が定義される．$\psi(t)$ を J 上の $\mathcal{H}$-値関数とする．$t_0 \in J$ に対して，$\lim_{\varepsilon \to 0} \psi(t_0 + \varepsilon) = \psi(t_0)$ であるとき，$\psi(t)$ は $t = t_0$ において **強連続** (strongly continuous) であるという．J の任意の点 t において $\psi(t)$ が強連続のとき，$\psi(t)$ は **J 上で強連続** であるという．

■ **例 4.4** ■　例 4.3 の $\mathcal{H}$-値関数 ψ_f は，f が J 上で連続ならば，J 上で強連続である．実際，任意の $t \in J$ に対して，$\|\psi_f(t + \varepsilon) - \psi_f(t)\| = |f(t + \varepsilon) - f(t)|\|\psi\| \to 0 (\varepsilon \to 0)$．

　J を $\mathbf{R}$ の区間とする．任意の正数 ε に対して，ε だけに関係して決まる正数 $\delta = \delta(\varepsilon)$ が存在して，

$$t_1, t_2 \in J, \ |t_1 - t_2| < \delta \text{ ならば } \|\psi(t_1) - \psi(t_2)\| < \varepsilon$$

が成立するとき，$\psi(t)$ は J 上で **一様強連続** (uniformly strongly continuous) であるという．次の命題は，「閉区間上の複素数値連続関数は同じ閉区間上で一

様連続である」という，初等解析学においてよく知られた基礎的事実のヒルベルト空間値強連続関数版である：

【命題 4.4】 $\psi(t)$ が閉区間 $[a, b]$ 上で強連続ならば，$\psi(t)$ は $[a, b]$ 上で一様強連続である．

証明 通常の微分学における，$[a, b]$ 上の実数値連続関数 $f(t)$ の一様連続性の証明と同様である：そこでの証明に現れる $|f(s) - f(t)|$ $(s, t \in [a, b])$ を $\|\psi(s) - \psi(t)\|$ で置き換えればよい． ∎

連続性を弱収束の位相で考えることもできる（弱収束については，第2章，2.5.4項を参照）：$\psi(t_0 + \varepsilon)$ が，$\varepsilon \to 0$ のとき，$\psi(t_0)$ に弱収束するとき，すなわち，w-$\lim_{\varepsilon \to 0} \psi(t_0 + \varepsilon) = \psi(t_0)$ が成り立つとき，$\psi(t)$ は $t = t_0$ において**弱連続** (weakly continuous) であるという．J の任意の点 t において $\psi(t)$ が弱連続のとき，$\psi(t)$ は **J 上で弱連続**であるという．

容易にわかるように，$\psi(t)$ が強連続ならば弱連続である．だが，この逆は一般には成立しない（練習問題3）．

極限 $\lim_{\varepsilon \to 0} (\psi(t_0 + \varepsilon) - \psi(t_0))/\varepsilon$ が存在するとき，$\psi(t)$ は $t = t_0$ で**強微分可能** (strongly differentiable) であるという．すべての $t \in J$ で $\psi(t)$ が強微分可能のとき，$\psi(t)$ は **J 上で強微分可能**であるといい，

$$\lim_{\varepsilon \to 0} \frac{\psi(t + \varepsilon) - \psi(t)}{\varepsilon} = \frac{d\psi(t)}{dt} = \psi'(t) \tag{4.3}$$

のように記し，これを，$\mathcal{H}$-値関数 $\psi(t)$ の**強微分** (strong derivative) とよぶ．$\psi(t)$ が強微分可能ならば，強連続である．実際，$\|\psi(t + \varepsilon) - \psi(t)\| = |\varepsilon| \cdot \|(\psi(t + \varepsilon) - \psi(t))/\varepsilon\| \to 0 \cdot \|\psi'(t)\| = 0 (\varepsilon \to 0)$．

■ **例 4.5** ■ 例4.3の $\mathcal{H}$-値関数 ψ_f は，f が J 上で微分可能ならば，J 上で強微分可能であって，$d\psi_f(t)/dt = f'(t)\psi$ が成り立つ．実際，任意の $t \in J$ に対して，

$$\left\| \frac{\psi_f(t + \varepsilon) - \psi_f(t)}{\varepsilon} - f'(t)\psi \right\| = \left| \frac{f(t + \varepsilon) - f(t)}{\varepsilon} - f'(t) \right| \|\psi\| \to 0$$
$$(\varepsilon \to 0)$$

強微分よりも弱い意味での微分の概念を定義することができる．すなわち，

(4.3) 式の左辺が弱収束の意味で存在するとき，$\psi(t)$ は**弱微分可能** (weakly differentiable) であるという．

$\mathcal{H}$-値関数の積分について簡単にふれておこう．$\psi(t)$ を閉区間 $[a,b]$ $(a<b)$ 上の $\mathcal{H}$-値関数とする．区間 $[a,b]$ の任意の分割

$$\Delta: t_0=a<t_1<t_2<\cdots<t_{n-1}<t_n=b$$

に対して，$\|\Delta\|:=\max_{k=1,\ldots,n}(t_k-t_{k-1})$ とし，$\mathcal{H}$ のベクトル

$$\Psi_\Delta(\{\xi_k\}):=\sum_{k=1}^n \psi(\xi_k)(t_k-t_{k-1})$$

を考える．ただし，$\xi_k\in[t_{k-1},t_k], k=1,\ldots,n$. もし，各 ξ_k の取り方に依らず，無限分割の極限 $\|\Delta\|\to 0$ $(n\to\infty)$ に関して，極限 $\Psi:=\lim_{\|\Delta\|\to 0}\Psi_\Delta(\{\xi_k\})\in\mathcal{H}$ が存在するならば，$\psi(t)$ は $[a,b]$ でリーマン積分可能であるいう．極限 Ψ を $\int_a^b \psi(t)dt$ と表し，これを $\psi(t)$ の $[a,b]$ における**リーマン積分**という：

$$\int_a^b \psi(t)dt=\lim_{\|\Delta\|\to 0}\sum_{k=1}^n \psi(\xi_k)(t_k-t_{k-1}).$$

次の事実が成り立つ：

$\psi(t)$ が $[a,b]$ 上で強連続ならば，$\psi(t)$ は $[a,b]$ 上でリーマン積分可能であり

$$\int_a^b \psi(t)dt=\lim_{n\to\infty}\sum_{k=1}^n \psi\left(a+\frac{k(b-a)}{n}\right)\frac{b-a}{n}.$$

さらに

$$\left\|\int_a^b \psi(t)dt\right\|\leq \int_a^b \|\psi(t)\|dt$$

が成り立つ．

〈証明（概略）：ψ は一様強連続であるから，任意の $\varepsilon>0$ に対して，正数 $\delta>0$ があって，$\|\xi-\xi'\|<2\delta$ ならば，$\|\psi(\xi)-\psi(\xi')\|<\varepsilon/(b-a)\cdots(*)$ が成り立つ．Δ とは別に $[a,b]$ の任意の分割 $\Delta': t_0'=a<t_1'<\cdots<t_m'=b$ を考えると（$\xi_j'\in[t_{j-1}',t_j']$ とする），通常の実数値連続関数 $f:[a,b]\to\mathbf{R}$ に関するリーマン積分の存在証明の方法とまったく同様にして（微分積分学の本を参照；$|\xi-\xi'|<2\delta\Longrightarrow|f(\xi)-f(\xi')|<\varepsilon/(b-a)$ のかわりに，$(*)$ を使えば

よい), $\|\Delta\|, \|\Delta'\| < \delta$ ならば $\|\Psi_\Delta(\{\xi_k\}) - \Psi_{\Delta'}(\{\xi'_j\})\| < \varepsilon$ が導かれる. そこで, Δ_n を $[a,b]$ の n 等分割で ($t_k = a + k(b-a)/n$ の場合), $\xi_k = t_k$ を満たす分割とし, $\Psi_n = \Psi_{\Delta_n}(\{t_k\})$ とすれば, $\|\Psi_n - \Psi_m\| < \varepsilon$, $n, m > (b-a)/\delta$ ($\|\Delta_n\| = (b-a)/n$ に注意). これは $\{\Psi_n\}_n$ がコーシー列であることを意味するので, 極限 $\Psi := \lim_{n\to\infty} \Psi_n$ が存在する. したがって, $\|\Delta\| < \delta, n > (b-a)/\delta$ ならば,

$$\|\Psi_\Delta(\{\xi_k\}) - \Psi\| \leq \|\Psi_\Delta(\{\xi_k\}) - \Psi_n\| + \|\Psi_n - \Psi\| < \varepsilon + \|\Psi_n - \Psi\|.$$

そこで, $n \to \infty$ とすれば, $\|\Psi_\Delta(\{\xi_k\}) - \Psi\| \leq \varepsilon$. ゆえに, $\lim_{\|\Delta\|\to 0} \Psi_\Delta(\{\xi_k\}) = \Psi$. よって, $\psi(t)$ は $[a,b]$ 上でリーマン積分可能である. $\Psi = \lim_{n\to\infty} \sum_{k=1}^n \psi(a + k(b-a)/n)(b-a)/n$ であるので, 求める積分表式が得られる. 内積 (ノルム) の連続性により, $\|\Psi\| = \lim_{\|\Delta\|\to 0} \|\Psi_\Delta(\xi_k)\| \leq \lim_{\|\Delta\|\to 0} \sum_{k=1}^n \|\psi(\xi_k)\| (t_k - t_{k-1}) = \int_a^b \|\psi(t)\| dt$, ゆえに, 求める不等式が得られる.⟩

無限区間の積分は

$$\int_a^\infty \psi(t)dt := \lim_{R\to\infty} \int_a^R \psi(t)dt, \quad \int_{-\infty}^a \psi(t)dt := \lim_{R\to\infty} \int_{-R}^a \psi(t)dt,$$
$$\int_{-\infty}^\infty \psi(t)dt := \lim_{R\to\infty} \int_{-R}^R \psi(t)dt$$

のように定義される (ただし, それぞれの右辺の極限が存在する場合のみ).

■ **例 4.6** ■ 例 4.3 の $\mathcal{H}$-値関数 ψ_f について, f が $[a,b]$ 上で連続ならば, $\int_a^b \psi_f(t)dt = \left(\int_a^b f(t)dt\right)\psi$.

$\mathcal{H}$ 上の有界作用素の族 $\{W(t)\}_{t\in J}$ があたえられると, 対応 $W: t \mapsto W(t) (t \in J)$ は, J から $\mathcal{B}(\mathcal{H})$ への写像を定める. このような写像 W を J 上の $\mathcal{B}(\mathcal{H})$-値関数という. 任意の $\psi \in \mathcal{H}$ に対して, $\psi(t) = W(t)\psi$ は $\mathcal{H}$-値関数を定義する. これがすべての ψ に対して J 上で強連続であるとき, $\mathcal{B}(\mathcal{H})$-値関数 W は J 上で**強連続**であるという. これは, 言い換えれば, すべての $t \in J$ に対して, s-$\lim_{\varepsilon\to 0} W(t + \varepsilon) = W(t)$ が成立するということである. このような関数の特殊なクラスを以下で詳しく論じる.

4.3.2 自己共役作用素から定まるユニタリ作用素の族

T を $\mathcal{H}$ 上の自己共役作用素とし，そのスペクトル測度を E とする．各 $t \in \mathbf{R}$ に対して，指数関数 $f_t(\lambda) = e^{it\lambda}$，$\lambda \in \mathbf{R}$ を考えると，これは $|f_t(\lambda)| = 1$ をみたす．したがって，定理 3.8(v) によって作用素 $f_t(T)$ はユニタリである．このユニタリ作用素を記号的に e^{itT} あるいは $\exp(itT)$ と表す．

$$e^{itT} := \int_{\mathbf{R}} e^{it\lambda} dE(\lambda) \tag{4.4}$$

こうして，ユニタリ作用素の族 $\{e^{itT}\}_{t \in \mathbf{R}}$ が得られる．

【定理 4.5】 $U(t) = e^{itT}$ とおく〔したがって，対応 $U: t \mapsto U(t)$ は，ユニタリ作用素に値をとる，$\mathbf{R}$ 上の $\mathcal{B}(\mathcal{H})$-値関数〕．このとき，次の (i)～(iii) が成立する．

(i) $U(t)$ は $\mathbf{R}$ 上で強連続であり，

$$U(t+s) = U(t)U(s) = U(s)U(t), \ s, t \in \mathbf{R} \tag{4.5}$$

(ii) 任意の $\psi \in D(T)$ に対して，$U(t)\psi$ は強微分可能であり，

$$\frac{dU(t)\psi}{dt} = iU(t)T\psi = iTU(t)\psi \tag{4.6}$$

特に，

$$T\psi = -i \lim_{t \to 0} \frac{U(t)\psi - \psi}{t} \tag{4.7}$$

(iii) $D(T)$ は $U(t)$ によって次のように特徴づけられる．

$$D(T) = \left\{ \psi \in \mathcal{H} \,\middle|\, \lim_{t \to 0} \frac{U(t)\psi - \psi}{t} \text{ が存在する} \right\} \tag{4.8}$$

証明 (i) (4.5) 式は，$f_{t+s} = f_t f_s = f_s f_t$ と定理 3.8(iv) による．(4.5) 式によって，任意の $\psi \in \mathcal{H}$ に対して，$\|U(t+\varepsilon)\psi - U(t)\psi\| = \|U(t)(U(\varepsilon) - I)\psi\| = \|(U(\varepsilon) - I)\psi\|$ $(t, \varepsilon \in \mathbf{R})$ であるから，$U(t)$ の強連続性を示すには，その $t = 0$ での強連続性を示せばよい．作用素解析により，$\|U(\varepsilon)\psi - \psi\|^2 = \int_{\mathbf{R}} F_\varepsilon(\lambda) d\|E(\lambda)\psi\|^2$．ただし，$F_\varepsilon(\lambda) = |e^{i\varepsilon\lambda} - 1|^2$．明らかに，$\lim_{\varepsilon \to 0} F_\varepsilon(\lambda) = 0$，$\lambda \in \mathbf{R}$，$F_\varepsilon(\lambda) \leq 4$ であって $\int_{\mathbf{R}} d\|E(\lambda)\psi\|^2 = \|\psi\|^2 < \infty$ であるから，ル

4.3 強連続1パラメータユニタリ群とストーンの定理

ベーグの優収束定理によって，$\lim_{\varepsilon \to 0} \int_{\mathbf{R}} F_\varepsilon(\lambda) d\|E(\lambda)\psi\|^2 = 0$. したがって，$U(t)$ は $t = 0$ で強連続である．

(ii) $\psi \in D(T)$ とする．(4.5) 式により，

$$\left\|\frac{U(t+\varepsilon)\psi - U(t)\psi}{\varepsilon} - iU(t)T\psi\right\|^2 = \int_{\mathbf{R}} G_\varepsilon(\lambda) d\|E(\lambda)\psi\|^2$$

ただし，$G_\varepsilon(\lambda) = |\frac{e^{i\varepsilon\lambda}-1}{\varepsilon} - i\lambda|^2$. 初等的な不等式 $|e^{ix} - 1| \leq |x|$, $x \in \mathbf{R}$ によって，$G_\varepsilon(\lambda) \leq 4|\lambda|^2$. さらに，$\lim_{\varepsilon \to 0} G_\varepsilon(\lambda) = 0$, $\lambda \in \mathbf{R}$. $\psi \in D(T)$ であるから，$\int_{\mathbf{R}} |\lambda|^2 d\|E(\lambda)\psi\|^2 < \infty$. したがって，ルベーグの優収束定理が応用できて，$\lim_{\varepsilon \to 0} \int_{\mathbf{R}} G_\varepsilon(\lambda) d\|E(\lambda)\psi\|^2 = 0$ を得る．ゆえに (4.6) 式の第1の等式が得られる．第2の等式は，定理3.8(iv) によって，$U(t)T \subset TU(t)$ が成立することによる．

(iii) (4.8) 式の右辺の集合を D とすれば，(ii) から，$D(T) \subset D$ である．そこで，逆の包含関係を示せばよい．$\psi \in D$ とする．このとき，

$$\left\|\frac{U(t)-1}{t}\psi\right\|^2 = \int_{\mathbf{R}} \left|\frac{e^{it\lambda}-1}{t}\right|^2 d\|E(\lambda)\psi\|^2$$

$\psi \in D$ であるから，この式の両辺の $t \to 0$ の極限は存在する．ファトゥー (Fatou) の補題を使えば

$$\int_{\mathbf{R}} |\lambda|^2 d\|E(\lambda)\psi\|^2 = \int_{\mathbf{R}} \lim_{t \to 0} \left|\frac{e^{it\lambda}-1}{t}\right|^2 d\|E(\lambda)\psi\|^2$$
$$\leq \lim_{t \to 0} \int_{\mathbf{R}} \left|\frac{e^{it\lambda}-1}{t}\right|^2 d\|E(\lambda)\psi\|^2 < \infty$$

ゆえに，$\int_{\mathbf{R}} |\lambda|^2 d\|E(\lambda)\psi\|^2 < \infty$. これは $\psi \in D(T)$ を意味する． ∎

一般に，（必ずしも自己共役であるとは限らない）作用素 T と $\psi \in D(T)$ に対して，$\mathcal{H}$ における微分方程式

$$\frac{d\psi(t)}{dt} = iT\psi(t), \quad \psi(0) = \psi \tag{4.9}$$

を考えることができる．定理 4.5(ii) は次のことを意味する：もし，T が自己共役ならば，$\psi(t) = U(t)\psi$ は (4.9) 式の解である．この点については，後に第6章でもふれる．

4.3.3　強連続 1 パラメータユニタリ群とストーンの定理

定理 4.5 における $U(t)$ の性質のいくつかを抽象化することにより，ある重要な一般概念に到達する．$\mathcal{H}$ 上のユニタリ作用素の族 $\{U(t)\}_{t \in \mathbf{R}}$ が次の (U.1), (U.2) をみたすとき，これを**強連続 1 パラメータユニタリ群** (strongly continuous one parameter unitary group) という．

(U.1)（強連続性）　$U(t)$ は $\mathbf{R}$ 上で強連続である．

(U.2)（群特性）　すべての実数 t, s に対して，$U(t+s) = U(t)U(s)$．

$\{U(t)\}_{t \in \mathbf{R}}$ が強連続 1 パラメータユニタリ群ならば，$U(0) = I$ である〔(U.2) によって，$U(0) = U(0)^2$ であるので，この両辺に $U(0)^{-1}$ を作用させればよい〕．また，任意の $s, t \in \mathbf{R}$ に対して，$U(t)$ と $U(s)$ は可換である．$U(t)U(s) = U(s)U(t)$〔これは，(U.2) と $U(t+s) = U(s+t)$ による〕．

(U.2) において，$s = -t$ とすれば，$I = U(t)U(-t)$ であるので

$$U(-t) = U(t)^{-1} = U(t)^*$$

が成り立つ．

定理 4.5 によって，自己共役作用素 T から定まるユニタリ作用素の族 $\{e^{itT}\}_{t \in \mathbf{R}}$ は強連続 1 パラメータユニタリ群である．これを T によって**生成される強連続 1 パラメータユニタリ群**という．この場合，T をその**生成子** (generator) という．

では，この逆は成り立つであろうか．すなわち，任意の強連続 1 パラメータユニタリ群はある自己共役作用素によって生成されるであろうか．これに肯定的に答えるのが次の重要な定理である．

【定理 4.6】　ストーン (Stone) の定理．$\{U(t)\}_{t \in \mathbf{R}}$ を強連続 1 パラメータユニタリ群とする．このとき，ただひとつの自己共役作用素 T が存在し，$U(t) = e^{itT}$, $t \in \mathbf{R}$ と表される．

この定理を証明する前に，それ自体有用な定理を証明しておく．

【定理 4.7】　$\{U(t)\}_{t \in \mathbf{R}}$ を強連続 1 パラメータユニタリ群とする．稠密な部分空間 D が存在して，任意の $t \in \mathbf{R}$ に対して，$U(t)$ は D を不変にしているとする．$U(t) : D \to D$. さらに，任意の $\psi \in D$ に対して，$U(t)\psi$ は強

微分可能であるとする．D を定義域とする作用素 A を

$$A\psi = -i \lim_{t \to 0} \frac{(U(t) - I)\psi}{t}$$

によって定義する．このとき，A は対称作用素であり，本質的に自己共役である．さらに $U(t) = e^{it\bar{A}}, t \in \mathbf{R}$ が成り立つ．

証明 任意の $\psi, \phi \in D$ に対して，

$$(\psi, A\phi) = -i \lim_{t \to 0} \left(\psi, \frac{U(t)\phi - \phi}{t} \right) = \lim_{t \to 0} \left(i\frac{U(-t)\psi - \psi}{t}, \phi \right) = (A\psi, \phi)$$

したがって，A は対称である．また，任意の $\psi \in D$ に対して，$U(t)\psi \in D$ であり，$U(t+\varepsilon)\psi = U(\varepsilon)U(t)\psi$ であるから，

$$\frac{dU(t)\psi}{dt} = \lim_{\varepsilon \to 0} \frac{U(\varepsilon)U(t)\psi - U(t)\psi}{\varepsilon} = iAU(t)\psi$$

したがって，$\psi \in \ker(A^* + i)$ と任意の $\phi \in D$ に対して，$f(t) = (U(t)\phi, \psi)$ とおけば，これは微分可能であって，

$$\frac{df(t)}{dt} = (iAU(t)\phi, \psi) = -i(U(t)\phi, A^*\psi) = -(U(t)\phi, \psi) = -f(t)$$

これは，$f(t) = (\phi, \psi)e^{-t}$ を意味する．もともとの定義から，$|f(t)| \leq \|\phi\|\|\psi\|$ であるから，$|(\phi, \psi)| \leq \|\phi\|\|\psi\|e^t$ が得られる．しかし，t は任意であるから，$t \to -\infty$ とすることにより，$(\phi, \psi) = 0$ を得る．$\phi \in D$ は任意であり，D は稠密であったから，$\psi = 0$ でなければならない．ゆえに，$\ker(A^* + i) = \{0\}$. 同様に，$\ker(A^* - i) = \{0\}$ が示される．これと定理4.3によって，A は本質的に自己共役である．

前段の結果により，任意の $t \in \mathbf{R}$ に対して，$e^{-it\bar{A}}$ はユニタリ作用素である．定理4.7の最後の言明を証明するために，任意の $\psi, \phi \in D$ に対して，$g(t) := (e^{it\bar{A}}\phi, U(t)\psi), t \in \mathbf{R}$ を考える．

上で見たように，$U(t)\psi$ は強微分可能であり，$(U(t)\psi)' = iAU(t)\psi$ が成り立つ．したがって，強微分可能な $\mathcal{H}$-値関数の内積の微分法則（練習問題10）によって，$g(t)$ は微分可能であり，$g'(t) = -i(\bar{A}e^{it\bar{A}}\phi, U(t)\psi) + i(e^{it\bar{A}}\phi, AU(t)\psi) = 0$ ($\because A$は対称作用素)．ゆえに，$g(t) = g(0) = (\phi, \psi)$. これは，$(\phi, e^{-it\bar{A}}U(t)\psi) = (\phi, \psi)$ を意味し，D は稠密であるから，$e^{-it\bar{A}}U(t)\psi =$

ψ が導かれる．したがって，$U(t)\psi = e^{it\bar{A}}\psi$．$D$ は稠密であるから，作用素の等式 $U(t) = e^{it\bar{A}}$ が成り立つ．　∎

定理 4.6 の証明　各 $f \in C_0^\infty(\mathbf{R})$ と $\psi \in \mathcal{H}$ に対して，$\mathbf{R}$ 上の $\mathcal{H}$-値関数：$\mathbf{R} \ni t \mapsto f(t)U(t)\psi \in \mathcal{H}$ は強連続である．$\mathrm{supp}\, f$ は有界であるから，$\psi_f := \int_{\mathbf{R}} f(t)U(t)\psi dt = \int_{\mathrm{supp}\, f} f(t)U(t)\psi dt$ は存在する．

(1) ψ_f 型のベクトルによって生成される部分空間 $D := \mathcal{L}(\{\psi_f | f \in C_0^\infty(\mathbf{R}), \psi \in \mathcal{H}\})$ は $\mathcal{H}$ で稠密である．

＜証明＞ $\rho \in C_0^\infty(\mathbf{R})$ を $\mathrm{supp}\, \rho \subset [-1, 1]$, $\int_{\mathbf{R}} \rho(t)dt = 1$ を満たすものとし――たとえば，$\rho(t) = h(t)/\int_{\mathbf{R}} h(s)ds$（$h$ は例 1.24 の関数）――, 各 $n \in \mathbf{N}$ に対して，$f_n(t) := n\rho(nt), t \in \mathbf{R}$ とする．このとき，$f_n \in C_0^\infty(\mathbf{R})$, $\int_{\mathbf{R}} f_n(t)dt = 1$ が成り立つ．また，$\mathrm{supp}\, f_n \subset [-1/n, 1/n] \subset [-1, 1]$ である．したがって，任意の $\psi \in \mathcal{H}$ に対して，$\psi_n := \psi_{f_n}$ とすれば，$\psi_n \in D$ であり，$\psi_n - \psi = \int_{[-1,1]} f_n(t)(U(t) - 1)\psi dt$．ゆえに $\|\psi_n - \psi\| \leq \int_{-1}^1 |f_n(t)|\|(U(t)-1)\psi\|dt \leq \int_{\mathbf{R}} |\rho(s)|\|(U(s/n)-1)\psi\|ds$. $U(\cdot)$ の強連続性と $U(0) = I$ により，$\lim_{n\to\infty} \|(U(s/n)-1)\psi\| = 0$. また，$|\rho(s)|\|(U(s/n)-1)\psi\| \leq 2|\rho(s)|\|\psi\|$ であり，$\int_{\mathbf{R}} |\rho(s)|ds < \infty$. したがって，ルベーグの優収束定理により，$\lim_{n\to\infty} \int_{\mathbf{R}} |\rho(s)|\|(U(s/n)-1)\psi\|ds = 0$. ゆえに，$\lim_{n\to\infty} \|\psi_n - \psi\| = 0$, すなわち，$\psi_n \to \psi$ ($n \to \infty$). ゆえに，D は $\mathcal{H}$ で稠密である．

(2) $U(t)D \subset D$ かつ任意の $\psi \in D$ に対して $U(t)\psi$ は t に関して強微分可能であり

$$\frac{d}{dt}U(t)\psi_f = -U(t)\psi_{f'}, \quad t \in \mathbf{R}, f \in C_0^\infty(\mathbf{R})$$

が成り立つ．ただし，f' は f の導関数である．

＜証明＞ 任意の $\psi_f \in D$ に対して，$U(t)$ の有界性と群特性により，$U(t)\psi_f = \int_{\mathbf{R}} f(s)U(t)U(s)\psi ds = \int_{\mathbf{R}} f(s)U(t+s)\psi ds$. そこで，変数変換 $s' = t + s$ を行うと $U(t)\psi_f = \int_{\mathbf{R}} f_t(s')U(s')\psi ds'$. ただし，$f_t(s') := f(s' - t)$. 各 $t \in \mathbf{R}$ に対して，$f_t \in C_0^\infty(\mathbf{R})$ であるから，$U(t)\psi_f \in D$ であり，$U(t)\psi_f = \psi_{f_t}$ が成り立つ．これを用いると

$$\frac{[U(t+\varepsilon)-U(t)]\psi_f}{\varepsilon}=U(t)\psi_{g_\varepsilon}$$

と表される．ただし，$g_\varepsilon:=(f_\varepsilon-f)/\varepsilon$．容易にわかるように，$\lim_{\varepsilon\to 0}g_\varepsilon(s)$ $=-f'(s)$．これと supp f の有界性およびルベーグの優収束定理を用いると $\lim_{\varepsilon\to 0}\int_{\mathbf{R}}|g_\varepsilon(s)+f'(s)|ds=0$ が示される．したがって

$$\|\psi_{g_\varepsilon}+\psi_{f'}\|\leq \int_{\mathbf{R}}|g_\varepsilon(s)+f'(s)|\|\psi\|ds \to 0(\varepsilon\to 0).$$

ゆえに，$U(t)\psi_{g_\varepsilon}\to -U(t)\psi_{f'}(\varepsilon\to 0)$．よって，$U(t)\psi_f$ は t に関して強微分可能であり，$dU(t)\psi_f/dt=-U(t)\psi_{f'}$ となる．

(1), (2) により，$\{U(t)\}_{t\in\mathbf{R}}$ は定理 4.7 の仮定をみたす．そこで，定理 4.7 の $\bar{A}$ を T とすれば，T は自己共役であり，$U(t)=e^{itT}, t\in\mathbf{R}$ が成り立つ．

T の一意性の証明．別に自己共役作用素 S で $U(t)=e^{itS}, t\in\mathbf{R}$ となるものが存在したとしよう．このとき, (2) と定理 4.5(iii) によって，$D\subset D(S)\cap D(T)$ であり，$S\psi=T\psi, \psi\in D$ が成り立つ．定理 4.7 により，S,T はともに D 上で本質的に自己共役であるから，$S=T$ が結論される． ∎

定理 4.6 と定理 4.7 から次の定理が得られる．

【定理 4.8】 $\{U(t)\}_{t\in\mathbf{R}}$ を強連続 1 パラメータユニタリ群，A をその生成子とする．稠密な部分空間 $D\subset D(A)$ が存在して，任意の $t\in\mathbf{R}$ に対して，$U(t)$ は D を不変にしているとする．このとき，A は D 上で本質的に自己共役である．

■ **例 4.7** ■ $L^2(\mathbf{R}^d)$ 上の作用素 $U_j(t)(j=1,\cdots,d, t\in\mathbf{R})$ を次のように定義する．

$$(U_j(t)f)(x)=f(x_1,\cdots,x_j+t,\cdots,x_d)$$

(j 番目の変数 x_j を，t だけずらす). 容易にわかるように，$U_j(t)$ はユニタリであり，$U_j(t+s)=U_j(t)U_j(s)=U_j(s)U_j(t), s,t\in\mathbf{R}$ が成り立つ．また, 任意の $f\in C_0^\infty(\mathbf{R}^d)$ に対して，対応 $t\mapsto U_j(t)f$ は強連続である．$C_0^\infty(\mathbf{R}^d)$ は $L^2(\mathbf{R}^d)$ で稠密だから，任意の $f\in L^2(\mathbf{R}^d)$ と $\varepsilon>0$ に対して，$\|f_\varepsilon-f\|<\varepsilon$ をみたす $f_\varepsilon\in C_0^\infty(\mathbf{R}^d)$ が存在する．3 角不等式によって，

$$\|U_j(t)f - f\| = \|U_j(t)(f - f_\varepsilon) + U_j(t)f_\varepsilon - f_\varepsilon + f_\varepsilon - f\|$$
$$\leq 2\|f - f_\varepsilon\| + \|U_j(t)f_\varepsilon - f_\varepsilon\|$$

であるから，$0 \leq \overline{\lim}_{t\to 0}\|U_j(t)f - f\| \leq 2\varepsilon$．$\varepsilon > 0$ は任意であったから，これは，$\lim_{t\to 0}\|U_j(t)f - f\| = 0$ を意味する．ゆえに，$U_j(t)$ は $t = 0$ で強連続である．$U_j(t)$ の群特性はすでに示したから，$U_j(t)$ の強連続性が結論される．こうして，$\{U_j(t)\}_{t\in\mathbf{R}}$ は $L^2(\mathbf{R}^d)$ 上の強連続 1 パラメータユニタリ群であることがわかる．これを j 方向への**並進ユニタリ群**という．

$\{U_j(t)\}_{t\in\mathbf{R}}$ の生成子を T_j とし，その具体的な形を求めてみよう．任意の $f, g \in C_0^\infty(\mathbf{R}^d)$ に対して，(4.7) 式によって，

$$(f, T_j g) = -i \lim_{t\to 0} \int_K f(x)^* \frac{g(x_1,\cdots,x_j+t,\cdots,x_d) - g(x)}{t} dx$$

ここで，$K = \operatorname{supp} f$．平均値の定理により，

$$\left|\frac{g(x_1,\cdots,x_j+t,\cdots,x_d) - g(x)}{t}\right| \leq \|\partial_j g\|_\infty$$

したがって，ルベーグの優収束定理によって，

$$(f, T_j g) = -i \int_K f(x)^* \partial_j g(x) dx = (f, -i\partial_j g)$$

ゆえに，$T_j g = -i\partial_j g$．これは，$-i\partial_j \subset T_j$ を意味する．明らかに，$U_j(t)$ は $C_0^\infty(\mathbf{R}^d)$ を不変にするから，定理 4.8 によって，$-i\partial_j$ は $C_0^\infty(\mathbf{R}^d)$ 上で本質的に自己共役である．したがって，

$$D_j := \overline{\partial_j} \tag{4.10}$$

とすれば，$T_j = -iD_j$ が得られる．ゆえに

$$U_j(t) = e^{it(-iD_j)}, \qquad t \in \mathbf{R}, \; j = 1,\cdots,d \tag{4.11}$$

(4.10) 式によって定義される作用素 D_j を**一般化された偏微分作用素** (generalized partial differential operator) という．こうして，一般化された偏微分作用素の $-i$ 倍は自己共役であり，並進ユニタリ群の生成子であることがわかる．

4.4 自己共役作用素の強可換性

4.4.1 強可換性

有界作用素の可換性の概念については，第2章の2.5.2項でふれた．第6章で見るように，量子力学では，作用素の可換性および非可換性が重要な意味をもつ（6.2節の公理QM3–2, 6.3節を参照）．しかも，この場合，対象となる作用素は有界であるとは限らない．第6章への準備も兼ねて，この節では，非有界作用素の場合にも適用される可換性の概念について議論をしておく．

$\mathcal{H}$をヒルベルト空間，T, Sを$\mathcal{H}$上の線形作用素とする．作用素$[T, S]$を

$$\text{定義域：} D([T,S]) := D(TS) \cap D(ST) \tag{4.12}$$

$$\text{作 用：} [T,S]\psi := TS\psi - ST\psi, \quad \psi \in D([T,S]) \tag{4.13}$$

によって定義し，これをTとSの**交換子** (commutator) という．容易にわかるように，$[T, S] = -[S, T]$が成立する．

すべての$\psi \in D([T,S])$に対して，$[T,S]\psi = 0$が成り立つならば，TとSは**可換**であるという．

部分空間$D \subset D(TS) \cap D(ST)$があって，任意の$\psi \in D$に対して，$[T,S]\psi = 0$のとき，$T$と$S$は$D$上で**可換**であるという．

T, Sが非有界の場合，$D([T,S])$は非常に狭くなってしまう場合がありうることを注意しておく（練習問題4を参照）．このことからも示唆されるように，上記の意味での可換性の概念は，非有界作用素に関しては，あまり内容のある概念とはいえない．しかし，T, Sが自己共役の場合には，スペクトル定理を利用することにより，有用な可換性の概念を定義することができる．

T, Sを$\mathcal{H}$上の自己共役作用素，E_T, E_Sを，それぞれ，T, Sのスペクトル測度とする．もし，すべての$B, C \in \mathbf{B}^1$に対して，$E_T(B)$と$E_S(C)$が可換であるとき，TとSは**強可換** (strongly commuting) であるという．

n個の自己共役作用素の組$\{T_1, \cdots, T_n\}$は，それらの任意の2つが強可換であるとき，強可換であるという．

■ **例 4.8** ■ $(x_1, \cdots, x_d) \in \mathbf{R}^d$とし，$L^2(\mathbf{R}^d)$上の$x_j$によるかけ算作用素を$M_{x_j}$とする．このとき，任意の$j, k = 1, \cdots, d$に対して，$M_{x_j}$と$M_{x_k}$は強可換である．実際，$M_{x_j}$のスペクトル測度を$E_j$とすれば，これは

$$(E_j(B)f)(x) = \chi_B(x_j)f(x), \quad B \in \mathbf{B}^1, \quad f \in L^2(\mathbf{R}^d)$$

によってあたえられる（例 3.6 を参照）．任意の $B, C \in \mathbf{B}^1$ に対して，$E_j(B)$ と $E_k(C)$ が可換となることは容易にわかる．

自己共役作用素の強可換性を特徴づける定理を述べる前に，自己共役作用素のスペクトル測度をそのレゾルヴェントを用いて表す公式を証明しておこう．

T を自己共役作用素，E_T をそのスペクトル測度とする．

【定理 4.9】 ストーンの公式．任意の $a, b \in \mathbf{R}$，$a < b$ に対して，

$$\underset{\varepsilon\downarrow 0}{\text{s-lim}}\, \frac{1}{2\pi i}\int_a^b \{(T-\lambda-i\varepsilon)^{-1} - (T-\lambda+i\varepsilon)^{-1}\}d\lambda$$
$$= \frac{1}{2}\{E_T([a,\ b]) + E_T((a,\ b))\} \qquad (4.14)$$

証明 各 $\varepsilon > 0$ に対して，$\mathbf{R}$ 上の関数 f_ε を

$$f_\varepsilon(x) = \frac{1}{2\pi i}\int_a^b \left(\frac{1}{x-\lambda-i\varepsilon} - \frac{1}{x-\lambda+i\varepsilon}\right)d\lambda$$

によって定義する．このとき

$$f_\varepsilon(x) = \frac{1}{\pi}\left(\tan^{-1}\frac{b-x}{\varepsilon} - \tan^{-1}\frac{a-x}{\varepsilon}\right)$$

ただし，$\tan^{-1} x$ は逆正接関数の主値である．したがって，$|f_\varepsilon(x)| \leq 1$ となるので，$f_\varepsilon(x)$ は ε に関して一様有界である．さらに，

$$\lim_{\varepsilon\downarrow 0} f_\varepsilon(x) = \frac{1}{2}\{\chi_{[a,b]}(x) + \chi_{(a,b)}(x)\}$$

ただし，S を集合とするとき，χ_S は S の定義関数を表す〔(1.51) 式を参照〕．したがって，作用素解析とルベーグの優収束定理によって，s-$\lim_{\varepsilon\downarrow 0} f_\varepsilon(T) = \{E_T([a,\ b]) + E_T((a,\ b))\}/2$．この式の左辺は，(4.14) 式の左辺にほかならない． ∎

もし，$E_T(\{a\}) = E_T(\{b\}) = 0$ ならば，(4.14) 式の右辺は，$E_T((a,b))$〔$= E_T([a,b])$〕に等しいことに注意しよう．

定理 4.9 によって，T から定まる作用素

$$M_{a,b}(T) := \underset{\varepsilon\downarrow 0}{\text{s-lim}}\ \frac{1}{2\pi i}\int_a^b \{(T-\lambda-i\varepsilon)^{-1}-(T-\lambda+i\varepsilon)^{-1}\}d\lambda$$

は存在し，

$$M_{a,b}(T) = \frac{1}{2}\{E_T([a,b])+E_T((a,b))\} \qquad (4.15)$$

が成立する．$\lambda \geq a$ のとき，$E_T([a,\lambda])$ は λ について右連続である（第3章，練習問題11を参照）．したがって，(4.15) 式は，$E_T(\{a\}) = 2\,\text{s-lim}_{\delta\downarrow 0}\ M_{a,a+\delta}(T)$ を意味する．$E_T((a,b))+E_T([a,b]) = 2E_T((a,b])+E_T(\{a\})-E_T(\{b\})$ であるから，

$$E_T((a,\ b]) = M_{a,b}(T) + \underset{\delta\downarrow 0}{\text{s-lim}}\ (M_{b,b+\delta}(T)-M_{a,a+\delta}(T)) \qquad (4.16)$$

を得る．これは，T のスペクトル測度 E_T が T から一意的に決まることを示す（したがって，いまの議論はスペクトル定理の一意性の部分を証明したことになる）．

次の定理は，強可換性の概念の有用性を示唆する．

【定理 4.10】 T, S を $\mathcal{H}$ 上の自己共役作用素とする．このとき，次の条件 (i), (ii), (iii) は同値である．

(i) T と S は強可換である．
(ii) すべての $a, b \in \mathbf{R}$ に対して，$e^{iaT}e^{ibS} = e^{ibS}e^{iaT}$．
(iii) 任意の $z, w \in \mathbf{C}\backslash\mathbf{R}$ に対して，$R_z(T)R_w(S) = R_w(S)R_z(T)$．

証明 (i)$\Rightarrow$(ii)：定義式 (4.4) と作用素解析を用いればよい．

(ii)$\Rightarrow$(iii)：作用素解析から得られる公式

$$R_z(T) = \begin{cases} -i\int_0^\infty e^{isT}e^{-isz}ds & \text{Im}\,z < 0 \text{ の場合} \\ i\int_{-\infty}^0 e^{isT}e^{-isz}ds & \text{Im}\,z > 0 \text{ の場合} \end{cases}$$

を使えばよい．ここで，右辺の積分は $\mathcal{B}(\mathcal{H})$-値関数についてのリーマン積分である．（定義は $\mathcal{H}$-値強連続関数のリーマン積分のそれと同様．ただし，収束の位相は強収束の意味でとる）．

(iii) ⇒ (i)：仮定と (4.16) 式によって，すべての $a, b, c, d \in \mathbf{R}$, $a < b, c < d$ に対して，$E_T((a, b])$ と $E_S((c, d])$ は可換．したがって，$\{(a,b] | a, b \in \mathbf{R}, a < b\}$ によって生成される有限加法族を $\mathcal{F}$ とすれば，任意の $\psi, \phi \in \mathcal{H}$ と $J, K \in \mathcal{F}$ に対して，$(\psi, E_T(K) E_S(J) \phi) = (\psi, E_S(J) E_T(K) \phi) \cdots (*)$. J を固定して，$\mu_1(B) = (\psi, E_T(B) E_S(J) \phi)$, $\mu_2(B) = (\psi, E_S(J) E_T(B) \phi), B \in \mathbf{B}^1$ とすれば，μ_1, μ_2 は複素ボレル測度であり，$(*)$ は，$\mathcal{F}$ 上で $\mu_1 = \mu_2$ が成立することを意味する．$\mathbf{B}^1$ は $\mathcal{F}$ を含む最小の σ 加法族であるから，拡張の一意性〔E. ホップ (Hopf) の拡張定理〕により，$\mu_1 = \mu_2$. したがって，$(\psi, E_T(B) E_S(J) \phi) = (\psi, E_S(J) E_T(B) \phi), B \in \mathbf{B}^1$. 今度は，$B$ を固定して，J を動かして同様に考えることにより，$(\psi, E_T(B) E_S(C) \phi) = (\psi, E_S(C) E_T(B) \phi), B, C \in \mathbf{B}^1$ が得られる．$\psi, \phi \in \mathcal{H}$ は任意であったから，$E_S(C) E_T(B) = E_T(B) E_S(C)$ が導かれる． ■

定理 4.10 は次の結果を導く．

【定理 4.11】 $\mathcal{H}$ 上の自己共役作用素 T, S が強可換ならば，任意の $\phi \in D(TS) \cap D(T)$ に対して，$\phi \in D(ST)$ であって，$[T, S] \phi = 0$ が成立する．特に，T と S は可換である．

証明 定理 4.10 により，任意の $z, w \in \mathbf{C} \backslash \mathbf{R}$ に対して，$R_z(T) R_w(S) = R_w(S) R_z(T)$. したがって，$R(R_w(S) R_z(T)) \subset D(T)$ であり，$R_w(S) = (T - z) R_w(S) R_z(T)$. これから，任意の $\psi \in D(T)$ に対して，$R_w(S)(T - z)\psi = (T - z) R_w(S) \psi$. したがって，$(T - z) R_w(S) \psi \in D(S)$, すなわち，$R_w(S) \psi \in D(ST)$ であって，$(T - z) \psi = (S - w)(T - z) R_w(S) \psi$. 任意の $\phi \in D(TS) \cap D(T)$ に対して，$\psi = (S - w) \phi \in R(R_w(S))$ とすれば，$\psi \in D(T)$ であるから，$\phi = R_w(S) \psi \in D(ST)$ であり，上の式から，$(T - z)(S - w) \phi = (S - w)(T - z) \phi$. これは，$TS \phi = ST \phi$ を導く． ■

！注意. (i) 定理 4.11 の逆は，$D([T, S])$ が稠密であっても，一般には成り立たない[1]．

---

[1] たとえば，M. Reed and B. Simon, "Methods of Modern Mathematical Physics Vol.I" (Academic Press, 1972) の §VIII.4 の Example 1 を参照．可換であるが強可換ではない例で物理的にも興味があり重要なものが存在する〔A. Arai, *J. Math. Phys.* **33** (1992), pp.3374–3378 を参照〕.

(ii) 定理 4.10, 定理 4.11 から，T, S が有界な自己共役作用素の場合には，普通の意味での可換性と強可換性とは同等になることがわかる．実際，$TS = ST$ ならば，任意の $z, w \in \mathbf{C} \backslash \mathbf{R}$ に対して，$(T-z)(S-w) = (S-w)(T-z)$ であるから，$R_z(T)R_w(S) = R_w(S)R_z(T)$ がでる．したがって，定理 4.10 によって，T と S は強可換である．逆に，T, S が強可換であれば，定理 4.11 から，T と S は可換である．

定理 4.10 の応用として，次の結果が得られる．

【定理 4.12】 $D_j, j = 1, \cdots, d$ を $L^2(\mathbf{R}^d)$ 上の一般化された偏微分作用素とする（例 4.7）．このとき，d 個の自己共役作用素の組 $\{-iD_1, \cdots, -iD_d\}$ は強可換である．

証明 $U_j(t)$ を例 4.7 のユニタリ作用素とすれば，任意の $s, t \in \mathbf{R}$, $j, k = 1, \cdots, d$ に対して，$U_j(t)U_k(s) = U_k(s)U_j(t)$ が成り立つことは，$U_j(t)$ の定義から明らかである．これと (4.11) 式および定理 4.10(ii) によって，求める結果を得る． ■

4.4.2 強可換な自己共役作用素の組の関数

ヒルベルト空間 $\mathcal{H}$ 上の強可換な自己共役作用素の組 $\{T_1, \cdots, T_n\}$ に対して，$T_1, \cdots, T_n$ の関数を定義できることを示そう．その基礎となるのは次の定理である．

【定理 4.13】 $\{T_1, \cdots, T_n\}$ を強可換な自己共役作用素の組とし，E_j を T_j の単位の分解とする．このとき，

$$E(B_1 \times \cdots \times B_n) = E_1(B_1) \cdots E_n(B_n), \quad B_k \in \mathbf{B}^1, k = 1, \cdots, n$$

をみたす，n 次元の単位の分解 E がただひとつ存在する．

定理 4.13 の単位の分解 E を $E_1 \otimes \cdots \otimes E_n$ と記す．この単位の分解を用いると，作用素解析により，$T_1, \cdots, T_n$ の関数を定義することができる．実際，$f(\lambda_1, \cdots, \lambda_n)$ を $\mathbf{R}^n$ 上のボレル可測関数とするとき，$f(T_1, \cdots, T_n)$ を

$$f(T_1,\cdots,T_n) = \int_{\mathbf{R}^n} f(\lambda_1,\cdots,\lambda_n) d(E_1 \otimes \cdots \otimes E_n)(\lambda_1,\cdots,\lambda_n) \quad (4.17)$$

によって定義すればよい．

定理 4.13 を証明するには，ある準備を必要とする．

$\mathcal{D}$ を $\mathcal{H}$ の部分空間とする．直積空間 $\mathcal{D} \times \mathcal{D}$ から $\mathbf{C}$ への写像 $s : (\psi, \phi) \to s(\psi, \phi) \in \mathbf{C}(\psi, \phi \in \mathcal{D})$ は，すべての $\psi, \phi, \eta \in \mathcal{D}$, $\alpha, \beta \in \mathbf{C}$ に対して，

$$s(\psi, \alpha\phi + \beta\eta) = \alpha s(\psi, \phi) + \beta s(\psi, \eta)$$
$$s(\alpha\phi + \beta\eta, \psi) = \alpha^* s(\phi, \psi) + \beta^* s(\eta, \psi)$$

をみたすとき，$\mathcal{D}$ 上の**準双線形形式** (sesquilinear form) とよばれる．

定数 $C > 0$ が存在して，$|s(\psi,\phi)| \leq C\|\psi\|\|\phi\|$, $\psi, \phi \in \mathcal{D}$ が成り立つとき，s は**有界**であるという．この場合，$\|s\| := \sup_{\psi, \phi \in \mathcal{D}, \psi \neq 0, \phi \neq 0} |s(\psi,\phi)|/\|\psi\|\|\phi\|$ を **s のノルム**という．

準双線形形式 s がすべての $\psi, \phi \in \mathcal{D}$ に対して，$s(\psi, \phi)^* = s(\phi, \psi)$ をみたすとき，s は**エルミート**あるいは**対称**であるという．エルミートな準双線形形式を**エルミート形式**あるいは**対称形式**という．

$\mathcal{H}$ 上の有界作用素 T に対して，$s_T(\psi,\phi) = (\psi, T\phi)$, $\psi, \phi \in \mathcal{H}$ とおけば，これは $\mathcal{H}$ 上の有界な準双線形形式であり，$\|s_T\| = \|T\|$ が成り立つ（∵ 任意の $\psi, \phi \in \mathcal{H}$ に対して，$|s_T(\psi,\phi)| \leq \|\psi\|\|T\phi\| \leq \|\psi\|\|\phi\|\|T\|$ より，$\|s_T\| \leq \|T\|$ が出る．他方，$\|T\psi\|^2 = |s_T(T\psi, \psi)| \leq \|s_T\|\|T\psi\|\|\psi\|$. したがって，$\|T\psi\| \leq \|s_T\|\|\psi\|$. ゆえに，$\|T\| \leq \|s_T\|$. よって，$\|s_T\| = \|T\|$）．実は，$\mathcal{H}$ 上の有界な準双線形形式はこの形に限られることが示される．

【定理 4.14】 s を $\mathcal{H}$ 上の有界な準双線形形式とする．このとき，$\mathcal{H}$ 上の有界作用素 T がただひとつ存在して，(i) $s(\psi,\phi) = (\psi, T\phi), \psi, \phi \in \mathcal{H}$; (ii) $\|T\| = \|s\|$ が成り立つ．さらに，s がエルミートであれば，T は対称作用素である．

証明 ψ を任意にひとつ固定すれば，写像 $F : \phi \mapsto s(\psi, \phi)$ は $\mathcal{H}$ 上の有界線形汎関数である．したがって，リースの表現定理によって，$\eta \in \mathcal{H}$ が存在して，$F(\phi) = (\eta, \phi)$ と表される．しかも，この場合，$\|\eta\| = \|F\|$. η は ψ に対して，ただひとつ定まるから，対応：$\psi \mapsto \eta$ はひとつの写像を

定義する．これを A とおく：$A\psi = \eta$．A が線形であることは容易にわかる．$|F(\phi)| = |s(\psi,\phi)| \leq \|s\|\|\psi\|\|\phi\|$ であるから，$\|F\| \leq \|s\|\|\psi\|$．したがって，$\|A\psi\| \leq \|s\|\|\psi\|$．ゆえに，$A$ は有界作用素である．こうして，$s(\psi,\phi) = (A\psi,\phi) = (\psi,A^*\phi)$ と書けるので，$A^* = T$ とおけばこれが求める有界作用素である．(i) から $\|s\| = \|T\|$ が導かれることはすでに見た．s がエルミートであれば，$(\psi,T\phi) = (T\psi,\phi)$ となるので，T は対称である．T の一意性は容易であろう． ∎

【定理 4.15】 F を $\mathcal{H}$ 上の実数値関数，すなわち，$\mathcal{H}$ から $\mathbf{R}$ への写像で次の条件 (i)〜(iii) をみたすものとする．

(i) 定数 $C > 0$ が存在して，$|F(\psi)| \leq C\|\psi\|^2$, $\psi \in \mathcal{H}$．

(ii) すべての $\psi, \phi \in \mathcal{H}$ に対して，
$$F(\psi + \phi) + F(\psi - \phi) = 2F(\psi) + 2F(\phi)$$

(iii) すべての $\phi \in \mathcal{H}$ と $\alpha \in \mathbf{C}$ に対して，$F(\alpha\psi) = |\alpha|^2 F(\psi)$．

このとき，$\mathcal{H}$ 上の有界対称作用素 T がただひとつ存在して，$F(\psi) = (\psi, T\psi)$，$\|T\| \leq C$ が成立する．

証明 写像 $s: \mathcal{H} \times \mathcal{H} \to \mathbf{C}$ を

$$s(\psi,\phi) = \frac{1}{4}\{F(\psi+\phi) - F(\psi-\phi) - iF(\psi+i\phi) + iF(\psi-i\phi)\}, \quad \psi,\phi \in \mathcal{H}$$

によって定義する．このとき，s は有界なエルミート形式である（練習問題 5）．ゆえに，定理 4.14 によって，求める結果が得られる． ∎

定理 4.13 の証明 概略だけを述べる．考え方は，直積測度の構成と同様である[2]．$n = 2$ の場合を示す（$n \geq 3$ の場合は，$n = 2$ の場合の証明法を帰納的に適用することより，証明される）．$B_1, B_2 \in \mathbf{B}^1$ に対して，集合 $B_1 \times B_2 \subset \mathbf{R}^2$ は矩形集合とよばれる．互いに共通部分をもたない，$\mathbf{R}^2$ の矩形集合の有限個の和集合の全体を $\mathbf{B}_0^2$ としよう．$C \in \mathbf{B}_0^2$ に対して，作用素 $E_0(C)$ を次のように定義する．$C = B_1 \times B_2$ ならば，$E_0(C) = E_1(B_1)E_2(B_2)$, $C = \bigcup_{k=1}^N C_k, C_k \in$

---

[2] 伊藤清三，『ルベーグ積分入門』（裳華房，1963）の§9 の手法を参照．

$\mathbf{B}_0^2, C_k \cap C_l = \emptyset (k \neq l)$ ならば，$E_0(C) = \sum_{k=1}^N E_0(C_k)$. このとき，$E_j$ どうしの可換性によって，$E_0(C)$ は正射影作用素であり，$E_0(\emptyset) = 0, E_0(\mathbf{R}^2) = I$ が成り立つ．そこで，$m(C; \psi) = (\psi, E_0(C)\psi), C \in \mathbf{B}_0^2, \psi \in \mathcal{H}$ とすれば，これは，$\mathbf{B}_0^2$ 上の有限加法的測度である．さらに，それは $\mathbf{B}_0^2$ 上で完全加法的であることがわかる：通常の二つの測度 μ_1, μ_2 の直積測度の構成における 完全加法性の証明（前掲書を参照）との本質的な変更点は，$\sum_{j=1}^k \mu_1(B_{1j})\mu_2(B_{2j})$ $(B_{1j}, B_{2j} \in \mathbf{B}^1, j = 1, \ldots, k, k \in \mathbf{N})$ という型の式の上からの評価に対応する部分を次の型の不等式で置き換えることである：

$$\begin{aligned}
0 &\leq \sum_{j=1}^k (\psi, E_1(B_{1j})E_2(B_{2j})\psi) \\
&= \sum_{j=1}^k (E_1(B_{1j})\psi, E_2(B_{2j})\psi) \\
&\leq \sum_{j=1}^k \|E_1(B_{1j})\psi\| \|E_2(B_{2j})\psi\| \\
&\leq \left(\sum_{j=1}^k \|E_1(B_{1j})\psi\|^2 \right)^{\frac{1}{2}} \left(\sum_{j=1}^k \|E_2(B_{2j})\psi\|^2 \right)^{\frac{1}{2}} \\
&= \left(\sum_{j=1}^k (\psi, E_1(B_{1j})\psi) \right)^{\frac{1}{2}} \left(\sum_{j=1}^k (\psi, E_2(B_{2j})\psi) \right)^{\frac{1}{2}}.
\end{aligned}$$

ゆえに，E. ホップの拡張定理によって，$\mathbf{B}^2$ 上の測度 $\mu(\,\cdot\,; \psi)$ で，$\mu(C; \psi) = m(C; \psi), C \in \mathbf{B}_0^2$ となるものがただひとつ存在する〔$m(\mathbf{R}^2; \psi) = \|\psi\|^2 < \infty$ に注意〕．$0 \leq m(C; \psi) \leq \|\psi\|^2, C \in \mathbf{B}_0^2$ であるから，$\mu(C; \psi) \leq \|\psi\|^2, C \in \mathbf{B}^2$ が成り立つ．また，

$$m(C; \psi + \phi) + m(C; \psi - \phi) = 2m(C; \psi) + 2m(C; \phi)$$
$$m(C; \alpha\psi) = |\alpha|^2 m(C; \psi), \ \alpha \in \mathbf{C}, \ \psi, \ \phi \in \mathcal{H}, \ C \in \mathbf{B}_0^2$$

も容易にわかる．したがって，拡張の一意性により，

$$\mu(C; \psi + \phi) + \mu(C; \psi - \phi) = 2\mu(C; \psi) + 2\mu(C; \phi)$$
$$\mu(C; \alpha\psi) = |\alpha|^2 \mu(C; \psi), \ C \in \mathrm{B}^2$$

が成り立つ．したがって，$F(\psi) = \mu(C;\psi)$ は定理 4.15 の仮定をみたす．ゆえに，$\mathcal{H}$ 上の有界な対称作用素 $E(C)$ がただひとつ存在して，$\mu(C;\psi) = (\psi, E(C)\psi), C \in \mathbf{B}^2$ と表される．$\mu(C;\psi) \geq 0$ であるから，$E(C) \geq 0$ である．

あとは，E が単位の分解であることを示せばよい．偏極恒等式（第 2 章，練習問題 12 を参照）によって，複素測度 $(\psi, E(\cdot)\phi), \psi, \phi \in \mathcal{H}$ は，$\mathbf{B}_0^2$ 上の有限加法的複素測度 $(\psi, E_0(\cdot)\phi)$ の一意的拡張である．任意の $C_1, C_2 \in \mathbf{B}_0^2$ に対して，$(\psi, E_0(C_1)E_0(C_2)\phi) = (\psi, E_0(C_1 \cap C_2)\phi)$ であるから，C_2 をとめて，両辺を C_1 に関する複素測度の関係式とみれば，拡張の一意性によって，$(\psi, E(C_1)E_0(C_2)\phi) = (\psi, E(C_1 \cap C_2)\phi), C_1 \in \mathbf{B}^2$．次に C_2 に関する測度の関係式とみれば，$(\psi, E(C_1)E(C_2)\phi) = (\psi, E(C_1 \cap C_2)\phi), C_1, C_2 \in \mathbf{B}^2$ が得られる．したがって，$E(C_1)E(C_2) = E(C_1 \cap C_2) = E(C_2)E(C_1)$．特に，$E(C)^2 = E(C)$．したがって，$\{E(C)|C \in \mathbf{B}^2\}$ は可換な正射影作用素の族である．単位の分解における条件の (E.1) は明らか．B, B_n を条件 (E.2) のようにとると（$d = 2$ の場合），測度 $\mu(\,\cdot\,;\psi)$ の完全加法性によって，w-$\lim_{N \to \infty} \sum_{n=1}^{N} E(B_n) = E(B)$．第 3 章，練習問題 6 によって，これは，強収束を意味する．したがって，(E.2) がみたされる． ∎

練 習 問 題

以下の問題において，$\mathcal{H}, \mathcal{K}$ は一般の複素ヒルベルト空間を表す．

1. T を $\mathcal{H}$ 上の対称作用素，$D \subset D(T)$ を稠密な部分空間とする．T が D 上で本質的に自己共役ならば，T は本質的に自己共役であり，$\overline{T \restriction D} = \overline{T}$ が成立することを証明せよ．

2. 例 4.2 に登場した関数 f_α（ただし，$\frac{1}{2} < \alpha < 1$）は $C_{\mathrm{P}}^1[0, 2\pi]$ に属さないことを示せ．

3. $f \in C_0^\infty(\mathbf{R}), f \neq 0$ に対して，$\mathbf{R}$ 上の $L^2(\mathbf{R})$-値関数 $f(t)$ を次のように定義する：$t \neq 0$ のとき，$f(t)(x) = f(x + \frac{1}{t}), x \in \mathbf{R}$ 〔$f(t)(x)$ は関数 $f(t)$ の x における値〕．$t = 0$ のとき，$f(0)(x) = 0$．このとき，$f(t)$ は $t = 0$ で弱連続であるが，強連続ではないことを示せ．

4. 自己共役作用素 S, T で $D(ST)$ が稠密でない例をつくれ．

5. 定理 4.15 の証明における写像 s は有界なエルミート形式であることを次の手順で示せ（$\psi, \phi \in \mathcal{H}$ は任意）

(i) $s(\psi, \phi)^* = s(\phi, \psi)$

(ii) $s(\psi, \phi + \eta) = s(\psi, \phi) + s(\psi, \eta)$, $s(\psi, i\phi) = is(\psi, \phi)$

(iii) すべての自然数 n に対して，$s(\psi, n\phi) = ns(\psi, \phi)$.

(iv) すべての有理数 q, r に対して，$s(\psi, (q+ir)\phi) = (q+ir)s(\psi, \phi)$.

(v) $|s(\psi, \phi)| \leq 2C\|\psi\|\|\phi\|$

(vi) すべての複素数 z に対して，$s(\psi, z\phi) = zs(\psi, \phi)$.

6. T をヒルベルト空間 $\mathcal{H}$ 上の対称作用素とする．補題 2.29(i) によって，$T+i$ は単射である．したがって，次のように作用素 U が定義される．

$$D(U) = R(T+i), \quad U\psi = (T-i)(T+i)^{-1}\psi, \quad \psi \in D(U)$$

作用素 U を T のケーリー (Cayley) 変換という．以下を示せ．

(i) U は等長である．すなわち，$\|U\psi\| = \|\psi\|, \psi \in D(U)$ が成り立つ．

(ii) T が自己共役であるための必要十分条件は，U がユニタリとなることである．

(iii) T が閉ならば，U も閉である．

(iv) $D(T) = R(I - U)$

(v) 任意の $\psi \in D(U)$ に対して，$T(I-U)\psi = i(I+U)\psi$.

(vi) $\ker(I-U) = \{0\}$. これと (iv), (v) から，$T = i(I+U)(I-U)^{-1}$ を結論せよ．

　！注意．ケーリー変換は，自己共役作用素の全体から，$\ker(I-U) = \{0\}$ をみたすユニタリ作用素全体の上への 1 対 1 対応である．

7. $\omega = \{\omega_n\}_{n=0}^{\infty}$ を実数列とする．ヒルベルト空間 $\ell^2(\mathbb{Z}_+)$ （第 1 章，例 1.7，例 1.15 を参照）において，作用素 H_ω を次のように定義する．

$$D(H_\omega) = \left\{ a = \{a_n\}_{n=0}^{\infty} \in \ell^2(\mathbb{Z}_+) \,\middle|\, \sum_{n=0}^{\infty} |\omega_n a_n|^2 < \infty \right\}$$

$$(H_\omega a)_n = \omega_n a_n, \quad n \geq 0, \, a \in D(H_\omega)$$

(i) H_ω は自己共役であることを示せ．

(ii) H_ω のスペクトルを求めよ．

(iii) H_ω が生成する強連続 1 パラメータユニタリ群 e^{itH_ω} の具体的な作用を求めよ．

8. $\mathbf{R}$ 上の正射影作用素値関数 $\{E(\lambda)|\lambda \in \mathbf{R}\}$ が第3章，練習問題11の (i)〜(iv) の性質をみたすとき，すべての $\lambda \in \mathbf{R}$ に対して，$\tilde{E}((-\infty, \lambda]) = E(\lambda)$ となる単位の分解 $\{\tilde{E}(B)|B \in \mathbf{B}^1\}$ がただひとつ存在することを証明せよ．
9. $\psi \in L^2(\mathbf{R}^d)$ と $\theta \in \mathbf{R}$ に対して，$\psi^\theta(x) = e^{d\theta/2}\psi(e^\theta x)$ とおく．
   (i) $\psi^\theta \in L^2(\mathbf{R}^d)$ であり，$\|\psi^\theta\|_{L^2(\mathbf{R}^d)} = \|\psi\|_{L^2(\mathbf{R}^d)}$ であることを示せ．
   (ii) 写像 $u(\theta): L^2(\mathbf{R}^d) \to L^2(\mathbf{R}^d)$ を $u(\theta)\psi = \psi^\theta$ によって定義する．このとき，$\{u(\theta)\}_{\theta \in \mathbf{R}}$ は強連続1パラメータユニタリ群であることを示せ．

   ！注意．ユニタリ変換 $u(\theta)$ は**スケール変換**あるいは**伸張変換** (dilation) とよばれる．

10. 二つの $\mathcal{H}$-値関数 $\psi(t), \phi(t)$ $(t \in \mathbf{R})$ が $t = t_0$ で強微分可能ならば，複素数値関数 $F(t) := (\psi(t), \phi(t))$ は $t = t_0$ で微分可能であり，$F'(t_0) = (\psi'(t_0), \phi(t_0)) + (\psi(t_0), \phi'(t_0))$ が成り立つことを示せ．

5

偏微分作用素の本質的自己共役性とスペクトル

　この章の目標は，$L^2(\mathbf{R}^d)$ 上の偏微分作用素からつくられる対称作用素の本質的自己共役性を証明し，その閉包によって定義される自己共役作用素のスペクトルを同定することである．準備として，まず，急減少関数の空間 $\mathcal{S}(\mathbf{R}^d)$ を導入し，この空間上でフーリエ変換の理論を展開する．$\mathcal{S}(\mathbf{R}^d)$ は $L^2(\mathbf{R}^d)$ の稠密な部分空間である．$\mathcal{S}(\mathbf{R}^d)$ 上のフーリエ変換は $L^2(\mathbf{R}^d)$ 上のユニタリ変換に一意的に拡大される．このユニタリ変換を利用して，$L^2(\mathbf{R}^d)$ 上の偏微分作用素の解析を行う．

5.1 急減少関数の空間とフーリエ変換

　$\mathbf{R}^d$ 上の無限回微分可能な複素数値関数 f は，任意の $m \in \mathbf{N}$ と任意の多重指数 α に対して

$$\lim_{|x| \to \infty} |x|^m \partial^\alpha f(x) = 0 \tag{5.1}$$

をみたすとき，**急減少関数**であるといわれる．これは，つまり，すべての偏導関数が，無限遠において，$|x|$ のどんな負の整数ベキ乗よりも速く減少するような関数のことである．$\mathbf{R}^d$ 上の急減少関数の全体を $\mathcal{S}(\mathbf{R}^d)$ で表す．この集合は，関数の通常の和とスカラー倍に関してベクトル空間になる．明らかに，

$$C_0^\infty(\mathbf{R}^d) \subset \mathcal{S}(\mathbf{R}^d) \tag{5.2}$$

急減少関数の例として，$f_{m,n}(x) = |x|^{2m} e^{-|x|^{2(n+1)}}$ $(m, n = 0, 1, 2, \cdots)$ をあげておく．これらの関数は $C_0^\infty(\mathbf{R}^d)$ には属さない．

　$x = (x_1, \cdots, x_d) \in \mathbf{R}^d$ と多重指数 α に対して，

$$x^\alpha = \prod_{j=1}^{d} x_j^{\alpha_j} = x_1^{\alpha_1} x_2^{\alpha_2} \cdots x_d^{\alpha_d} \tag{5.3}$$

とおく.$|x_j| \leq |x|$ であるから,$|x^\alpha| \leq |x|^{|\alpha|}$ が成立する.$f \in \mathcal{S}(\mathbf{R}^d)$ ならば,(5.1) 式によって,任意の多重指数 α に対して,$x^\alpha f \in \mathcal{S}(\mathbf{R}^d)$,$\partial^\alpha f \in \mathcal{S}(\mathbf{R}^d)$ である(練習問題 1).したがって,$\mathcal{S}(\mathbf{R}^d)$ は,多項式をかける演算と偏微分をする演算に関して不変である.(5.1) 式によって,任意の非負の整数 m, N に対して,$|x|^m |\partial^\alpha f(x)|$,$|x|^{m+N} |\partial^\alpha f(x)|$ はともに $\mathbf{R}^d$ 上で有界である.そこで,$C(m, N, \alpha, f) = \sup_{x \in \mathbf{R}^d} |x|^m (|x|^N + 1) |\partial^\alpha f(x)|$ とおけば,

$$|x|^m |\partial^\alpha f(x)| \leq \frac{C(m, N, \alpha, f)}{|x|^N + 1}, \quad x \in \mathbf{R}^d \tag{5.4}$$

が成り立つ.したがって,任意の $p > 0, q \geq 0$ と多重指数 α に対して,$|x|^q |\partial^\alpha f(x)|^p$ はルベーグ測度に関して可積分である.ゆえに,特に,

$$\mathcal{S}(\mathbf{R}^d) \subset L^2(\mathbf{R}^d) \tag{5.5}$$

が成り立つ.これと (5.2) 式により,$\mathcal{S}(\mathbf{R}^d)$ は $L^2(\mathbf{R}^d)$ で稠密である.

 $f \in \mathcal{S}(\mathbf{R}^d)$ に対して,**フーリエ変換** (Fourier transform) $\mathcal{F}f$ を

$$(\mathcal{F}f)(k) := \frac{1}{(2\pi)^{d/2}} \int_{\mathbf{R}^d} f(x) e^{-ikx} dx, \quad k \in \mathbf{R}^d \tag{5.6}$$

によって定義する.ここで,$kx := \sum_{j=1}^{d} k_j x_j$ は,$x = (x_1, \cdots, x_d) \in \mathbf{R}^d$ と $k = (k_1, \cdots, k_d) \in \mathbf{R}^d$ のユークリッド内積を表す.また,

$$(\overline{\mathcal{F}}f)(k) := \frac{1}{(2\pi)^{d/2}} \int_{\mathbf{R}^d} f(x) e^{ikx} dx, \quad k \in \mathbf{R}^d \tag{5.7}$$

を**逆フーリエ変換** (inverse Fourier transform) という.明らかに,

$$(\mathcal{F}f)(k) = \overline{\mathcal{F}}f(-k) \tag{5.8}$$

便宜上,

$$\mathcal{F}f = \hat{f}, \quad \overline{\mathcal{F}}f = \check{f} \tag{5.9}$$

という記法も用いる.

【命題 5.1】 $\mathcal{F}, \overline{\mathcal{F}}$ は $\mathcal{S}(\mathbf{R}^d)$ からそれ自身への線形作用素であって,任意の多重指数 α と $f \in \mathcal{S}(\mathbf{R}^d)$ に対して,

$$(\mathcal{F}\partial^\alpha f)(k) = i^{|\alpha|}k^\alpha (\mathcal{F}f)(k) \tag{5.10}$$

証明 $f \in \mathcal{S}(\mathbf{R}^d)$ とすれば,任意の多重指数 α に対して,$x^\alpha f(x)$ は可積分である〔(5.4) 式を参照〕.この事実と付録 A の定理 A.4 の応用によって,$\hat{f}$ は変数 $k_1, \cdots, k_d$ について無限回微分可能であり,

$$\partial_k^\alpha \hat{f}(k) = \frac{1}{(2\pi)^{d/2}} \int_{\mathbf{R}^d} (-i)^{|\alpha|} x^\alpha f(x) e^{-ikx} dx$$

であることがわかる.ここで,∂_k^α は変数 $k = (k_1, \cdots, k_d)$ に関する偏微分を表す.関係式

$$\left(-\sum_{j=1}^d \partial_{x_j}^2\right)^m e^{-ikx} = |k|^{2m} e^{-ikx}, \quad m \in \mathbf{N}$$

に注意すると (∂_{x_j} は変数 x_j に関する偏微分),

$$|k|^{2m}\partial_k^\alpha \hat{f}(k) = \frac{1}{(2\pi)^{d/2}} \int_{\mathbf{R}^d} (-i)^{|\alpha|} x^\alpha f(x) \left(-\sum_{j=1}^d \partial_{x_j}^2\right)^m e^{-ikx} dx$$

$$= \frac{1}{(2\pi)^{d/2}} \int_{\mathbf{R}^d} (-i)^{|\alpha|} \left\{\left(-\sum_{j=1}^d \partial_{x_j}^2\right)^m [x^\alpha f(x)]\right\} e^{-ikx} dx$$

ここで,部分積分を行った〔$x^\alpha f \in \mathcal{S}(\mathbf{R}^d)$ に注意〕.$(\sum_{j=1}^d \partial_{x_j}^2)^m [x^\alpha f(x)]$ は $\mathcal{S}(\mathbf{R}^d)$ の要素であるから,(5.4) 式によって,任意の $N > d$ に対して

$$\frac{1}{(2\pi)^{d/2}} \left|\left\{\left(\sum_{j=1}^d \partial_{x_j}^2\right)^m [x^\alpha f(x)]\right\}\right| \leq \frac{C}{|x|^N + 1}, \quad x \in \mathbf{R}^d$$

となる定数 C が存在する.したがって,$D = C\int_{\mathbf{R}^d} 1/(|x|^N + 1)dx < \infty$ とおけば,$|k|^m|\partial_k^\alpha \hat{f}(k)| \leq \frac{D}{|k|^m} \to 0 (|k| \to \infty)$. $m \in \mathbf{N}$ と多重指数 α は任意であったから,$\hat{f}$ は急減少関数である.$\mathcal{F}$ の線形性は明らかであろう.

部分積分により,$f \in \mathcal{S}(\mathbf{R}^d)$ に対して,

$$\int_{\mathbf{R}^d} [\partial^\alpha f(x)] e^{-ikx} dx = i^{|\alpha|} k^\alpha \int_{\mathbf{R}^d} f(x) e^{-ikx} dx$$

したがって,(5.10) 式がでる.$\overline{\mathcal{F}}$ についても同様〔(5.8) 式を用いよ〕.∎

【定理 5.2】 $\mathcal{F}$ は $\mathcal{S}(\mathbf{R}^d)$ からそれ自身への全単射であり，その逆作用素 $\mathcal{F}^{-1}$ は $\overline{\mathcal{F}}$ に等しい：$\mathcal{F}^{-1} = \overline{\mathcal{F}}$. さらに，任意の $f, g \in \mathcal{S}(\mathbf{R}^d)$ に対して，

$$(\mathcal{F}f, \mathcal{F}g)_{L^2(\mathbf{R}^d)} = (f, g)_{L^2(\mathbf{R}^d)} \tag{5.11}$$

証明 任意の $g \in \mathcal{S}(\mathbf{R}^d)$ に対して，$f(x) = (\overline{\mathcal{F}}g)(x) = \frac{1}{(2\pi)^{d/2}} \int_{\mathbf{R}^d} g(k') e^{ik'x} dk'$ とおけば，命題 5.1 によって，$f \in \mathcal{S}(\mathbf{R}^d)$. 任意の $\varepsilon > 0$ に対して，

$$|e^{-\varepsilon|x|^2} e^{-ikx} f(x)| \le |f(x)|$$

であり，$|f(x)|$ は可積分であるから，ルベーグの優収束定理（付録 A を参照）によって，$(\mathcal{F}f)(k) = \frac{1}{(2\pi)^d} \lim_{\varepsilon \to 0} I_\varepsilon(k)$ と書ける．ただし，

$$\begin{aligned} I_\varepsilon(k) &= (2\pi)^{\frac{d}{2}} \int_{\mathbf{R}^d} e^{-\varepsilon|x|^2} e^{-ikx} f(x) dx \\ &= \int_{\mathbf{R}^d} e^{-\varepsilon|x|^2} e^{-ikx} \left(\int_{\mathbf{R}^d} e^{ik'x} g(k') dk' \right) dx \end{aligned} \tag{5.12}$$

ここで，$|e^{-\varepsilon|x|^2} e^{-ikx} e^{ik'x} g(k')| = e^{-\varepsilon|x|^2} |g(k')|$ であり，これは測度 $dxdk'$ に関して可積分であるから，フビニ (Fubini) の定理（付録 A を参照）により，(5.12) 式の最右辺の積分の順序は交換してもよい．そこで，$K_\varepsilon(k) = \int_{\mathbf{R}^d} e^{-\varepsilon|x|^2 - ikx} dx$ とおけば，$I_\varepsilon(k) = \int_{\mathbf{R}^d} g(k') K_\varepsilon(k - k') dk'$ と書ける．複素積分を使うことにより，$K_\varepsilon(k) = (\pi/\varepsilon)^{d/2} e^{-k^2/4\varepsilon}$ と計算される〔練習問題 4(iii)〕．これと変数変換 $\xi = (k' - k)/2\sqrt{\varepsilon}$ により，$I_\varepsilon(k) = (4\pi)^{d/2} \int_{\mathbf{R}^d} g(k + 2\sqrt{\varepsilon}\xi) e^{-\xi^2} d\xi$ が得られる．$|g(k+2\sqrt{\varepsilon}\xi)| \le \|g\|_\infty$, $\lim_{\varepsilon \to 0} g(k+2\sqrt{\varepsilon}\xi) = g(k)$ であり，$e^{-\xi^2}$ は可積分で，$\int_{\mathbf{R}^d} e^{-\xi^2} d\xi = \pi^{d/2}$ であるから，ルベーグの優収束定理により，$\lim_{\varepsilon \to 0} I_\varepsilon(k) = (2\pi)^d g(k)$. ゆえに，$\mathcal{F}f = g$ が得られる．g は任意の $\mathcal{S}(\mathbf{R}^d)$ の元であったから，これは

$$\mathcal{F}\overline{\mathcal{F}} = I \tag{5.13}$$

を意味する．したがって，$\mathcal{F}$ は全射である．

関数 f に対して，関数 $\tilde{f}$ を

$$\tilde{f}(x) = f(-x), \quad x \in \mathbf{R}^d \tag{5.14}$$

によって定義すると,
$$\mathcal{F}\tilde{f} = \overline{\mathcal{F}f}, \quad \mathcal{F}f = \overline{\mathcal{F}\tilde{f}} \tag{5.15}$$
が成り立つ.これと (5.13) 式によって,任意の $f \in \mathcal{S}(\mathbf{R}^d)$ に対して,$\overline{\mathcal{F}}\mathcal{F}f = \widetilde{(\mathcal{F}\mathcal{F}f)} = \widetilde{(\mathcal{F}\overline{\mathcal{F}}\tilde{f})} = \widetilde{(\tilde{f})} = f$. したがって,
$$\overline{\mathcal{F}}\mathcal{F} = I \tag{5.16}$$
これは $\mathcal{F}$ が単射であることを意味する ($\mathcal{F}f = 0$ ならば,$f = \overline{\mathcal{F}}\mathcal{F}f = 0$).以上によって,定理の前半の主張が示されたことになる.

(5.11) 式は,(5.16) 式を用いて,次のように示される.
$$\begin{aligned}
(\mathcal{F}f, \mathcal{F}g)_{L^2(\mathbf{R}^d)} &= \int_{\mathbf{R}^d} \left(\frac{1}{(2\pi)^{d/2}} \int_{\mathbf{R}^d} f(x)^* e^{ikx} dx\right) (\mathcal{F}g)(k) dk \\
&= \int_{\mathbf{R}^d} f(x)^* \left(\frac{1}{(2\pi)^{d/2}} \int_{\mathbf{R}^d} (\mathcal{F}g)(k) e^{ikx} dk\right) dx \\
&= \int_{\mathbf{R}^d} f(x)^* (\overline{\mathcal{F}}\mathcal{F}g)(x) dx \\
&= \int_{\mathbf{R}^d} f(x)^* g(x) dx \\
&= (f, g)_{L^2(\mathbf{R}^d)}
\end{aligned}$$

ここで,第 2 の等号における積分の順序交換は,$|f(x)||\mathcal{F}g(k)|$ が $dxdk$ について可積分であること,したがって,フビニの定理が適用されることによって正当化される. ∎

定理 5.2 と有界作用素の拡大定理(定理 2.8)を用いると,$\mathcal{F}$ は $L^2(\mathbf{R}^d)$ 上のユニタリ変換(ユニタリ作用素)へと一意的に拡大されることがわかる.すなわち,次の定理が成り立つ.

【定理 5.3】 $L^2(\mathbf{R}^d)$ 上のユニタリ変換 $\hat{\mathcal{F}}$ で,$\mathcal{F} \subset \hat{\mathcal{F}}$ となるものがただひとつ存在する.

証明 定理 5.2 は,$\mathcal{F}$ が,$L^2(\mathbf{R}^d)$ の部分空間としての $\mathcal{S}(\mathbf{R}^d)$ からそれ自身の上への等長作用素であることを意味する ($\|\mathcal{F}\| = 1$).すでに見たように,$\mathcal{S}(\mathbf{R}^d)$ は $L^2(\mathbf{R}^d)$ で稠密であるから,定理 2.8 によって,$L^2(\mathbf{R}^d)$ 上の有界作用素 $\hat{\mathcal{F}}$ で,$\mathcal{F} \subset \hat{\mathcal{F}}, \|\hat{\mathcal{F}}\| = \|\mathcal{F}\| = 1$ となるものがただひとつ存在する.定理 2.8 の証

明から,任意の $f \in L^2(\mathbf{R}^d)$ に対して,$\hat{\mathcal{F}}f = \lim_{n\to\infty}\mathcal{F}f_n$ である.ここで,$\{f_n\}_n \subset \mathcal{S}(\mathbf{R}^d)$ は,$\|f_n - f\|_{L^2(\mathbf{R}^d)} \to 0 (n \to \infty)$ をみたす関数列ならば何でもよい.このことから,まず,$\hat{\mathcal{F}}$ は内積を保存することがわかる.また,任意の $g \in L^2(\mathbf{R}^d)$ に対して,$\|g_n - g\|_{L^2(\mathbf{R}^d)} \to 0 (n \to \infty)$ となる $g_n \in \mathcal{S}(\mathbf{R}^d)$ が存在する.このとき,定理 5.2 によって,各 n に対して,$g_n = \mathcal{F}f_n$ となる $f_n \in \mathcal{S}(\mathbf{R}^d)$ がただひとつ定まる.$\mathcal{F}$ はノルムを保存するので,$\{f_n\}_{n=1}^{\infty}$ は基本列(コーシー列)になる.したがって,$f = \lim_{n\to\infty} f_n \in L^2(\mathbf{R}^d)$ が存在する.ゆえに,$\hat{\mathcal{F}}f = \lim_{n\to\infty}\mathcal{F}f_n = \lim_{n\to\infty} g_n = g$.したがって,$\hat{\mathcal{F}}$ は全射である.こうして,$\hat{\mathcal{F}}$ は $L^2(\mathbf{R}^d)$ 上のユニタリ作用素であることがわかる. ∎

ユニタリ変換 $\hat{\mathcal{F}}$ を $L^2(\mathbf{R}^d)$ 上の**フーリエ変換**という.これは,$\mathcal{S}(\mathbf{R}^d)$ 上のフーリエ変換 $\mathcal{F}$ の拡大であるので,一般の $f \in L^2(\mathbf{R}^d)$ に対しては,その作用 $\hat{\mathcal{F}}f$ がどのような形をとるかは自明ではない.$\hat{\mathcal{F}}f$ も (5.6) 式の右辺であたえられれば都合がよい.だが,(5.6) 式の右辺は f が可積分でなければ意味をもたない.一方,$L^2(\mathbf{R}^d)$ の元で可積分でない元はたくさんある.したがって,いま述べたことは期待できない.しかし,以下に示すように(定理 5.5),(5.6) 式の等号の意味を変更することにより,$\hat{\mathcal{F}}f$ は (5.6) 式のある種の一般化としてあたえられることがわかる.

まず,$L^2(\mathbf{R}^d)$ の部分空間で $\mathcal{S}(\mathbf{R}^d)$ よりも真に大きいものに属する元に対して,$\hat{\mathcal{F}}$ の作用を求める.d 次元ルベーグ測度に関して可積分な,$\mathbf{R}^d$ 上のボレル可測関数の全体を $L^1(\mathbf{R}^d)$ と記す〔すなわち,$f \in L^1(\mathbf{R}^d) \Leftrightarrow \int_{\mathbf{R}^d} |f(x)|dx < \infty$〕.$f \in L^1(\mathbf{R}^d)$ に対して,

$$\|f\|_1 := \int_{\mathbf{R}^d} |f(x)|dx \tag{5.17}$$

とおく.

【定理 5.4】 任意の $f \in L^1(\mathbf{R}^d) \cap L^2(\mathbf{R}^d)$ に対して,

$$(\hat{\mathcal{F}}f)(k) = \frac{1}{(2\pi)^{d/2}} \int_{\mathbf{R}^d} f(x)e^{-ikx}dx, \quad \text{a.e. } k \tag{5.18}$$

証明 まず,任意の $f \in C_0(\mathbf{R}^d) \subset L^1(\mathbf{R}^d) \cap L^2(\mathbf{R}^d)$(第 1 章,1.6.1 項を参照)に対して,(5.18) 式を示す.$\varepsilon > 0$ に対して,$f_\varepsilon \in C_0^\infty(\mathbf{R}^d)$ を定理

1.26 の証明のものとする．このとき，$\|f_\varepsilon - f\| \to 0 (\varepsilon \to 0)$ であるから，$\|\hat{\mathcal{F}}f_\varepsilon - \hat{\mathcal{F}}f\| \to 0 (\varepsilon \to 0)$. したがって，定理 1.13 によって，$\varepsilon_j \to 0 (j \to \infty)$ となる数列 $\{\varepsilon_j\}_{j=1}^\infty$ が存在して，$\lim_{j\to\infty}(\hat{\mathcal{F}}f_{\varepsilon_j})(k) = (\hat{\mathcal{F}}f)(k)$, a.e. k, が成立する．これと $\hat{\mathcal{F}}f_{\varepsilon_j} = \mathcal{F}f_{\varepsilon_j}$ によって，

$$(\hat{\mathcal{F}}f)(k) = \frac{1}{(2\pi)^{d/2}} \lim_{j\to\infty} \int_{\mathbf{R}^d} f_{\varepsilon_j}(x) e^{-ikx} dx, \quad \text{a.e. } k$$

定理 1.26 の証明におけるのと同じ理由で，右辺に対してルベーグの優収束定理を応用することができるので，(5.18) 式が得られる．

次に，台が有界な $f \in L^1(\mathbf{R}^d) \cap L^2(\mathbf{R}^d)$ に対して，(5.18) 式を示す．$R > 0$ に対して，

$$V_R := \{x \in \mathbf{R}^d \mid |x| \leq R\} \tag{5.19}$$

とおく．仮定により，$\mathrm{supp} f \subset V_R$ となる $R > 0$ がある．このとき，R を十分大きくとれば，$\mathrm{supp} f_n \subset V_R$, $n = 1, 2, \cdots$, $\lim_{n\to\infty} \|f - f_n\|_{L^2(\mathbf{R}^d)} = 0$ をみたす関数列 $\{f_n\}_n \subset C_0(\mathbf{R}^d)$ がとれる [1]．したがって，$\|\hat{\mathcal{F}}f_n - \hat{\mathcal{F}}f\|_{L^2(\mathbf{R}^d)} \to 0 (n \to \infty)$. これと前段の結果および定理 1.13 により，$\{f_n\}_n$ の部分列 $\{f_{n(j)}\}_j$ で

$$(\hat{\mathcal{F}}f)(k) = \frac{1}{(2\pi)^{d/2}} \lim_{j\to\infty} \int_{\mathbf{R}^d} f_{n(j)}(x) e^{-ikx} dx, \quad \text{a.e. } k$$

をみたすものが存在する．f_n, f の台の特性とシュヴァルツの不等式によって，

$$\left| \int_{\mathbf{R}^d} f_{n(j)}(x) e^{-ikx} dx - \int_{\mathbf{R}^d} f(x) e^{-ikx} dx \right|$$
$$= \left| \int_{V_R} (f_{n(j)}(x) - f(x)) e^{-ikx} dx \right|$$
$$\leq |V_R|^{\frac{1}{2}} \left(\int_{V_R} |f_{n(j)}(x) - f(x)|^2 dx \right)^{\frac{1}{2}}$$
$$\to 0 \quad (j \to \infty)$$

したがって，(5.18) 式が得られる．

一般の $f \in L^1(\mathbf{R}^d) \cap L^2(\mathbf{R}^d)$ に対しては，$f_R = \chi_{V_R} f$ とすれば，前段の結果により，

$$(\hat{\mathcal{F}}f_R)(k) = \frac{1}{(2\pi)^{d/2}} \int_{|x| \leq R} f(x) e^{-ikx} dx, \quad \text{a.e. } k \tag{5.20}$$

---

[1] 伊藤清三，『ルベーグ積分入門』（裳華房，1963）の p.83, 定理 12.6 を参照．

容易にわかるように，$\|f_R - f\|_{L^2(\mathbf{R}^d)} \to 0 (R \to \infty)$. したがって，$\|\hat{\mathcal{F}}f_R - \hat{\mathcal{F}}f\|_{L^2(\mathbf{R}^d)} \to 0 (R \to \infty)$. したがって，$R_n \to \infty (n \to \infty)$ となる数列 $\{R_n\}_n$ が存在して，$(\hat{\mathcal{F}}f_{R_n})(k) \to (\hat{\mathcal{F}}f)(k)$ a.e. k $(n \to \infty)$. 一方，(5.20)式とルベーグの優収束定理によって〔$f \in L^1(\mathbf{R}^d)$ に注意〕，$(\hat{\mathcal{F}}f_{R_n})(k) \to (2\pi)^{-d/2} \int_{\mathbf{R}^d} f(x)e^{-ikx}dx$ a.e. $k(n \to \infty)$. ゆえに (5.18) 式を得る. ∎

$L^2(\mathbf{R}^d)$ の一般の元 f に対する $\hat{\mathcal{F}}f$ を求めよう．

【定理 5.5】 任意の $f \in L^2(\mathbf{R}^d)$ に対して,

$$\lim_{R \to \infty} \int_{\mathbf{R}^d} \left| (\hat{\mathcal{F}}f)(k) - \frac{1}{(2\pi)^{d/2}} \int_{|x| \leq R} f(x)e^{-ikx}dx \right|^2 dk = 0 \quad (5.21)$$

さらに，$\hat{\mathcal{F}}$ の逆作用素は

$$\lim_{R \to \infty} \int_{\mathbf{R}^d} \left| (\hat{\mathcal{F}}^{-1}g)(x) - \frac{1}{(2\pi)^{d/2}} \int_{|k| \leq R} g(k)e^{ikx}dk \right|^2 dx = 0, \quad g \in L^2(\mathbf{R}^d) \quad (5.22)$$

によってあたえられる．

証明 $f \in L^2(\mathbf{R}^d)$ と $R > 0$ に対して，$f_R = \chi_{V_R}f$ とおけば，$f_R \in L^1(\mathbf{R}^d) \cap L^2(\mathbf{R}^d)$ であるから，定理 5.4 によって，

$$(\hat{\mathcal{F}}f_R)(k) = \frac{1}{(2\pi)^{d/2}} \int_{|x| \leq R} f(x)e^{-ikx}dx, \quad \text{a.e. } k$$

一方，$\|f_R - f\|_{L^2(\mathbf{R}^d)} \to 0$ $(R \to \infty)$ であるから，$\|\hat{\mathcal{F}}f_R - \hat{\mathcal{F}}f\|_{L^2(\mathbf{R}^d)} \to 0(R \to \infty)$. したがって，(5.21) 式が得られる．(5.22) 式も同様にして証明される． ∎

第 1 章の例 1.16 で導入した平均収束の記号 l.i.m. を用いれば，(5.21) 式は，

$$(\hat{\mathcal{F}}f)(k) = \operatorname*{l.i.m.}_{R \to \infty} \frac{1}{(2\pi)^{d/2}} \int_{|x| \leq R} f(x)e^{-jkx}dx \quad (5.23)$$

と書ける〔$\hat{\mathcal{F}}^{-1}g, g \in L^2(\mathbf{R}^d)$ についても同様〕．こうして，一般の $f \in L^2(\mathbf{R}^d)$ に対するフーリエ変換 $\hat{\mathcal{F}}f$ は，(5.6) 式の右辺の積分を有界領域の積分の極限としてとらえ，その収束の意味を平均収束の意味で考えたものによってあたえられることがわかる．

以後，$L^2(\mathbf{R}^d)$ 上のフーリエ変換 $\hat{\mathcal{F}}$ も単に $\mathcal{F}$ と記す．また，$f \in L^2(\mathbf{R}^d)$ に対して，$\hat{f}$ を (5.9) 式の第1式によって定義し，$\check{f} := \mathcal{F}^{-1} f$ とする．

5.2 偏微分作用素とその本質的自己共役性

m を自然数とし，変数 $k_1, \cdots, k_d \in \mathbf{R}$ に関する実数値多項式

$$P(k) = \sum_{|\alpha| \leq m} a_\alpha k^\alpha \tag{5.24}$$

を考える（a_α は実定数）．これに対応して，偏微分作用素

$$P(-i\partial) := \sum_{|\alpha| \leq m} a_\alpha (-i)^{|\alpha|} \partial^\alpha, \quad D(P(-i\partial)) := C_0^\infty(\mathbf{R}^d) \tag{5.25}$$

が定義される．例 2.30 の結果，$P(-i\partial)$ は対称作用素である．この作用素のひとつの拡大 $P_\mathcal{S}(-i\partial)$ を次のように定義する．

$$D(P_\mathcal{S}(-i\partial)) := \mathcal{S}(\mathbf{R}^d), \quad P_\mathcal{S}(-i\partial) f := P(-i\partial) f, \quad f \in \mathcal{S}(\mathbf{R}^d) \tag{5.26}$$

【定理 5.6】 $P_\mathcal{S}(-i\partial)$ は本質的に自己共役であり，その閉包を $\overline{P_\mathcal{S}}(-i\partial)$ とすれば，作用素の等式

$$\mathcal{F} \overline{P_\mathcal{S}}(-i\partial) \mathcal{F}^{-1} = M_P \tag{5.27}$$

が成立する．ここで，M_P は，関数 $P(k)$ によるかけ算作用素を表す．

この定理は，次の一般的な事実を応用することにより証明される．

【補題 5.7】 $\mathcal{H}, \mathcal{K}$ をヒルベルト空間，$\mathcal{D}$ を $\mathcal{K}$ の稠密な部分空間とする．$U : \mathcal{H} \to \mathcal{K}$ をユニタリ変換，T, S をそれぞれ，$\mathcal{H}, \mathcal{K}$ 上の対称作用素とし，次の条件がみたされているとする．

 (i) $\mathcal{D} \subset D(S), U^{-1} \mathcal{D} \subset D(T)$
 (ii) 任意の $\psi \in \mathcal{D}$ に対して，$U T U^{-1} \psi = S \psi$．

このとき，S が $\mathcal{D}$ 上で本質的に自己共役ならば，T は $U^{-1} \mathcal{D}$ 上で本質的に自己共役であり，作用素の等式

$$U \overline{T} U^{-1} = \overline{S} \tag{5.28}$$

が成り立つ．

5.2 偏微分作用素とその本質的自己共役性

証明 S の $\mathcal{D}$ への縮小を $S_\mathcal{D}$ とする．仮定と定理 4.3 により，ある実数 $s \neq 0$ に対して，$R(S_\mathcal{D} \pm is)$ は $\mathcal{K}$ で稠密である．条件 (ii) によって，$(T \pm is)U^{-1}\psi = U^{-1}(S_\mathcal{D} \pm is)\psi$, $\psi \in \mathcal{D}$．ユニタリ作用素は，稠密な部分空間を稠密な部分空間にうつすから〔定理 2.7 (ii)〕, $R((T \upharpoonright U^{-1}\mathcal{D}) \pm is)$ は稠密である．したがって，定理 4.3 により，T は $U^{-1}\mathcal{D}$ 上で本質的に自己共役である．任意の $\psi \in D(\overline{S})$ に対して，$\psi_n \to \psi$, $S\psi_n \to \overline{S}\psi (n \to \infty)$ となる $\psi_n \in \mathcal{D}$ が存在する．このとき，$TU^{-1}\psi_n \to U^{-1}\overline{S}\psi$, $U^{-1}\psi_n \to U^{-1}\psi (n \to \infty)$．したがって，$U^{-1}\psi \in D(\overline{T})$, $\overline{T}U^{-1}\psi = U^{-1}\overline{S}\psi$．これは，$\overline{S} \subset U\overline{T}U^{-1}$ を意味する．仮定により，$\overline{S}$ は自己共役であり，$U\overline{T}U^{-1}$ は対称作用素であるから，命題 2.27 によって，実は，それらは一致しなければならない．ゆえに，(5.28) 式が得られる． ■

定理 5.6 の証明 (5.10) 式によって，(5.27) 式は $\mathcal{S}(\mathbf{R}^d)$ 上で成立する．すなわち，任意の $f \in \mathcal{S}(\mathbf{R}^d)$ に対して，$\mathcal{F}\overline{P}_\mathcal{S}(-i\partial)\mathcal{F}^{-1}f = M_P f$. $f \in \mathcal{S}(\mathbf{R}^d)$ ならば，$(M_P \pm i)f, (M_P \pm i)^{-1}f \in \mathcal{S}(\mathbf{R}^d)$ であるから，$R((M_P \pm i) \upharpoonright \mathcal{S}(\mathbf{R}^d)) = \mathcal{S}(\mathbf{R}^d)$ が成り立つ．したがって，M_P は $\mathcal{S}(\mathbf{R}^d)$ 上で本質的に自己共役である．$\mathcal{F}^{-1}\mathcal{S}(\mathbf{R}^d) = \mathcal{S}(\mathbf{R}^d)$ であるから，補題 5.7 を $\mathcal{H} = L^2(\mathbf{R}^d)$, $U = \mathcal{F}$, $\mathcal{D} = \mathcal{S}(\mathbf{R}^d)$, $T = P_\mathcal{S}(-i\partial)$, $S = M_P$ として応用すれば，求める結果を得る． ■

定理 5.6 を利用して，$P(-i\partial)$ の本質的自己共役性を示すために補題をひとつ用意する．

【補題 5.8】 任意の $f \in \mathcal{S}(\mathbf{R}^d)$ に対して，$C_0^\infty(\mathbf{R}^d)$ の関数列 $\{f_n\}_n$ で，任意の多重指数 α に対して

$$\lim_{n \to \infty} \|\partial^\alpha f_n - \partial^\alpha f\|_{L^2(\mathbf{R}^d)} = 0 \tag{5.29}$$

をみたすものが存在する．

証明 $h(0) = 1$, $0 \leq h(x) \leq 1$, $\mathrm{supp}\, h \subset \{x \in \mathbf{R}^d | |x| \leq 1\}$ をみたす関数 $h \in C_0^\infty(\mathbf{R}^d)$ をひとつとる．任意の $f \in \mathcal{S}(\mathbf{R}^d)$ と $n \in \mathbf{N}$ に対して，$f_n(x) = h(x/n)f(x)$ とすれば，$f_n \in C_0^\infty(\mathbf{R}^d)$ であり，ライプニッツ (Leibniz) の公式により，

$$\partial^\alpha f_n(x) = \sum_{\beta_1=0}^{\alpha_1} \cdots \sum_{\beta_d=0}^{\alpha_d} {}_{\alpha_1}C_{\beta_1} \cdots {}_{\alpha_d}C_{\beta_d} \frac{1}{n^{|\alpha|-|\beta|}} (\partial^{\alpha-\beta}h)\left(\frac{x}{n}\right) \partial^\beta f(x)$$

ただし，${}_nC_r := n!/(n-r)!r! (n, r \in \mathbf{Z}_+, r \leq n)$ は二項係数である．したがって，$\lim_{n\to\infty} \partial^\alpha f_n(x) = \partial^\alpha f(x), x \in \mathbf{R}^d$ であり，$|\partial^\alpha f_n(x)| \leq C \sum_{\beta_1=0}^{\alpha_1} \cdots \sum_{\beta_d=0}^{\alpha_d} |\partial^\beta f(x)|$ と評価できる．ただし，C は定数である．この不等式の右辺の関数は，(5.4) 式によって，$L^2(\mathbf{R}^d)$ に属する．ゆえに，ルベーグの優収束定理によって，(5.29) 式を得る． ∎

【定理 5.9】 $P(-i\partial)$ は本質的に自己共役であり，その閉包を $\overline{P}(-i\partial)$ とすれば，作用素の等式

$$\mathcal{F}\overline{P}(-i\partial)\mathcal{F}^{-1} = M_P \tag{5.30}$$

が成立する．

証明 補題 5.8 によって，任意の $f \in D(P_\mathcal{S}(-i\partial)) = \mathcal{S}(\mathbf{R}^d)$ に対して，$L^2(\mathbf{R}^d)$ のノルムで，$f_n \to f, P(-i\partial)f_n \to P_\mathcal{S}(-i\partial)f (n \to \infty)$ をみたす $f_n \in C_0^\infty(\mathbf{R}^d)$ が存在する．これは，$P_\mathcal{S}(-i\partial) \subset \overline{P}(-i\partial)$ を意味する．したがって，$\overline{P_\mathcal{S}}(-i\partial) \subset \overline{P}(-i\partial)$．$\overline{P}(-i\partial)$ は対称作用素であり，$\overline{P_\mathcal{S}}(-i\partial)$ は自己共役であるから（定理 5.6），$\overline{P}(-i\partial) = \overline{P_\mathcal{S}}(-i\partial)$ でなければならない．この結果と定理 5.6 によって，示すべき主張が導かれる． ∎

(5.30) 式によって，

$$D(\overline{P}(-i\partial)) = \left\{ f \in L^2(\mathbf{R}^d) \,\middle|\, \int_{\mathbf{R}^d} |P(k)\hat{f}(k)|^2 dk < \infty \right\} \tag{5.31}$$

$$(\mathcal{F}\overline{P}(-i\partial)f)(k) = P(k)\hat{f}(k), \ f \in D(\overline{P}(-i\partial)), \text{ a.e. } k \tag{5.32}$$

が成り立つ．

5.3 スペクトル

自己共役作用素 $\overline{P}(-i\partial)$ のスペクトルについては，次の結果が得られる．

【定理 5.10】 $$\sigma(\overline{P}(-i\partial)) = \overline{\{P(k) | k \in \mathbf{R}^d\}} \tag{5.33}$$

証明 (5.33) 式は，(5.30) 式，スペクトルのユニタリ不変性，およびかけ算作

用素のスペクトルの特性（定理2.25）による． ■

5.4 一般化されたラプラシアン

例4.7で一般化された偏微分作用素 D_j を導入した．定理5.9によって，作用素の等式

$$\mathcal{F}(-iD_j)\mathcal{F}^{-1} = M_{k_j}, \qquad j = 1, \cdots, d \tag{5.34}$$

が成立する（右辺の M_{k_j} は，関数 k_j によるかけ算作用素）．したがって，スペクトルに関して，定理5.10，定理2.25 (ii) によって，

$$\sigma(-iD_j) = \mathbf{R},\ \sigma_\mathrm{p}(-iD_j) = \emptyset, \qquad j = 1, \cdots, d \tag{5.35}$$

が成立する．

作用素 D_j を用いて定義される作用素

$$\Delta = \sum_{j=1}^{d} D_j^2, \qquad D(\Delta) = \bigcap_{j=1}^{d} D(D_j^2) \tag{5.36}$$

を（d 次元の）**一般化されたラプラシアン** (generalized Laplacian) とよぶ．

【定理 5.11】 作用素の等式

$$\mathcal{F}\Delta\mathcal{F}^{-1} = -M_{k^2} \tag{5.37}$$

が成立する（右辺の M_{k^2} は，関数 k^2 によるかけ算作用素）．したがって，特に，Δ は自己共役であり，$-\Delta \geq 0$ である．さらに，

$$\sigma(-\Delta) = [0, \infty), \qquad \sigma_\mathrm{p}(-\Delta) = \emptyset \tag{5.38}$$

証明 (5.34) 式と $M_{k_j}^2 = M_{k_j^2}$ によって，$\mathcal{F}D_j^2\mathcal{F}^{-1} = -M_{k_j^2}$．したがって，(5.37) 式が成立する．(5.38) 式は (5.37) 式と定理5.10，定理2.25 (ii) による． ■

練 習 問 題

1. $f \in \mathcal{S}(\mathbf{R}^d)$ ならば，任意の多重指数 α に対して，$x^\alpha f, \partial^\alpha f \in \mathcal{S}(\mathbf{R}^d)$ であることを示せ．

2. $f \in L^1(\mathbf{R}^d)$ に対して,そのフーリエ変換 $\hat{f}$ を
$$\hat{f}(k) = \frac{1}{(2\pi)^{d/2}} \int_{\mathbf{R}^d} f(x) e^{-ikx} dx, \qquad k \in \mathbf{R}^d$$
によって定義する. $\hat{f}$ は有界な連続関数であり,$|\hat{f}(k)| \leq (2\pi)^{-d/2}\|f\|_1$ が成立することを示せ.

3. (リーマン–ルベーグの補題) $f \in L^1(\mathbf{R})$ ならば,$\lim_{|k|\to\infty} \hat{f}(k) = 0$ であることを示せ.

4. $a > 0$ とするとき,次にあげる $\mathbf{R}$ 上の関数 f のフーリエ変換を求めよ.
 (i) $f(x) = e^{-a|x|}$
 (ii) $f(x) = \begin{cases} 1 & ; |x| \leq a \text{ のとき} \\ 0 & ; |x| > a \text{ のとき} \end{cases}$
 (iii) $f(x) = e^{-ax^2}$

5. 任意の実数 $a_j \in \mathbf{R}(j = 1, \ldots, d)$ に対して,$L^2(\mathbf{R}^d)$ 上の線形作用素 $H := -\Delta + \sum_{j=1}^d a_j(-iD_j)$ を考える.
 (i) $D(H) = D(-\Delta)$ および H は自己共役であることを示せ.
 (ii) $E(a) := -\sum_{j=1}^d a_j^2/4$ とする. $\sigma(H) = [E(a), \infty)$ を示せ.

6

量子力学の数学的原理

量子力学の数学的枠組みを公理論的な形で提示し，これと関連する基本的事項を論じる．量子力学の理論的基礎構造をあたえるのは，複素ヒルベルト空間とそこで働く自己共役作用素たちである．まず，量子力学の性格を歴史的・物理的な背景にふれながら簡単に述べる．次に，量子力学の基本概念である状態と物理量を数学的に定式化する．状態は複素ヒルベルト空間の単位ベクトルによって表され，物理量には自己共役作用素が対応する．これらの基礎概念の公理論的定式化に加えて，次の諸点を論述する．(i) 量子力学が古典力学と本質的に異なることのひとつの表現をあたえるハイゼンベルクの不確定性関係，(ii) 古典力学から量子力学への移行の処方をあたえる正準量子化の概念およびこれと関連する正準交換関係の表現の問題，(iii) 状態の時間発展，(iv) 物理量の時間発展，(v) 量子系の最低エネルギーを評価するためのひとつの方法をあたえる変分原理．

6.1 量子力学とはどういうものか

量子力学の数理の基礎を論じる前に，その物理的背景に若干ふれておこう．20世紀の物理学の発展の過程において，物質はある種の階層的構造をなしていることが実験的に確認されてきた．まず，種々の物質は，それぞれに固有の分子あるいは原子の集まりである．分子や原子は目で見ることのできない微視的な対象であって，大きさのスケールは 10^{-10}m 程度である．これらの微視的な対象は，感覚的に知覚しうる巨視的な物質のひとつの構成単位とみることができる．分子は原子が結合したものであるとみれば，巨視的な物質の基本単位のひとつは原子だということになる．次に，原子をより細かく調べると，それ

は原子核と電子からなり,原子核は核子(陽子,中性子)からできていることが知られる.原子核,核子の大きさのスケールは,原子のそれよりもはるかに小さく,それぞれ,$10^{-15}\sim10^{-14}$m,10^{-15}m 程度である.物質構造の認識に関して,この水準にとどまるならば,電子と核子が物質を構成する基本的な要素であるということができる.この意味で,物質の究極的構造を探る研究の初期においては,それらは**素粒子** (elementary particle) とよばれた.ところが,これらの素粒子どうしを衝突させる実験を行うと新しい型の微視的対象が姿を現す(たとえば,π中間子,"奇妙な粒子","チャーム粒子"等々).核子や電子と異なる微視的対象は,宇宙線——宇宙空間から地球へやってくる巨大なエネルギーをもつ荷電粒子の流れ——がひき起こす現象の中にも観測される(たとえば,陽電子,μ中間子,ニュートリノ).こうした微視的対象も核子や電子と同じく,物質の基本的構成要素と考えられ,素粒子とよばれるようになった.現在では,数多くの素粒子が知られている[1].

ところで,素粒子は,粒子とはいっても,実は,古典力学的な粒子概念ではとらえきれない対象であって,巨視的な粒子とは本質的に異なる振る舞い方をする.素粒子のような微視的な対象が関わる力学系においては,古典的な粒子概念は意味を失い,ニュートン (Newton) 力学とマクスウェル (Maxwell) の電磁気学に基づく古典物理学は破綻する.この破綻は,歴史的には,まず,物体の熱輻射の問題において起こった.閉じた空洞内にある物質の振動している原子と電磁輻射の間の熱平衡の際に,ほとんどすべてのエネルギーは振動している原子に集中し,ただそのわずかな部分だけがそれと平衡にある輻射に分配される.この経験事実は古典物理学と鋭く矛盾した.なぜなら,古典物理学にしたがえば,そのような平衡状態にあっては,原子は振動することにより,そのエネルギーを電磁輻射として失い,ほとんどすべてのエネルギーが電磁場に移らなければならないからである.これと関連して,物体の熱輻射のスペクトル分布を古典物理学では完全に説明することはできなかった.長波長と短波長の領域においては,古典物理学を用いて,観測とよく一致する公式が得られてい

---

[1] 素粒子についてのさらに詳しいデータと議論については,たとえば,原 康夫,『素粒子』(朝倉現代物理学講座 11,朝倉書店,1980) を参照.現在では,これまでに知られている素粒子の多くのものは,クォーク,レプトン,ゲージボソンとよばれる,もっと基本的な素粒子から構成されているという描像が実験的にも理論的にも確立されつつある.

たが，すべての波長領域にわたるスペクトル分布の公式を理論的に導くことができなかったのである．プランク (Planck) は，古典物理学と根本的に矛盾する仮定，すなわち「（原子や分子のような）微視的体系のエネルギーはただ定まったとびとびの値のみをとりうる」という**量子仮説**を設けることによって，この問題を解決した（1900年）．この仮説において，今日，プランクの定数とよばれる物理定数 h が導入された（後述を参照）．

古典物理学の限界を示すもうひとつの例として，物質の安定性があげられる．原子に関する実験から，原子は正の電荷をもった重い原子核とその周囲を運動する電子からなっているという描像が得られる．だが，古典物理学によれば，このような場合，電子は加速度運動を行い，電磁波としてエネルギーを放出するので，ついには電子は運動のエネルギーをすべて失い，短時間のうちに原子核のほうへ落ち込むはずである．これは物質がつぶれることを意味する．だが，このことは明らかに経験と矛盾する．さらに付け加えるならば，電磁エネルギーの放出の際，電子の回転の振動数は連続的に変化するので，放出される電磁波のスペクトルは連続的に分布するであろう．したがって，原子が発する光のスペクトルは連続的であるはずである．だが，これは，原子が鋭いスペクトル線を放出する事実と矛盾する．

素粒子は，ある物理的状況のもとでは粒子的に振る舞うが，別の状況では，波動的に振る舞う．後者の例としては，たとえば，電子の流れ（電子線）に関して，光の干渉実験と類似の実験を行うと光の場合と同様に干渉縞が生じる，という現象があげられる．素粒子は粒子性だけではなく波動性ももっているのである．素粒子が有するこの特性は，**波動-粒子の二重性** (wave-particle duality) とよばれる．だが，これは，素粒子が波動性と粒子性を"同時に"もっているという意味ではない．素粒子は，別の言い方すれば，**粒子でもなく**，**波でもない，何か**なのである．この特性の結果，素粒子の"位置"について，もはや古典力学におけるように語ることはできない．実際，素粒子の"位置"は，古典力学のように因果的（決定論的）に決まる（観測される）のではなく，確率的に分布する．"運動量"についても同様である．

素粒子が波動性を現すとき，その波動をその素粒子の**ド・ブロイ** (de Broglie) **波**とよぶ．エネルギーが E，運動量 $\mathbf{p}$ の素粒子のド・ブロイ波の角振動数を

$\omega = 2\pi\nu$（ν は振動数），波数ベクトルを $\mathbf{k}$（$|\mathbf{k}| = 2\pi/\lambda$；$\lambda$ は波長）とすれば

$$E = \hbar\omega, \quad \mathbf{p} = \hbar\mathbf{k} \tag{6.1}$$

という**アインシュタイン** (Einstein)**-ド・ブロイの関係式**が成り立つ．ここで，$\hbar = h/2\pi$ であり，$h = 6.6256 \times 10^{-27}$ erg・sec は**プランクの定数**とよばれる．(6.1) 式は粒子的概念（左辺）と波動的概念（右辺）を結びつける式であり，素粒子の波動−粒子の二重性に対するひとつの定量的表現とみることができる．

素粒子の一般的特性として，上に言及した波動−粒子の二重性のほかに，素粒子は生成したり消滅したりすることが可能である，という事実があげられる．たとえば，中性子は，ある確率で陽子と電子とニュートリノに崩壊する．この場合，中性子は消滅して，陽子と電子とニュートリノが生成されたとみるのである．こうした現象は，素粒子どうしの衝突実験においても観測される．つまり，衝突の前後で素粒子の種類も数も変わりうるのである．

ところで，物質と対をなして重要なのが光（電磁波）である．光は，上述の素粒子の場合とは逆に，古典物理学的な意味では波動とみなされるが，**光電効果**——エネルギーの高い光を金属に照射すると電子が飛び出してくる現象——の発見などによって，光は粒子性も有することが示唆された．この場合には，古典的な波動概念が微視的な対象からなる系に対しては変更を受けなければならないことが示されたことになる．こうして，光も波動−粒子の二重性をもつ．角振動数が ω の光は，粒子的描像では，(6.1) 式の E によってあたえられるエネルギーをもつ粒子（量子）の集まりとみなせる．このことを光のエネルギーは量子化されているといい，そのエネルギー量子を**光子**（フォトン；photon）とよぶ．エネルギーがある一定以上の光は，ある確率で電子と陽電子の対を生成すること（**対生成**）が可能であり，この逆の過程（**対消滅**）も可能である．こうして，光も素粒子の仲間であると考えられるようになった．

原子や素粒子に関わる現象の研究は，古典力学的な物質観あるいは世界観を根底から覆すことになった．上述の素粒子の一般的性質からも示唆されるように，もし，古典物理学に代わる新しい理論で微視的世界の現象を記述するものがあるとすれば，そこにおいては古典物理学における諸概念は根本的な変更を受けることになるはずである．ところで，そのような新しい理論として誕生したのが，**量子力学** (quantum mechanics) である．この理論の創始者は，ハイ

ゼンベルク (W. Heisenberg)（1925年）とシュレーディンガー (E. Schrödinger)（1926年）である．量子力学という場合，素粒子の生成消滅が起こらない範囲の現象（しかも，非相対論的なエネルギーレヴェル）に限定した量子力学を指す場合が多い．素粒子の生成・消滅を記述するためには，無限自由度の量子力学である**場の量子論** (quantum field theory) が用いられる．だが，これは本書の範囲をはるかに越える話題である[2]．

　量子力学の数学的理論における基本的対象は複素ヒルベルト空間とその上で働く自己共役作用素たちである．このため，量子力学の理論形式は，古典物理学とは違って，極度に抽象的である．これは，素粒子に対する真正な描像（イメージ）あるいは表象を形成するのが極度に困難であることと呼応している．そもそも描像や表象というものは，通常，巨視的な世界の感覚的知覚に基づいている．このことを深く考慮するならば，素粒子のような根源的で非感覚的・超感覚的な対象が古典力学的な，いわば素朴なイメージでとらえられなくても驚くにはあたらないであろう．むしろ，積極的に，そこに宇宙のより深遠な姿をみてとることさえ可能である．量子力学を理解するためには，古典力学的な描像や世界観に固執してはならず，そこから自由でなければならない．量子力学でも，古典的な諸概念（位置，運動量，エネルギー，波動等々）を使わざるをえないが，その意味あいは古典論とは本質的に異なるものであり，それらはいわば比喩として用いられるのである．このことは常にはっきりと意識しておく必要があろう．素粒子とは何か，という問いに対しては，筆者の現在の考えでは，ひとつの理論全体でもって答えるほかはないようにおもわれる．しかし，そのような理論はまだ完成されていない．現在，われわれが手にしている量子力学はこの問いに対する部分的な解答をあたえるものである．とはいえ，微視的領域における最近の著しい実験技術の進歩は量子力学の妥当性をますます強く確証している．少なくとも原子や分子レヴェルの現象に関する限り，量子力学の妥当性はほとんど疑う余地のないものとなっている．

　量子力学が，古典力学と根本的に異なる点のひとつは，それが決定論的でないということである．つまり，量子力学が対象とする系においては，ある時刻

---

[2] 場の量子論については本書の「あとがき」を参照．量子力学の歴史的な形成過程を一望するには，江沢 洋・恒藤敏彦編，『量子物理学の展望 上』（岩波書店，1977）の第I部序論が参考になる．

で系がどういう状態にあるかがわかっていても，未来のある時刻で系の状態を観測したときにどういう状態が得られるかは，確率的にしか予言できないのである．こうした事態が生じることについての直観的説明は，微視的系においては，巨視的な系と違って，観測が当該の系を擾乱するという事実に求められる．量子力学にとっては観測という概念が重要な要素として理論の中に入ってくるのである．

　すべての物理現象を物質の基本的構成要素である素粒子の法則から説明しようとする観点からは，量子力学は古典物理学を包摂する基本理論とみなされる．古典物理学は，概念的な図式でいえば，量子力学の理論に含まれるプランクの定数 h を理論上ひとつのパラメータとみて，それをゼロにする極限 $h \to 0$ ——**古典的極限** (classical limit)——としてとらえられる．

6.2　量子力学の基礎概念——状態と物理量

　一般に，物理系を記述するための基本的な概念のひとつとして「状態」という概念がある．状態というのは，抽象的にいうならば，ある数学的対象によって表現され，その対象から特定の規則によって，考察下にある物理系に関する知識（情報）が得られるようなものである．この場合，物理系の動力学的な側面，すなわち，時間の推移に関わる力学的側面は，状態の時間発展という形で考察されることになる．いうまでもなく，状態の概念は対象とする物理系の種類によって異なりうる．

　量子力学における状態の概念は，古典力学におけるそれとは根本的に異なっている．そこで，まず，比較対照の意味で，古典力学における状態の概念を簡単に復習しておこう．ここで述べるのは，ハミルトン形式とよばれる理論形式に基づくものである．古典力学に親しんでいない読者にもお話として理解できるよう書いたつもりであるが，仮にこの部分が十分理解できなくても後の量子力学の部分を理解する妨げにはならないはずである．

　古典力学が対象とする系〔たとえば，いくつかの粒子（質点）からなる系〕には，**自由度**という概念が結びついている．これは系の「配置」を記述するのに必要とされる独立な変数の数である．たとえば，3次元空間 $\mathbf{R}^3$ を運動する1個の質点からなる系では，3個の独立変数（たとえば，直交座標系を記述する変

数) を用意すれば，質点の位置（配置）を記述できるので，この場合の自由度は3である．自由度が f の系の配置を記述するための f 個の変数の組は**一般化座標**とよばれる．これを $q = (q_1, \cdots, q_f)$ と記す．系の運動は，一般化座標 q およびこれに共役な**一般化運動量**とよばれる f 個の変数の組 $p = (p_1, \cdots, p_f)$ によって記述される．ここで，一般化運動量というのは，通常の質点の運動量（＝［質量］×［速度］）の概念を一般化したものである．系の状態は一般化座標と一般化運動量の組 (q, p) によって表される．これは，数学的にはある $2f$ 次元多様体の点であり，力学では，この多様体のことを**相空間** (phase space) という．有限自由度の古典力学系の状態は相空間のひとつの点として表されるのである．

相空間は考える系ごとに異なりうる．たとえば，3次元空間を運動する1個の質点からなる系を直交座標で記述する場合，状態は $\mathbf{R}^3 \times \mathbf{R}^3 = \{(q, p) | q \in \mathbf{R}^3, p \in \mathbf{R}^3\}$ の点によって表される．なお，余談であるが，流体や電磁場のように連続体からなる力学系は有限個の成分からなる一般化座標と一般化運動量によっては記述されない．このような系は**無限自由度**をもつといわれ，**場** (field) の概念を用いて記述される．これに対応する古典力学は，**古典場の理論**とよばれる．この理論の量子版が**場の量子論**である．

系の運動は状態の時間変化として記述される．時刻 $t \in \mathbf{R}$ の状態を $(q(t), p(t))$ とすれば，その時間発展は，系の全エネルギーを表す関数 $H = H(q, p)$ ——ハミルトン (Hamilton) 関数——から定まる**ハミルトンの正準方程式**

$$\frac{dq_j(t)}{dt} = \frac{\partial H(q(t), p(t))}{\partial p_j}, \quad \frac{dp_j(t)}{dt} = -\frac{\partial H(q(t), p(t))}{\partial q_j}, \quad j = 1, \cdots, f$$

によって決定される．ここで，$\partial H(q(t), p(t))/\partial p_j$ は，$\partial H(q, p)/\partial p_j$ の $q_j = q_j(t)$, $p_j = p_j(t)$ における値を表す．$\partial H(q(t), p(t))/\partial q_j$ についても同様．この方程式は1階の常微分方程式系であるので，H に対する適当な条件のもとで，$t = 0$ での状態 $(q(0), p(0))$ を指定すれば，時刻 t の状態は一意的に定まる．つまり，古典力学においては，ある時刻における状態を知れば，その後の状態の時間変化を一意的に予言することができる．この意味で古典力学は決定論的である．

さて，量子力学の公理論的定式化にうつろう．まず，量子力学における状態

の概念から始める．以下，量子力学が対象とする物理系を単に量子系ということにする．

【公理 QM1】 量子系の**状態** (state) は複素ヒルベルト空間 $\mathcal{H}$ の単位ベクトルによって表される．このベクトルを**状態ベクトル** (state vector) あるいは単に状態という．ただし，絶対値が 1 の任意の複素数 α に対して，状態ベクトル $\psi \in \mathcal{H}$ と $\alpha\psi$ は同一の状態を表すものとする．

公理 QM1 にいうヒルベルト空間 $\mathcal{H}$ を**状態のヒルベルト空間**あるいは単に**状態空間**という．この公理は，量子力学の状態概念が古典力学のそれと根本的に異なることを示している．ここで，注意しなければならないのは，公理 QM1 は，状態のヒルベルト空間の任意の単位ベクトルが物理的に実現可能な状態を記述することを要請しているわけではない，ということである．そのような要請はあまりにもきつすぎるのである．たとえば，後に見るように，量子系のエネルギーは状態のヒルベルト空間 $\mathcal{H}$ で働く自己共役作用素——H としよう——によって表されるが，H が非有界で定義域 $D(H)$ が $\mathcal{H}$ 全体に等しくない場合，$D(H)$ に属さない単位ベクトルは物理的に実現可能な状態とはみなされない．なぜなら，そのようなベクトルはエネルギーの大きさが無限大の状態に対応すると解釈されるからである〔H のスペクトル測度を E_H とすれば，$\psi \notin D(H) \iff \int_{\mathbb{R}} \lambda^2 \, d\|E_H(\lambda)\psi\|^2 = \infty$ に注意〕．

公理 QM1 について，次のような疑問が生じるかもしれない．定理 2.6 で見たように，可分な無限次元複素ヒルベルト空間は ℓ^2 と同型であり，この意味では，可分な無限次元複素ヒルベルト空間によって記述される，量子系の状態空間は本質的にひとつである．したがって，そのような量子系の状態のヒルベルト空間は ℓ^2 としてもよいのではないか？ これに対しては次のように答えられる．量子力学の理念は普遍的なものであると考えられるので，量子力学の一般原理をあたえる公理系は，特定のヒルベルト空間に依存しない形で定式化されなければならない．そうすることによって，量子力学の理念的本質が明らかにされ，種々の個別的な量子系の現象を統一的にとらえることが可能になるのである（なお，6.4.3 節も参照）．これと関連した，数学的な観点からの理由については，すでに，第 2 章，定理 2.6 のすぐあとで述べた．

個々の具体的な量子系の状態を記述するヒルベルト空間をどのようにとるかは，量子系を構成する対象と，それに対してどういう（部分的・一面的）描像（波動的描像，粒子的描像あるいはほかの描像）を基本に据えるかによって異なりうるが，古典力学との対応も考慮すると，多くの場合，ある意味で"自然な"ヒルベルト空間を見いだすことができる．

■ **例 6.1** ■ 3次元空間 $\mathbf{R}^3$ の中を運動する N 個の非相対論的粒子の状態を記述するヒルベルト空間として，$L^2(\mathbf{R}^{3N})$ が用いられる（後の例6.4を参照）．

以下，量子系を任意にひとつ固定して考え，これに対応する状態のヒルベルト空間を $\mathcal{H}$ で表す．量子系においては，ひとつの物理量（たとえば，エネルギー，位置，運動量等）を同一の状態において観測してもその観測値は一般には一意的に決まらず確率的に分布する．したがって，量子力学においては，古典力学とは違った意味で，物理量とその観測値を区別する必要がある．これも量子力学が古典力学と本質的に異なる点のひとつである．すでに述べたように，（有限自由度の）古典力学では，一般化座標 q と一般化運動量 p によって状態が指定される．物理量は，基本的には，q,p の実数値関数である．したがって，q,p の観測値は，状態を定め，物理量の観測値を一意的に決める．前節で注意したように，量子系においては，古典的な諸概念は本来の意味を失う．量子力学においては，古典力学における物理量が有する直観的性質はある限定された意味でしか適用されえない．量子力学でも，位置，運動量，エネルギー等の言葉を古典力学から借用するが，それらは，本質的には，系について行うある観測過程の特性を表す以外のものではない．

量子系の物理量は次の公理によって特徴づけられる．

【公理 QM2】 物理量——観測可能量あるいは**オブザーヴァブル** (observable) ともいう——は $\mathcal{H}$ 上の自己共役作用素によって表される．

公理 QM2 は，$\mathcal{H}$ の任意の自己共役作用素が物理量であることを主張するものではない（このような要請はきつすぎるであろうし，以下の公理論的展開にとって必要でもない）．今後，物理量とそれを表す自己共役作用素を同一視して，物理量 T（T は自己共役作用素）という言い方をする．上に注意したよう

に，状態 $\psi \in \mathcal{H}$ における物理量 T の観測値は確率的に分布するので，それはある確率変数の値であると考えるのが自然である．この確率変数を T_ψ とし，それが定義されている確率空間を $(\Omega, \mathbf{B}, P)$ とする[3)]．これに対して，次の公理が要請される．

【公理 QM3–1】 (i) T を物理量とする．任意のボレル集合 $B \subset \mathbf{R}$ に対して，$T_\psi \in B$ である確率（状態 ψ における T の観測値が B に入る確率）を $P(T_\psi \in B)$ とすれば，$P(T_\psi \in B) = \|E_T(B)\psi\|^2$ である．ここで，E_T は T のスペクトル測度を表す．

(ii) 観測によって，物理量 T の固有値 λ が得られたとすれば，観測直後の状態は λ に属する，T の固有ベクトルによって記述される状態になる．

この公理の (i) は，言い換えれば，T_ψ の分布 P^{T_ψ} が $\|E_T(\cdot)\psi\|^2$ に等しいことを要請するものである．

$$P^{T_\psi}(B) = \|E_T(B)\psi\|^2, \quad B \in \mathbf{B}^1 \tag{6.2}$$

これが可能であるためには，$\|E_T(\cdot)\psi\|^2$ が可測空間 $(\mathbf{R}, \mathbf{B}^1)$ 上の確率測度でなければならないが，これはスペクトル測度の性質によって保証される．

一般に，量子系の状態は観測によって擾乱されうる．この擾乱による系の変化は，後に述べる，状態の時間発展（6.5 節を参照）——これはある時刻の状態を指定すれば，後の時刻の状態は完全に一意的に決定される，という意味で因果的——とは異なる種類の変化であって，非因果的（確率的）なものである．この変化の仕方を規定するのが公理 QM3–1(ii) である．

観測によって状態が擾乱を被りうるという事実も微視的な系が巨視的な系と根本的に異なる点のひとつである．巨視的な系の状態は，観測による影響を受けない，あるいはそれは無視されうる．観測による状態の非因果的変化はしばしば**波束の収縮**とよばれる．観測による擾乱をどうとらえるかは量子力学の解釈の問題も含めて議論の余地がある問題である．この問題は**観測の理論**とよばれる分野によって扱われるが，ここではこれ以上立ち入ることはできない．

上述の公理系からいかなる事実が導かれるかを見よう．

[3)] 確率変数については，付録 B を参照．なお，観測値は実数であると仮定する．やがて明らかになるように，いまの場合，確率空間の具体的な形は重要ではない．

確率変数 T_ψ の期待値（平均）$E[T_\psi]$ ——状態 ψ において，T を観測したときの観測値の期待値——は

$$E[T_\psi] = \int_\Omega T_\psi(\omega) dP(\omega) \tag{6.3}$$

によって定義される．

【命題 6.1】 任意の状態 $\psi \in D(T)$ に対して，

$$E[T_\psi] = (\psi, T\psi) \tag{6.4}$$

証明 付録 B の (B.2) と (6.2) によって，

$$E[T_\psi] = \int_{\mathbf{R}} \lambda dP^{T_\psi} = \int_{\mathbf{R}} \lambda d\|E_T(\lambda)\psi\|^2$$

作用素解析により，最右辺は $(\psi, T\psi)$ に等しい． ■

命題 6.1 は次のことを示している：単位ベクトル $\psi \in D(T)$ と $T\psi$ の内積 $(\psi, T\psi)$ は，量子力学の文脈では，状態 ψ において，T を観測したときの観測値の期待値に等しい．これはなかなか調和的な対応関係であるといえよう．

【命題 6.2】 物理量 T が固有値 λ をもつ場合を考え，これに対応する固有空間を $\mathcal{H}_\lambda$，$\{\psi_n\}_{n=1}^N$ を $\mathcal{H}_\lambda$ の任意の C.O.N.S. とする（N は有限または可算無限）．このとき，次の (i), (ii) が成り立つ．
  (i) 状態 $\psi \in D(T)$ における T の観測値が λ である確率は $\sum_{n=1}^N |(\psi_n, \psi)|^2$ である．
  (ii) $\mathcal{H}_\lambda$ に属する任意の状態において，T を観測したとき，その観測値として必ず λ が得られる．

証明 (i) 公理 QM3–1(i) によって，$T_\psi = \lambda$ である確率は $\|E_T(\{\lambda\})\psi\|^2$ である．$E_T(\{\lambda\})$ は，固有値 λ に対する固有空間への正射影作用素であるから（定理 3.12），$E_T(\{\lambda\})\psi = \sum_{n=1}^N (\psi_n, \psi)\psi_n$．したがって，$\|E_T(\{\lambda\})\psi\|^2 = \sum_{n=1}^N |(\psi_n, \psi)|^2$．

(ii) $\psi \in \mathcal{H}_\lambda$ ならば，$E(\{\lambda\})\psi = \psi$ であるから，$\|E_T(\{\lambda\})\psi\|^2 = \|\psi\|^2 = 1$．したがって，状態 ψ において，T の観測値が λ である確率は 1 である．これを言い換えれば，示すべき主張になる． ■

命題 6.2(ii) から，物理量の固有値に属する固有ベクトルによって表される状態は，その物理量の観測値が一意的に決まるという意味で，量子系において例外的な状態であることがわかる．

任意の状態 ϕ ($\|\phi\|=1$) に対して，ϕ によって生成される 1 次元部分空間 $\{\alpha\phi|\alpha\in\mathbf{C}\}$ への正射影作用素を P_ϕ とする．例 3.1 によって，

$$P_\phi\psi=(\phi,\psi)\phi,\quad \psi\in\mathcal{H} \tag{6.5}$$

$\dim\mathcal{H}\geq 2$ ならば $P_\phi\neq I$ であるから，命題 3.1(v) によって，$\sigma(P_\phi)=\sigma_\mathrm{p}(P_\phi)=\{0,1\}$ である．$P_\phi\phi=\phi$ であるから，P_ϕ は，量子系の状態が ϕ であるか否かを決める観測量を表すと解釈される．P_ϕ のスペクトル測度は，

$$E_{P_\phi}(B)=\begin{cases} I & ; B\cap\{0,1\}=\{0,1\} \text{ のとき} \\ P_\phi & ; B\cap\{0,1\}=\{1\} \text{ のとき} \\ I-P_\phi & ; B\cap\{0,1\}=\{0\} \text{ のとき} \\ 0 & ; B\cap\{0,1\}=\emptyset \text{ のとき} \end{cases} \tag{6.6}$$

によってあたえられる．これから，状態 ψ において，P_ϕ の観測値が 1 である確率は

$$\|E_{P_\phi}(\{1\})\psi\|^2=\|P_\phi\psi\|^2=|(\phi,\psi)|^2$$

である．ϕ は，P_ϕ の固有値 1 に属する固有ベクトルであるから，$|(\phi,\psi)|^2$ は，状態 ψ が状態 ϕ であるか否かを決定するための観測をしたときに，状態 ϕ を見いだす確率を表すと解釈される．この観測によって，状態 ϕ が見いだされたとすれば，したがって，P_ϕ の観測値として 1 が得られたとすれば，公理 QM3–1(ii) によって，観測直後の状態は ϕ になる．この意味で，$|(\phi,\psi)|^2$ を状態 ψ と ϕ との間の**遷移確率** (transition probability) とよぶ．これに対応して，内積 (ϕ,ψ) を状態 ϕ と ψ との間の**遷移確率振幅** (transition probability amplitude) という．

いま述べた事柄について補足的な説明をしておこう．$\mathcal{H}$ の状態ベクトル $\psi_1,\psi_2,\cdots$ に対して，それらの一次結合 $\sum_{n\geq 1}\alpha_n\psi_n$ ($\alpha_n\in\mathbf{C}$)（和が可算無限個の場合は収束するとする）を状態 $\psi_1,\psi_2,\cdots$ の**重ね合わせ** (superposition) という．ヒルベルト空間の任意のベクトルは，正射影定理を繰り返し用いることにより，互いに直交する単位ベクトル（複数）の一次結合で表される．しか

も，ヒルベルト空間の次元が2以上であれば，ひとつのベクトルをそのような一次結合によって表す仕方は無数にある．したがって，量子系の状態というのは，いろいろな状態が重ね合わさった状態であるとみることができる．この意味で，量子系の状態はいろいろな状態を"部分的に"含んでいる．それゆえ，量子系の状態がϕであるか否かを決める観測を行ったとき，状態ϕを見いだす確率を問うことは意味があるのである．

物理量Tと2つの状態$\psi \in D(T)$, $\phi \in \mathcal{H}$に対して，$(\phi, T\psi)$をTに関するϕとψの間の**行列要素** (matrix element) という．

$P(\{\omega \in \Omega | T_\psi(\omega) \in B\}) = 0$ $(B \in \mathbf{B}^1)$ ならば，状態ψにおける，物理量Tの観測値はBの中には入らないと解釈される．Tの観測値の全体が理論的には閉集合であると考えるのは自然である．そこで，$P(\{\omega \in \Omega | T_\psi(\omega) \in B\}) = 1$となるような最小の閉集合$B$を，状態$\psi$における，物理量$T$の**観測値の全体**として定義し，これを$\sigma_{\text{ob}}(T; \psi)$と記し，$\sigma_{\text{ob}}(T) := \overline{\bigcup_{\psi \in D(T), ||\psi||=1} \sigma_{\text{ob}}(T; \psi)}$とおく．

【命題 6.3】 任意の物理量Tに対して，$\sigma_{\text{ob}}(T) = \sigma(T)$が成立する．

証明 公理 QM3–1 によって，任意の$\psi \in D(T)$ $(||\psi|| = 1)$ に対して，$1 = ||E_T(\sigma_{\text{ob}}(T; \psi))\psi||^2 = (\psi, E_T(\sigma_{\text{ob}}(T; \psi))\psi)$. $\sigma_{\text{ob}}(T)$の定義により，$\sigma_{\text{ob}}(T; \psi) \subset \sigma_{\text{ob}}(T)$であるから，$E_T(\sigma_{\text{ob}}(T; \psi)) \leq E_T(\sigma_{\text{ob}}(T))$. したがって，$1 \leq (\psi, E_T(\sigma_{\text{ob}}(T))\psi)$. $D(T)$は稠密であるから，これは，$E_T(\sigma_{\text{ob}}(T)) \geq I$を意味する．$E_T(\sigma_{\text{ob}}(T))$は正射影作用素であるから，$E_T(\sigma_{\text{ob}}(T)) \leq I$. したがって，$E_T(\sigma_{\text{ob}}(T)) = I$. ゆえに，$\text{supp} E_T \subset \sigma_{\text{ob}}(T)$. 他方，$\sigma_{\text{ob}}(T; \psi)$と$\text{supp} E_T$の定義により，$\sigma_{\text{ob}}(T; \psi) \subset \text{supp} E_T$. ゆえに$\sigma_{\text{ob}}(T) \subset \text{supp} E_T$. よって，$\sigma_{\text{ob}}(T) = \text{supp} E_T = \sigma(T)$ （定理 3.13）． ∎

公理 QM3–1 は単独の物理量の観測に関するものであるが，通常の量子系には複数の物理量が存在しうる．そこで，次に，複数の物理量の観測に関する公理を定式化しよう．第4章，4.4節で，自己共役作用素に関する強可換性の概念を導入した．これがいまの目的に役立つ．

【公理 QM3–2】 物理量$T_1, \cdots, T_n$は強可換であるとする．このとき，状態ψ

において，これらを観測したとき，$T_1, \cdots, T_n$ の観測値がそれぞれ，ボレル集合 $B_1, \cdots, B_n$ に入る確率は $\|E_{T_1}(B_1)\cdots E_{T_n}(B_n)\psi\|^2$ によってあたえられる．さらに，$T_{j,\psi}$ を状態 ψ における，T_j の観測値を表す確率変数とすれば，任意の n 次元ボレル集合 $B \in \mathbf{B}^n$ に対して，$(T_{1,\psi}, \cdots, T_{n,\psi}) \in B$ である確率は，$\|(E_{T_1} \otimes \cdots \otimes E_{T_n})(B)\psi\|^2$ に等しい．

$T_1, \cdots, T_n$ が強可換でない場合，公理 QM3–2 にいう確率を問うことは意味を失う（6.3 節を参照）．

6.3　ハイゼンベルクの不確定性関係

2 つの物理量が可換でない場合，これらの物理量の観測にはある種の制限が伴うことを示そう．物理量 T に対して，状態 $\psi \in D(T)$ における T の観測値の期待値 $E[T_\psi]$ は，確率論的にいえば，確率変数 T_ψ の分布の中心の位置を定義する．T_ψ の分布についてのさらに詳しい情報は，この中心の位置からの，分布の広がり具合を表す量である**分散**

$$V[T_\psi] := \int_\Omega (T_\psi(\omega) - E[T_\psi])^2 dP(\omega) = \int_{-\infty}^{\infty} (\lambda - E[T_\psi])^2 dP^{T_\psi}(\lambda) \quad (6.7)$$

を解析することによって得られる（付録 B を参照）．作用素解析と命題 6.1 により，

$$V[T_\psi] = \|[T - (\psi, T\psi)]\psi\|^2 \quad (6.8)$$

である．したがって，T_ψ の**標準偏差**（付録 B を参照）は

$$(\Delta T)_\psi := \sqrt{V[T_\psi]} = \|[T - (\psi, T\psi)]\psi\| \quad (6.9)$$

によってあたえられる．描像的にいえば，$(\Delta T)_\psi$ が小さければ小さいほど，T_ψ の分布は，期待値 $(\psi, T\psi)$ のまわりにより強く集中することになる．したがって，$(\Delta T)_\psi$ が小さい状態 ψ ほど T の観測値の不確定性は小さいと考えることができる．そこで，$(\Delta T)_\psi$ を状態 ψ における T の**不確定さ**とよぶ．

定義から容易にわかるように，ψ が T の固有ベクトルならば $(\Delta T)_\psi = 0$ である．また，この逆も成り立つ．したがって，状態 ψ における T の不確定さがゼロであるための必要十分条件は ψ が T の固有ベクトルであることがわかる．これは，命題 6.2(ii) と対応する事実である．

6.3 ハイゼンベルクの不確定性関係

次に 2 つの観測量の不確定さの積について考察しよう．ヒルベルト空間 $\mathcal{H}$ 上の作用素 T, S, C に対して，部分空間 $\mathcal{D} \subset D(TS) \cap D(ST) \cap D(C)$ があって，任意の $\psi \in \mathcal{D}$ に対して $[T, S]\psi = C\psi$ が成り立つとき，T, S, C は $\mathcal{D}$ 上で交換関係 $[T, S] = C$ をみたすという（4.4.1 節を参照）．

【補題 6.4】 T, S を $\mathcal{H}$ 上のエルミート作用素（必ずしも自己共役である必要はない）とし，$\psi \in D([T, S])$ とする．このとき，不等式

$$\|T\psi\| \cdot \|S\psi\| \geq \frac{1}{2}|(\psi, [T, S]\psi)| \tag{6.10}$$

が成り立つ．特に，部分空間 $\mathcal{D} \subset D([T, S])$ があって，$\mathcal{D}$ 上で

$$[T, S] = c \tag{6.11}$$

（c はゼロでない複素数）ならば，

$$\|T\psi\| \cdot \|S\psi\| \geq \frac{|c|}{2}\|\psi\|^2, \quad \psi \in \mathcal{D} \tag{6.12}$$

証明 シュヴァルツの不等式により，

$$\|T\psi\| \cdot \|S\psi\| \geq |(T\psi, S\psi)| \geq |\operatorname{Im}(T\psi, S\psi)|$$

一方，$\operatorname{Im}(T\psi, S\psi) = (\psi, [T, S]\psi)/2i$ であるから，(6.10) 式が得られる．∎

エルミート作用素 T に対しては，$(\Delta T)_\psi$ を (6.9) 式の最右辺の量によって定義する．

【定理 6.5】 $T, S, \psi, \mathcal{D}$ を補題 6.4 のものとし，$\|\psi\| = 1$ とする．このとき，

$$(\Delta T)_\psi (\Delta S)_\psi \geq \frac{1}{2}|(\psi, [T, S]\psi)| \tag{6.13}$$

が成り立つ．特に，$\mathcal{D}$ 上で (6.11) 式が成立するならば，

$$(\Delta T)_\psi (\Delta S)_\psi \geq \frac{|c|}{2}, \quad \psi \in \mathcal{D}, \quad \|\psi\| = 1 \tag{6.14}$$

証明 補題 6.4 における T, S として，それぞれ，$\tilde{T} = T - (\psi, T\psi), \tilde{S} = S - (\psi, S\psi)$ をとり，$D([T, S])$ 上で $[\tilde{T}, \tilde{S}] = [T, S]$ が成り立つことに注意すればよい．∎

不等式 (6.13) を**一般化されたハイゼンベルクの不確定性関係** (uncertainty relation) または**ロバートソンの不確定性関係**とよぶ．これは T, S が可換でない場合にのみ非自明な内容をもつ．なぜなら，T, S が可換ならば，(6.13) 式の右辺は 0 となり，この場合の (6.13) 式は自明な不等式だからである．(6.13) 式は，T, S が可換でなく，$D([T,S]) \neq \{0\}$ の場合，T と S の不確定さの積がゼロにならない状態ベクトルが存在しうることを意味する．特に，(6.11) 式がみたされる場合，(6.14) 式—**ハイゼンベルグの不確定性関係**とよばれる—は次のことを意味する．T の不確定さが非常に小さい状態においては，S の不確定さは非常に大きくなければならない（逆の場合も同様）．T, S が (6.11) 式をみたす場合，$\delta_1 \delta_2 < |c|/2$ をみたす任意の正数 δ_1, δ_2 に対して，T, S の観測値がそれぞれ，δ_1, δ_2 以下の不確定さでもって決まるような状態は存在しないことが結論される．

ところで，古典力学においては，複数の物理量の同時観測（同一の状態における観測）に関して，原理的（理論的）には，なんの制限もなかった．こうして，ハイゼンベルクの不確定性関係において，量子力学が古典力学と本質的に異なる点のひとつが見いだされる〔具体的な物理量に対するハイゼンベルクの不確定性関係については，次の節の (6.17) 式とそれに続く叙述を参照〕．

6.4 正準量子化

前節までは，量子力学における状態や物理量について一般的・抽象的な枠組みで議論をしてきたが，具体的な量子系において種々の物理量がどのような自己共役作用素によってあたえられるかということについてはふれなかった．一般に，古典力学系からこれに対応する量子系へ移行する手続きを**量子化**とよぶ．これは，本書の観点からは，個々の古典力学系に対応する量子系の状態のヒルベルト空間およびそこで働く諸々の自己共役作用素としての物理量をどのように定めるかという問題と関連する．量子系における物理量は，古典力学系の物理量から，ある種の処方規則にしたがって定義される．これが実際どのようなものであるかを有限自由度の量子系の場合について述べる．

6.4.1 正準交換関係

6.2 節のはじめに述べたように,自由度 f の古典力学系は一般化座標 $q = (q_1, \cdots, q_f)$ と一般化運動量 $p = (p_1, \cdots, p_f)$ を用いて記述される.この古典力学系に対応する量子系においては,力学変数 q, p は量子系の状態を表すヒルベルト空間 $\mathcal{H}$ 上の自己共役作用素の組 $Q = (Q_1, \cdots, Q_f), P = (P_1, \cdots, P_f)$ で次の条件をみたすものによって置き換えられなければならないことが要請される:ある稠密な部分空間 $\mathcal{D}$ が存在して,各 Q_j, P_j は $\mathcal{D}$ を不変にし,$\mathcal{D}$ 上で交換関係

$$[Q_j, P_k] = i\hbar \delta_{jk} \tag{6.15}$$

$$[Q_j, Q_k] = 0 = [P_j, P_k], \quad j, k = 1, \cdots, f \tag{6.16}$$

が成立する.古典力学系からこれに対応する量子系に移行するためのこの処方は,**正準量子化** (canonical quantization) とよばれる.交換関係 (6.15),(6.16) 式を自由度 f の**正準交換関係** (canonical commutation relations;CCR と略す)という.

正準量子化の処方はあくまでも古典力学と量子力学の対応関係をあたえるひとつの要請あるいは手続きであって,古典力学から論理的に導かれるものではない.この対応関係を数学的に基礎づける試みはあるが,ここではそれにふれる余裕はない.CCR は,**ボルン** (Born)**-ハイゼンベルク-ヨルダン** (Jordan)**の交換関係**あるいは単に**ハイゼンベルクの交換関係**ともよばれる.

CCR を抽象的な代数関係式とみると,正準量子化というのは,この代数関係式をヒルベルト空間上の自己共役作用素を用いて実現することにほかならない.この意味で,ヒルベルト空間 $\mathcal{H}$,部分空間 $\mathcal{D}$ と (6.15),(6.16) 式をみたす自己共役作用素の組 $\{\mathcal{H}, \mathcal{D}, Q_1, \cdots, Q_f, P_1, \cdots, P_f\}$ を**自由度 f の CCR の表現**という.

CCR の表現 $\{\mathcal{H}, \mathcal{D}, Q_1, \cdots, Q_f, P_1, \cdots, P_f\}$ に対して,定理 6.5 によって,**不確定性関係**

$$(\Delta Q_j)_\psi (\Delta P_j)_\psi \geq \frac{\hbar}{2}, \quad \psi \in \mathcal{D}, \quad j = 1, \cdots, f, \|\psi\| = 1 \tag{6.17}$$

が成り立つことに注意しよう.したがって,位置と運動量の観測値がともに,$\sqrt{\hbar/2}$ よりも小さい不確定さをもつ状態は存在しないことが結論される.これ

は微視的対象について，古典力学的な意味での粒子的描像には限界があることを示す．

■ **例 6.2** ■ ヒルベルト空間 $L^2(\mathbf{R}^f)$ において，作用素 $Q_j^S, P_j^S, j = 1, \cdots, f$ を次のように定義する〔$\mathbf{R}^f$ の点を $x = (x_1, \cdots, x_f)$ と表す〕．

$$Q_j^S = M_{x_j}, \quad P_j^S = -i\hbar D_j, \quad j = 1, \cdots, f \tag{6.18}$$

ここで，M_{x_j} は関数 x_j によるかけ算作用素，$\mathcal{D}_j$ は一般化された偏微分作用素である．このとき，Q_j^S, P_j^S は自己共役である（第2章，例2.33，第4章，例4.7を参照）．作用素 Q_j^S, P_j^S は $C_0^\infty(\mathbf{R}^f)$ を不変にし，$C_0^\infty(\mathbf{R}^f)$ 上で CCR をみたすことがわかる．実際，任意の $\psi \in C_0^\infty(\mathbf{R}^f)$ に対して，

$$(Q_j^S P_k^S \psi)(x) = -i\hbar x_j \frac{\partial \psi(x)}{\partial x_k}$$

$$(P_k^S Q_j^S \psi)(x) = -i\hbar \frac{\partial}{\partial x_k}[x_j \psi(x)] = -i\hbar \delta_{jk} \psi(x) - i\hbar x_j \frac{\partial \psi(x)}{\partial x_k}$$

であるから，(6.15) 式が，$Q_j = Q_j^S, P_j = P_j^S$ として，$C_0^\infty(\mathbf{R}^f)$ 上で成立する．交換関係 (6.16) 式についても同様である．この CCR の表現を**シュレーディンガー表現** (Schrödinger representation) とよぶ．

定理 2.25 によって，Q_j^S のスペクトルは $\{x_j | x_j \in \mathbf{R}\} = \mathbf{R}$ である．この場合，x_j は，$\mathbf{R}^f$ の点の j 番目の座標を表すと解釈しうる．そこで，Q_j^S を（シュレーディンガー表現における）j 番目の**位置作用素** (position operator) という．作用素の組 $\mathbf{Q}^S = (Q_1^S, \cdots, Q_f^S)$ は，$L^2(\mathbf{R}^f)$ 上の作用素ではないが，しばしば位置作用素とよばれる．

$\mathcal{F}$ を $L^2(\mathbf{R}^f)$ 上のフーリエ変換とすれば，(5.30) 式によって，

$$\mathcal{F} P_j^S \mathcal{F}^{-1} = \hbar M_{k_j} = M_{\hbar k_j}, \quad j = 1, \cdots, f \tag{6.19}$$

すなわち，P_j^S のフーリエ変換はかけ算作用素 $M_{\hbar k_j}$ に等しい．したがって，P_j^S のスペクトルは，$\{\hbar k_j | k_j \in \mathbf{R}\} = \mathbf{R}$ となる．そこで，変数 k を波数ベクトルと解釈すれば，アインシュタイン–ド・ブロイの関係式 (6.1)（の f 自由度への一般化）によって，$\hbar k_j$ は粒子的描像における運動量の j 番目の成分を表すことになる．このことを考慮して，P_j^S を（シュレーディンガー表現にお

ける) j 番目の**運動量作用素** (momentum operator) という．$\mathbf{Q}^S$ の場合と同様に，作用素の組 $\mathbf{P}^S = (P_1^S, \cdots, P_f^S)$ は，$L^2(\mathbf{R}^f)$ 上の作用素ではないが，しばしば運動量作用素とよばれる．こうして，CCR のシュレーディンガー表現は，アインシュタイン–ド・ブロイの関係式をとりこむ形で微視的な粒子に対する記述をあたえる．

状態 $\psi \in L^2(\mathbf{R}^f)(\|\psi\| = 1)$ における，Q_j^S の観測値を $Q_{j,\psi}^S$ と記す．これは確率変数である（公理 QM3–1）．例 4.8 によって，$Q_1^S, \cdots, Q_f^S$ は強可換である．Q_j^S のスペクトル測度を E_j^S とすれば，

$$(E_j^S(B)\psi)(x) = \chi_B(x_j)\psi(x), \quad \psi \in L^2(\mathbf{R}^f), \quad B \in \mathbf{B}^1 \tag{6.20}$$

したがって，任意の $B_1, \cdots, B_f \in \mathbf{B}^1$ に対して，

$$\|(E_1^S \otimes \cdots \otimes E_f^S)(B_1 \times \cdots \times B_f)\psi\|^2 = \int_{B_1 \times \cdots \times B_f} |\psi(x)|^2 dx$$

ところで，

$$P(B; \psi) := \int_B |\psi(x)|^2 dx, \quad B \in \mathbf{B}^f$$

とすれば，$P(\,\cdot\,; \psi)$ は $(\mathbf{R}^f, \mathbf{B}^f)$ 上の測度であるから，定理 4.13 にいう単位の分解の一意性によって，$\|(E_1^S \otimes \cdots \otimes E_f^S)(B)\psi\|^2 = P(B; \psi)$ でなければならない．すなわち，

$$\|(E_1^S \otimes \cdots \otimes E_f^S)(B)\psi\|^2 = \int_B |\psi(x)|^2 dx, \quad B \in \mathbf{B}^f \tag{6.21}$$

が成り立つ．この事実と公理 QM3–2 によって，状態 ψ における，位置作用素の観測値の組 $\mathbf{Q}_\psi^S := (Q_{1,\psi}^S, \cdots, Q_{f,\psi}^S)$ （これは確率ベクトル；付録 B を参照）が $B \in \mathbf{B}^f$ の中にある確率は $P(B; \psi)$ である．したがって，確率ベクトル $\mathbf{Q}_\psi^S$ の結合分布 $P^{\mathbf{Q}_\psi^S}$ は確率測度 $|\psi(x)|^2 dx$ に等しい．こうして，$|\psi(x)|^2$ は，状態 ψ における，位置作用素の観測値から定まる確率ベクトルの結合分布の密度関数という意味をもつことがわかる．この意味で，$|\psi(x)|^2$ を状態 ψ の**確率密度関数**とよぶ．

偏極恒等式（第 2 章，練習問題 12 を参照）により，(6.21) 式から

$$(\phi, (E_1^S \otimes \cdots \otimes E_f^S)(B)\psi) = \int_B \phi(x)^* \psi(x) dx, \quad B \in \mathbf{B}^f, \psi, \phi \in L^2(\mathbf{R}^f) \tag{6.22}$$

が得られる.

$Q_1^S, \cdots, Q_f^S$ は強可換であるから,4.4.2項で述べたように,$\mathbf{R}^f$ 上の任意のボレル可測関数 F に対して,$L^2(\mathbf{R}^f)$ 上の作用素 $F(\mathbf{Q}^S)$ が

$$F(\mathbf{Q}^S) := \int_{\mathbf{R}^f} F(x) d(E_1^S \otimes \cdots \otimes E_f^S)(x) \tag{6.23}$$

によって定義される.Q_j^S はかけ算作用素であるから,作用素 $F(\mathbf{Q}^S)$ は関数 F によるかけ算作用素に等しいことが直観される.実際,この直観は正しい.

【定理 6.6】 $F(\mathbf{Q}^S) = M_F$

証明 任意の $\psi \in D(F(\mathbf{Q}^S))$ に対して,

$$\int_{\mathbf{R}^f} |F(x)|^2 d\|(E_1^S \otimes \cdots \otimes E_f^S)(x)\psi\|^2 < \infty$$

(6.21) 式と付録A,定理A.6によって,これは $\int_{\mathbf{R}^f} |F(x)|^2 |\psi(x)|^2 dx < \infty$ と同値である.したがって,$D(F(\mathbf{Q}^S)) = D(M_F)$.さらに,$F(\mathbf{Q}^S)$ の定義と (6.22) 式によって,任意の $\psi \in D(F(\mathbf{Q}^S)), \phi \in L^2(\mathbf{R}^f)$ に対して,

$$(\phi, F(\mathbf{Q}^S)\psi) = \int_{\mathbf{R}^f} \phi(x)^* F(x) \psi(x) dx = (\phi, M_F \psi)$$

$\phi \in L^2(\mathbf{R}^f)$ は任意であるから,$F(\mathbf{Q}^S)\psi = M_F \psi$.ゆえに,題意が成立する. ∎

$P_1^S, \cdots, P_f^S$ も強可換であるので(定理4.12),同様の考察により,状態 ψ のフーリエ変換 $\hat{\psi}(k) = (\mathcal{F}\psi)(k)$ に対して,$|\hat{\psi}(p/\hbar)|^2 \hbar^{-d}$ ($p \in \mathbf{R}^f$ は運動量変数;(6.19)式に注意)は,状態 $\hat{\psi}$ における,運動量作用素の観測値から定まる確率ベクトルの結合分布の密度関数をあたえることがわかる.すなわち,運動量作用素 $\mathbf{P}^S$ の観測値がボレル集合 $B \subset \mathbf{R}^f$ の中に入る確率は $\int_B |\hat{\psi}(p/\hbar)|^2 \hbar^{-d} dp$ である.

CCR のシュレーディンガー表現 $\{Q_j^S, P_j^S\}_{j=1}^f$ においては,Q_j^S, P_j^S いずれも非有界作用素である.実は,一般的に次のことがいえる.

【命題 6.7】 $\{\mathcal{H}, \mathcal{D}, Q_1, \cdots, Q_f, P_1, \cdots, P_f\}$ を CCR の表現とする.このとき,各 j に対して,Q_j, P_j の少なくとも一方は非有界でなければならない.

証明 証明を通じて，$Q = Q_j \upharpoonright \mathcal{D}$，$P = P_j \upharpoonright \mathcal{D}$ とおく．(6.15) 式を繰り返し用いることにより，任意の自然数 n に対して

$$Q^n P\psi - PQ^n\psi = i\hbar n Q^{n-1}\psi, \quad \psi \in \mathcal{D} \tag{6.24}$$

が示される．仮に Q, P ともに有界であると仮定しよう．このとき，(6.24) 式によって，

$$\hbar n \|Q^{n-1}\psi\| \leq 2\|Q^n\| \cdot \|P\| \cdot \|\psi\| \leq 2\|Q^{n-1}\| \cdot \|Q\| \cdot \|P\| \cdot \|\psi\| \tag{6.25}$$

ある $n \geq 2$ に対して，$Q^n = 0$ であるとすると，(6.25) 式の第 1 の不等式から，$Q^{n-1}\psi = 0$．したがって，$Q^{n-1} = 0$．以下同様にして，$Q = 0$ が示される．このとき，(6.15) 式で $j = k$ の場合が成立しなくなるので，これは矛盾である．したがって，任意の自然数 n に対して，$Q^n \neq 0$．(6.25) 式の第 2 の不等式によって，$\hbar n \|Q^{n-1}\| \leq 2\|Q^{n-1}\| \|Q\| \|P\|$．したがって，$\hbar n/2 \leq \|Q\| \|P\|$．この不等式の左辺は，$n \to \infty$ とすると無限に大きくなるので，矛盾が生じる．したがって，Q, P はともに有界ではありえない．　■

6.4.2 物理量の例

CCR の表現 $\{\mathcal{H}, \mathcal{D}, Q_1, \cdots, Q_f, P_1, \cdots, P_f\}$ がひとつあたえられると，これをもとにして，他の物理量を定義することができる．自由度 f の古典力学系における物理量は，q, p をそれぞれ，一般化座標，一般化運動量とすれば，実数値関数 $F(q, p)$ であたえられる．もちろん，関数 F の形は考える物理量ごとに異なる．形式的にいえば，F に対応する量子系の物理量は "$F(Q, P)$" ($Q = (Q_1, \cdots, Q_f), P = (P_1, \cdots P_f)$) としたいところである．だが，$Q_j, P_j$ は強可換ではないので，"$F(Q, P)$" をいかに定義するかが問題になる．これは自明な問題ではない．ここでは，簡単な例を考察することで満足しよう．

■ **例 6.3** ■ 3 次元空間 $\mathbf{R}^3$ を運動する，質量 $m > 0$ の質点からなる力学系を考えよう．質点の（一般化）座標と（一般化）運動量をそれぞれ，$\mathbf{x} = (x_1, x_2, x_3)$, $\mathbf{p} = (p_1, p_2, p_3) \in \mathbf{R}^3$ としよう（前の記号によれば，$q_1 = x_1, q_2 = x_2, q_3 = x_3$）．この質点にはポテンシャルから導かれる力が働いているとし，ポテンシャルを表す実数値関数を $V = V(\mathbf{x})$ とする（ボレル可測であるとする）．

質点に働く力 $\mathbf{F}$ とポテンシャルの関係は，V が微分可能である領域では，

$$\mathbf{F} = -\left(\frac{\partial V}{\partial x_1}, \frac{\partial V}{\partial x_2}, \frac{\partial V}{\partial x_3}\right)$$

によってあたえられる．この古典力学系の正準量子化は，自由度 3 の CCR の表現によってあたえられる．これを $\{\mathcal{H}, \mathcal{D}, \{Q_j, P_j\}_{j=1}^3\}$ とする．

(i) **ハミルトニアン**．6.2 節で述べたように，古典力学系の全エネルギーはハミルトニアンとよばれる関数によって表される．いまの場合，粒子が非相対論的であるとすれば，ハミルトニアンは

$$H_{\mathrm{cl}} := \frac{\mathbf{p}^2}{2m} + V(\mathbf{x})$$

という形であたえられる〔"cl" は classical（古典的）の意〕．いま，$\{Q_j\}_{j=1}^3$ は強可換であると仮定しよう．このとき，Q_j のスペクトル測度を E_{Q_j} とすれば，4.4.2 項で述べたように，V に対応して，$\mathcal{H}$ 上の作用素

$$V(\mathbf{Q}) := \int_{\mathbf{R}^3} V(\mathbf{x}) d(E_{Q_1} \otimes E_{Q_2} \otimes E_{Q_3})(\mathbf{x})$$

が定義される．これを用いて，古典力学系のハミルトニアン H_{cl} に対応する，量子系のハミルトニアンを

$$H = \frac{\mathbf{P}^2}{2m} + V(\mathbf{Q})$$

によって定義する．ただし，$\mathbf{P} := (P_1, P_2, P_3), \mathbf{P}^2 := P_1^2 + P_2^2 + P_3^2$．任意の $\psi, \phi \in D(\mathbf{P}^2) \cap D(V(\mathbf{Q}))$ に対して，$(\phi, \mathbf{P}^2 \psi) = (\mathbf{P}^2 \phi, \psi), (\phi, V(\mathbf{Q})\psi) = (V(\mathbf{Q})\phi, \psi)$ が成り立つことは容易にわかる．したがって，$D(\mathbf{P}^2) \cap D(V(\mathbf{Q}))$ が稠密ならば，作用素 H は $D(\mathbf{P}^2) \cap D(V(\mathbf{Q}))$ を定義域とする対称作用素である．なお，$D(\mathbf{P}^2) \cap D(V(\mathbf{Q}))$ の稠密性は，この段階では，保証されない．それは，P_j, Q_j, V の性質に依存する（以下を参照）．

いま考えている系に対する CCR の表現として，自由度 3 のシュレーディンガー表現 $\{L^2(\mathbf{R}^3), C_0^\infty(\mathbf{R}^3), \{Q_j^S, P_j^S\}_{j=1}^3\}$ をとった場合を考えよう．$\{Q_j^S\}_{j=1}^3$ は強可換であるので，上のようにして，$L^2(\mathbf{R}^3)$ 上の作用素 $V(\mathbf{Q}^S)$ が定義される．定理 6.6 で示したように，$V(\mathbf{Q}^S)$ は関数 V によるかけ算作用素に等しい．そこで，次の記号上の約束を設ける．

今後,特に断らない限り,関数 F によるかけ算作用素 M_F を単に F と記す.この約束によれば,ポテンシャル V によるかけ算作用素は同じ記号 V で表されることになる.

したがって,いまの場合のハミルトニアンは

$$H_S := -\frac{\hbar^2}{2m}\Delta + V \tag{6.26}$$

となる.ただし,$\Delta = D_1^2 + D_2^2 + D_3^2$ は一般化された意味での3次元ラプラシアン(5.4節を参照).H_S の型をした作用素をシュレーディンガー作用素という.

一般に,$\mathbf{R}^d$ 上のボレル可測関数 f について,その絶対値の2乗が $\mathbf{R}^d$ のかってな半径の球上で積分可能であるとき,すなわち,すべての $R > 0$ に対して,

$$\int_{|x|\leq R} |f(x)|^2 dx < \infty$$

がみたされるとき,f は**局所的に2乗可積分** (locally square integrable) であるという.このような関数の全体を $L^2_{\text{loc}}(\mathbf{R}^d)$ で表す.この関数空間は,関数についての通常の和とスカラー倍に関して,複素ベクトル空間になる〔証明は,第1章,例 1.16 の $\mathcal{L}^2(X, d\mu)$ の場合と同様〕.

$\mathbf{R}^d$ 上の任意の連続関数は $L^2_{\text{loc}}(\mathbf{R}^d)$ に属する.実際,f をそのような関数とすれば,連続性により,任意の $R > 0$ に対して,$M(R) := \sup_{|x|\leq R} |f(x)| < \infty$.したがって,$\int_{|x|\leq R} |f(x)|^2 dx \leq M(R)^2 \int_{|x|\leq R} dx < \infty$.

さて,$V \in L^2_{\text{loc}}(\mathbf{R}^3)$ の場合を考えよう.このとき,任意の $\psi \in C_0^\infty(\mathbf{R}^3)$ に対して,$\operatorname{supp}\psi \subset \{\mathbf{x} \in \mathbf{R}^3 | |\mathbf{x}| \leq R\}$ となるような $R > 0$ が存在するから,

$$\begin{aligned}\int_{\mathbf{R}^3} |V(\mathbf{x})\psi(\mathbf{x})|^2 d\mathbf{x} &= \int_{\operatorname{supp}\psi} |V(\mathbf{x})|^2 |\psi(\mathbf{x})|^2 d\mathbf{x} \\ &\leq \|\psi\|_\infty^2 \int_{|\mathbf{x}|\leq R} |V(\mathbf{x})|^2 d\mathbf{x} < \infty\end{aligned}$$

したがって,$\psi \in D(V)$.ゆえに,$C_0^\infty(\mathbf{R}^3) \subset D(V)$.また,$C_0^\infty(\mathbf{R}^3) \subset D(\Delta)$ であったから,$C_0^\infty(\mathbf{R}^3) \subset D(H_S)$ が示されたことになる.したがって,H_S は稠密に定義されている.これと,H の対称性について上に述べたことによ

り，H_S は対称作用素であることがわかる．

(ii) **角運動量**．ハミルトニアンと並んで重要なのは角運動量である．これは，古典的には

$$\mathbf{L}_{\mathrm{cl}} := \mathbf{x} \times \mathbf{p} = (x_2 p_3 - x_3 p_2, x_3 p_1 - x_1 p_3, x_1 p_2 - x_2 p_1)$$

によってあたえられる．これに対応する量子系の角運動量は

$$\mathbf{L} := (L_1, L_2, L_3) \tag{6.27}$$

によって定義される．ただし，

$$L_1 = Q_2 P_3 - Q_3 P_2, \ L_2 = Q_3 P_1 - Q_1 P_3, \ L_3 = Q_1 P_2 - Q_2 P_1 \tag{6.28}$$

これらの作用素はいずれも $\mathcal{D}$ 上を定義域とする対称作用素であり，$\mathcal{D}$ を不変にし，$\mathcal{D}$ 上で交換関係

$$[L_1, L_2] = i\hbar L_3, \ [L_2, L_3] = i\hbar L_1, \ [L_3, L_1] = i\hbar L_2 \tag{6.29}$$

をみたす．

シュレーディンガー表現 $\{L^2(\mathbf{R}^3), C_0^\infty(\mathbf{R}^3), \{Q_j^S, P_j^S\}_{j=1}^3\}$ の場合の角運動量を

$$\mathbf{L}^S = (L_1^S, L_2^S, L_3^S) \tag{6.30}$$

とすれば，

$$\begin{aligned} L_1^S &= -i\hbar(x_2 D_3 - x_3 D_2) \\ L_2^S &= -i\hbar(x_3 D_1 - x_1 D_3) \\ L_3^S &= -i\hbar(x_1 D_2 - x_2 D_1) \end{aligned} \tag{6.31}$$

である．

■ **例 6.4** ■　多粒子系のハミルトニアン．d 次元空間を N 個の非相対論的粒子が運動する古典力学系を考えよう．j 番目の粒子の質量を $M_j > 0$ とし，位置と運動量をそれぞれ，$\mathbf{x}_j \in \mathbf{R}^d, \mathbf{p}_j \in \mathbf{R}^d$ とする $(j = 1, \cdots, N)$．これらの

粒子は, $\mathbf{R}^{dN} = \underbrace{\mathbf{R}^d \times \cdots \times \mathbf{R}^d}_{N\,\text{重}}$ 上の実数値関数 $V = V(\mathbf{x}_1, \cdots, \mathbf{x}_N)$ によってあたえられるポテンシャルを通して相互作用するものとする．このとき，この系のハミルトニアンは

$$H_N^{\mathrm{cl}} := \sum_{j=1}^{N} \frac{\mathbf{p}_j^2}{2M_j} + V(\mathbf{x}_1, \cdots, \mathbf{x}_N)$$

である．この力学系の正準量子化をシュレーディンガー表現で行うと，対応する量子系の状態のヒルベルト空間は $L^2(\mathbf{R}^{dN})$ であり，ハミルトニアンは，このヒルベルト空間上の作用素

$$H_N := -\sum_{j=1}^{N} \frac{\hbar^2}{2M_j} \Delta_j + V \tag{6.32}$$

によってあたえられる．ただし，Δ_j は変数 $\mathbf{x}_j$ に関する d 次元の一般化されたラプラシアンである．作用素 H_N は **N 体のシュレーディンガー作用素**とよばれる．

$V \in L^2_{\mathrm{loc}}(\mathbf{R}^{dN})$ ならば，例 6.3 の H_S の場合と同様にして，H_N は対称作用素であり，$C_0^\infty(\mathbf{R}^{dN})$ をその定義域に含むことがわかる．

具体的な例として，3 次元空間における原子番号 $Z \geq 2$ の原子系を考えよう．これは，古典的描像としては，正の電荷 Ze (e は電気素量) をもつ原子核のまわりを Z 個の電子が運動しているような系である．簡単のため，原子核は原点に静止しているとし，電気相互作用以外の相互作用は無視するとすれば，電子に対するポテンシャルは

$$V_{\mathrm{atom}}(\mathbf{x}_1, \cdots, \mathbf{x}_Z) := -\sum_{j=1}^{Z} \frac{Ze^2}{4\pi\varepsilon_0|\mathbf{x}_j|} + \sum_{1 \leq j < k \leq Z} \frac{e^2}{4\pi\varepsilon_0|\mathbf{x}_j - \mathbf{x}_k|} \tag{6.33}$$

であたえられる．ここで，$\varepsilon_0 > 0$ は真空の誘電率と呼ばれる物理定数である (MKSA 単位系を用いる)．右辺第 1 項は原子核と電子とのクーロンポテンシャル，右辺第 2 項は電子どうしのクーロンポテンシャルを表す．したがって，この場合の量子系のハミルトニアンは，

$$H_{\mathrm{atom}} := -\sum_{j=1}^{Z} \frac{\hbar^2}{2m} \Delta_j + V_{\mathrm{atom}} \tag{6.34}$$

となる (m は電子の質量). これは $L^2(\mathbf{R}^{3Z})$ で働く作用素である ($d=3, N=Z$ の場合).

ちょっとした積分評価を遂行することによって,$V_{\text{atom}} \in L^2_{\text{loc}}(\mathbf{R}^{3Z})$ が示される(練習問題 6).したがって,H_{atom} は,$C_0^\infty(\mathbf{R}^{3Z}) \subset D(H_{\text{atom}})$ をみたす対称作用素である.

公理 QM2 によれば,正準量子化の処方によって上述のような仕方で定義される物理量(ハミルトニアン,角運動量等)は自己共役でなければならない.だが,そのようにして定義される物理量は,上の例からもわかるように,さしあたっては適当な定義域上で対称作用素であることしかわからないのが普通である.したがって,それらが本当に物理量であることを保証するためには,それらを表す作用素が実際に(本質的に)自己共役であることを証明しなければならない.もちろん,場合によっては,物理量の候補となる作用素が本質的に自己共役ではないこともありうるが,この場合は,その適当な自己共役拡大が存在すれば,これによって,物理量を定義するのである.

あたえられた対称作用素が(本質的に)自己共役であるか否かを決定する問題は決して自明な問題ではなく,すぐれて数学的な問題であって,**自己共役性の問題**とよばれる.この問題を詳しく論じるには,それだけで 1 冊の書物が必要とされる [4].

ここでは,シュレーディンガー表現における角運動量の各成分の本質的自己共役性を証明するだけにとどめる.

【定理 6.8】 各 L_j^S は $C_0^\infty(\mathbf{R}^3)$ 上で本質的に自己共役である.

証明 x_3 軸のまわりの角度 θ の回転を $R(\theta)$ とすれば,

$$R(\theta)\mathbf{x} = (x_1 \cos\theta - x_2 \sin\theta,\ x_1 \sin\theta + x_2 \cos\theta,\ x_3)$$

$L^2(\mathbf{R}^3)$ 上の作用素 $U_3(\theta)$ を

$$(U_3(\theta)f)(\mathbf{x}) = f(R(-\theta)\mathbf{x}), \quad f \in L^2(\mathbf{R}^3)$$

---

[4] 自己共役性の問題を組織的に論じた大著として,M. Reed and B. Simon, "Methods of Modern Mathematical Physics Vol. II", Academic Press, 1975, がある.拙著『量子現象の数理』(朝倉書店,2006)の 2 章に入門的な論述がある.

によって定義する．このとき，$U_3(\theta)$ はユニタリであり，

$$U_3(\theta + \phi) = U_3(\theta)U_3(\phi) = U_3(\phi)U_3(\theta), \quad \theta, \phi \in \mathbf{R}$$

が成立する．さらに，$U_3(\theta)$ は $C_0^\infty(\mathbf{R}^3)$ を不変にし，$C_0^\infty(\mathbf{R}^3)$ 上で，θ に関して，強連続である．例4.7と同様にして，$U_3(\theta)$ は $L^2(\mathbf{R}^3)$ 上で強連続であることがわかる．したがって，$\{U_3(\theta)\}_{\theta \in \mathbf{R}}$ は強連続1パラメータユニタリ群である．$f \in C_0^\infty(\mathbf{R}^3)$ ならば，$U_3(\theta)f$ は θ について強微分可能であり，

$$\frac{dU_3(\theta)f}{d\theta} = (-x_1\partial_2 + x_2\partial_1)U_3(\theta)f = -\frac{i}{\hbar}L_3^S U_3(\theta)f$$

となることがわかる．したがって，定理4.7によって，L_3^S は $C_0^\infty(\mathbf{R}^3)$ 上で本質的に自己共役である．同様に，x_1 軸，x_2 軸のまわりの回転を考えることにより，それぞれ，L_1^S, L_2^S が $C_0^\infty(\mathbf{R}^3)$ 上で本質的に自己共役であることが示される． ∎

上の証明からわかるように，L_3^S の閉包 $\overline{L_3^S}$ は x_3 軸のまわりの回転からつくられる強連続1パラメータユニタリ群 $\{U_3(\theta)\}_{\theta \in \mathbf{R}}$ の生成子の $-\hbar$ 倍である．

$$U_3(\theta) = e^{-i\theta \overline{L_3^S}/\hbar}$$

ユニタリ変換 $U_3(\theta)$ は x_3 軸のまわりの回転に対応する，状態空間 $L^2(\mathbf{R}^3)$ における回転変換を表すと解釈される．他の軸についても同様である．こうして，角運動量作用素の物理的意味が明らかになる．

6.4.3 CCRの表現としての量子力学——
CCRの表現の一意性の問題についての注意

正準量子化によって，古典力学系の量子化を行う場合，CCRのどの表現を使うかはさしあたって任意である．だが，まさに，この任意性の中に，量子力学を統一的に理解する鍵があるのである．CCRをいろいろなヒルベルト空間上で実現することにより，外見上は互いに異なる量子力学の記述が得られる．これを逆に見れば，外見上異なる種々の量子力学的記述は単にCCRの表現空間の違いにすぎないものとして把握される．(CCRの表現空間の違いは，物理的には，微視的な系に対する描像の違いに対応する．したがって，CCRの表現

空間の多様性は，量子力学においては，微視的対象に対するどの描像も部分的な正当性しかもちえないことを意味する．この意味でも，CCR の表現として量子力学をとらえるというフォン・ノイマンの統一的観点は微視的な系の本質を見事にとらえたものということができよう）．「まえがき」ですこしふれた，ハイゼンベルクの量子論とシュレーディンガーのそれの外見上の相違はまさに CCR の表現空間の違いにすぎないのである（第 7 章，練習問題 8 を参照）．そこで問題は，異なるヒルベルト空間で実現される CCR の表現が，同じ物理的結果をあたえるかどうかである．この問題は，数学的には CCR の表現の一意性の問題になる．この問題には，ここで詳しく立ち入ることはできないが，概略だけを簡単に述べておこう．

2 つの CCR の表現は，互いにユニタリ変換でうつりあうとき，**同値**であるという．同値な表現は，同一の物理的結果をあたえるので，同じものとみなされる（同値でない表現は異なる物理を記述すると考えられる）．いま述べた一意性の問題は，同値なものを除いた意味でのそれである．フォン・ノイマンは，もともとの CCR の表現 $\{Q_j, P_j\}_{j=1}^{f}$ のかわりに，ユニタリ作用素 e^{itQ_j}, e^{itP_j} を用いて，CCR を形式的に書き直した代数関係式——**ヴァイル**(Weyl)**の関係式**とよばれる——の表現（**ヴァイル型表現**）を考察し，この型の表現については，同値なものを除いて一意性が成立することを証明した[5]．ハイゼンベルクの理論の結果とシュレーディンガーの理論の結果が一致したのは，それらの理論が用いた CCR の表現がいずれもヴァイル型の表現であり，互いに同値であったからである（第 7 章，練習問題 8 を参照）．

だが，CCR の表現の一意性の問題について注意しなければならないのは，**ヴァイル型ではない CCR の表現については，一般には一意性は成立しない**，ということである．この点については，通常の量子力学の文献では看過されているきらいがあるし，誤解をしている人もおられるようなので，ここで特に強調しておきたい．実際，シュレーディンガー表現に同値でない CCR の表現で物理的にもきわめて興味のある例が存在する[6]．

---

[5] この事実は**フォン・ノイマンの一意性定理**とよばれる．原論文：J. von Neumann, "Die Eindeutigkeit der Schrödingerschen Operatoren" *Math. Ann.* **104** (1931), 570–578 や C. R. Putnam, "Commutation Properties of Hilbert Space Operators", Springer, Berlin, 1967 を参照．拙著『量子現象の数理』（朝倉書店，2006）の 3 章に詳しい証明がある．

[6] A. Arai, *J. Math. Phys.*, **33** (1992), 3374–3378; *J. Math. Phys.*, **34** (1993), 915–935; *J.*

!注意. CCR のシュレーディンガー表現 $\{Q_j^S, P_j^S\}_{j=1}^f$ では,位置作用素 Q_j^S は座標変数 x_j によるかけ算作用素によって表される.この理由により,物理の教科書や文献では,CCR のシュレーディンガー表現 $\{Q_j^S, P_j^S\}_{j=1}^f$ を,しばしば,**座標表示** (coordinate representation) あるいは **q 表示** (q-representation) とよぶ.他方,$L^2(\mathbf{R}^f)$ をフーリエ変換して得られるヒルベルト空間 $L^2(\mathbf{R}_k^f) := \mathcal{F}L^2(\mathbf{R}^f)$ (k はフーリエ変換の変数) においては運動量作用素 P_j^S は,運動量変数 $\hbar k_j$ によるかけ算作用素として表現されるので [(6.19) 式を参照],$L^2(\mathbf{R}_k^f)$ における,CCR のシュレーディンガー表現 $\{\mathcal{F}Q_j^S\mathcal{F}^{-1}, \mathcal{F}P_j^S\mathcal{F}^{-1}\}_{j=1}^f$ は**運動量表示** (momentum represenation) あるいは **p 表示** (p-representation) とよばれる.この場合,$\mathcal{F}Q_j^S\mathcal{F}^{-1} = iD_{k_j}$ が成立する.すなわち,位置作用素は,波数ベクトルの変数に関する一般化された偏微分作用素の i 倍へと "変容" する.座標表示と運動量表示は,CCR の同値な表現の例のひとつである(したがって,座標表示を用いる記述と運動量表示を用いる記述は同等である).

6.5 状態の時間発展——シュレーディンガー方程式

一般に,量子系の全エネルギーを記述する作用素を**ハミルトニアン**という.その典型的な例については,例 6.3 と例 6.4 でふれた.量子力学的状態の時間発展の法則は,ハミルトニアンを用いて定式化される.

【公理 QM4】 $\mathcal{H}$ を状態のヒルベルト空間,H を量子系のハミルトニアンとする.このとき,状態の時間発展は,自己共役作用素 $-H/\hbar$ によって生成される強連続 1 パラメータユニタリ群 $\{e^{-itH/\hbar}\}_{t\in\mathbf{R}}$ によって記述される.時刻 t_0 の状態を ψ とすれば,時刻 t の状態は,この間に系に対して観測がなされない限り,$e^{-i(t-t_0)H/\hbar}\psi$ によってあたえられる.

この公理の背後にある発見法的な推論は次のようなものである.物理的に実現可能な状態によって張られる部分空間 $\mathcal{D}_{\text{phys}}$ とし,次の (i), (ii) を仮定する:(i) $\mathcal{D}_{\text{phys}}$ は $\mathcal{H}$ で稠密である.(ii) $\mathcal{D}_{\text{phys}}$ の任意のベクトルの規格化は状態である.時刻 $s \in \mathbf{R}$ の状態を $\psi(s) \in \mathcal{H}$ とすれば,その t 秒後の状態 $\psi(t+s)$ は,状態 $\psi(s)$ がある変換 $T(t) : \mathcal{D}_{\text{phys}} \to \mathcal{H}$ によってうつされた状態であると見られる.

Math. Phys., **36** (1995), 2569–2580;J. Nonlin. Math., Phys, **2** (1995), 247–262 を参照.

したがって，$\psi(t+s) = T(t)\psi(s)$〔$T(t)$ は，一般には，s にも依存しうるが，ここでは，簡単のため，その依存性がない場合を考える〕．時刻 0 における状態を $\psi(\|\psi\|=1)$ とすれば，$\psi(t+s) = T(t+s)\psi, T(t)\psi(s) = T(t)(T(s)\psi)$．したがって，$T(t+s)\psi = T(t)(T(s)\psi)\cdots(*)$．$T(t)\psi$ も状態であるから，$\|T(t)\psi\| = 1\cdots(**)$．変換 $T(t)$ は線形であると仮定しよう．このとき，任意の $\phi \in \mathcal{D}_{\text{phys}}(\phi \neq 0)$，に対して，$\psi = \phi/\|\phi\|$ を $(*)$，$(**)$ に代入すれば，$T(t+s)\phi = T(t)T(s)\phi, \|T(t)\phi\| = \|\phi\|$ を得る．したがって，$T(t)$ は等長作用素であり，拡張定理によって，$\mathcal{H}$ 上の等長作用素に一意的に拡大される（定理 5.3 の証明を参照）．この拡大も $T(t)$ と記す．このとき，作用素の等式 $T(t+s) = T(t)T(s)$ が成り立つ．$T(t+s) = T(s+t) = T(s)T(t)$ であるから，$T(t)T(s) = T(s)T(t)$．任意の状態がある状態の時間発展の時刻 t における状態として実現されると仮定するのも自然であろう．このとき，$T(t)$ は全射である．こうして，まず，$T(t)$ はユニタリでなければならないことがわかる．

さらに，写像 $t \mapsto T(t)$ は強連続であると仮定すれば，$\{T(t)\}_{t \in \mathbf{R}}$ は強連続 1 パラメータユニタリ群になる．ゆえに，ストーンの定理により，$T(t) = e^{it\hat{H}}$ となる自己共役作用素 $\hat{H}$ がただひとつ存在する．量子力学には基本的なパラメータ $\hbar$ が含まれなければならないことを考慮し，$H := -\hbar\hat{H}$ とおけば，$T(t) = e^{-itH/\hbar}$ と書き直せる．$\hbar$ の次元はプランクの定数と同じ次元，すなわち，作用の次元（[エネルギーの次元]×[時間の次元]）をもち，t は時間の次元をもつから，$t/\hbar$ の次元は，エネルギーの次元の逆である．指数関数の肩に入る量は無次元でなければならないから，H はエネルギーの次元をもつ．ところで，6.2 節のはじめに述べたように，古典力学系の時間発展はハミルトン関数によって決定される．そこで，量子系の時間発展もハミルトニアンによって決定されるとすれば，H は考察下にある量子系のハミルトニアンであると考えられる．時刻 t_0 での状態を ψ とすれば，時刻 t の状態 $\psi(t)$ は，ψ の $t-t_0$ 秒後の状態であるから，$\psi(t) = T(t-t_0)\psi = e^{-i(t-t_0)H/\hbar}\psi$ であたえられることになる．こうして，公理 QM4 へと導かれる．

H を量子系のハミルトニアンとする．このとき，任意の $\psi \in D(H)$ に対して，

$$\psi(t) = e^{-itH/\hbar}\psi \tag{6.35}$$

とすれば，定理 4.5 によって，$\psi(t)$ は強微分可能であり，

$$i\hbar \frac{d\psi(t)}{dt} = H\psi(t) \tag{S.1}$$

$$\psi(0) = \psi \tag{S.2}$$

が成立する．(S.1) 式は，状態の時間発展を微分方程式の形で表したものである．(S.2) 式は初期条件である．

一般に，$\mathcal{H}$ 上の作用素 H（必ずしも自己共役である必要はない）に対して定義される微分方程式 (S.1) を**時間に依存する（抽象）シュレーディンガー方程式** (time-dependent Schrödinger equation) とよぶ．ただし，この場合，(S.1) は，任意の $t \in \mathbf{R}$ に対して，$\psi(t) \in D(H)$ であることをも主張として含んでいるとする．

上に示したことを逆に読めば，H が自己共役のとき，シュレーディンガー方程式 (S.1) の解で初期条件 (S.2)〔$\psi \in D(H)$〕をみたすものとして，(6.35) 式で定義される，$\mathcal{H}$–値関数 $\psi(t)$ があるということである．つまり，シュレーディンガー方程式 (S.1) の解の存在がいえたわけである．

時間に依存するシュレーディンガー方程式と関連して，ハミルトニアンを表す作用素 H の固有ベクトル方程式

$$H\psi = E\psi \tag{S.3}$$

〔E は実数，$\psi \in D(H)$〕を**時間に依存しないシュレーディンガー方程式**あるいは**定常状態に対するシュレーディンガー方程式**という．この方程式の解，すなわち，固有値 E に属する固有ベクトルを**エネルギー E の固有状態**という．このような状態の任意のひとつを ψ_E とし，

$$\psi_E(t) = e^{-itE/\hbar}\psi_E, \quad t \in \mathbf{R}$$

とおけば，これは (S.1) 式の解である〔$\psi_E(0) = \psi_E$〕．この型の解を**定常状態**という．実は，(S.1), (S.2) 式の解を発見法的に変数分離型 $\psi(t) = f(t)\psi_E$〔f は，$f(0) = 1$ をみたす微分可能な複素数値関数〕で求めようとすると，この型の解にいきつく．実際，この場合，$d\psi(t)/dt = f'(t)\psi_E$ であるから，(S.1) 式は，$i\hbar f'(t)\psi_E = f(t)H\psi_E = Ef(t)\psi_E$ を導く．これから，$i\hbar f'(t) = Ef(t)$，したがって，$f(t) = e^{-itE/\hbar}$ となるので，$\psi(t) = \psi_E(t)$ を得る．

定常状態 $\psi_E(t)$ は，エネルギー E の固有状態であって，$E \neq 0$ ならば，時間に関して周期 $2\pi\hbar/E$ で振動する $\mathcal{H}$-値関数であることがわかる．

ハミルトニアン H が下に有界ならば，そのスペクトルの下限

$$E_0(H) := \inf \sigma(H) \tag{6.36}$$

は有限である．これを**最低エネルギー**という．$E_0(H)$ が H の固有値であるとき，これに属する，H の固有ベクトルを**基底状態** (ground state) という．$E_0(H)$ が H の単純固有値であるとき，H の基底状態は一意的であるという．基底状態は，系のエネルギーが最低となる状態を記述するものであり，このゆえに，多くの場合，他の状態に比べて，特別な特性をもっている．

時間に依存するシュレーディンガー方程式の解の一意性については，次の命題がある．

【命題 6.9】 H をエルミート作用素，$\psi \in D(H)$ とする．このとき，シュレーディンガー方程式 (S.1) 式の解で (S.2) 式をみたすものがあれば，それはただひとつに限られる．

証明 仮に (S.1), (S.2) 式の解が 2 つあったとして，それらを $\psi(t), \phi(t)$ とすれば，$\eta(t) := \psi(t) - \phi(t)$ も (S.1) 式をみたし，$\eta(0) = 0$ である．4 章の練習問題 10 によって，$\|\eta(t)\|^2$ は微分可能であって，

$$\begin{aligned}
\frac{d}{dt}\|\eta(t)\|^2 &= \left(\frac{d\eta(t)}{dt}, \eta(t)\right) + \left(\eta(t), \frac{d\eta(t)}{dt}\right) \\
&= \left(-\frac{i}{\hbar}H\eta(t), \eta(t)\right) + \left(\eta(t), -\frac{j}{\hbar}H\eta(t)\right) \\
&= 0
\end{aligned}$$

最後の等号を得るために，H のエルミート性が使われた．したがって，$\|\eta(t)\|^2 = \|\eta(0)\|^2 = 0$. ゆえに，$\eta(t) = 0$, すなわち，$\psi(t) = \phi(t)$. ∎

命題 6.9 とすでに述べたことから，次の定理が示されたことになる．

【定理 6.10】 H は自己共役であるとし，$\psi \in D(H)$ とする．このとき，(6.35) 式によって定義される $\mathcal{H}$-値関数 $\psi(t)$ は，(S.2) 式を初期条件とするシュレーディンガー方程式 (S.1) のただひとつの解である．

こうして，状態の時間発展の存在と一意性を保証する意味でも，具体的な個々の量子系のハミルトニアンの（本質的）自己共役性を証明する問題は重要であることがわかる．

■ **例 6.5** ■ **自由粒子系の時間発展．**シュレーディンガー方程式の最も簡単な例として，d 次元空間 $\mathbf{R}^d$ を運動する，質量 $m > 0$ の1個の非相対論的な自由粒子（力の作用を受けていない質点）からなる量子系の時間発展を考えてみよう．自由粒子の古典的ハミルトニアンは，$H_{\mathrm{cl}}^{\mathrm{free}} := p^2/2m$ である．ここで，$p = (p_1, \cdots, p_d) \in \mathbf{R}^d$ は質点の運動量を表し，$p^2 = \sum_{j=1}^d p_j^2$ である．正準量子化をシュレーディンガー表現を用いて行うと，$H_{\mathrm{cl}}^{\mathrm{free}}$ に対応する，量子系のハミルトニアンは，$L^2(\mathbf{R}^d)$ 上の作用素

$$H_0 := \sum_{j=1}^d \frac{(P_j^S)^2}{2m} = -\frac{\hbar^2}{2m}\Delta \tag{6.37}$$

であたえられる（H_0 は，例 6.4 において，$N=1, M_1 = m, V = 0$ とした場合の H_N にほかならない）．ただし，Δ は d 次元の一般化されたラプラシアンである．作用素 H_0 を**自由ハミルトニアン** (free Hamiltonian) という．定理 5.11 によって，H_0 は自己共役であり，スペクトルに関して，

$$\sigma(H_0) = \left\{ \frac{\hbar^2 k^2}{2m} \bigg| k \in \mathbf{R}^d \right\} = [0, \infty), \quad \sigma_{\mathrm{p}}(H_0) = \emptyset \tag{6.38}$$

が成立する．

時刻 t での状態を $\psi(t) \in L^2(\mathbf{R}^d)$ とすれば，いまの場合，時間に依存にするシュレーディンガー方程式は

$$i\hbar \frac{d}{dt}\psi(t) = -\frac{\hbar^2}{2m}\Delta \psi(t) \tag{6.39}$$

と書ける．すでに見たように，H_0 は自己共役である．したがって，定理 6.10 によって，方程式 (6.39) の解 $\psi(t) \in L^2(\mathbf{R}^d)$ で $\psi(0) = \psi \in D(H_0)$ をみたすものは

$$\psi(t) = e^{-\frac{itH_0}{\hbar}}\psi \tag{6.40}$$

によってあたえられる．この解についてさらに詳しい情報を得るには，(6.40) 式の右辺がどのようなものであるかを具体的に解析しなければならない．これに関して次の結果が得られる．

【定理 6.11】 (i) 任意の $s \in \mathbf{R}$ に対して，e^{isH_0} は $\mathcal{S}(\mathbf{R}^d)$ からそれ自身への全単射である．

(ii) すべての $\psi \in \mathcal{S}(\mathbf{R}^d)$ と $x \in \mathbf{R}^d$, $t \in \mathbf{R}\setminus\{0\}$ に対して

$$(e^{-\frac{itH_0}{\hbar}}\psi)(x) = \left(\frac{m}{2\pi\hbar|t|}\right)^{\frac{d}{2}} e^{-\frac{d\pi i\varepsilon(t)}{4}} \int_{\mathbf{R}^d} e^{i\frac{m}{2t\hbar}|x-y|^2}\psi(y)dy \quad (6.41)$$

ただし，$\varepsilon(t) = 1$ ($t > 0$ のとき)，$\varepsilon(t) = -1$ ($t < 0$ のとき) [7]．

(iii) 任意の $\psi \in L^2(\mathbf{R}^d)$ と $t \in \mathbf{R}\setminus\{0\}$ に対して，

$$(e^{-itH_0/\hbar}\psi)(x)$$
$$= \underset{R\to\infty}{\text{l.i.m.}} \left(\frac{m}{2\pi\hbar|t|}\right)^{\frac{d}{2}} e^{-\frac{d\pi i\varepsilon(t)}{4}} \int_{|y|\leq R} e^{i\frac{m}{2t\hbar}|x-y|^2}\psi(y)dy \quad (6.42)$$

ここで，l.i.m. は平均収束の意味で極限をとることを表す（第 1 章の例 1.16 を参照）．

証明 (i) $\mathcal{F}$ を d 次元のフーリエ変換とし，話を明確にするため，フーリエ変換に現れる変数 k に関する急減少関数の空間を $\mathcal{S}(\mathbf{R}^d_k)$ と記す．定理 5.11 によって，作用素の等式

$$\mathcal{F} H_0 \mathcal{F}^{-1} = \frac{\hbar^2 k^2}{2m} \quad (6.43)$$

が成り立つ．(3.29) 式を $\mathcal{H} = L^2(\mathbf{R}^d), \mathcal{K} = L^2(\mathbf{R}^d_k)$ （変数 k に関する，$\mathbf{R}^d$ 上の L^2 空間），$U = \mathcal{F}, T = H_0, f(\lambda) = e^{-it\lambda/\hbar}$ として応用すれば，

$$\mathcal{F} e^{-\frac{itH_0}{\hbar}} \mathcal{F}^{-1} = e^{-\frac{it\hbar k^2}{2m}} \quad (6.44)$$

かけ算作用素 $e^{-it\hbar k^2/2m}$ が $\mathcal{S}(\mathbf{R}^d_k)$ を 1 対 1 にそれ自身の上へうつすことは容易にわかる．$\mathcal{F}$ は，$\mathcal{S}(\mathbf{R}^d)$ から $\mathcal{S}(\mathbf{R}^d_k)$ への全単射であるから，題意が成立する．

(ii) $\psi \in \mathcal{S}(\mathbf{R}^d)$ とする．(i) の結果と $\mathcal{F}^{-1} = \overline{\mathcal{F}}$ （定理 5.2）とルベーグの優収束定理により，

$$(e^{-\frac{itH_0}{\hbar}}\psi)(x) = \lim_{\varepsilon \to 0} \frac{1}{\sqrt{(2\pi)^d}} \int_{\mathbf{R}^d} e^{-\varepsilon k^2} e^{ikx} e^{-\frac{it\hbar k^2}{2m}} \hat{\psi}(k) dk$$

---
[7] $\varepsilon(t)$ を符号関数という．

$$= \frac{1}{(2\pi)^d} \lim_{\varepsilon \to 0} \int_{\mathbf{R}^d} I_\varepsilon(x, y; t)\psi(y)dy \tag{6.45}$$

と書ける．ただし，$\varepsilon > 0$,

$$I_\varepsilon(x,y;t) = \int_{\mathbf{R}^d} e^{ik(x-y)-\left(\varepsilon+i\frac{t\hbar}{2m}\right)k^2} dk$$

であり，最後の等号を得るために，フビニの定理を応用して dk と dy についての積分順序を交換した．$A_\varepsilon = \varepsilon + i\dfrac{t\hbar}{2m}$ とおくと，

$$I_\varepsilon(x,y;t) = e^{-\frac{|x-y|^2}{4A_\varepsilon}} \prod_{j=1}^d J_\varepsilon(x_j - y_j)$$

と書き直せる．ただし，

$$J_\varepsilon(s) = \int_{-\infty}^\infty e^{-A_\varepsilon\left(\lambda - \frac{is}{2A_\varepsilon}\right)^2} d\lambda, \quad s \in \mathbf{R}$$

この積分は，コーシーの積分定理を応用することにより，

$$J_\varepsilon(s) = \sqrt{\frac{\pi}{A_\varepsilon}}$$

と計算される（練習問題7）．ただし，$\sqrt{A_\varepsilon}$ は $\operatorname{Re}\sqrt{A_\varepsilon} > 0$ となる枝をとる．したがって，

$$I_\varepsilon(x,y;t) = \pi^{\frac{d}{2}}(\sqrt{A_\varepsilon})^{-d} e^{-\frac{|x-y|^2}{4A_\varepsilon}}$$

これは，

$$|I_\varepsilon(x,y;t)| \leq \pi^{\frac{d}{2}}\left(\frac{2m}{|t|\hbar}\right)^{\frac{d}{2}}$$

$$\lim_{\varepsilon \to 0} I_\varepsilon(x,y;t) = \pi^{\frac{d}{2}}\left(\frac{2m}{|t|\hbar}\right)^{\frac{d}{2}} e^{-\frac{id\pi\varepsilon(t)}{4}} e^{i\frac{m}{2t\hbar}|x-y|^2}$$

を意味する．したがって，ルベーグの優収束定理によって，(6.45) 式の右辺において，$\lim_{\varepsilon \to 0}$ を積分の中にいれることができ，(6.41) 式が得られる．

(iii) $\quad c_t = m^{\frac{d}{2}}(\hbar|t|)^{-\frac{d}{2}} e^{-\frac{d\pi i\varepsilon(t)}{4}}, \quad h_t(x) = \exp\left(\frac{im}{2t\hbar}x^2\right) \tag{6.46}$

とすれば，(ii) の結果，すべての $\psi \in \mathcal{S}(\mathbf{R}^d)$ に対して，

$$(e^{-\frac{itH_0}{\hbar}}\psi)(x) = c_t h_t(x)(\mathcal{F}h_t\psi)\left(\frac{mx}{t\hbar}\right) \tag{6.47}$$

と書ける.任意の $\psi \in L^2(\mathbf{R}^d)$ に対して,$\|\psi_n - \psi\| \to 0 (n \to \infty)$ となる $\psi_n \in \mathcal{S}(\mathbf{R}^d)$ が存在する.このとき,$e^{-itH_0/\hbar}\psi_n \to e^{-itH_0/\hbar}\psi, \mathcal{F}h_t\psi_n \to \mathcal{F}h_t\psi(n \to \infty)$.したがって,(6.47) 式はすべての $\psi \in L^2(\mathbf{R}^d)$ に対して,$L^2(\mathbf{R}^d)$ における等式として成り立つ.この結果と定理5.5によって (6.42) 式が得られる. ∎

6.6　物理量の時間発展——ハイゼンベルクの運動方程式

前節では,状態の時間発展について議論した.この節では,物理量の時間発展について考察しよう.

$\mathcal{H}$ を状態のヒルベルト空間,H をハミルトニアンを表す自己共役作用素とする.A を $\mathcal{H}$ 上の作用素とする.H と A から定まる部分空間 $\mathcal{D}_H(A)$ を

$$\mathcal{D}_H(A) = \{\psi \in \mathcal{H} \mid \text{すべての } s \in \mathbf{R} \text{ に対して } e^{isH}\psi \in D(A)\} \quad (6.48)$$

によって定義する.時刻 0 での状態を $\psi \in \mathcal{H}$ とすれば,すでに定式化したように,時刻 $t \in \mathbf{R}$ での状態は (6.35) 式によって定義される,$\mathcal{H}$-値関数 $\psi(t)$ であたえられる.いま,$\psi \in \mathcal{D}_H(A)$ としよう.このとき,任意の $t \in \mathbf{R}$ に対して,$\psi(t) \in D(A)$ である.したがって,時刻 t での A の期待値

$$E_t(A) := (\psi(t), A\psi(t)) \quad (6.49)$$

が定義される.いまの場合,A は自己共役とは限らないが,そのような場合でも,状態 $\phi \in D(A)$ における A の期待値を $(\phi, A\phi)$ によって定義する.作用素解析により $(e^{-itH/\hbar})^* = e^{itH/\hbar}$ であるから,$E_t(A)$ は

$$E_t(A) = (\psi, A(t)\psi) \quad (6.50)$$

と書き直せる.ただし,

$$A(t) := e^{\frac{itH}{\hbar}} A e^{-\frac{itH}{\hbar}} \quad (6.51)$$

作用素 $A(t)$ をハミルトニアン H によって定まる,A の**ハイゼンベルク作用素**とよぶ.

等式 (6.50) は,時刻 t の状態における,物理量 A の期待値は,作用素 $A(t)$ の,時刻 0 での状態における期待値に等しいことを示している.したがって,

6.6 物理量の時間発展——ハイゼンベルクの運動方程式

物理量の期待値を計算するという意味においては，状態の時間発展を考えるかわりに，物理量 A がハイゼンベルク作用素 $A(t)$ の形で時間発展するとみてもよい．この後者の見方を**ハイゼンベルク描像** (Heisenberg picture) という．これに対し，シュレーディンガー方程式あるいは強連続1パラメータユニタリ群 $\{e^{-itH/\hbar}\}_{t\in \mathbf{R}}$ に基づいて，系の時間発展を状態の時間発展としてとらえる見方を**シュレーディンガー描像** (Schrödinger picture) とよぶ．

ハイゼンベルク作用素 $A(t)$ がどのような微分方程式にしたがうかを見よう．

【定理 6.12】 A は有界であり，$D(H)$ を不変にすると仮定する．このとき，任意の $\psi \in D(H)$ に対して，$A(t)\psi \in D(H)$ である．さらに，$A(t)\psi$ は t について強微分可能であり，

$$\frac{dA(t)\psi}{dt} = \frac{i}{\hbar}[H, A(t)]\psi, \quad t \in \mathbf{R} \tag{6.52}$$

が成立する．

証明 $\psi \in D(H)$ ならば，作用素解析により，任意の $s \in \mathbf{R}$ に対して，$e^{isH}\psi \in D(H)$ である．この事実と A が $D(H)$ を不変にすることにより，$Ae^{-itH/\hbar}\psi \in D(H)$．したがって，$A(t)\psi = e^{itH/\hbar}Ae^{-itH/\hbar}\psi \in D(H)$ となる．任意の $\varepsilon \in \mathbf{R}\setminus\{0\}$ と $\psi \in D(H)$ に対して，

$$\frac{A(t+\varepsilon) - A(t)}{\varepsilon}\psi$$
$$= \frac{(e^{\frac{i\varepsilon H}{\hbar}} - 1)}{\varepsilon}A(t)\psi + e^{\frac{i(t+\varepsilon)H}{\hbar}}Ae^{-\frac{itH}{\hbar}}\frac{(e^{-\frac{i\varepsilon H}{\hbar}} - 1)}{\varepsilon}\psi$$

と変形できる．$A(t)\psi \in D(H)$ であるから，右辺の第1項は，$\varepsilon \to 0$ とすれば，$(iH/\hbar)A(t)\psi$ に収束する．$A(t)$ は有界であるから，右辺の第2項は，$\varepsilon \to 0$ のとき，$A(t)(-iH/\hbar)\psi$ に収束する．したがって，$A(t)\psi$ は強微分可能であり，(6.52) 式が成立する． ■

一般に，(必ずしも自己共役とはかぎらない) 作用素 H があたえられたとき，作用素値関数 $B(t)$ が，適当な部分空間 D の任意のベクトル ψ に対して，$A(t)$ を $B(t)$ でおきかえた (6.52) 式をみたすとき，$B(t)$ は D 上で，H に関する**ハイゼンベルクの運動方程式**をみたすという．定理 6.12 は，ハミルトニア

ン H に関するハイゼンベルクの運動方程式の解の存在に対する十分条件をあたえる.

すべての $t \in \mathbf{R}$ に対して,$A(t) = A$ となるような物理量 A は,時間がたっても変化しないので,ハミルトニアン H に対する**保存量**とよばれる.

作用素解析によれば,$H(t) = H$ が示されるので,ハミルトニアン自体は保存量である.

保存量は古典力学においても重要な量であった.そこで,どのような条件のもとで,物理量 A が保存量になるかを考えるのは興味がある.次の結果が得られる.

【定理 6.13】 物理量 A がハミルトニアン H に対する保存量であるための必要十分条件は,A と H が強可換であることである.

証明 A が保存量ならば,すべての $t \in \mathbf{R}$ に対して,$e^{itH} A e^{-itH} = A$(作用素の等式).(3.29) 式を応用すれば,任意の $s \in \mathbf{R}$ に対して,$e^{itH} e^{isA} e^{-itH} = e^{isA}$,すなわち,$e^{itH} e^{isA} = e^{isA} e^{itH} \cdots (*)$.したがって,定理 4.10(ii) によって,$A$ と H は強可換である.

逆に,A と H が強可換ならば,定理 4.10 (ii) によって,すべての $s, t \in \mathbf{R}$ に対して,$(*)$ が成り立つ.特に,任意の $\psi \in D(A)$ に対して,$e^{itH} e^{isA} \psi = e^{isA} e^{itH} \psi \cdots (**)$.定理 4.5 (ii) によって,$e^{isA} \psi$ は s について強微分可能であり,$de^{isA}\psi/ds = iAe^{isA}\psi$.これと $(**)$ および e^{itH} の有界性によって,$e^{isA} e^{itH} \psi$ は s について強微分可能.したがって,$e^{itH} \psi \in D(A)$ であり,$e^{itH} iA e^{isA} \psi = iA e^{isA} e^{itH} \psi$ が得られる.特に $s = 0$ とすれば,これは,$e^{itH} A \subset A e^{itH}$ を意味する.したがって,$A \subset e^{-itH} A e^{itH} = A(-t)$.作用素 $A, A(-t)$ はともに自己共役であり,自己共役作用素は対称作用素の真の拡大をもたないから(命題 2.27),$A = A(-t)$ を得る.$t \in \mathbf{R}$ は任意であったから,これは A が保存量であることを意味する. ∎

■ 例 6.6 ■ 自由粒子系のハイゼンベルク作用素. d 次元空間 $\mathbf{R}^d$ を運動する,質量 m の非相対論的な自由粒子系を考える.位置作用素を $\mathbf{Q}^S = (Q_1^S, \cdots, Q_d^S), Q_j^S = x_j$(かけ算作用素),運動量作用素を $\mathbf{P}^S = (P_1^S, \cdots, P_d^S)$,$P_j^S = -i\hbar D_j$ とすれば,そのハイゼンベルク作用素は

6.6 物理量の時間発展——ハイゼンベルクの運動方程式

$$Q_j^S(t) = e^{\frac{itH_0}{\hbar}} Q_j^S e^{-\frac{itH_0}{\hbar}}, \quad P_j^S(t) = e^{\frac{itH_0}{\hbar}} P_j^S e^{-\frac{itH_0}{\hbar}} \tag{6.53}$$

によってあたえられる．これらの作用素について次の定理が成立する．

【定理 6.14】 (i) すべての $j = 1, \cdots, d$ に対して，

$$\mathcal{S}(\mathbf{R}^d) \subset \mathcal{D}_{H_0}(Q_j^S) \tag{6.54}$$

であり，$\mathcal{S}(\mathbf{R}^d)$ 上で

$$Q_j^S(t) = Q_j^S + \frac{P_j^S}{m} t \tag{6.55}$$

が成り立つ．

(ii) 各 P_j^S は，ハミルトニアン H_0 に関して保存量である．

$$P_j^S(t) = P_j^S, \quad t \in \mathbf{R} \tag{6.56}$$

証明 (i) Q_j^S は $\mathcal{S}(\mathbf{R}^d)$ を不変にし，定理 6.11(i) によって，e^{itH_0} は $\mathcal{S}(\mathbf{R}^d)$ を不変にする．したがって，(6.54) 式が成立し，任意の $\psi \in \mathcal{S}(\mathbf{R}^d)$ と実数 $t \neq 0$ に対して，

$$(Q_j^S e^{-\frac{itH_0}{\hbar}} \psi)(x) = \left(\frac{m}{2\pi\hbar|t|}\right)^{\frac{d}{2}} e^{-\frac{d\pi i \varepsilon(t)}{4}} \int_{\mathbf{R}^d} x_j e^{i\frac{m}{2t\hbar}|x-y|^2} \psi(y) dy$$

次の関係式に注意しよう．

$$x_j e^{i\frac{m}{2t\hbar}|x-y|^2} = y_j e^{i\frac{m}{2t\hbar}|x-y|^2} - \frac{t\hbar}{mi} \frac{\partial}{\partial y_j} e^{i\frac{m}{2t\hbar}|x-y|^2}$$

したがって，部分積分によって，

$$Q_j^S e^{-\frac{itH_0}{\hbar}} \psi = e^{-\frac{itH_0}{\hbar}} Q_j^S \psi + \frac{t}{m} e^{-\frac{itH_0}{\hbar}} P_j^S \psi$$

を得る．左から $e^{itH_0/\hbar}$ を作用させれば，(6.55) 式が得られる．

(ii) 定理 4.12 と (6.37) 式および作用素解析により，P_j^S と H_0 は強可換である．したがって，定理 6.13 を応用すれば，求める結果を得る． ∎

この例では，ハイゼンベルク作用素 $Q_j^S(t), P_j^S(t)$ の形は，非相対論的な古典的自由粒子の軌道の公式とまったく同じ形をしている．違うところはそれらが作用素になっているということである．この結果は，物理量の時間発展に関して，古典力学と量子力学との間に調和的な対応が存在することを示唆する．

6.7 最低エネルギーに対する変分原理

ハミルトニアンの最低エネルギーは，たとえ正確に求めることができなくても，それがどのくらいの値になるか見積もる（評価する）ことは物理的にも重要性をもつ．次の定理はこの目的のためにも有用である．

【定理 6.15】 $\mathcal{H}$ をヒルベルト空間，H を $\mathcal{H}$ 上の，下に有界な自己共役作用素とし，$E_0(H)$ を (6.36) 式によって定義されるものとする．このとき，

$$E_0(H) = \inf_{\psi \in D(H), \|\psi\|=1} (\psi, H\psi) \tag{6.57}$$

証明 (6.57) 式の右辺の量を γ とすれば，明らかに $H \geq \gamma$．したがって，定理 2.30 (ii) によって，$\gamma \leq E_0(H)$．一方，$\sigma(H) = \operatorname{supp} E_H$（$E_H$ は H のスペクトル測度）であるから（定理 3.13），任意の $\psi \in D(H)$ に対して，

$$\begin{aligned}
(\psi, H\psi) &= \int_{[E_0(H), \infty)} \lambda d\|E_H(\lambda)\psi\|^2 \\
&\geq E_0(H) \int_{[E_0(H), \infty)} d\|E_H(\lambda)\psi\|^2 \\
&= E_0(H) \|\psi\|^2
\end{aligned}$$

これは $E_0(H) \leq \gamma$ を意味する．したがって，$E_0(H) = \gamma$ が得られる． ∎

$\mathcal{H}$ 上の自己共役作用素 H に対して，

$$D_H := \{\psi \in D(H) \mid \|\psi\| = 1\}$$

とすれば，D_H から $\mathbf{R}$ への写像 $\Phi_H : \psi \mapsto (\psi, H\psi)$

$$\Phi_H(\psi) := (\psi, H\psi), \quad \psi \in D_H$$

は D_H 上の汎関数をあたえる．定理 6.15 は，H が下に有界なハミルトニアンの場合，その最低エネルギーが汎関数 Φ_H の下限〔もし，$\Phi_H(\psi_0) = E_0(H)$ となる $\psi_0 \in D_H$ があれば，Φ_H の最小値〕としてあたえられることを主張するものである．この意味で，(6.57) 式を**最低エネルギーに対する変分原理**という（次の定理 6.16 も参照）．(6.57) 式は，$(\psi_n, H\psi_n) \downarrow E_0(H)(n \to \infty)$ となる $\psi_n \in D_H$ の存在を意味するから，そのような ψ_n あるいはそれに"近い" D_H の関数列をみつけることにより，$E_0(H)$ の"近似値"を評価できる．

6.7 最低エネルギーに対する変分原理

【定理 6.16】 $H, E_0(H)$ を定理 6.15 のものとし，$\Phi_H(\psi_0) = E_0(H)$ となる $\psi_0 \in D_H$ が存在するとしよう．このとき，$H\psi_0 = E_0(H)\psi_0$ が成り立つ．すなわち，$E_0(H)$ は H の固有値であり，ψ_0 はこれに属する H の固有ベクトルである．

証明 $H - E_0(H)$ は非負の自己共役作用素であるから，第 2 章，練習問題 22 によって，任意の $\psi \in D(H)$ に対して，

$$|(\psi, (H - E_0(H))\psi_0)|^2 \leq (\psi, (H - E_0(H))\psi)[\Phi_H(\psi_0) - E_0(H)] = 0 \quad (6.58)$$

したがって，$(\psi, (H - E_0(H))\psi_0) = 0$．$D(H)$ は稠密であるから，$(H - E_0(H))\psi_0 = 0$ が得られる． ∎

練 習 問 題

以下の問題において，$\mathcal{H}$ は一般の複素ヒルベルト空間を表す．

1. $\mathcal{H}$ 上の 2 つの作用素 T, S に対して，**反交換子** (anticommutator) とよばれる作用素 $\{T, S\}$ を次のように定義する．

   $$D(\{T, S\}) = D(TS) \cap D(ST), \quad \{T, S\}\psi = (TS + ST)\psi, \quad \psi \in D(\{T, S\})$$

   T, S をエルミート作用素とし，$\psi \in D(\{T, S\})$ とする．このとき，不等式

   $$\|T\psi\| \cdot \|S\psi\| \geq \frac{1}{2}|(\psi, \{T, S\}\psi)|$$

   を示せ（これも一種の不確定性関係である）．

2. $L_1, L_2, L_3, \mathcal{D}$ を例 6.3 におけるものとする（L_j は角運動量の成分）．$L_3\psi = \lambda\psi, \|\psi\| = 1$, をみたす状態ベクトル $\psi \in \mathcal{D}$ があったとしよう（すなわち，ψ は L_3 の固有値 λ に属する，規格化された固有ベクトル）．
   (i) 状態 ψ における L_1, L_2 の期待値は 0 であることを示せ．
   (ii) 不確定性関係 $(\Delta L_1)_\psi (\Delta L_2)_\psi \geq \dfrac{\hbar|\lambda|}{2}$ が成立することを示せ．

3. T を $\mathcal{H}$ 上の物理量（自己共役作用素）とする．任意の $\varepsilon > 0$ に対して，$(\Delta T)_{\psi_\varepsilon} \leq \varepsilon$ となるベクトル $\psi_\varepsilon \in D(T)$ が存在することを示せ（ヒント：スペクトル定理を応用せよ）．

   !注意．この事実は，T が固有ベクトルをもたない場合であっても，単独の物理量に関する限り，あたえられた任意の ε に対して，T の不確定さがそれ以下になるベクトルがつねに存在すること示す．

4. $\{Q^S, P^S\}$ を1自由度の CCR のシュレーディンガー表現とする.すなわち,$Q^S = x$ (かけ算作用素),$P^S = -i\hbar D$ (D は変数 x についての一般化された微分作用素),作用するヒルベルト空間は $L^2(\mathbf{R})$. $a \in \mathbf{R}, \sigma > 0$ を定数として,関数

$$\psi(x) = \frac{1}{(2\pi)^{1/4}\sqrt{\sigma}} e^{-\frac{(x-a)^2}{4\sigma^2}}$$

によって表される状態を考える〔容易にわかるように,$\psi \in \mathcal{S}(\mathbf{R}), \|\psi\| = 1$〕.

(i) $(\psi, Q^S \psi) = a$, $(\psi, P^S \psi) = 0$ を示せ.

(ii) $(\Delta Q^S)_\psi = \sigma$, $(\Delta P^S)_\psi = \dfrac{\hbar}{2\sigma}$ を示せ.したがって,$(\Delta Q^S)_\psi (\Delta P^S)_\psi = \dfrac{\hbar}{2}$ が成立する.

！注意.不確定性関係によって,$(\Delta Q^S)_\phi (\Delta P^S)_\phi \geq \dfrac{\hbar}{2}, \phi \in \mathcal{S}(\mathbf{R}^d), \|\phi\| = 1$. したがって,この問題の状態 ψ は Q^S の不確定さと P^S の不確定さの積を最小にする状態である.だが,σ を小さくすればするほど位置の不確定さは小さくなるが,運動量の不確定さは大きくなることに注意しよう.いまの場合の位置の確率密度関数は $|\psi(x)|^2 = (2\pi)^{-1/2} \sigma^{-1} \exp\left(-\dfrac{(x-a)^2}{2\sigma^2}\right)$. この型の関数は**ガウス (Gauss) 型**とよばれる.これから決まる確率分布を**ガウス分布**あるいは**正規分布**という.σ^2 は分散を表す.この分布は,σ が小さくなればなるほど,$x = a$ のまわりに集中してくる.

5. $\mathcal{H}$ 上のエルミート作用素 Q, P が部分空間 $\mathcal{D} \subset D(QP) \cap D(PQ)$ の上で CCR をみたすならば,Q, P は $\mathcal{D}$ の中に固有ベクトルをもたないことを示せ.

6. (6.33) 式によって定義される関数 V_{atom} は $L^2_{\text{loc}}(\mathbf{R}^{3Z})$ の元であることを示せ.

7. α, β は複素数で $\operatorname{Re} \alpha > 0$ をみたすとする.このとき,実数 x の関数 $e^{-\alpha(x-\beta)^2}$ は $\mathbf{R}$ 上で絶対可積分であり,

$$\int_{-\infty}^{\infty} e^{-\alpha(x-\beta)^2} dx = \sqrt{\frac{\pi}{\alpha}}$$

が成立することを示せ.ただし,$\sqrt{\alpha}$ は $\operatorname{Re} \sqrt{\alpha} > 0$ なる枝をとる.

8. V を $\mathbf{R}^d$ 上の実数値関数(ポテンシャル)とし,シュレーディンガー方程式

$$i\hbar \frac{\partial}{\partial t} \psi(t,x) = -\frac{\hbar^2}{2m} \Delta \psi(t,x) + V(x) \psi(t,x), \quad t \in \mathbf{R}, \quad x \in \mathbf{R}^d$$

の解 $\psi(t,x)$ で x について2回連続微分可能なものを考え,

$$\rho(t,x) = |\psi(t,x)|^2, \quad \mathbf{J}(t,x) = \frac{\hbar}{2mi}[\psi(t,x)^* \nabla \psi(t,x) - (\nabla \psi)(t,x)^* \psi(t,x)]$$

6.7 最低エネルギーに対する変分原理

とおく. ただし, $\nabla = (\partial_1, \cdots, \partial_d)$. このとき,

$$\frac{\partial \rho(t,x)}{\partial t} + \nabla \cdot \mathbf{J}(t,x) = 0$$

が成立することを示せ.

!注意. この場合のシュレーディンガー方程式が t について $L^2(\mathbf{R}^d)$ における強微分の意味でも成立するならば,命題 6.9 と同様にして,$\int_{\mathbf{R}^d} \rho(t,x)dx = \|\psi(t,\cdot)\|^2$ は t に依存しないことが示される. したがって,$\int_{\mathbf{R}^d} |\psi(0,x)|^2 dx = 1$ とすれば,任意の $t \in \mathbf{R}$ に対して,$\int_{\mathbf{R}^d} \rho(t,x)dx = 1$ であるので,$\rho(t,x)$ は時刻 t における位置の確率密度関数を表す.$\mathbf{R}^d$ 上のベクトル場(ベクトル値関数)$\mathbf{J} = (J_1, \cdots, J_d)$ を**確率密度の流れ**と解釈すれば,$\rho, \mathbf{J}$ に関する上の微分方程式は連続の方程式を表し,確率の保存を意味する.

9. 最低エネルギーに対する変分原理を用いて,$E_0(H_0) = 0$ であることを示せ(H_0 は自由ハミルトニアン).

10. V を $\mathbf{R}^d$ 上の実数値関数(ポテンシャル)とし,$L^2(\mathbf{R}^d)$ におけるシュレーディンガー作用素 $H = H_0 + V$ を考え,H, V は次の条件 (C.1), (C.2) をみたすとする. (C.1) $\sigma(H) = \sigma_{\mathrm{p}}(H) = \{E_n\}_{n=0}^{\infty}$;(エネルギー)固有値 E_n に属する,H の規格化された固有関数を ψ_n とすれば,$\psi_n \in \mathcal{S}(\mathbf{R}^d)$ であり,$\{\psi_n\}_{n=0}^{\infty}$ は $L^2(\mathbf{R}^d)$ の C.O.N.S. をなす. (C.2) $V \in C^{\infty}(\mathbf{R}^d)$ であって,V は $\mathcal{S}(\mathbf{R}^d)$ を不変にする. 位置作用素 Q_j^S の,状態 ψ_n と ψ_0 の間の行列要素を $(x_j)_{n0}$ とおく.

$$(x_j)_{n0} = (\psi_n, Q_j^S \psi_0) = \int_{\mathbf{R}^d} \psi_n(x)^* x_j \psi_0(x) dx$$

(i) 等式

$$\sum_{n=0}^{\infty} \frac{2m}{\hbar^2}(E_n - E_0)|(x_j)_{n0}|^2 = 1$$

が成立することを示せ.

(ii) (i) の等式を用いて,$E_n \to \infty (n \to \infty)$ ならば,十分大きな n に対して,$|(x_j)_{n0}| \leq C/\sqrt{E_n}$ が成り立つことを示せ($C > 0$ は定数).

!注意. (i) の等式を**トーマス (Thomas)- ライヒェ (Reiche)- クーン (Kuhn) の総和則 (sum rule)** という. この総和則はポテンシャルの詳細によらずに成り立つという点で普遍的である. その証明をみればわかるように,これは CCR に基づく交換関係のみから導かれる. 具体的な問題では,ψ_n は適当な特殊関数によってあたえられる. したがって,この種の総和則は,特殊関数に対するある種

の"加法定理"を導く．総和則はもっと一般的に定式化することが可能であり，特殊関数の理論へ応用をもつ．この点については，拙論文：A. Arai, "An abstract sum formula and its applications to special functions", *J. Math. Anal. Appl.* **167** (1992), 245–265 を参照．

11. $t \in \mathbf{R}\backslash\{0\}$ に対して，$L^2(\mathbf{R}^d)$ 上の作用素 $U(t)$ を

$$(U(t)\psi)(x) = m^{\frac{d}{2}}(\hbar|t|)^{-\frac{d}{2}} e^{-\frac{d\pi i \varepsilon(t)}{4}} e^{\frac{imx^2}{2t\hbar}} (\mathcal{F}\psi)\left(\frac{mx}{t\hbar}\right), \ \psi \in L^2(\mathbf{R}^d)$$

によって定義する〔定理 6.11 (iii) の証明を参照〕．
 (i) $U(t)$ はユニタリであることを示せ．
 (ii) すべての $\psi \in L^2(\mathbf{R}^d)$ に対して，$\lim_{t\to\infty} \|e^{-\frac{itH_0}{\hbar}}\psi - U(t)(\psi)\| = 0$ を示せ．
 (iii) (ii) を用いて，任意の $R > 0$ に対して，

$$\lim_{t\to\infty} \int_{|x|\leq R} |(e^{-\frac{itH_0}{\hbar}}\psi)(x)|^2 dx = 0$$

を示せ．

 !注意． この結果は，物理的には，自由ハミルトニアン H_0 による状態の時間発展においては，粒子が $\mathbf{R}^d$ の任意の有界領域内にとどまる確率は，時間がたつにつれてどんどん小さくなり，十分時間がたつ ($t \sim \infty$) とほとんど 0 に等しくなることを意味する．したがって，この場合，時間が十分たつと，1 に近い確率で粒子は無限遠に飛び去っていくと解釈され，自然な物理的描像と一致する．なお，(ii)，(iii) は $t \to -\infty$ の場合にも成立する．

12. $\mathbf{R}^3$ 上の変換 $P : \mathbf{x} \to -\mathbf{x}(\mathbf{x} \in \mathbf{R}^3)$ は**空間反転**とよばれる．これに対応して，$L^2(\mathbf{R}^3)$ 上の作用素 U_P を $(U_P f)(\mathbf{x}) = f(P\mathbf{x}) = f(-\mathbf{x})$ によって定義する．$U_P f = f$ をみたす関数 f は**空間反転対称**であるといい，$U_P f = -f$ をみたす関数 f は**空間反転反対称**であるという．
 (i) U_P はユニタリかつ自己共役であることを示せ．
 (ii) $\sigma(U_P) = \sigma_{\mathrm{p}}(U_P) = \{-1, 1\}$ であり，任意の $f \in L^2(\mathbf{R}^3)$ は空間反転対称な関数と空間反転反対称な関数の直和として一意的に表されることを示せ．
 (iii) H_0 を $L^2(\mathbf{R}^3)$ 上の自由ハミルトニアンとすると，U_P は $D(H_0)$ を不変にし，$D(H_0)$ 上で H_0 と可換であることを示せ．

 !注意． ユニタリ作用素 U_P の固有値 ± 1 を**パリティ** (parity) という．固有値 $+1$ に属する固有関数を**偶パリティ状態**，固有値 -1 に属する固有関数を**奇パリティ状態**という．

13. $L^2(\mathbf{R}^3)$ 上のシュレーディンガー作用素 $H = H_0 + V$ を考える．V は $|\mathbf{x}|(\mathbf{x} \in \mathbf{R}^3)$ のみによる実数値関数であるとする．H は $C_0^\infty(\mathbf{R}^3)$ 上で本質的に自己共役であると仮定する（H の閉包を $\overline{H}$ で表す）．

(i) U_P は $D(\overline{H})$ を不変にし，$D(\overline{H})$ 上で $\overline{H}$ と可換であることを示せ．

!注意．これは，$U_P\overline{H} \subset \overline{H}U_P$ と同値である．一般に，$L^2(\mathbf{R}^3)$ 上の線形作用素 T について，$U_P T \subset T U_P$ が成り立つとき，T は**空間反転対称性**をもつという．$\overline{H}$ は空間反転対称な作用素の一例である．

(ii) f が偶（奇）パリティ状態ならば任意の時刻 $t \in \mathbf{R}$ に対して，$e^{-\frac{it\overline{H}}{\hbar}} f$ も偶（奇）パリティ状態であることを示せ．

!注意．この結果は，パリティがハミルトニアン $\overline{H}$ による時間発展において保存されることを意味する．

(iii) U_P は $\overline{H}$ の任意の固有空間を不変にすることを示せ．

(iv) E を $\overline{H}$ の多重度1の固有値とすれば，これに属する固有関数は空間反転対称または空間反転反対称であることを示せ．

7

量子調和振動子

　古典力学における調和振動子の正準量子化によって得られる量子力学のモデル，すなわち，量子調和振動子を解析する（1次元の場合）．目標は，このモデルのハミルトニアンのスペクトルを明らかにすることである．はじめに，量子調和振動子のハミルトニアンを定義し，これに関して簡単にわかる性質を調べる．次に，このハミルトニアンの固有値問題を抽象的な形で定式化し，それを解く．こうして得られる抽象的な結果を応用することにより，量子調和振動子のハミルトニアンのスペクトルはとびとびの単純固有値のみからなること，および固有関数はエルミート多項式を使って表されることが示される．量子調和振動子は，そのハミルトニアンのスペクトルが純粋に離散的であるという意味で，原子系の基本的モデルのひとつを提供する．

7.1 量子調和振動子のハミルトニアンと固有値問題

　前章において，自由粒子系の量子化されたハミルトニアンの基本的な性質が明らかにされた（例 6.5）．しかし，このハミルトニアンは素粒子が何の相互作用もしない状況を記述するものであり，物理的には興味があるとはいえない．

　原子のスペクトルに見られるように，量子系のひとつの特徴は，エネルギーの値がとびとびの値をとりうるということである．そのような量子系のうちでもっとも簡単で基本的なものは，古典力学における調和振動子 (harmonic oscillator) の量子版，すなわち，**量子調和振動子**によってあたえられる．このモデルの数学的解析が本章の主題である．

　古典力学における1次元調和振動子のハミルトニアンは

$$H_{\mathrm{cl}} = \frac{p^2}{2m} + \frac{K}{2}x^2 \tag{7.1}$$

7.1 量子調和振動子のハミルトニアンと固有値問題

という形であたえられる．ただし，$p, x \in \mathbf{R}$ は，それぞれ，振動子の運動量，位置を表す変数，$m, K > 0$ は，それぞれ，振動子の質量，ばね定数である．したがって，対応する量子系のハミルトニアンは，シュレーディンガー表現において，ヒルベルト空間 $L^2(\mathbf{R})$ 上の作用素

$$H_{\mathrm{os}} := -\frac{\hbar^2}{2m} D^2 + \frac{K}{2} x^2 \tag{7.2}$$

によってあたえられる．ここで，作用素 D は変数 x に関する一般化された微分作用素である．ハミルトニアン H_{os} の定義域は $D(H_{\mathrm{os}}) = D(D^2) \cap D(x^2)$ である．いまの場合のポテンシャル関数 $Kx^2/2$ は連続関数であり，したがって，$L^2_{\mathrm{loc}}(\mathbf{R})$ の元である．ゆえに，例 6.3 の場合と同様にして，H_{os} は対称作用素であることがわかる．しかし，これが実際に自己共役であることを示すのは，それほど簡単ではない．

ここではひとまず，H_{os} の自己共役性の問題はおいて，この作用素の固有値問題を解くことを考える．H_{os} の固有ベクトル方程式（時間に依存しないシュレーディンガー方程式）$H_{\mathrm{os}} \psi = E \psi$〔$\psi \in D(H_{\mathrm{os}})$, E は実定数〕は，線形常微分方程式

$$-\frac{\hbar^2}{2m} \frac{d^2 \psi(x)}{dx^2} + \frac{K}{2} x^2 \psi(x) = E \psi(x) \tag{7.3}$$

を導く．ただし，ψ は 2 回連続微分可能であると仮定した．これは，フックス (Fuchs) 型の微分方程式であるから，級数展開法によって解くことが可能である．だが，ここでは，H_{os} が

$$H_{\mathrm{os}} = \frac{-\hbar^2}{2m} \left\{ D^2 - \left(\frac{m\omega x}{\hbar}\right)^2 \right\} \left(\omega := \sqrt{\frac{K}{m}} : \text{角振動数} \right) \tag{7.4}$$

という形に書かれることに注目し，代数的な手法で，H_{os} の固有値問題を解くことを考える．そのアイディアは，(7.4) 式の右辺の作用素を"因数分解"することである[1]．

作用素

$$a = \sqrt{\frac{\hbar}{2m\omega}} \left(\frac{d}{dx} + \frac{m\omega}{\hbar} x \right), \quad D(a) = \mathcal{S}(\mathbf{R}) \tag{7.5}$$

---

[1] 級数展開を用いて解く方法については，たとえば，マージナウ・マーフィ，『物理と化学のための数学 I』（佐藤次彦・国宗 真 訳，共立全書，共立出版，1953）の 2 章，同『物理と化学のための数学 II』の 11 章，11.11 節を参照．

を導入する．部分積分により，$\mathcal{S}(\mathbf{R}) \subset D(a^*)$ であって，a^* の $\mathcal{S}(\mathbf{R})$ への制限は

$$a^* \upharpoonright \mathcal{S}(\mathbf{R}) = \sqrt{\frac{\hbar}{2m\omega}}\left(-\frac{d}{dx} + \frac{m\omega}{\hbar}x\right) \tag{7.6}$$

となることがわかる（作用素の制限の概念については，第 2 章，2.7.1 項を参照）．したがって，$D(a^*)$ は稠密であるので，a は可閉作用素である．以下，a の閉包も同じ記号 a で表す．

容易にわかるように，a, a^* は $\mathcal{S}(\mathbf{R})$ を不変にし，$\mathcal{S}(\mathbf{R})$ 上で，交換関係

$$[a, a^*] = 1 \tag{7.7}$$

をみたす．作用素 a, a^* を用いると，$\mathcal{S}(\mathbf{R})$ 上で

$$H_{\mathrm{os}} = \hbar\omega\left(a^*a + \frac{1}{2}\right) \tag{7.8}$$

が成立することがわかる[2]．右辺の中にある作用素 a^*a は非負の対称作用素であるから（練習問題 1），

$$H_{\mathrm{os}} \upharpoonright \mathcal{S}(\mathbf{R}) \geq \frac{\hbar\omega}{2} \tag{7.9}$$

が得られる．ここにおいて，すでに古典論との違いを見ることができる．実際，H_{os} が $\mathcal{S}(\mathbf{R})$ 上で本質的に自己共役であると仮定し〔後に示すように（定理 7.5），この仮定は成立する〕，その閉包を $\overline{H}_{\mathrm{os}}$ とすれば，(7.9) 式から，$\overline{H}_{\mathrm{os}} \geq \hbar\omega/2$ を得る（練習問題 2）．したがって，$\overline{H}_{\mathrm{os}}$ を系のハミルトニアンとみなせば，系の最低エネルギー $E_0(\overline{H}_{\mathrm{os}})$ は $\hbar\omega/2$ 以上である．これは，対応する古典系のエネルギー H_{cl} がいくらでも 0 に近い値をもつことが許されるのとは大きな違いである．実は，変分原理により，

$$E_0(\overline{H}_{\mathrm{os}}) = \frac{\hbar\omega}{2} \tag{7.10}$$

を示すことができる（練習問題 3）．

---

[2] (7.7), (7.8) 式は，いまの段階では，作用素の等式ではないことに注意．第 2 章，2.7.1 項の終わりの部分を参照．

(7.8) 式によって，作用素の定義域の問題を度外視すれば，ハミルトニアン H_{os} の固有値問題は作用素

$$N = a^*a \tag{7.11}$$

の固有値問題に帰着される．後者の固有値問題は，実はある一般的な形で解くことができる．これを次の節で述べよう．

7.2 固有値問題の抽象的定式化とその解

$\mathcal{H}$ をヒルベルト空間，A を $\mathcal{H}$ 上の稠密に定義された閉作用素とし，

$$N_A = A^*A \tag{7.12}$$

とする．作用素 A がある条件をみたすと N_A の固有値問題は（部分的に）解かれうる．これを述べたのが次の定理である．

【定理 7.1】 $\mathcal{H}$ で稠密な部分空間 $\mathcal{D}$ が存在して，次の (i), (ii) がみたされるとする．

(i) A, A^* は $\mathcal{D}$ を不変にし，$\mathcal{D}$ 上で交換関係

$$[A, A^*] = 1 \tag{7.13}$$

をみたす．

(ii)
$$A\Omega = 0 \tag{7.14}$$

をみたす単位ベクトル $\Omega \in \mathcal{D}$ が存在する．

このとき，N_A は閉対称作用素であり，

$$\mathbf{Z}_+ \subset \sigma_{\text{p}}(N_A) \tag{7.15}$$

さらに，各 $n \in \mathbf{Z}_+$ に対して，

$$\psi_n := \frac{1}{\sqrt{n!}}(A^*)^n \Omega \tag{7.16}$$

は，N_A の固有値 n に属する固有ベクトルであって，$\|\psi_n\| = 1$ が成り立つ．

証明 条件 (i) によって，$\mathcal{D} \subset D(N_A)$ であるから，$D(N_A)$ は稠密であって，a^*a の場合と同様にして，N_A は非負の対称作用素であることがわかる．さらに，N_A は閉である．実際，$\psi_n \in D(N_A)$, $\psi_n \to \psi$, $N_A \psi_n \to \phi (n \to \infty)$ とすれば，$\|A\psi_n - A\psi_m\|^2 = (\psi_n - \psi_m, N_A(\psi_n - \psi_m)) \to 0 (n, m \to \infty)$. したがって，$\lim_{n \to \infty} A\psi_n := \eta$ が存在する．A は閉であるから，$\psi \in D(A)$ かつ $\eta = A\psi$. 一方，$A^*(A\psi_n) \to \phi$ であり，A^* は閉であるから，$A\psi \in D(A^*)$ かつ $\phi = A^*\eta = A^*A\psi$ が結論される．したがって，$\psi \in D(N_A)$ であり，$\phi = N_A \psi$. ゆえに，N_A は閉である．

(7.14) 式によって，$N_A \Omega = 0$. したがって，0 は N_A の固有値である．(7.16) 式によって

$$N_A \psi_n = \frac{1}{\sqrt{n!}} A^* A (A^*)^n \Omega \tag{7.17}$$

が成り立つ．(7.13) 式によって，任意の $\psi \in \mathcal{D}$ に対して，

$$\begin{aligned} A(A^*)^n \psi &= (1 + A^*A)(A^*)^{n-1}\psi = (A^*)^{n-1}\psi + A^*[A(A^*)^{n-1}\psi] \\ &= 2(A^*)^{n-1}\psi + (A^*)^2[A(A^*)^{n-2}\psi] = \cdots \\ &= n(A^*)^{n-1}\psi + (A^*)^n A\psi \end{aligned}$$

したがって，特に，

$$A(A^*)^n \Omega = n(A^*)^{n-1}\Omega \tag{7.18}$$

これを (7.17) 式の右辺に代入すれば $N_A \psi_n = n\psi_n$ が得られる．$c_n = \|\psi_n\|^2$ とおくと，(7.18) 式によって，

$$\begin{aligned} c_n &= \frac{1}{n!}((A^*)^n\Omega, (A^*)^n\Omega) = \frac{1}{n!}((A^*)^{n-1}\Omega, A(A^*)^n\Omega) \\ &= \frac{1}{(n-1)!}((A^*)^{n-1}\Omega, (A^*)^{n-1}\Omega) = c_{n-1} \end{aligned}$$

したがって，$c_n = c_{n-1} = \cdots = c_0 = \|\Omega\|^2 = 1$. こうして，$n$ は N_A の固有値であり，ψ_n はこれに属する規格化された固有ベクトルであることがわかる． ∎

どのような条件があれば，(7.15) 式において等号が成立するかという問題は興味がある．この問題に答えるために，補題をひとつ用意する．

7.2 固有値問題の抽象的定式化とその解

【補題 7.2】 T をヒルベルト空間 $\mathcal{H}$ 上の閉対称作用素で,$\{\lambda_n\}_{n=1}^\infty \subset \sigma_\mathrm{p}(T)$,$T\psi_n = \lambda_n \psi_n, \psi_n \in D(T), \|\psi_n\| = 1$ とする.$\{\lambda_n\}_{n=1}^\infty$ は集積点をもたず,$\{\psi_n\}_{n=1}^\infty$ は $\mathcal{H}$ の C.O.N.S. であると仮定する.このとき,次の (i), (ii) が成立する.

(i)
$$\sigma(T) = \sigma_\mathrm{p}(T) = \{\lambda_n\}_{n=1}^\infty \tag{7.19}$$

また,$n \neq m$ なるすべての n, m に対して,$\lambda_n \neq \lambda_m$ ならば,各固有値 λ_n の多重度は 1 である.

(ii) T は $\mathcal{L}(\{\psi_n\}_{n=1}^\infty)$ 上で本質的に自己共役である.

証明 (i) (7.19) 式を示すには,$\lambda \notin \{\lambda_n\}_{n=1}^\infty$ ならば,$\lambda \in \rho(T)$ を示せばよい.$T - \lambda$ が単射であることは明らか(もし,そうでないとすると,λ は T の固有値であり,λ_n と異なるから,λ に属する任意の固有ベクトル ψ_λ はすべての ψ_n と直交する.しかし,$\{\psi_n\}_n$ は C.O.N.S. であるから,$\psi_\lambda = 0$.これは矛盾である).$c = \inf_{n \in \mathbf{N}} |\lambda_n - \lambda|$ とすれば,仮定から,$c > 0$ である.任意の $\phi \in \mathcal{H}$ に対して,$|(\psi_n, \phi)/(\lambda_n - \lambda)|^2 \leq |(\psi_n, \phi)|^2 / c^2$ であり,$\sum_{n=1}^\infty |(\psi_n, \phi)|^2 < \infty$ であるから,$\Psi_N = \sum_{n=1}^N (\psi_n, \phi) \psi_n / (\lambda_n - \lambda)$ とすれば,$\Psi := \lim_{N \to \infty} \Psi_N$ は存在する(補題 1.21).さらに,$\Psi_N \in D(T)$ であり,$T\Psi_N = \sum_{n=1}^N (\psi_n, \phi) \psi_n + \lambda \Psi_N$ であるので,$T\Psi_N \to \phi + \lambda \Psi (N \to \infty)$.$T$ は閉作用素であるから,$\Psi \in D(T)$ であり,$T\Psi = \phi + \lambda \Psi$ が成り立つ.したがって,$(T - \lambda)\Psi = \phi$.ゆえに,$T - \lambda$ は全射である.以上から,$\lambda \in \rho(T)$ である.

λ_n の多重度に関する主張を証明するために,仮にある n に対して,λ_n の多重度が 2 以上であるとすると,$T\phi_n = \lambda_n \phi_n, \|\phi_n\| = 1$ をみたし,ψ_n と直交するベクトル ϕ_n が存在する.したがって,ϕ_n は,すべての $\psi_m, m = 1, 2, \cdots$ と直交する.しかし,$\{\psi_m\}_{m=1}^\infty$ は C.O.N.S. であるから,$\phi_n = 0$ でなければならない.これは矛盾である.ゆえに,各 λ_n の多重度は 1 である.

(ii) $D := \mathcal{L}(\{\psi_n\}_{n=1}^\infty)$ として,$(T \pm i)D = \{(T \pm i)\psi | \psi \in D\}$ が稠密であることを示せばよい(定理 4.3 を参照).任意の $\phi \in D$ に対して,$(\psi, (T+i)\phi) = 0$ となるベクトル $\psi \in \mathcal{H}$ があったとする.したがって,特に $0 = (\psi, (T+i)\psi_n) = (\lambda_n + i)(\psi, \psi_n)$.ゆえに,$(\psi, \psi_n) = 0$.これが任意の n について成立

するから, $\psi = 0$ でなければならない. したがって, $(T+i)D$ は稠密である. 同様にして, $(T-i)D$ も稠密であることがわかる. ∎

$T = N_A$ として, 補題7.2を応用すれば, 定理7.1によって, 次の結果が得られる.

【定理 7.3】 作用素 A は定理7.1の仮定をみたす作用素とし, $\{\psi_n\}_{n=0}^{\infty}$ は $\mathcal{H}$ の C.O.N.S. であるとする. このとき, N_A の各固有値 n の多重度は1で,

$$\sigma(N_A) = \sigma_{\mathrm{p}}(N_A) = \mathbf{Z}_+$$

が成立する. さらに, N_A は $\mathcal{D}$ 上で本質的に自己共役である.

7.3 ハミルトニアンのスペクトルと固有関数

前節の定理7.1, 定理7.3を1次元量子調和振動子のハミルトニアンに応用するためには, まず,

$$a\Omega_0 = 0 \tag{7.20}$$

をみたす関数 $\Omega_0 \in D(a)$ の存在を示す必要がある〔(7.7) 式を参照〕. もし, Ω_0 が連続微分可能ならば, それは微分方程式

$$\left(\frac{d}{dx} + \frac{m\omega}{\hbar}x\right)\Omega_0(x) = 0$$

の解である. この方程式は容易に解くことができ, $\|\Omega_0\|_{L^2(\mathbf{R})} = 1$(規格化条件)をみたす実数値関数の解 Ω_0 は

$$\Omega_0(x) = \left(\frac{m\omega}{\hbar\pi}\right)^{\frac{1}{4}} e^{-\frac{m\omega x^2}{2\hbar}} \tag{7.21}$$

によってあたえられる.

(7.21) 式で定義される関数 Ω_0 は $\mathcal{S}(\mathbf{R})$ の元であり, a, a^* は $\mathcal{S}(\mathbf{R})$ を不変にするから, $\mathcal{H} = L^2(\mathbf{R})$, $A = a$, $\mathcal{D} = \mathcal{S}(\mathbf{R})$, $\Omega = \Omega_0$ として, 定理7.1を応用できる. したがって, まず,

$$\mathbf{Z}_+ \subset \sigma_{\mathrm{p}}(N) \tag{7.22}$$

であることがわかる.

作用素 N のスペクトルは，$\mathbf{Z}_+$ で尽きるであろうか．この点を明らかにするために，

$$\Omega_n = \frac{1}{\sqrt{n!}}(a^*)^n \Omega_0, \quad n = 0, 1, 2, \cdots \tag{7.23}$$

によって定義される．N の固有関数系 $\{\Omega_n\}_{n=0}^{\infty}$ が $L^2(\mathbf{R})$ の C.O.N.S. であるかどうか調べてみよう．そのために，Ω_n を x の関数として，具体的に書き下してみる．a^* の表示 (7.6) 式を使うと

$$\Omega_n(x) = \frac{1}{\sqrt{n!}} \left(\sqrt{\frac{\hbar}{2m\omega}}\right)^n \left(-\frac{d}{dx} + \frac{m\omega}{\hbar}x\right)^n \Omega_0(x)$$

と書ける．一方，任意の $f \in \mathcal{S}(\mathbf{R})$ と実数 t に対して，関数の等式

$$e^{\frac{tx^2}{2}}\left(-\frac{d}{dx}\right)(e^{-\frac{tx^2}{2}}f) = \left(-\frac{d}{dx} + tx\right)f$$

が成り立つ．したがって，

$$\begin{aligned}
\Omega_n(x) &= \frac{1}{\sqrt{n!}}\left(\sqrt{\frac{\hbar}{2m\omega}}\right)^n e^{\frac{m\omega x^2}{2\hbar}}\left(-\frac{d}{dx}\right)^n e^{-\frac{m\omega x^2}{2\hbar}} \Omega_0(x) \\
&= \frac{(-1)^n}{\sqrt{n!}}\left(\frac{m\omega}{\hbar\pi}\right)^{\frac{1}{4}}\left(\sqrt{\frac{\hbar}{2m\omega}}\right)^n e^{-\frac{m\omega x^2}{2\hbar}}\left(e^{\frac{m\omega x^2}{\hbar}}\frac{d^n}{dx^n}e^{-\frac{m\omega x^2}{\hbar}}\right)
\end{aligned} \tag{7.24}$$

この形はエルミート多項式

$$H_n(x) := (-1)^n e^{x^2} \frac{d^n}{dx^n} e^{-x^2}, \quad n = 0, 1, 2, \cdots \tag{7.25}$$

を想起させる（第 1 章，練習問題 10 を参照）．実際，容易にわかるように，

$$\Omega_n(x) = \sqrt{\nu} c_n H_n(\nu x) e^{-\frac{(\nu x)^2}{2}} \tag{7.26}$$

と表される．ただし，$\nu = \sqrt{m\omega/\hbar}, c_n = \pi^{-1/4}(2^n n!)^{-1/2}$ とおいた．関数系 $\{c_n H_n(x) e^{-x^2/2}\}_{n=0}^{\infty}$ は $L^2(\mathbf{R})$ で C.O.N.S. をなす（練習問題 4）．したがって，$\{\Omega_n\}_{n=0}^{\infty}$ は $L^2(\mathbf{R})$ の C.O.N.S. であることが結論される（練習問題 5）．ゆえに，$A = a$ の場合，定理 7.3 の仮定もみたされる．こうして，次の定理が得られる．

【定理 7.4】 (7.11) 式によって定義される作用素 N は $\mathcal{S}(\mathbf{R})$ 上で本質的に自己共役であり，

$$\sigma(N) = \sigma_{\mathrm{p}}(N) = \mathbf{Z}_+ \tag{7.27}$$

が成り立つ．さらに，各固有値 $n = 0, 1, 2, \cdots$ の多重度は 1 であり，これに属する固有関数は，定数倍を除いて，(7.26) 式によってあたえられる．

作用素 N のスペクトル特性 (7.27) 式によって，N を $L^2(\mathbf{R})$ 上の**数作用素** (number operator) とよぶ．

定理 7.4 のひとつの帰結として，1 次元量子調和振動子のハミルトニアンについて次の結果が得られる．

【定理 7.5】 H_{os} は $\mathcal{S}(\mathbf{R})$ 上で本質的に自己共役であり，

$$\sigma(\overline{H}_{\mathrm{os}}) = \sigma_{\mathrm{p}}(\overline{H}_{\mathrm{os}}) = \left\{ \left(n + \frac{1}{2}\right)\hbar\omega \right\}_{n=0}^{\infty} \tag{7.28}$$

が成立する．さらに，各固有値 $\hbar\omega/2, 3\hbar\omega/2, \cdots$ の多重度は 1 であり，これに属する固有関数は，定数倍を除いて，(7.26) 式によってあたえられる．

証明 (7.8) 式によって，$\mathcal{S}(\mathbf{R})$ 上で $H_{\mathrm{os}} = \hbar\omega N + \frac{\hbar\omega}{2}$．定理 7.4 によって，$N$ は $\mathcal{S}(\mathbf{R})$ 上で本質的に自己共役であるから，H_{os} もそうなる．したがって，作用素の等式

$$\overline{H}_{\mathrm{os}} = \hbar\omega \overline{N} + \frac{\hbar\omega}{2} \tag{7.29}$$

が成り立つ．容易にわかるように，一般に，任意の作用素 S と $z \in \mathbf{C}$ に対して $\sigma_{\mathrm{p}}(S + z) = \{\lambda + z | \lambda \in \sigma_{\mathrm{p}}(S)\}$ が成り立つ．この場合，S の固有値 λ と $S + z$ の固有値 $\lambda + z$ の多重度は等しい。したがって，定理の後半の主張が得られる． ■

【系 7.6】 H_{os} は自己共役であり，$\overline{H_{\mathrm{os}} \upharpoonright \mathcal{S}(\mathbf{R})} = H_{\mathrm{os}}$ が成立する．

証明 $\overline{H}_{\mathrm{os}} = \overline{H_{\mathrm{os}} \upharpoonright \mathcal{S}(\mathbf{R})}$，

$$Q^S = x\,(x \text{ によるかけ算作用素}), \quad P^S = -i\hbar D \tag{7.30}$$

とおく．このとき，すべての $f \in \mathcal{S}(\mathbf{R})$ に対して，

$$\frac{1}{(2m)^2}\|(P^S)^2 f\|^2 + \frac{(m\omega^2)^2}{4}\|(Q^S)^2 f\|^2 \le \|H_{\mathrm{os}} f\|^2 + \frac{\hbar^2\omega^2}{2}\|f\|^2 \quad (7.31)$$

が成り立つ（練習問題6）．任意の $f \in D(\overline{H}_{\mathrm{os}})$ に対して，$L^2(\mathbf{R})$ の収束の意味で，$f_n \to f, H_{\mathrm{os}}f_n \to \overline{H}_{\mathrm{os}}f(n \to \infty)$ となる関数列 $\{f_n\}_n \subset \mathcal{S}(\mathbf{R})$ がとれる．このとき，(7.31) 式から，$\{(P^S)^2 f_n\}_n, \{(Q^S)^2 f_n\}_n$ は基本列であることがわかる．したがって，$(P^S)^2 f_n \to g, (Q^S)^2 f_n \to h(n \to \infty)$ となる $g, h \in L^2(\mathbf{R})$ が存在する．ゆえに，$\overline{H}_{\mathrm{os}}f = g/(2m) + Kh/2$．また，$(P^S)^2, (Q^S)^2$ は閉であるから，$f \in D((P^S)^2) \cap D((Q^S)^2) = D(H_{\mathrm{os}})$ かつ，$g = (P^S)^2 f, h = (Q^S)^2 f$．したがって，$\overline{H}_{\mathrm{os}} \subset H_{\mathrm{os}}$．定理7.5によって，$\overline{H}_{\mathrm{os}}$ は自己共役である．ゆえに，命題2.27によって，$\overline{H}_{\mathrm{os}} = H_{\mathrm{os}}$．■

定理7.5は，量子化された1次元調和振動子の系が対応する古典力学系とはまったく異なる性質をもつことを示している．(7.1) 式によって定義される，2つの実変数 p, x の関数としての H_{cl} の値域は $[0, \infty)$ であるから，古典的な1次元調和振動子系では，エネルギー H_{cl} は 0 以上の任意の実数値をとりうる．だが，定理7.5によれば，量子系ではそのようにはならず，ハミルトニアンの最低エネルギーは $\hbar\omega/2$ という厳密に正の値をとり，しかも，ハミルトニアンのスペクトルのとりうる値は離散的である．

定理7.5の事実を物理的な言葉を使って言い直せば次のようになる．調和振動子のハミルトニアン H_{os} の基底状態は Ω_0 の定数倍に限られ，$E_0 = \hbar\omega/2$ が基底状態のエネルギー（最低エネルギー）である．(7.21) 式から明らかなように，Ω_0 は偶関数で，いたるところ正値であり，ガウス型である．これは，基底状態における振動子の位置が，確率論的には，平均 0，分散が $\hbar/2m\omega$ のガウス分布にしたがうことを意味する（6章，練習問題4の注意を参照）．これらの性質は，基底状態が特徴的な性質をもった状態であることを語る．

他方，$n \ge 1$ に対して，Ω_n は第 n 番目の励起されたエネルギー状態（固有状態）を表し，この状態のエネルギーは

$$E_n = n\hbar\omega + E_0$$

によってあたえられる．この式は次のように解釈することもできる．$\hbar\omega$ をあるひとつの"量子"（たとえば，光子）のエネルギーとみなせば，Ω_0 は，量子

がまったく存在しない状態，すなわち，"真空" (vacuum) であり，第 n 番目の励起状態 Ω_n は n 個の量子が存在する状態とみなすことができる．この見方では，E_0 を**真空エネルギー**あるいは**零点エネルギー**という．こうして，調和振動子の正準量子化は，微視的な系のエネルギーがとびとびの値をとる，というプランクの量子仮説を理論的に説明するひとつのモデルを提供する．

量子化された調和振動子の系に関する上述の結果はさらに深い側面をもっている．数作用素 N の固有値 n に属する固有空間を $\mathcal{H}_n$ としよう．

$$\mathcal{H}_n = \{\alpha\Omega_n | \alpha \in \mathbf{C}\}$$

これは 1 次元の部分空間である．すでに述べたように $\{\Omega_n\}_{n=0}^{\infty}$ は $L^2(\mathbf{R})$ の C.O.N.S. をなす．したがって，

$$L^2(\mathbf{R}) = \bigoplus_{n=0}^{\infty} \mathcal{H}_n$$

となる．$\mathcal{H}_n$ は H_{os} の固有空間でもあり，その対応する固有値は E_n である．漸化式

$$a^* \Omega_{n-1} = \sqrt{n}\, \Omega_n$$

が成り立つことに注意すれば，a^* は $\mathcal{H}_{n-1}$ から $\mathcal{H}_n$ への線形作用素とみなすことができる．したがって，上述の物理的解釈にしたがうならば，a^* は量子をひとつ増やす働きをする作用素とみなせる．この意味で a^* を**生成作用素** (creation operator) という．また，

$$a\Omega_n = \sqrt{n}\, \Omega_{n-1}$$

であるから，作用素 a は $\mathcal{H}_n$ を $\mathcal{H}_{n-1}(\mathcal{H}_{-1} := \{0\})$ にうつし，量子をひとつ減らす働きをする．そこで，a を**消滅作用素** (annihilation operator) という．

(7.5), (7.6), (7.30) 式から，Q^S, P^S は，生成作用素と消滅作用素を用いて，$\mathcal{S}(\mathbf{R})$ 上で，

$$Q^S = \sqrt{\frac{\hbar}{2m\omega}}(a^* + a), \quad P^S = i\sqrt{\frac{m\omega\hbar}{2}}(a^* - a) \tag{7.32}$$

と表されることに注意しよう（練習問題 7 も参照）．

上記の物理的解釈における"量子"は，モデル構成の作業仮説的レヴェルでは，エネルギーが $\hbar\omega$ の"素粒子"とみることもできる〔(6.1) 式を参照〕．こうして，量子化された調和振動子のモデルは，素粒子の生成消滅の基本的なモデルのひとつを提供する．この特性は，連続体（無限自由度）からなる古典力学系の量子化，すなわち，古典場の量子化としての**場の量子論**にとってひとつの出発点をあたえてくれることにもなる[3]．

練習問題

1. a^*a は非負の対称作用素であることを示せ．

   ！注意．一般に，《T をヒルベルト空間 $\mathcal{H}$ からヒルベルト空間 $\mathcal{K}$ への稠密に定義された閉作用素とすると，T^*T は非負の自己共役作用素である》（フォン・ノイマンの定理）．これは重要な定理であるが，ここでは言及するにとどめる（T が有界な場合については，第 2 章の例 2.32 でふれた）．T が非有界の場合の証明については，たとえば，拙著『量子現象の数理』（朝倉書店，2006）の定理 2.57 を参照．

2. T をヒルベルト空間 $\mathcal{H}$ 上の対称作用素とし，$T \geq \gamma (\gamma \in \mathbf{R})$ とする．このとき，$\overline{T} \geq \gamma$ を示せ．

3. H_{os} が $\mathcal{S}(\mathbf{R})$ 上で本質的に自己共役であることを仮定し，変分原理により，(7.10) 式を証明せよ．

4. $\phi_n(x) = c_n H_n(x) e^{-x^2/2}$, $c_n = \pi^{-1/4}(2^n n!)^{-1/2}$ とおく．関数系 $\{\phi_n\}_{n=0}^{\infty}$ が $L^2(\mathbf{R})$ の正規直交系であることは第 1 章，練習問題 10 においてすでに示した．この関数系が完全であることを次の手順で証明せよ．

   (i) すべての $z \in \mathbf{C}, x \in \mathbf{R}$ に対して，
   $$e^{-z^2+2zx} = \sum_{n=0}^{\infty} \frac{H_n(x)}{n!} z^n$$
   を示せ．さらに，任意の $r > 0$ に対して，$|H_n(x)| \leq n! e^{r^2+2r|x|}/r^n$ が成り立つことを示せ[4]．（ヒント：e^{-z^2+2zx} は z の整関数であることを利用せよ．）

---

[3] 場の量子論の概要と数学的理論については，たとえば，江沢 洋・新井朝雄，『場の量子論と統計力学』（日本評論社，1988）を参照．

[4] e^{-z^2+2zx} をエルミート多項式系 $\{H_n\}_{n=0}^{\infty}$ の**母関数** (generating function) という．

(ii) すべての $n \geq 0$ に対して, $(\phi_n, f)_{L^2(\mathbf{R})} = 0$ 〔$f \in L^2(\mathbf{R})$〕ならば, すべての実数 a に対して, $\int_{\mathbf{R}} e^{-(x-a)^2/2} f(x) dx = 0$ であることを示せ.

(iii) すべての実数 a に対して, $\int_{\mathbf{R}} e^{-(x-a)^2/2} f(x) dx = 0$ 〔$f \in L^2(\mathbf{R})$〕ならば, $f = 0$ を示せ. (ヒント：フーリエ変換を用いよ.)

(iv) 以上から, $\{\phi_n\}_{n=0}^{\infty}$ が $L^2(\mathbf{R})$ の C.O.N.S. であることを結論せよ.

5. $\{\psi_n\}_{n=1}^{\infty}$ を $L^2(\mathbf{R}^d)$ の C.O.N.S. とし, $\psi_n^{(r)}(x) = r^{d/2} \psi(rx)$ とおく ($r > 0$). このとき, $\{\psi_n^{(r)}\}_{n=1}^{\infty}$ は $L^2(\mathbf{R}^d)$ の C.O.N.S. であることを示せ.

6. 不等式 (7.31) を示せ. (ヒント. Q^S, P^S に対する CCR を用いて, $\|H_{\text{os}}f\|^2$ を計算せよ.)

7. $\mathcal{H}$ をヒルベルト空間とする. $c_j \neq 0$ を実定数とする.

(i) $\{\mathcal{H}, \mathcal{D}, \{Q_j\}_{j=1}^{d}, \{P_j\}_{j=1}^{d}\}$ を自由度 d の CCR の表現とする. このとき,
$$A_j = \frac{1}{\sqrt{2\hbar}} \left(c_j Q_j + \frac{i}{c_j} P_j \right), \quad j = 1, \cdots, d$$
とすれば, $A_j^* \upharpoonright \mathcal{D} = (c_j Q_j - i c_j^{-1} P_j)/\sqrt{2\hbar}$ であり, $\mathcal{D}$ 上で交換関係
$$[A_j, A_k^*] = \delta_{jk}, \quad [A_j, A_k] = 0, \quad [A_j^*, A_k^*] = 0, \, j, \, k = 1, \cdots, d \quad (*)$$
が成り立つことを示せ.

(ii) $A_j, i = 1, \cdots, d$, をヒルベルト空間 $\mathcal{H}$ 上で稠密に定義された作用素とする. 稠密な部分空間 $\mathcal{D}$ が存在して, A_j, A_j^* は $\mathcal{D}$ を不変にし, $\mathcal{D}$ 上で $(*)$ が成り立つとする. このとき,
$$Q_j = \frac{1}{c_j} \sqrt{\frac{\hbar}{2}} (A_j^* + A_j), \quad P_j = i c_j \sqrt{\frac{\hbar}{2}} (A_j^* - A_j)$$
とすれば, $\{Q_j, P_j\}_{j=1}^{d}$ は $\mathcal{D}$ 上で CCR をみたすことを示せ.

！注意. これらの事実によって, $(*)$ を CCR という場合もある.

8. $\ell^2(\mathbf{Z}_+)$ 上の線形作用素 A を次のように定義する.
$$D(A) = \left\{ f = \{f_n\}_{n=0}^{\infty} \in \ell^2(\mathbf{Z}_+) \,\middle|\, \sum_{n=0}^{\infty} n|f_n|^2 < \infty \right\}$$
$$(Af)_n = \sqrt{n+1} f_{n+1}, \quad n \geq 0, \, f \in D(A)$$

このとき, 以下のことを示せ.

(i) A は稠密に定義された閉作用素である.

(ii) $D(A^*) = \{f = \{f_n\}_{n=0}^{\infty} \in \ell^2(\mathbf{Z}_+) | \sum_{n=1}^{\infty} n|f_{n-1}|^2 < \infty\}$ であり,
$$(A^* f)_n = \sqrt{n} f_{n-1}, \, n \geq 1, \quad (A^* f)_0 = 0, \, f \in D(A^*)$$

(iii) A, A^* は部分空間 $\ell_0(\mathbf{Z}_+)$（例 1.13 を参照）を不変にし，$\ell_0(\mathbf{Z}_+)$ 上で，交換関係 $[A, A^*] = I$ をみたす．

(iv) $c \neq 0$ を実定数として，
$$Q = \frac{1}{c}\sqrt{\frac{\hbar}{2}}(A^* + A), \quad P = ic\sqrt{\frac{\hbar}{2}}(A^* - A)$$
とおく．このとき，Q, P は $\ell_0(\mathbf{Z}_+)$ 上で本質的に自己共役であることを示せ．（ヒント：$R[(Q \pm i) \upharpoonright \ell_0(\mathbf{Z}_+)], R[(P \pm i) \upharpoonright \ell_0(\mathbf{Z}_+)]$ が稠密であることを示せ．）

(v) $\{\ell^2(\mathbf{Z}_+), \ell_0(\mathbf{Z}_+), \{\overline{Q}, \overline{P}\}\}$ は自由度 1 の CCR の表現であることを示せ．

(vi) $UQ^S U^{-1} = \overline{Q}, UP^S U^{-1} = \overline{P}$ となるユニタリ変換 $U : L^2(\mathbf{R}) \to \ell^2(\mathbf{Z}_+)$ が存在することを示せ．

! 注意． この問題で考察した CCR の表現は，歴史的には，本書のまえがきで言及したハイゼンベルク流の "行列力学" で用いられたものである．(vi) の結果は，この表現がシュレーディンガー表現とユニタリ同値であることを意味する（6.4.3 項を参照）．この問題の CCR の表現では，量子調和振動子のハミルトニアンに対応する作用素 $H := \hbar\omega(A^*A + 1/2)$ の作用は，$(Ha)_n = \hbar\omega(n + 1/2)a_n, n \geq 0, a \in D(H)$ となることに注意しよう．したがって，ハミルトニアンの固有値問題はただちに解ける．量子力学において，最終的に観測と比べられる量は，物理量を表す自己共役作用素のスペクトルや内積を用いて表される量である．一方，スペクトルや内積はユニタリ変換に対して不変である．こうして，なぜ，量子力学に対するハイゼンベルクの形式とシュレーディンガーのそれが物理的に同一の結果をあたえるかが明らかになる．

8

球対称なポテンシャルをもつ量子系と水素原子

　量子調和振動子と並んで,量子力学の現実性を示す基本的な例の一つとして水素原子およびその一般化の一つである**水素様原子**— 正の電荷 Ze ($Z \in \mathbf{N}$, $e > 0$ は電気素量) をもつ原子核と 1 個の電子からなる原子 ($Z = 1$ の場合が水素原子) —を取り上げる.水素様原子を一例として含む,特徴的な量子系の部類の一つとして,球対称(回転対称)なポテンシャルをもつ量子系についても論じる.

8.1　水素様原子のハミルトニアン

　周知のように,原子のうちで最も単純なのは,元素の周期律表の最初に位置する水素 (hydrogen) の原子,すなわち,水素原子である.これは,陽子 1 個からなる原子核と 1 個の電子からなる原子である.水素原子の一つの一般化として,電荷が Ze ($Z \in \mathbf{N}$, $e > 0$ は電気素量) の原子核と 1 個の電子からなる原子を考えることができる.この型の原子を**水素様原子** (hydrogen-like atom) とよぶ.

　例 6.4 で少しふれたように,電荷 Ze の水素様原子の原子核と負の電荷 $-e$ をもつ電子の間には,大きさが $Ze^2/4\pi\varepsilon_0 r^2$ (r は原子核と電子との間の距離,$\varepsilon_0 > 0$ は真空の誘電率[1]) の電気的クーロン引力が働く.簡単のため,水素様原子の原子核は $\mathbf{R}^3$ の原点に固定されているとしよう.このとき,位置 $\mathbf{x} \in \mathbf{R}^3 \setminus \{0\}$ にある電子と原子核との間に働く電気的クーロン引力を与えるポテンシャルは

---

[1]　物理単位系は MKSA 単位系を用いる.

$$V_{\mathrm{C}}(\mathbf{x}) := -\frac{\gamma}{|\mathbf{x}|}, \quad \gamma := \frac{Ze^2}{4\pi\varepsilon_0} \tag{8.1}$$

となる．原子核や電子に働く他の相互作用は度外視し，系を非相対論的に扱う場合の水素様原子のハミルトニアンを H とすれば，それは V_{C} をポテンシャルとする1体シュレーディンガー作用素（例6.4を参照）

$$H = -\frac{\hbar^2}{2\mu}\Delta + V_{\mathrm{C}} \tag{8.2}$$

によって与えられる．ただし，Δ は3次元の一般化されたラプラシアン，$\mu > 0$ は電子と原子核に対する**換算質量**とよばれる物理定数を表す[2]．例6.4で見たように，H は対称作用素である．だが，H が量子力学的物理量であるためには，H は自己共役または本質的に自己共役であることが必要である．結論から言えば，H は自己共役である．しかし，その証明は簡単ではない．H の自己共役性はある一般的な定理の応用として得られる．そこで，まず，その一般的な定理を証明しよう．

【定理 8.1】 加藤–レリッヒの定理．T を複素ヒルベルト空間 $\mathcal{H}$ 上の自己共役作用素，S を $\mathcal{H}$ 上の対称作用素とし，$D(T) \subset D(S)$ かつ定数 $a\ (0 \leq a < 1)$ と $b \geq 0$ が存在して

$$\|S\psi\| \leq a\|T\psi\| + b\|\psi\|, \quad \psi \in D(T) \tag{8.3}$$

が成り立っているとする．このとき，次の (i)～(iii) が成立する：

---

[2] 水素様原子の系は，本来ならば，2体系として考察しなければならない．だが，この系の場合，ポテンシャルの並進対称性（ポテンシャルが原子核の位置と電子の位置の差だけに依ること）により，系の運動は，重心の運動系（重心系）と重心に相対的な電子の運動系に分離される．重心系の運動はすでに知っている自由粒子系（例6.5）となることが導かれる．したがって，水素様原子の系の解析の非自明な部分は，重心に相対的な電子の運動系の解析に帰着される．この系のハミルトニアンが (8.2) 式で定義される作用素 H である．なお，水素様原子の原子核の質量を M_{nuc}，電子の質量を m_{e} とすれば，$\mu := m_{\mathrm{e}} M_{\mathrm{nuc}}/(m_{\mathrm{e}} + M_{\mathrm{nuc}}) = m_{\mathrm{e}}(1 + m_{\mathrm{e}}/M_{\mathrm{nuc}})^{-1}$ である．実験的には，M_{nuc} は m_{e} に比して十分大きいので ($m_{\mathrm{e}}/M_{\mathrm{nuc}} \lesssim 5.5 \times 10^{-4}$)，$\mu \approx m_{\mathrm{e}}$ としてよい．ここで述べたことの詳細については，拙著『量子現象の数理』（朝倉書店，2006）の2.3.4項を参照されたい．(8.2) 式で定義される作用素 H は，あくまでも非相対論的な扱いでの近似的なハミルトニアンである．実際，このハミルトニアンのスペクトルは，現実に観測される水素様原子のエネルギー準位の主要構造を明らかにするが (後述の定理8.9を参照)，その微細構造は説明しない．微細構造を解明するための理論として，H の相対論版であるディラック作用素を用いる理論や電子も光（電磁波）も相対論的な量子場として扱う**量子電磁力学** (quantum electrodynamics; QED) がある．ただし，QED の厳密な数学的基礎付けは，なおも最も困難な未解決問題の一つとして残されている．

(i) $D(T+S) = D(T)$ であり，$T+S$ は自己共役である．

(ii) T の任意の芯は，$T+S$ の芯である．

(iii) T が下に有界ならば，$T+S$ も下に有界である．

証明 (i) $A := T+S$ とおく．$D(T) \subset D(S)$ より，$D(A) = D(T) \cap D(S) = D(T)$ である．したがって，$D(A)$ は稠密である．命題 2.16(i) を用いると，$A^* \supset T^* + S^* = T + S^* \supset A$．したがって，$A$ は対称作用素である．A が自己共役であることを示すために，定理 4.1 を応用する．任意の $s > 0$ に対して，$\pm is \in \rho(T)$ であるから

$$A \pm is = (I + S(T \pm is)^{-1})(T \pm is) \quad (\text{複合同順}) \tag{8.4}$$

と変形できる．(8.3) によって，すべての $\psi \in \mathcal{H}$ に対して

$$\|S(T \pm is)^{-1}\psi\| \le a\|T(T \pm is)^{-1}\psi\| + b\|(T \pm is)^{-1}\psi\|.$$

補題 2.29(i) により，$\|(T \pm is)^{-1}\psi\| \le \|\psi\|/s$ であるので，$\|(T \pm is)^{-1}\| \le 1/s$．また，任意の $\psi \in D(T)$ に対して，$\|(T \pm is)\psi\|^2 = \|T\psi\|^2 + s^2\|\psi\|^2 \ge \|T\psi\|^2$ であるから，$\|T(T \pm is)^{-1}\psi\| \le \|\psi\|$．したがって，$S(T \pm is)^{-1}$ は有界であり，$\|S(T \pm is)^{-1}\| \le a + b/s$ が成り立つ．そこで，$s > b/(1-a)$ を満たす s をとれば，$\|S(T \pm is)^{-1}\| < 1$ が成立する．ゆえに，定理 2.11 により，$I + S(T \pm is)^{-1}$ は全単射である．定理 4.1 により，$T \pm is$ は全単射であるから，(8.4) 式によって，$A \pm is$ は全単射である．したがって，定理 4.1 により，A は自己共役である．

(ii) $\mathcal{D}$ を T の芯とすれば，任意の $\psi \in D(A) = D(T)$ に対して，$\mathcal{D}$ の点列 $\{\psi_n\}_n$ で $\psi_n \to \psi, T\psi_n \to T\psi \, (n \to \infty)$ となるものが存在する．このとき，(8.4) より，$(A \pm is)\psi_n = (I + S(T \pm is)^{-1})(T \pm is)\psi_n$ であり，$s > b/(1-a)$ ならば，$I + S(T \pm is)^{-1}$ は有界作用素であるので，右辺は，$n \to \infty$ のとき，$(I + S(T \pm is)^{-1})(T \pm is)\psi$ に収束する．したがって，$A\psi_n \xrightarrow{n \to \infty} \mp is\psi + (I + S(T \pm is)^{-1})(T \pm is)\psi = A\psi$ となる．ゆえに，$\mathcal{D}$ は A の芯である．これと (i) により，A は $\mathcal{D}$ 上で本質的に自己共役である．

(iii) $T \ge c_0 \, (c_0 \in \mathbf{R})$ としよう．このとき，$\widehat{T} := T - c_0$ とおけば，$\widehat{T}$ は自己共役で $\widehat{T} \ge 0$ である．$A = \widehat{T} + S + c_0$ と書けるので，$\widehat{A} := \widehat{T} + S$ が下

8.1 水素様原子のハミルトニアン **265**

に有界であることを示せば十分である．定理 2.30(ii) により，任意の負の実数 $s < 0$ は $\rho(\widehat{T})$ の元であるので，$\widehat{T} - s$ は全単射であり，$(\widehat{T} - s)^{-1}$ は有界である．(8.4) 式と同様に，$\widehat{A} - s = (I + S(\widehat{T} - s)^{-1})(\widehat{T} - s)$ が成り立つ．任意の $\psi \in D(\widehat{T}) = D(T)$ に対して（$T = \widehat{T} + c_0$ に注意）

$$\|S(\widehat{T} - s)^{-1}\psi\| \leq a\|(\widehat{T} + c_0)(\widehat{T} - s)^{-1}\psi\| + b\|(\widehat{T} - s)^{-1}\psi\|$$
$$\leq a\|\widehat{T}(\widehat{T} - s)^{-1}\psi\| + (a|c_0| + b)\|(\widehat{T} - s)^{-1}\psi\|$$

$\widehat{T} \geq 0$ であるから，$\|(\widehat{T} - s)\psi\| \geq \|\widehat{T}\psi\|$. が成り立つ．したがって，$\|\widehat{T}(\widehat{T} - s)^{-1}\psi\| \leq \|\psi\|$. ゆえに，$\|\widehat{T}(\widehat{T} - s)^{-1}\| \leq 1$. 補題 2.29(ii) によって，$\|(\widehat{T} - s)^{-1}\| \leq 1/|s|$. したがって，$\|S(\widehat{T} - s)^{-1}\| \leq a + d/|s|$ $(d := a|c_0| + b)$. ゆえに，$s < -d/(1-a)$ ならば，$\|S(\widehat{T} - s)^{-1}\| < 1$ となるので，(i) と同様の論法で，$s \in \rho(\widehat{A})$ が導かれる．これは，$\sigma(\widehat{A}) \subset [-d/(1-a), \infty)$ を意味する．ゆえに，$\widehat{A}$ は下に有界である． ∎

定理 8.1 に関連して，若干の概念的補足をしておこう．一般に，$\mathcal{H}$ 上の線形作用素 S（対称とは限らない），T（自己共役とは限らない）が (8.3) 式を満たすとき（いまの場合，$0 \leq a < 1$ である必要はない），S は T に関して**相対的に有界**または **T-有界**であるという．この場合，そのような定数 a の下限を T に関する S のその**相対限界**という．

$S \in \mathcal{B}(\mathcal{H})$ ならば，S は任意の線形作用素 T に対して相対的に有界である（$a = 0$, $b = \|S\|$ ととればよい）．したがって，T が自己共役で S が有界な自己共役素ならば，定理 8.1 により，$T + S$ は自己共役であることが結論される（いまの場合は，$s \in \mathbf{R}, |s| > \|S\|$ とすれば，$\|S(T \pm is)^{-1}\| \leq \|S\|/|s| < 1$ であるので，$T + S$ の自己共役性の証明は，定理 8.1 の証明よりも簡単である）．相対有界性は，有界性の概念をある自然な仕方で弱めた概念と見ることができる．

複素ヒルベルト空間 $\mathcal{H}$ 上の線形作用素 T に対して，$\mathcal{H}$ 上の線形作用素 S を加えることを T の S による**摂動** (perturbation) という．この場合，T を**無摂動作用素** (unperturbed operator)，S を**摂動**といい，摂動によって生じる作用素 $T + S$ を**摂動を受けた作用素** (perturbed operator) とよぶ．T の性質がよくわかっているとき，$T + S$ の性質がどのようになるか—たとえば，T のどのよう

な定性的性質が $T+S$ に受けつがれるか,あるいは受けつがれないか——を調べる問題を T に関する**摂動問題**といい,この問題を研究する分野を**線形作用素の摂動論**とよぶ.これは,量子力学の数学的理論において重要な位置を占めるものである.T の定性的性質 P(たとえば,閉性,自己共役性,固有値の存在,$\cdots$)が $T+S$ にも受けつがれるとき,性質 P は摂動 S のもとで**安定**であるという.定理 8.1 は,摂動のもとでの自己共役性,本質的自己共役性,下界性の安定性に関する十分条件の一つを与える.加藤–レリッヒの定理は,自己共役作用素の摂動論における基本定理の一つである.

さて,3 次元ルベーグ測度に関して a.e. 有限な実数値ボレル可測関数 V をポテンシャルとする 1 体シュレーディンガー作用素

$$H_1 := -\frac{\hbar^2}{2M}\Delta + V \tag{8.5}$$

を考えよう(例 6.4 を参照).ただし,$M>0$ は量子的粒子の質量を表す定数である.定理 8.1 を,$\mathcal{H}=L^2(\mathbf{R}^3)$,$T=-\hbar^2\Delta/2M$,$S=V$ の場合に応用することにより,次の定理が得られる:

【定理 8.2】 $D(\Delta) \subset D(V)$ かつ定数 a $(0 \le a < 1)$ と $b \ge 0$ が存在して,

$$\|V\psi\| \le \frac{a\hbar^2}{2M}\|\Delta\psi\| + b\|\psi\|, \quad \psi \in D(\Delta), \tag{8.6}$$

が成り立つとする.このとき,$D(H_1)=D(\Delta)$ であり,H_1 は下に有界な自己共役作用素である.さらに,H_1 は Δ の任意の芯上で本質的に自己共役である.特に,H_1 は $C_0^\infty(\mathbf{R}^3)$ 上で本質的に自己共役である[3].

定理 8.2 を $V=V_\mathrm{C}$ の場合に応用するために,まず,(8.6) 式の型の不等式を $V=V_\mathrm{C}, M=\mu$ の場合に導く:

【補題 8.3】 $D(\Delta) \subset D(V_\mathrm{C})$ かつ任意の実数 $R>0$ に対して

$$\|V_\mathrm{C}\psi\| \le \frac{c}{\sqrt{R}}\left\|-\frac{\hbar^2}{2\mu}\Delta\psi\right\| + (dR^{\frac{3}{2}}+\gamma)\|\psi\|, \quad \psi \in D(\Delta). \tag{8.7}$$

ただし,$c>0, d>0$ は R に依らない定数である.

---

[3] $C_0^\infty(\mathbf{R}^3)$ は $-\hbar^2\Delta/2M$ の芯である(定理 5.9 の応用).

8.1 水素様原子のハミルトニアン **267**

証明 ポテンシャル V_C を $0 < |\mathbf{x}| < 1$ の部分と $|\mathbf{x}| \geq 1$ の部分に分解する. すなわち, $V_C = V_1 + V_2$, $V_1(\mathbf{x}) := -\gamma\chi_{(0,1)}(|\mathbf{x}|)/|\mathbf{x}|$, $V_2(\mathbf{x}) := -\gamma\chi_{[1,\infty)}(|\mathbf{x}|)/|\mathbf{x}|$ (集合 S に対して, χ_S は S の定義関数を表す). このとき, V_2 は有界であり, $\|V_2\|_\infty \leq \gamma$ が成り立つ. そこで, $D(\Delta) \subset D(V_1)$ を示せばよい. $\psi \in D(\Delta)$ としよう. このとき, ψ のフーリエ変換 $\hat\psi \in L^2(\mathbf{R}^3)$ は $\int_{\mathbf{R}^3}|\mathbf{k}|^4|\hat\psi(\mathbf{k})|^2 d\mathbf{k} < \infty$ を満たす (定理 5.11 を参照). したがって, 任意の $R > 0$ に対して $\int_{\mathbf{R}^3}(R^2 + |\mathbf{k}|^2)^2|\hat\psi(\mathbf{k})|^2 d\mathbf{k} < \infty$. ゆえに,

$$\int_{\mathbf{R}^3}|\hat\psi(\mathbf{k})|d\mathbf{k} = \int_{\mathbf{R}^3}(R^2 + |\mathbf{k}|^2)^{-1}(R^2 + |\mathbf{k}|^2)|\hat\psi(\mathbf{k})|d\mathbf{k}$$
$$\leq \sqrt{\int_{\mathbf{R}^3}(R^2 + |\mathbf{k}|^2)^{-2}d\mathbf{k}}\sqrt{\int_{\mathbf{R}^3}(R^2 + |\mathbf{k}|^2)^2|\hat\psi(\mathbf{k})|^2 d\mathbf{k}}$$

($\because$ 積分に関するシュヴァルツの不等式).

変数変換 $\mathbf{k} \to \mathbf{k}/R$ を行うことにより $\sqrt{\int_{\mathbf{R}^3}(R^2 + |\mathbf{k}|^2)^{-2}d\mathbf{k}} = c_1/\sqrt{R}$ が得られる. ただし, $c_1 := \sqrt{\int_{\mathbf{R}^3}(1 + |\mathbf{k}|^2)^{-2}d\mathbf{k}} < \infty$. したがって, $\hat\psi \in L^1(\mathbf{R}^3)$ ((5.17) を参照). 定理 5.11 により, $\int_{\mathbf{R}^3}(R^2 + |\mathbf{k}|^2)^2|\hat\psi(\mathbf{k})|^2 d\mathbf{k} = \|(R^2 + (-\Delta))\psi\|^2$. ゆえに, $\|\hat\psi\|_1 \leq c_1 R^{-1/2}\|R^2\psi + (-\Delta\psi)\| \leq c_1(R^{-1/2}\|-\Delta\psi\| + R^{3/2}\|\psi\|)$. 他方, $\psi(\mathbf{x}) = (2\pi)^{-3/2}\int_{\mathbf{R}^3}\hat\psi(\mathbf{k})e^{i\mathbf{k}\mathbf{x}}d\mathbf{k}$ であるから, $\|\psi\|_\infty \leq (2\pi)^{-3/2}\|\hat\psi\|_1 < \infty$. 明らかに, $\int_{\mathbf{R}^3}|V_1(\mathbf{x})\psi(\mathbf{x})|^2 d\mathbf{x} \leq c_2^2\|\psi\|_\infty^2 < \infty$. ただし, $c_2 := \gamma\sqrt{\int_{|\mathbf{x}|<1}|\mathbf{x}|^{-2}d\mathbf{x}} = \gamma\sqrt{4\pi} < \infty$. したがって, $\psi \in D(V_1)$. ゆえに $D(\Delta) \subset D(V_1)$. さらに, 上の不等式により,

$$\|V_1\psi\| \leq \frac{c_1 c_2}{(2\pi)^{3/2}}\left\{\frac{1}{\sqrt{R}}\|-\Delta\psi\| + R^{\frac{3}{2}}\|\psi\|\right\}, \quad \psi \in D(\Delta)$$

を得る. そこで, $c := (2\pi)^{-3/2}c_1 c_2(2\mu/\hbar^2), d := (2\pi)^{-3/2}c_1 c_2$ とおけば, (8.7) が成立する. ∎

定理 8.2 と補題 8.3 から, 次の定理が導かれる:

【定理 8.4】

(i) $D(H) = D(\Delta)$ であり, H は下に有界な自己共役作用素である.

(ii) Δ の任意の芯上で H は本質的に自己共役である. 特に, H は $C_0^\infty(\mathbf{R}^3)$ 上で本質的に自己共役である.

証明 補題 8.3 により，$D(H) = D(-\hbar^2\Delta/2\mu) = D(\Delta)$ である．(8.7) において，$R > c^2$ とすれば，$c/\sqrt{R} < 1$．ゆえに，定理 8.2 において，$M = \mu, a = c/\sqrt{R}, b = dR^{3/2} + \gamma$ の場合を考えることにより，求める結果が得られる．■

8.2 球対称ポテンシャルをもつ量子系

水素様原子のハミルトニアン H の特徴の一つは，ポテンシャル V_C が原点からの距離 $|\mathbf{x}|$ だけに依存し，位置 $\mathbf{x}$ の方位には依らないということである．一般に，変数依存性が $|\mathbf{x}|$ だけに依るポテンシャル V は**球対称ポテンシャル**または**回転対称な**ポテンシャルとよばれる．このようなポテンシャルは，半無限区間 $[0,\infty)$ 上の実数値関数 v を用いて，

$$V(\mathbf{x}) = v(|\mathbf{x}|), \text{ a.e.} \mathbf{x} \in \mathbf{R}^3 \tag{8.8}$$

と表される [4]．

V がクーロンポテンシャル V_C の場合の v は次の式によって定義される関数 v_C で与えられる：

$$v_C(r) := -\frac{\gamma}{r}, \quad , r > 0$$

球対称ポテンシャル V をもつシュレーディンガー作用素

$$H_{\text{sym}} := -\frac{\hbar^2}{2\mu}\Delta + V \tag{8.9}$$

を考える．$V \in L^2_{\text{loc}}(\mathbf{R}^3)$ ならば，例 6.3 で見たように，$C_0^\infty(\mathbf{R}^3) \subset D(H_{\text{sym}})$ であり，H_{sym} は $L^2(\mathbf{R}^3)$ 上の対称作用素である．また，V が定理 8.2 の仮定を $M = \mu$ の場合に満たせば，$D(H_{\text{sym}}) = D(\Delta)$ であり，H_{sym} は下に有界な自己共役作用素である．しかし，以下では，これらの条件は課さないで議論を進める．

8.2.1 極座標系での表示

V の回転対称性に注目するならば，H_{sym} を 3 次元空間 $\mathbf{R}^3 = \{\mathbf{x} = (x_1, x_2, x_3) | x_j \in \mathbf{R}, j = 1, 2, 3\}$ の極座標系 (r, θ, ϕ) $(r > 0, \phi \in [0, 2\pi), \theta \in [0, \pi])$

$$x_1 = r\cos\phi\sin\theta, \quad x_2 = r\sin\phi\sin\theta, \quad x_3 = r\cos\theta \tag{8.10}$$

---
[4] $T : \mathbf{R}^3 \to \mathbf{R}^3$ を直交変換（広義回転）とすれば，$|T\mathbf{x}| = |\mathbf{x}|, \mathbf{x} \in \mathbf{R}^3$ であるので，$V(T\mathbf{x}) = V(\mathbf{x})$ である．

で扱った方が自然であることが推測される.

正の実数全体 $\mathbf{R}_+ := \{r \in \mathbf{R} | r > 0\}$ と $\mathbf{R}^2$ の矩形集合

$$\mathbf{T} := (0, \pi) \times [0, 2\pi) = \{(\theta, \phi) | \theta \in (0, \pi), \phi \in [0, 2\pi)\} \tag{8.11}$$

との直積集合

$$\Omega := \mathbf{R}_+ \times \mathbf{T} = \{\omega = (r, \theta, \phi) | r \in \mathbf{R}_+, (\theta, \phi) \in \mathbf{T}\} \tag{8.12}$$

には直積測度 ν:

$$d\nu := r^2 dr \otimes \sin\theta d\theta \otimes d\phi \tag{8.13}$$

が入る[5]. したがって, ヒルベルト空間 $L^2(\Omega, d\nu)$ が考えられる.

写像 $\mathbf{r} = (u_1, u_2, u_3) : \Omega \to \mathbf{R}^3$ ($u_j : \Omega \to \mathbf{R}$, $j = 1, 2, 3$) を

$$\begin{aligned}\mathbf{r}(\omega) &= (u_1(\omega), u_2(\omega), u_3(\omega)) \\ &:= (r\cos\phi\sin\theta, r\sin\phi\sin\theta, r\cos\theta), \quad \omega = (r, \theta, \phi) \in \Omega\end{aligned} \tag{8.14}$$

によって定義する. このとき, $\mathbf{r}$ は単射である. $\mathbf{r}$ の値域 (像)

$$E := \mathbf{r}(\Omega) = \{\mathbf{r}(\omega) | \omega \in \Omega\} \tag{8.15}$$

は $\mathbf{R}^3$ から x_3 軸 $\ell_3 := \{(0, 0, x_3) | x_3 \in \mathbf{R}\}$ を除いた領域になる:

$$E = \mathbf{R}^3 \setminus \ell_3. \tag{8.16}$$

ℓ_3 の 3 次元ルベーグ測度は 0 であるので, $\mathbf{R}^3$ 上の任意のルベーグ可積分関数 f に対して

$$\int_{\mathbf{R}^3} f(\mathbf{x}) d\mathbf{x} = \int_E f(\mathbf{x}) d\mathbf{x}$$

が成り立つことに注意しよう.

座標変換 (8.10) に対応して, E を含む集合を定義域にもつ任意の複素数値関数 f に対して, Ω 上の関数 $\widetilde{f}$ が

$$\widetilde{f}(\omega) := f(\mathbf{r}(\omega)), \quad \omega \in \Omega \tag{8.17}$$

---
[5] これは, 任意のボレル集合 $B \subset \Omega$ に対して, $\nu(B) := \int_B r^2 \sin\theta dr\, d\theta\, d\phi$ という意味である.

によって定義される．

任意の $\psi \in L^2(\mathbf{R}^3)$ に対して

$$\int_{\mathbf{R}^3} |\psi(\mathbf{x})|^2 d\mathbf{x} = \int_E |\psi(\mathbf{x})|^2 d\mathbf{x} = \int_\Omega |\widetilde{\psi}(\omega)|^2 d\nu$$

であるので，等長作用素 $U : L^2(\mathbf{R}^3) \to L^2(\Omega, d\nu)$ が

$$U\psi := \widetilde{\psi}, \quad \psi \in L^2(\mathbf{R}^3) \tag{8.18}$$

によって定義される．任意の $\Phi \in L^2(\Omega, d\nu)$ に対して，$\mathbf{x} \in E$ ならば $\psi(\mathbf{x}) := \Phi(\mathbf{r}^{-1}(\mathbf{x}))$，$\mathbf{x} \notin E$ ならば $\psi(\mathbf{x}) = 0$ とすれば，

$$\int_{\mathbf{R}^3} |\psi(\mathbf{x})|^2 d\mathbf{x} = \int_E |\Phi(\mathbf{r}^{-1}(\mathbf{x}))|^2 d\mathbf{x} = \int_\Omega |\Phi(\omega)|^2 d\nu < \infty$$

であるから，$\psi \in L^2(\mathbf{R}^3)$ かつ $U\psi = \Phi$ が成り立つ．したがって，U は全射でもあるので，ユニタリ変換であることが結論される．

座標変数 x_j を $L^2(\mathbf{R}^3)$ 上のかけ算作用素とみるとき，容易にわかるように，次の作用素等式が成立する：

$$Ux_1 U^{-1} = r\cos\phi\sin\theta, \quad Ux_2 U^{-1} = r\sin\phi\sin\theta, \quad Ux_3 U^{-1} = r\cos\theta \tag{8.19}$$

ただし，それぞれの右辺は $L^2(\Omega, d\nu)$ 上のかけ算作用素とみる．

いま示された事実の概念的拡張して，一般に，$L^2(\mathbf{R}^3)$ 上の作用素 X に対して，$L^2(\Omega, d\nu)$ 上の作用素 UXU^{-1} を X の**極座標表示**とよぶ．

次の仕事は，ハミルトニアン H_{sym} の極座表示 $UH_{\text{sym}}U^{-1}$ を計算することである．そのために，次の一般的事実に注意する：

【補題 8.5】 $\mathcal{H}, \mathcal{K}$ をヒルベルト空間，$T : \mathcal{H} \to \mathcal{K}$ を有界線形作用素で全単射なものとする．このとき，$\mathcal{H}$ 上の任意の線形作用素 A, B に対して，作用素の等式

$$T(A+B)T^{-1} = TAT^{-1} + TBT^{-1}, \tag{8.20}$$

$$T(AB)T^{-1} = (TAT^{-1})(TBT^{-1}) \tag{8.21}$$

が成り立つ．

証明 (8.20) の両辺の作用素の定義域が一致することは次の変形による：

$$
\begin{aligned}
D(T(A+B)T^{-1}) &= D((A+B)T^{-1}) = \{\varphi \in \mathcal{K} | T^{-1}\varphi \in D(A+B)\} \\
&= \{\varphi \in \mathcal{K} | T^{-1}\varphi \in D(A) \cap D(B)\} \\
&= \{\varphi \in \mathcal{K} | \varphi \in D(AT^{-1}) \cap D(BT^{-1})\} \\
&= \{\varphi \in \mathcal{K} | \varphi \in D(TAT^{-1}) \cap D(TBT^{-1})\} \\
&= D(TAT^{-1} + TBT^{-1}).
\end{aligned}
$$

このとき，任意の $\varphi \in D(T(A+B)T^{-1})$ に対して，$T(A+B)T^{-1}\varphi = TAT^{-1}\varphi + TBT^{-1}\varphi$ が成り立つことは明らかである．ゆえに (8.20) 式が成立する．(8.21) 式の証明も同様． ∎

補題 8.5 によって，

$$UH_{\mathrm{sym}}U^{-1} = -\frac{\hbar^2}{2\mu}U\Delta U^{-1} + UVU^{-1}.$$

ここで，任意の $\Phi \in D(UVU^{-1}) = D(VU^{-1})$ に対して

$$(UVU^{-1}\Phi)(r,\theta,\phi) = v(r)\Phi(r,\theta,\phi), \quad \text{a.e.} (r,\theta,\phi) \in \Omega$$

が成り立つことに注意すれば，

$$UH_{\mathrm{sym}}U^{-1} = -\frac{\hbar^2}{2\mu}U\Delta U^{-1} + v \tag{8.22}$$

となる．ただし，v は $L^2(\Omega, d\nu)$ 上の（関数 $v(r)$ による）掛け算作用素とみる．こうして，$UH_{\mathrm{sym}}U^{-1}$ の計算は，3次元の一般化されたラプラシアン Δ の極座標表示 $U\Delta U^{-1}$ のそれに帰着される．

8.2.2　$U\Delta U^{-1}$ の計算

便宜上，L^2 空間上の偏微分作用素を表す記号 ∂_j $(j = 1, 2, 3)$ の使用範囲を拡大しておく．$\mathbf{R}^3$ の開集合 G と任意の $f \in C^1(G)$ (G 上の複素数値 C^1 級関数の全体）に対して，G 上の関数 $\partial_j f$ を $(\partial_j f)(\mathbf{x}) := \partial f(\mathbf{x})/\partial x_j$, $\mathbf{x} \in G$ によって定義する．変数 r, θ, ϕ に関する偏微分をそれぞれ，$\partial_r, \partial_\theta, \partial_\phi$ で表す．

任意の $f \in C^1(G)$ に対して，合成関数の微分法により，$\mathbf{r}(\omega) \in G$ となる ω の集合上で

$$\partial_X \widetilde{f} = \sum_{j=1}^{3} \partial_X u_j \cdot \widetilde{\partial_j f}, \quad X = r, \theta, \phi$$

であるので

$$\begin{aligned}
\partial_r \widetilde{f} &= \cos\phi\sin\theta\widetilde{\partial_1 f} + \sin\phi\sin\theta\widetilde{\partial_2 f} + \cos\theta\widetilde{\partial_3 f}, \\
\partial_\theta \widetilde{f} &= r\cos\phi\cos\theta\widetilde{\partial_1 f} + r\sin\phi\cos\theta\widetilde{\partial_2 f} - r\sin\theta\widetilde{\partial_3 f}, \\
\partial_\phi \widetilde{f} &= -r\sin\phi\sin\theta\widetilde{\partial_1 f} + r\cos\phi\sin\theta\widetilde{\partial_2 f}
\end{aligned}$$

となる．この連立方程式を $(\widetilde{\partial_1 f}, \widetilde{\partial_2 f}, \widetilde{\partial_3 f})$ について解けば，次の結果を得る：

$$\widetilde{\partial_1 f} = \cos\phi\sin\theta\partial_r \widetilde{f} + \frac{\cos\phi\cos\theta}{r}\partial_\theta \widetilde{f} - \frac{\sin\phi}{r\sin\theta}\partial_\phi \widetilde{f}, \tag{8.23}$$

$$\widetilde{\partial_2 f} = \sin\phi\sin\theta\partial_r \widetilde{f} + \frac{\sin\phi\cos\theta}{r}\partial_\theta \widetilde{f} + \frac{\cos\phi}{r\sin\theta}\partial_\phi \widetilde{f}, \tag{8.24}$$

$$\widetilde{\partial_3 f} = \cos\theta\partial_r \widetilde{f} - \frac{\sin\theta}{r}\partial_\theta \widetilde{f}. \tag{8.25}$$

したがって，

$$\mathcal{D}_1 := \{\psi \in C^1(E) \cap L^2(\mathbf{R}^3) | \partial_j \psi \in L^2(\mathbf{R}^3), j = 1, 2, 3\}, \tag{8.26}$$

$$\mathcal{F}_1 := U\mathcal{D}_1 \tag{8.27}$$

とおくと，$\mathcal{F}_1$ 上で次の式が成り立つ（任意の $\Phi \in \mathcal{F}_1$ に対して，$\psi = U^{-1}\Phi$ とおくと，$\widetilde{\partial_j \psi} = UD_jU^{-1}\Phi, \widetilde{\psi} = \Phi$ に注意）：

$$UD_1U^{-1} = \cos\phi\sin\theta\partial_r + \frac{\cos\phi\cos\theta}{r}\partial_\theta - \frac{\sin\phi}{r\sin\theta}\partial_\phi, \tag{8.28}$$

$$UD_2U^{-1} = \sin\phi\sin\theta\partial_r + \frac{\sin\phi\cos\theta}{r}\partial_\theta + \frac{\cos\phi}{r\sin\theta}\partial_\phi, \tag{8.29}$$

$$UD_3U^{-1} = \cos\theta\partial_r - \frac{\sin\theta}{r}\partial_\theta. \tag{8.30}$$

これらの式をベクトル解析的な観点から見通しよく扱うために，いくつかの概念と記号を導入する．

一般に，ヒルベルト空間 $\mathcal{H}$ 上の n 個の線形作用素 $A_1, \ldots, A_n$ の組 $\mathbf{A} := (A_1, \ldots, A_n)$ を $\mathcal{H}$ 上の**作用素ベクトル**という．任意の $\Psi \in \bigcap_{j=1}^{n} D(A_j)$ に対

する $\mathbf{A}$ の作用 $\mathbf{A}\Psi$ は $\mathbf{A}\Psi := (A_1\Psi, \ldots, A_n\Psi)$ によって定義される．これは $\mathcal{H}$ の n 個の直和 $\oplus^n \mathcal{H}$ の元である．したがって，$\mathbf{A}$ は $\mathcal{H}$ から $\oplus^n \mathcal{H}$ への線形作用素と見ることができる．

$L^2(\mathbf{R}^3)$ 上の偏微分作用素 D_1, D_2, D_3 からつくられる作用素ベクトル

$$\mathbf{D} := (D_1, D_2, D_3) \tag{8.31}$$

を一般化されたナブラまたは一般化された勾配（グラディエント）とよぶ[6]．

$\mathcal{H}$ 上の作用素ベクトル $\mathbf{A}$ と $\mathcal{H}$ 上の線形作用素 T の積 $\mathbf{A}T, T\mathbf{A}$ を

$$\mathbf{A}T := (A_1T, A_2T, \ldots, A_nT), \quad T\mathbf{A} := (TA_1, TA_2, \ldots, TA_n) \tag{8.32}$$

によって定義する[7]．したがって，S を $\mathcal{H}$ 上の任意の線形作用素とすれば

$$S\mathbf{A}T = (SA_1T, SA_2T, \ldots, SA_nT) \tag{8.33}$$

が成り立つ．

$\mathcal{H}$ 上の二つの作用素ベクトル $\mathbf{A}, \mathbf{B}$ の作用素内積 $\mathbf{A} \cdot \mathbf{B}$ を

$$\mathbf{A} \cdot \mathbf{B} := \sum_{j=1}^{n} A_j B_j \tag{8.34}$$

によって定義する．これは $\mathcal{H}$ 上の線形作用素である．特に

$$\mathbf{A}^2 := \mathbf{A} \cdot \mathbf{A} = \sum_{j=1}^{n} A_j^2$$

を $\mathbf{A}$ の 2 乗（平方）とよぶ．

明らかに

$$\Delta = \mathbf{D}^2. \tag{8.35}$$

以上の準備のもとで，$\mathbf{R}^3$ に属する 3 個の単位ベクトル

$\mathbf{f}_1 := (\cos\phi\sin\theta, \sin\phi\sin\theta, \cos\theta), \mathbf{f}_2 := (\cos\phi\cos\theta, \sin\phi\cos\theta, -\sin\theta),$

$\mathbf{f}_3 := (-\sin\phi, \cos\phi, 0)$

---

[6] $\mathbf{D}$ は，古典的ベクトル解析に現れるナブラ $\nabla = (\partial_1, \partial_2, \partial_3)$ の一般化である．
[7] $\mathbf{A}T$ と $T\mathbf{A}$ は一般には等しくないことに注意．

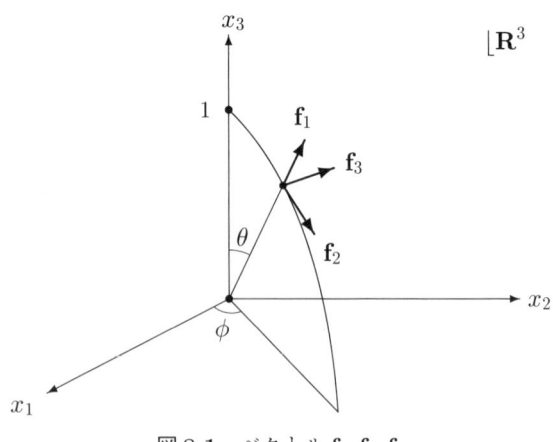

図 8.1 ベクトル $\mathbf{f}_1, \mathbf{f}_2, \mathbf{f}_3$

を導入すれば（図 8.1 を参照），(8.28)～(8.30) 式は一つの式

$$U\mathbf{D}U^{-1} = \mathbf{f}_1 \partial_r + \mathbf{f}_2 \frac{1}{r}\partial_\theta + \mathbf{f}_3 \frac{1}{r\sin\theta}\partial_\phi \quad (\mathcal{F}_1 \, \text{上}) \tag{8.36}$$

にまとめられる．

容易に確かめられるように，$\{\mathbf{f}_1, \mathbf{f}_2, \mathbf{f}_3\}$ は $\mathbf{R}^3$ の正規直交系である：

$$(\mathbf{f}_j, \mathbf{f}_k) = \delta_{jk}, \quad j, k = 1, 2, 3. \tag{8.37}$$

(8.35) 式と補題 8.5 によって，作用素の等式

$$U\Delta U^{-1} = \sum_{j=1}^{3}(UD_j U^{-1})(UD_j U^{-1}) = U\mathbf{D}U^{-1} \cdot U\mathbf{D}U^{-1} \tag{8.38}$$

が成り立つ．(8.36) 式を用いて右辺を計算するには，$\mathcal{F}_1$ を含む部分空間 $\mathcal{M}$ で $UD_j U^{-1}\mathcal{M} \subset \mathcal{F}_1$ $(j=1,2,3)$ となるものを見出せばよい．そのような部分空間の一つは

$$\mathcal{F}_2 := U[D(\Delta) \cap C^2(E)] \tag{8.39}$$

で与えられる．こうして，$\mathcal{F}_2$ 上の等式

$$U\Delta U^{-1} = \left(\mathbf{f}_1 \partial_r + \mathbf{f}_2 \frac{1}{r}\partial_\theta + \mathbf{f}_3 \frac{1}{r\sin\theta}\partial_\phi\right) \cdot \left(\mathbf{f}_1 \partial_r + \mathbf{f}_2 \frac{1}{r}\partial_\theta + \mathbf{f}_3 \frac{1}{r\sin\theta}\partial_\phi\right)$$

が得られる．右辺は，(8.37) および容易に示される式

$$\partial_r \mathbf{f}_j = 0, \quad , j = 1, 2, 3,$$
$$\partial_\theta \mathbf{f}_1 = \mathbf{f}_2, \quad \partial_\theta \mathbf{f}_2 = -\mathbf{f}_1, \quad \partial_\theta \mathbf{f}_3 = 0,$$
$$\partial_\phi \mathbf{f}_1 = \sin\theta\, \mathbf{f}_3, \quad \partial_\phi \mathbf{f}_2 = \cos\theta\, \mathbf{f}_3, \quad (\partial_\phi \mathbf{f}_3, \mathbf{f}_3) = 0$$

を用いることにより計算される．結果は次のようになる：

$$U\Delta U^{-1}\Phi = \partial_r^2 \Phi + \frac{2}{r}\partial_r \Phi + \frac{1}{r^2}\left(\partial_\theta^2 \Phi + \frac{\cos\theta}{\sin\theta}\partial_\theta \Phi + \frac{1}{\sin^2\theta}\partial_\phi^2 \Phi\right), \quad \Phi \in \mathcal{F}_2. \tag{8.40}$$

右辺の最後の項の括弧の中は θ と ϕ だけによる作用素であり，しかも θ と ϕ は変数分離している．そこで，$\mathbf{T}$ 上の測度

$$d\rho(\theta,\phi) := \sin\theta d\theta \otimes d\phi \quad (\text{直積測度})$$

に関して 2 乗可積分な関数からなるヒルベルト空間 $L^2(\mathbf{T}, d\rho)$ を考え，このヒルベルト空間上の作用素 Θ を次のように定義する：

$$D(\Theta) := \Big\{ F \in L^2(\mathbf{T}, d\rho) \cap C^2([0,\pi] \times [0, 2\pi]) | F(\theta, 0) = F(\theta, 2\pi),$$
$$\theta \in [0,\pi], \partial_\theta^2 F + \frac{\cos\theta}{\sin\theta}\partial_\theta F + \frac{1}{\sin^2\theta}\partial_\phi^2 F \in L^2(\mathbf{T}, d\rho) \Big\}, \tag{8.41}$$

$$\Theta F := -\partial_\theta^2 F - \frac{\cos\theta}{\sin\theta}\partial_\theta F - \frac{1}{\sin^2\theta}\partial_\phi^2 F, \quad F \in D(\Theta). \tag{8.42}$$

任意の $\Phi \in L^2(\Omega, d\nu)$ と a.e. $r > 0$ に対して，$\mathbf{T}$ 上の関数 $\Phi(r): \mathbf{T} \to \mathbf{C}$ が

$$\Phi(r)(\theta,\phi) := \Phi(r,\theta,\phi), \quad (\theta,\phi) \in \mathbf{T} \tag{8.43}$$

によって定義される．このとき，

$$\int_0^\infty \|\Phi(r)\|_{L^2(\mathbf{T}, d\rho)}^2 r^2 dr = \|\Phi\|_{L^2(\Omega, d\nu)}^2 < \infty. \tag{8.44}$$

したがって，フビニの定理により，$\Phi(r) \in L^2(\mathbf{T}, d\rho)$ である．また

$$\int_0^\infty (\Phi(r), \Psi(r))_{L^2(\mathbf{T}, d\rho)} r^2 dr = (\Phi, \Psi), \quad \Psi, \Phi \in L^2(\Omega, d\nu) \tag{8.45}$$

が成り立つ．

(8.40)式によって，各 $r \in \mathbf{R}_+$ ごとに

$$(U\Delta U^{-1}\Phi)(r) = \partial_r^2 \Phi(r) + \frac{2}{r}\partial \Phi(r) - \frac{1}{r^2}\Theta\Phi(r),$$
$$\Phi \in \{\Psi \in \mathcal{F}_2 | \Psi(r) \in D(\Theta), r > 0\} \qquad (8.46)$$

が得られる．

8.2.3 Θ の固有値

$U\Delta U^{-1}$ をさらに簡単な形へともたらすために，作用素 Θ の固有値問題を考察する．まず，次の事実に注目する．

【補題 8.6】 (i) Θ はエルミート作用素である．

(ii) Θ の固有値はすべて実数である．

(iii) Θ の異なる固有値に属する固有ベクトルは直交する．

証明 (i) Θ は次のように書けることに注意する：

$$\Theta F = -\frac{1}{\sin\theta}\partial_\theta(\sin\theta \partial_\theta F) - \frac{1}{\sin^2\theta}\partial_\phi^2 F, \quad F \in D(\Theta). \qquad (8.47)$$

この形を用いると

$$(F, \Theta G)_{L^2(\mathbf{T}, d\rho)} = -\lim_{\varepsilon\downarrow 0}\int_\varepsilon^{\pi-\varepsilon} d\theta \int_0^{2\pi} d\phi F(\theta, \phi)^* \left\{\partial_\theta(\sin\theta\partial_\theta G) + \frac{1}{\sin\theta}\partial_\phi^2 G\right\}$$

と書ける．そこで，部分積分をすれば，Θ のエルミート性 $(F, \Theta G)_{L^2(\mathbf{T}, d\rho)} = (\Theta F, G)_{L^2(\mathbf{T}, d\rho)}, F, G \in L^2(\mathbf{T}, d\rho)$ が導かれる．

(ii), (iii) は，(i) と命題 2.26 による． ∎

例 2.23 で見たように，任意の整数 m に対して，$e^{im\phi}$ は $\partial_\phi, \partial_\phi^2$ の固有関数であり，$\partial_\phi^2 e^{im\phi} = -m^2 e^{im\phi}$ が成り立つ．そこで，f を θ だけの関数とし，$Y(\theta, \phi) = f(\theta)e^{im\phi}$ とすれば (f は $Y \in D(\Theta)$ となるようにとる)

$$(\Theta Y)(\theta, \phi) = -e^{im\phi}\left\{\frac{1}{\sin\theta}\partial_\theta(\sin\theta\partial_\theta) - \frac{m^2}{\sin^2\theta}\right\}f(\theta)$$

である．したがって，Θ の固有ベクトル方程式 $\Theta Y = \lambda Y$ ($\lambda \in \mathbf{R}$) は

$$\left\{\frac{1}{\sin\theta}\partial_\theta(\sin\theta\partial_\theta) - \frac{m^2}{\sin^2\theta} + \lambda\right\}f(\theta) = 0 \qquad (8.48)$$

という形をとる．変数変換 $x = \cos\theta$ を行い，$f(\theta) = F(x)$ とすれば，(8.48) 式は

$$(1-x^2)\frac{d^2 F(x)}{dx^2} - 2x\frac{dF(x)}{dx} + \left\{\lambda - \frac{m^2}{1-x^2}\right\} F(x) = 0, \quad x \in (-1, 1) \quad (8.49)$$

と書かれる．特殊関数論の基本的内容をすでに学んでいる読者には，この方程式にはなじみがあるであろう．すなわち，$\lambda = \ell(\ell+1)$ かつ ℓ が非負の整数の場合の (8.49) 式

$$(1-x^2)\frac{d^2 F(x)}{dx^2} - 2x\frac{dF(x)}{dx} + \left\{\ell(\ell+1) - \frac{m^2}{1-x^2}\right\} F(x) = 0, \quad x \in (-1, 1) \quad (8.50)$$

は，**ルジャンドルの陪多項式**のみたす微分方程式にほかならない．ルジャンドルの陪多項式は，第1章の練習問題9で登場したルジャンドルの多項式

$$P_\ell(x) := \frac{1}{2^\ell \ell!}\left(\frac{d}{dx}\right)^\ell (x^2-1)^\ell, \ x \in [-1, 1], \ \ell \in \mathbf{Z}_+, \quad (8.51)$$

($\mathbf{Z}_+ := \{0\} \cup \mathbf{N}$ は非負整数の全体) を用いて，次のように定義される多項式 P_ℓ^m である：

$$P_\ell^m(x) := (1-x^2)^{\frac{m}{2}} \frac{d^m}{dx^m} P_\ell(x), \quad m = 0, 1, \ldots, \ell, \quad (8.52)$$

$$P_\ell^m(x) := P_\ell^{-m}(x), \quad m < 0 \quad (8.53)$$

実際，P_ℓ^m が (8.50) 式を満たすことを示すのはそれほど難しくはない（練習問題1, 2を参照）．こうして，$\lambda = \ell(\ell+1)$ の場合の (8.48) 式の解の一つとして $f(\theta) = P_\ell^m(\cos\theta)$ が見出される．ゆえに

$$Y_{\ell,m}(\theta, \phi) := (-1)^m \frac{(\ell-m)!}{(\ell+m)!} P_\ell^m(\cos\theta) e^{im\phi}, \quad |m| \le \ell \quad (8.54)$$

とすれば[8]，$Y_{\ell,m}$ は，作用素 Θ の固有値 $\ell(\ell+1)$ に属する固有関数であることがわかる：

$$\Theta Y_{\ell,m} = \ell(\ell+1) Y_{\ell,m}. \quad (8.55)$$

---

[8] 定数 $(-1)^m (\ell-m)!/(\ell+m)!$ は，任意の定数で置き換えることが可能であるが，ここでは，特殊関数 $Y_{\ell,m}$ の通常の定義にしたがう．

よって，次の結果が得られる：

$$\ell(\ell+1) \in \sigma_{\mathrm{p}}(\Theta), \quad \ell \in \mathbf{Z}_+, \tag{8.56}$$

$$\{Y_{\ell,m}||m| \leq \ell\} \subset \ker(\Theta - \ell(\ell+1)). \tag{8.57}$$

ちなみに，関数 $Y_{\ell,m}$ およびその一次結合は ℓ 次の**球関数**とよばれる．

8.2.4 作用素 Θ の物理的意味

ラプラシアン Δ の極座標表示 $U\Delta U^{-1}$ に現れた作用素 Θ は何か物理的な意味をもつであろうか．この問いに答えるための手掛かりの一つとして，第6章で基本的な物理量の一つとして取り上げた角運動量に注目してみよう．記号上の煩雑さを避けるため，CCR のシュレーディンガー表現における角運動量の第 j 成分 L_j^{S} ($j=1,2,3$)—(6.31) 式を参照—の閉包を単に L_j と書くことにする（したがって，定理 6.8 によって，L_j は自己共役である）．6.4.2 項の終わりで注意したように，自己共役作用素 $-L_j/\hbar$ は，位置空間 $\mathbf{R}^3$ の x_j 軸のまわりの回転に対応する，状態空間 $L^2(\mathbf{R}^3)$ における回転変換の生成子を表す．他方，極座標の変数 θ,ϕ はそれぞれ，x_3 軸からの回転角，x_3 軸のまわりの回転角を表す．したがって，θ,ϕ だけを含む作用素 Θ は角運動量の極座標表示

$$\widetilde{L}_j := UL_jU^{-1}, \quad j=1,2,3, \tag{8.58}$$

と何らかの関係を有することが推測される．そこで，これらの作用素の陽な表示を求めてみよう．そのために，次の集合を導入する：

$$\mathcal{D}_{1,1} := \{\psi \in \mathcal{D}_1 | x_k\partial_j\psi \in L^2(\mathbf{R}^3), j,k=1,2,3\}, \tag{8.59}$$

$$\mathcal{F}_{1,1} := U\mathcal{D}_{1,1} \tag{8.60}$$

(6.31) 式と (8.28)〜(8.30) 式によって，$\mathcal{F}_{1,1}$ 上で次の式が成り立つことが示される[9]：

$$\widetilde{L}_1 = i\hbar\left(\sin\phi\partial_\theta + \frac{\cos\theta\cos\phi}{\sin\theta}\partial_\phi\right), \tag{8.61}$$

---

9) (8.21) 式によって $Ux_k\partial_j U^{-1} = (Ux_kU^{-1})(U\partial_j U^{-1})$ ($j,k=1,2,3$). Ux_kU^{-1} に対しては，(8.19) 式を用いる．

$$\widetilde{L}_2 = i\hbar \left(-\cos\phi \partial_\theta + \frac{\cos\theta \sin\phi}{\sin\theta} \partial_\phi \right), \tag{8.62}$$

$$\widetilde{L}_3 = -i\hbar \partial_\phi. \tag{8.63}$$

したがって，特に，$\widetilde{L}_3$ は固有値 $\hbar m, m \in \mathbf{Z}$ をもち，その固有関数は $\Phi_{g,m}(r,\theta,\phi) := g(r,\theta) \times e^{im\phi}$ で与えられる．ただし，関数 g は $\int_0^\infty \int_0^\pi |g(r,\theta)|^2 r^2 \sin\theta dr\, d\theta < \infty$ を満たし，$\mathbf{x}$ の関数 $g(|\mathbf{x}|, \cos^{-1}(x_3/|\mathbf{x}|))$ は E 上で C^1 級であるとする．明らかに，$L_3 U^{-1} \Phi_{g,m} = \hbar m U^{-1} \Phi_{g,m}$ であるので，

$$\hbar m \in \sigma_{\mathrm{p}}(L_3), \quad m \in \mathbf{Z} \tag{8.64}$$

が結論される．

古典力学との対応から言えば，角運動量 $\mathbf{L} = (L_1, L_2, L_3)$ の2乗

$$\mathbf{L}^2 = L_1^2 + L_2^2 + L_3^2 \tag{8.65}$$

のスペクトルは，角運動量の大きさの2乗の取り得る値を表すと解釈される．補題 8.5 によって，

$$U\mathbf{L}^2 U^{-1} = \widetilde{L}_1^2 + \widetilde{L}_2^2 + \widetilde{L}_3^2 \tag{8.66}$$

そこで

$$\mathcal{D}_2 := \{\psi \in C^2(E) \cap D(\Delta) | x_j \partial_k \psi, x_j \partial_k x_{j'} \partial_{k'} \psi \in L^2(\mathbf{R}^3), j, k, j', k' = 1, 2, 3\} \tag{8.67}$$

とし，(8.61)〜(8.63) 式を用いて，$U\mathcal{D}_2$ 上で (8.66) 式の右辺を計算すれば，$U\mathcal{D}_2$ 上で次の式が成り立つことがわかる：

$$U\mathbf{L}^2 U^{-1} = -\hbar^2 \left(\partial_\theta^2 + \frac{\cos\theta}{\sin\theta} \partial_\theta + \frac{1}{\sin^2\theta} \partial_\phi^2 \right). \tag{8.68}$$

右辺の括弧の中の作用素は $-\Theta$ と同じ形をしている．しかし，Θ は $L^2(\mathbf{T}, d\rho)$ 上の作用素として考えていたので，$-\Theta$ を上式の右辺の括弧に代入するわけにはいかない．そこで，次のようにして，Θ を $L^2(\Omega, d\nu)$ 上の作用素 $\widehat{\Theta}$ へと拡張する：

$$D(\widehat{\Theta}) := \left\{ \Phi \in L^2(\Omega, d\nu) | \Phi(r) \in D(\Theta) \text{ a.e.} r > 0, \right.$$
$$\left. \int_0^\infty \|\Theta\Phi(r)\|^2_{L^2(\mathbf{T}, d\rho)} r^2 dr < \infty \right\}, \quad (8.69)$$
$$(\widehat{\Theta}\Phi)(r) := \Theta\Phi(r), \text{ a.e.} r > 0, \Phi \in D(\widehat{\Theta}). \tag{8.70}$$

このとき，(8.68)式は

$$U\mathbf{L}^2 U^{-1} = \hbar^2 \widehat{\Theta} \quad (U\mathcal{D}_2 \text{ 上}) \tag{8.71}$$

を導く．これは，$\widehat{\Theta}$ の $\hbar^2$ 倍が（適切な部分空間上で）角運動量の2乗の極座標表示であることを語る．こうして，Θ の物理的意味が明らかになる．

(8.71)式と Θ の固有値に関する結果により，$\mathbf{L}^2$ は固有値 $\hbar^2\ell(\ell+1)$ ($\ell \in \mathbf{Z}_+$) をもち，任意の $R \in L^2(\mathbf{T}, d\rho)$ に対して，

$$(R \times Y_{\ell,m})(r, \theta, \phi) := R(r)Y_{\ell,m}(\theta, \phi), \quad (r, \theta, \phi) \in \Omega \tag{8.72}$$

によって定義される関数 $R \times Y_{\ell,m}$ の U^{-1} による像 $U^{-1}(R \times Y_{\ell,m})$ はその固有関数であることがわかる：

$$\mathbf{L}^2 U^{-1}(R \times Y_{\ell,m}) = \hbar^2\ell(\ell+1)U^{-1}(R \times Y_{\ell,m}), \quad |m| \leq \ell. \tag{8.73}$$

角運動量の2乗の固有値 $\hbar^2\ell(\ell+1)$ は ℓ によって特徴づけられるので，この ℓ は**方位量子数**とよばれる．原子物理学では，方位量子数 $\ell = 0, 1, 2, 3$ を有する状態はそれぞれ順に，s 状態，p 状態，d 状態，f 状態とよばれている．

(8.63)式から明らかなように，$U^{-1}(R \times Y_{\ell,m})$ は L_3 の固有値 $\hbar m$ ($|m| \leq \ell$) に属する固有関数である：

$$L_3 U^{-1}(R \times Y_{\ell,m}) = \hbar m U^{-1}(R \times Y_{\ell,m}). \tag{8.74}$$

したがって，$\mathbf{L}^2$ と L_3 は共通の固有関数 $U^{-1}(R \times Y_{\ell,m})$ をもつ．方位量子数 ℓ を固定したときに，角運動量の第3成分が $2\ell+1$ 個の固有値 $-\hbar\ell, \ldots, \hbar\ell$ をとり得る現象は**方向量子化**とよばれる．

!注意． 詳細は省略するが，実は，$\sigma(L_j) = \sigma_\mathrm{p}(L_j) = \mathbf{Z}$ ($j = 1, 2, 3$) を証明することができる[10]．

---

10) 拙著『量子現象の数理』(朝倉書店，2006) の (4.90) 式を参照．

8.2.5 Θ のスペクトルの同定と固有関数展開

第1章の練習問題9と同様にして，次の式を証明することができる：

$$\int_0^\pi P_\ell^m(\cos\theta) P_{\ell'}^m(\cos\theta) \sin\theta\, d\theta = \frac{(\ell+m)!}{(\ell-m)!} \frac{2}{2\ell+1} \delta_{\ell\ell'}, \quad |m| \leq \ell. \quad (8.75)$$

したがって，特に $P_\ell^m(\cos\theta)$ はヒルベルト空間 $L^2((0,\pi), \sin\theta\, d\theta)$ の元であり，$\ell \neq \ell'$ ならば，$P_\ell^m(\cos\theta)$ と $P_{\ell'}^m(\cos\theta)$ は直交する．(8.75) 式によって

$$(Y_{\ell,m}, Y_{\ell',m'})_{L^2(\mathbf{T},d\rho)} = \frac{4\pi}{2\ell+1} \frac{(\ell-m)!}{(\ell+m)!} \delta_{\ell\ell'} \delta_{mm'} \quad (8.76)$$

が導かれる．したがって，関数系 $\{Y_{\ell,m} | \ell \in \mathbf{Z}_+, |m| \leq \ell\}$ は $L^2(\mathbf{T}, d\rho)$ における直交系であり

$$\|Y_{\ell,m}\|_{L^2(\mathbf{T},d\rho)}^2 = \frac{4\pi}{2\ell+1} \frac{(\ell-m)!}{(\ell+m)!}$$

が成り立つ．そこで，

$$\widetilde{Y}_{\ell,m} := \frac{Y_{\ell,m}}{\|Y_{\ell,m}\|_{L^2(\mathbf{T},d\rho)}} \quad (Y_{\ell,m} \text{ の規格化}) \quad (8.77)$$

とすれば，関数系 $\{\widetilde{Y}_{\ell,m} | \ell \in \mathbf{Z}_+, |m| \leq \ell\}$ は $L^2(\mathbf{T}, d\rho)$ における正規直交系である．詳細は省くが，この正規直交系は完全であることが証明される[11]．

以上の事実と一般論（練習問題3）によって，次の定理が得られる[12]．：

【定理 8.7】 $L^2(\mathbf{T}, d\rho)$ 上の作用素 Θ は対称作用素であり，$\mathcal{L}(\{Y_{\ell,m} | \ell \in \mathbf{Z}_+, |m| \leq \ell\}$ 上で本質的に自己共役である．さらに

$$\sigma(\overline{\Theta}) = \sigma_p(\overline{\Theta}) = \{\ell(\ell+1) | \ell \in \mathbf{Z}_+\} \quad (8.78)$$

であり，固有値 $\ell(\ell+1)$ の多重度は $2\ell+1$ である．

すでに知っているように，任意の $\Phi \in L^2(\Omega, d\nu)$ と a.e. $r > 0$ に対して，$\Phi(r) \in L^2(\mathbf{T}, d\rho)$ である．したがって，

$$\lim_{L \to \infty} \left\| \Phi(r) - \sum_{\ell=0}^L \sum_{m=-\ell}^\ell a_{\ell,m}(r) \widetilde{Y}_{\ell,m} \right\|_{L^2(\mathbf{T},d\rho)} = 0 \quad (8.79)$$

---

11) たとえば，山内恭彦・杉浦光夫『連続群論入門』（培風館，1960）の5章§2を参照．今はこの事実を認めて先に進まれたい．
12) $\{\ell(\ell+1) | \ell \in \mathbf{Z}_+\}$ は集積点をもたないことに注意．

が成り立つ．ただし，$a_{\ell,m}(r) := (\Phi(r), \widetilde{Y}_{\ell,m})_{L^2(\mathbf{T},d\rho)}$．正規直交系の一般的性質[13]により，

$$\left\| \Phi(r) - \sum_{\ell=0}^{L} \sum_{m=-\ell}^{\ell} a_{\ell,m}(r)\widetilde{Y}_{\ell,m} \right\|_{L^2(\mathbf{T},d\rho)}^2 \leq \|\Phi(r)\|_{L^2(\mathbf{T},d\rho)}^2$$

であり，(8.44) が成り立つのでルベーグの優収束定理により，$L^2(\Omega, d\nu)$ の収束の意味で

$$\Phi = \sum_{\ell=0}^{\infty} \sum_{m=-\ell}^{\ell} a_{\ell,m} \times \widetilde{Y}_{\ell,m} \tag{8.80}$$

が成り立つ．シュヴァルツの不等式により，$|a_{\ell,m}(r)|^2 \leq \|\Phi(r)\|_{L^2(\mathbf{T},d\rho)}^2$ であるから，$a_{\ell,m} \in L^2(\mathbf{R}_+, r^2 dr)$ である．

$L^2(\Omega, d\nu)$ の部分空間 $K_{\ell,m}$ ($\ell \in \mathbf{Z}_+, m \in \mathbf{Z}, |m| \leq \ell$) を

$$K_{\ell,m} := \left\{ R \times Y_{\ell,m} \mid R \in L^2(\mathbf{R}_+, r^2 dr) \right\} \tag{8.81}$$

によって定義すれば，これは閉部分空間であり，(8.80) により，直和分解

$$L^2(\Omega, d\nu) = \bigoplus_{\ell=0}^{\infty} \bigoplus_{m=-\ell}^{\ell} K_{\ell,m} \tag{8.82}$$

が成立する．したがって

$$L^2(\mathbf{R}^3) = \bigoplus_{\ell=0}^{\infty} \bigoplus_{m=-\ell}^{\ell} U^{-1} K_{\ell,m} \tag{8.83}$$

が成り立つ．

8.2.6　ハミルトニアン H_{sym} の $U^{-1}K_{\ell,m}$ への制限

各 $\ell \in \mathbf{Z}_+$ に対して，$L^2(\mathbf{R}_+, r^2 dr)$ 上の 2 階線形常微分作用素 Δ_ℓ を次のように定義する[14]：

---

[13]　ヒルベルト空間 $\mathcal{H}$ の任意の正規直交系 $\{\psi_n\}_{n=1}^N$ ($N \in \mathbf{N}$) と任意の $\psi \in \mathcal{H}$ に対して，
$$\left\| \psi - \sum_{n=1}^{N} (\psi_n, \psi)\psi_n \right\|^2 = \|\psi\|^2 - \sum_{n=1}^{N} |(\psi_n, \psi)|^2 \leq \|\psi\|^2.$$

[14]　一般に，$\mathbf{R}$ の区間上の関数 f_k ($k = 0, 1, \ldots, p, p \in \mathbf{N}, f_p \neq 0$) と k 階の微分作用素 d^k/dx^k ($k = 1, 2, \ldots$) からつくられる線形作用素 $\sum_{k=1}^{p} f_k d^k/dx^k + f_0$ を **p 階線形常微分作用素**という．この作用素が働くヒルベルト空間と定義域は，考える問題に応じて，異なりうる．

$$D(\Delta_\ell)) := \left\{ R \in L^2(\mathbf{R}_+, r^2 dr) | R \in C^2(\mathbf{R}_+), R'' + \frac{2}{r}R' \right.$$
$$\left. - \frac{\ell(\ell+1)R}{r^2} \in L^2(\mathbf{R}_+, r^2 dr) \right\}, \quad (8.84)$$

$$\Delta_\ell R := R'' + \frac{2}{r}R' - \frac{\ell(\ell+1)R}{r^2}, \quad R \in D(\Delta_\ell) \quad (8.85)$$

このとき,(8.40) 式と (8.46) 式によって,任意の $R \in D(\Delta_\ell)$ と $|m| \le \ell$ に対して,

$$U\Delta U^{-1}(R \times Y_{\ell,m}) = (\Delta_\ell R) \times Y_{\ell,m} \quad (8.86)$$

が成り立つ.これと (8.22) 式を合わせると,任意の $R \in D(\Delta_\ell) \cap D(v)$ に対して,

$$UH_{\mathrm{sym}}U^{-1}(R \times Y_{\ell,m}) = (H_\ell(v)R) \times Y_{\ell,m} \quad (8.87)$$

が導かれる.ただし,$H_\ell(v)$ は

$$H_\ell(v) := -\frac{\hbar^2}{2\mu}\Delta_\ell + v \quad (8.88)$$

によって定義される $L^2(\mathbf{R}_+, r^2 dr)$ 上の作用素である.この作用素は,H_{sym} から定まる**動径シュレーディンガー作用素**とよばれる.

(8.87) 式の右辺は $K_{\ell,m}$ の元であるので,$UH_{\mathrm{sym}}U^{-1}$ は $K_{\ell,m}$ 上に制限することができる.ここでは,詳細は割愛するが,いま述べた事実と (8.83) 式により,H_{sym} が本質的に自己共役となる条件のもとで,$UH_{\mathrm{sym}}U^{-1}$ の解析は,$H_\ell(v)$ の解析に帰着されることが示される[15].

(8.87) 式は次の事実を意味する:

【補題 8.8】 (i) すべての $\ell \in \mathbf{Z}_+$ に対して,$\sigma_{\mathrm{p}}(H_\ell(v)) \subset \sigma_{\mathrm{p}}(H_{\mathrm{sym}})$.この場合,$E \in \sigma_{\mathrm{p}}(H_\ell(v))$,$R \in \ker(H_\ell(v) - E) \setminus \{0\}$ ならば,各 $m = -\ell, \ldots, \ell$ に対して,$U^{-1}(R \times Y_{\ell,m}) \in \ker(H_{\mathrm{sym}} - E) \setminus \{0\}$.

(iii) $\dim \ker(H_{\mathrm{sym}} - E) \ge 2\ell + 1$.

証明 (i) $R \in \ker(H_\ell(v) - E) \setminus \{0\}$ ならば,$H_\ell(v)R = ER$ であるので,(8.87) 式により,$H_{\mathrm{sym}}U^{-1}(R \times Y_{\ell,m}) = EU^{-1}(R \times Y_{\ell,m})$.したがって,題意が成立する.

---

[15] 詳しくは,拙著『量子現象の数理』(朝倉書店,2006) の 4.10.4 項を参照.

(ii) $|m| \leq \ell$ ならば，$U^{-1}(R \times Y_{\ell,m}) \in \ker(H_{\mathrm{sym}} - E)$ であり，$\{U^{-1}(R \times Y_{\ell,m})\}_{m=-\ell,\ldots,\ell}$ は一次独立である．この集合の元の個数は $2\ell+1$ であるので，題意がしたがう． ■

8.2.7 水素様原子のハミルトニアンの固有値

水素様原子のハミルトニアン H から定まる動径シュレーディンガー作用素を H_ℓ とすれば

$$H_\ell = -\frac{\hbar^2}{2\mu}\Delta_\ell - \frac{\gamma}{r} \tag{8.89}$$

である．したがって，

$$\widehat{H}_\ell := \frac{2\mu}{\hbar^2} H_\ell, \quad \alpha := \frac{\mu\gamma}{\hbar^2}. \tag{8.90}$$

とおけば，

$$\widehat{H}_\ell = -\frac{d^2}{dr^2} - \frac{2}{r}\frac{d}{dr} - \frac{2\alpha}{r} + \frac{\ell(\ell+1)}{r^2} \tag{8.91}$$

と書ける．次の等式に注意する[16]：任意の $R \in D(\widehat{H}_\ell) = D(H_\ell)$ に対して，

$$\widehat{H}_\ell R = \left(-\frac{d}{dr} - \frac{2+\ell}{r} + \frac{\alpha}{\ell+1}\right)\left(\frac{d}{dr} - \frac{\ell}{r} + \frac{\alpha}{\ell+1}\right) R - \frac{\alpha^2}{(\ell+1)^2} R. \tag{8.92}$$

したがって，もし，$R_\ell \in D(H_\ell) \setminus \{0\}$ で

$$\left(\frac{d}{dr} - \frac{\ell}{r} + \frac{\alpha}{\ell+1}\right) R_\ell = 0 \tag{8.93}$$

を満たすものがあれば，$-\alpha^2/(\ell+1)^2$ は $\widehat{H}_\ell$ の固有値であり，R_ℓ はその固有関数の一つであることがわかる．そこで，まず，$\ell=0$ の場合を考えると，この場合の (8.93) 式の解は，$R_0(r) = e^{-\alpha r}$ の定数倍であることがただちにわかる．一般の ℓ に対しては，

$$R_\ell(r) := r^\ell e^{-\frac{\alpha r}{\ell+1}} \tag{8.94}$$

---

[16] この関係式を導くための着想の一つは，古典力学の 1 次元調和振動子の運動方程式に現れる作用素 $L := d^2/dt^2 + \omega^2$ ($t \in \mathbf{R}$ は時間変数，$\omega > 0$ は定数) ——時刻 t における振動子の位置を $x(t) \in \mathbf{R}$ とすれば，運動方程式は $(Lx)(t) = 0$ と同値—— の因数分解 $L = (d/dt + i\omega)(d/dt - i\omega)$ の一般化に由来する．この種の方法は，作用素論では**因数分解法** (factorization method) とよばれ，作用素の特定の範疇の解析に対して有用な方法の一つを提供する．因数分解法は**超対称的量子力学**（拙著『量子現象の数理』（朝倉書店，2006）の 9 章を参照）とも密接な関連を有する．上述の議論を特殊な例として含む一般論については，A. Arai, "Exactly solvable supersymmetric quantum mechanics", *J. Math. Anal. Appl.* **158** (1991), 63–79 を参照されたい．

とすれば, $R_\ell \in D(\Delta_\ell)$ であり, R_ℓ は (8.93) 式を満たすことがわかる. したがって, $\widehat{H}_\ell$ は固有値 $-\alpha^2/(\ell+1)^2$ をもち, その固有関数の一つは R_ℓ で与えられる. 補題 8.8 によって, $-\alpha^2/(\ell+1)^2$ の $\hbar^2/2\mu$ 倍は H の固有値である. $n = \ell + 1$ とすれば, ℓ が非負整数全体 $\mathbf{Z}_+$ を動くとき, n は自然数全体 $\mathbf{N}$ を動くので,

$$E_n := -\frac{\hbar^2}{2\mu}\frac{\alpha^2}{n^2} = -\frac{\mu\gamma^2}{2\hbar^2}\frac{1}{n^2}, \quad n \in \mathbf{N} \tag{8.95}$$

は H の固有値である. こうして次の結果を得る:

【定理 8.9】 水素様原子のハミルトニアン H について

$$\{E_n | n \in \mathbf{N}\} \subset \sigma_p(H) \tag{8.96}$$

が成り立つ. さらに, 各 $n \in \mathbf{N}$ と任意の $|m| \leq n-1$ に対して, $U^{-1}(R_{n-1} \times Y_{n-1,m})$ は, H の固有値 E_n に属する固有関数である.

明らかに

$$E_1 < E_2 < \cdots < E_n < E_{n+1} < \cdots < 0, \tag{8.97}$$

$$\lim_{n \to \infty} E_n = 0. \tag{8.98}$$

水素様原子のハミルトニアン H の固有値の列 $\{E_n\}_{n=1}^\infty$ は, 現実の水素様原子のエネルギー準位の列とよい精度で合致する (ただし, 水素様原子のより微細な構造は無視する[17]).

詳細は省略するが, さらに進んだ解析を行うことにより, 次の事実が明らかにされる:

(i) $x \in \mathbf{R}$ の多項式 L_n, L_n^k ($n \in \mathbf{Z}_+$, $0 \leq k \leq n$) と $\mathbf{R}_+$ 上の関数 $R_{n,\ell}$ ($n \in \mathbf{N}, 0 \leq \ell \leq n-1$) を次のように定義する:

$$L_n(x) := \sum_{k=0}^n \frac{(-1)^{n-k} n^2 (n-1)^2 \cdots (n-k+1)^2}{k!} x^{n-k}$$

(ラゲールの多項式) (8.99)

---

[17] 脚注 2 を参照.

$$L_n^k := \frac{d^k L_n}{dx^k} \qquad \text{(ラゲールの陪多項式)} \quad (8.100)$$

$$R_{n,\ell}(r) := e^{-\mu\gamma r/n\hbar^2}\left(\frac{2\mu\gamma}{n\hbar^2}r\right)^\ell L_{n+\ell}^{2\ell+1}\left(\frac{2\mu\gamma}{n\hbar^2}r\right),\ r>0$$
$$\text{(ラゲールの陪関数)} \quad (8.101)$$

このとき, n^2 個の関数 $U^{-1}R_{n,\ell} \times Y_{\ell,m}$ $(0 \leq \ell \leq n-1, |m| \leq \ell)$ は, H の固有値 E_n に属する固有関数である (問題4)[18].

(ii) 固有値 E_n の多重度は n^2 であり, $\sigma_\mathrm{p}(H) = \{E_n\}_{n=1}^\infty$.

(iii) $\sigma(H) = \{E_n\}_{n=1}^\infty \cup [0, \infty)$.

(ii), (iii) は, 固有値 E_n の多重度と H のスペクトル構造の完全な決定に関するものであり, これを行うには, 本書の水準を超える, より高度の関数解析学的・作用素論的解析が必要である[19].

上述の事実より, E_1 は H の基底状態のエネルギーであり ((8.97) を参照), 基底状態は一意的である (縮退していない) ことがわかる. H の規格された**基底状態** ψ_0 は $\psi_0 = U^{-1}(R_0 \times Y_{0,0})/\|R_0 \times Y_{0,0}\|$ で与えられる ($R_{1,0} = -R_0$ に注意). $Y_{0,0} = 1$ であるから, $\|R_0 \times Y_{0,0}\|^2 = 4\pi \int_0^\infty e^{-2\alpha r}r^2 dr = \pi/\alpha^3$. したがって $\psi_0(\mathbf{x}) = \sqrt{\alpha^3/\pi}\, e^{-\alpha|\mathbf{x}|}$, $\mathbf{x} \in \mathbf{R}$. そこで,

$$a_0 := \frac{\hbar^2}{\mu}\frac{4\pi\varepsilon_0}{e^2} \quad (8.102)$$

とおくと, $\alpha = Z/a_0$ であるので

$$\psi_0(\mathbf{x}) = \sqrt{\frac{Z^3}{\pi a_0^3}}\, e^{-\frac{Z|\mathbf{x}|}{a_0}}, \quad \mathbf{x} \in \mathbf{R} \quad (8.103)$$

と表される. これから, 次のことがわかる:

(i) ψ_0 は球対称 (回転対称) である.

(ii) ψ_0 は厳密に正値である: $\psi_0(\mathbf{x}) > 0$, $\mathbf{x} \in \mathbf{R}$.

---

[18] ここに登場した特殊関数の詳しい性質については, たとえば, マージナウ・マーフィ『物理と化学のための数学 I, II』(共立出版, 1973) の 2.16 節と 11.13 節を参照.

[19] たとえば, G. Teschl, "Mathematical Methods in Quantum Mechanics With Applications to Schrödinger Operators", Graduate Studies in Mathematics Vol.99, American Math. Soc., 2009 の 10 章を参照.

(iii) $|\mathbf{x}| \to \infty$ のとき，$\psi_0(\mathbf{x})$ は指数関数的に減少する．

実は，基底状態の一意性とその厳密な正値性は，球対称とは限らないポテンシャルをもつシュレーディンガー作用素の一定のクラスの基底状態に対しても成立することが知られている[20]．

(8.102) 式によって定義される定数 a_0 は長さの次元をもち，**ボーア半径**とよばれる．(8.103) 式からわかるように，ボーアは半径は基底状態 ψ_0 の原点からの広がりぐあいの尺度を表す（基底状態の確率密度関数 $|\psi_0(\mathbf{x})|^2$ の原点における値 $|\psi_0(\mathbf{0})|^2$ は，$|\mathbf{x}| = a_0$ において，その e^{-2Z} 倍に減少する）．a_0 の数値は ($\mu \approx m_e$ として)

$$a_0 \approx 0.53 \times 10^{-10} \, \text{m}$$

であり，まさに原子の大きさのスケールになっている．．

練 習 問 題

1. ルジャンドルの多項式 $P_\ell(x)$（第1章練習問題9を参照）はルジャンドルの微分方程式

$$(1-x^2)f''(x) - 2xf'(x) + \ell(\ell+1)f(x) = 0 \cdots (*)$$

(f は未知関数) を満たすことを示せ ($f' := df/dx, f'' := d^2f/dx^2$)．
ヒント：微分作用素 $D := d/dx$ を用いると，与式は $D((x^2-1)Df) = \ell(\ell+1)f$ と同等であることに注意し，$(x^2-1)DP_\ell$ を計算せよ．

2. f は問題1の $(*)$ を満たす無限回微分可能な関数とし，任意の $m \in \mathbf{N}$ に対して，f の m 階導関数を $f^{(m)}$ とする：$f^{(m)} := d^m f/dx^m$．
 (i) $f^{(m)}$ は次の微分方程式を満たすことを示せ．

$$(1-x^2)\frac{d^2 f^{(m)}}{dx^2} - 2(m+1)x\frac{df^{(m)}}{dx} + [\ell(\ell+1) - m(m+1)]f^{(m)} = 0 \cdots (**)$$

 (ii) $F_m := (1-x^2)^{m/2} f^{(m)}$ とすれば

$$(1-x^2)\frac{d^2 F_m}{dx^2} - 2x\frac{dF_m}{dx} + \left\{\ell(\ell+1) - \frac{m^2}{1-x^2}\right\} F_m = 0$$

が成り立つことを示せ．

---

[20] 拙著『量子数理物理学における汎関数積分法』（共立出版，2010）の定理 4.39 を参照．

3. $\mathcal{H}$ をヒルベルト空間, T を $\mathcal{H}$ 上のエルミート作用素とする. T は,その固有ベクトルからなる完全正規直交系 $\{\psi_n\}_{n=1}^{\infty}$ をもち, $T\psi_n = \lambda_n \psi_n, n \in \mathbf{N}$(固有値 $\lambda_n, n = 1, 2, \ldots,$ は互いに異なる必要はない)が成り立っているとする.
   (i) $\sigma_{\mathrm{p}}(T) = \{\lambda_n | n \in \mathbf{N}\}$ を示せ.
   (ii) T は対称作用素で $\mathcal{L}(\{\psi_n | n \in \mathbf{N}\})$ 上で本質的に自己共役であることを示せ.
   (iii) $\sigma_{\mathrm{p}}(T) = \sigma_{\mathrm{p}}(\overline{T})$ を示せ.
   (iv) $\sigma(\overline{T}) = \overline{\{\lambda_n | n \in \mathbf{N}\}}$ を示せ.

4. $L_n, L_n^k, R_{n,\ell}$ はそれぞれ,(8.99),(8.100),(8.101)式によって定義されるものとする.
   (i) L_n はラゲールの微分方程式
   $$xy'' + (1-x)y' + ny = 0$$
   を満たすことを示せ.
   (ii) L_n^k は微分方程式
   $$xy'' + (k+1-x)y' + (n-k)y = 0$$
   を満たすことを示せ.
   (iii) $y(x) := R_{n,\ell}(r), x = 2\mu\gamma r/n\hbar^2$ とするとき,この y は微分方程式
   $$xy'' + 2y' + \left(n - \frac{x}{4} - \frac{\ell(\ell+1)}{x}\right)y = 0$$
   を満たすことを示せ.
   (iv) (iii) と (8.91) 式から,$H_\ell R_{n,\ell} = E_n R_{n,\ell}$ $(0 \leq \ell \leq n-1)$ を示せ.

付録 A

ルベーグ積分論における基本定理

この付録では,読者の便宜のために,応用上よく使用される,ルベーグ積分の基本定理をいくつか採録しておく[1]。

以下,$(X, \mathbf{B}, \mu)$ を測度空間とする.すなわち,X は空でない集合,$\mathbf{B}$ は X の部分集合からなるひとつのボレル集合体(完全加法族,σ 加法族),μ は可測空間 $(X, \mathbf{B})$ 上の測度であるとする[2].以下,X 上の $\mathbf{B}$-可測関数を単に可測関数という.次の定理は,極限関数の可積分性を示すのにしばしば有用である.

【定理 A.1】 ファトゥー (Fatou) の補題.f_n, $n = 1, 2, \cdots$ を X 上の可測関数とし,$f_n \geq 0$ とする.このとき,

$$\int_X \lim_{n \to \infty} f_n(x) d\mu(x) \leq \lim_{n \to \infty} \int_X f_n(x) d\mu(x)$$

以下の2つの定理は,極限と積分の順序交換に関する定理であり,積分に関わる解析において頻繁に使われる重要な定理である.

【定理 A.2】 単調収束定理 (monotone convergence theorem). $f_n \geq 0$ は X 上の可積分関数で,n について単調非減少,すなわち,ほとんどすべて (a.e.)[3] の $x \in X$ に対して $0 \leq f_1(x) \leq f_2(x) \leq \cdots$ が成り立つとする〔し

---

1) これらの定理の証明については,たとえば,本講座第10巻,志賀徳造,『ルベーグ積分から確率論』,伊藤清三,『ルベーグ積分入門』(裳華房,数学選書4) を参照.また,物理系の学生向きに書かれたわかりやすい教科書として,G. テンプル,『物理・工学のためのルベーグ積分』(江沢 洋・南條昌司訳,ダイヤモンド社,1981) をあげておく.
2) たとえば,$X = \mathbf{R}^d$,$\mathbf{B} = \mathbf{B}^d$ ($\mathbf{R}^d$ のボレル集合体,すなわち,$\mathbf{R}^d$ の開集合の全体から生成されるボレル集合体),$\mu = \mathbf{R}^d$ 上のルベーグ測度.
3) "a.e." は(測度 μ に関して)"ほとんどいたるところ" (almost everywhere) の略.2つの可測関数 f, g の値が,ある μ 測度 0 の集合上を除いて一致する場合,$f(x) = g(x)$, a.e. と書く.〔し

たがって，$f(x) = \lim_{n\to\infty} f_n(x)$ が ∞ の値も許して存在する]．このとき，f が可積分であるための必要十分条件は $\lim_{n\to\infty} \int_X f_n(x) d\mu(x)$ が有限となることである．この場合

$$\lim_{n\to\infty} \int_X f_n(x) d\mu(x) = \int_X f(x) d\mu(x)$$

【定理 A.3】 ルベーグの優収束定理 (dominated convergence theorem)．$f_n, n = 1, 2, \cdots$ は可積分関数で $\lim_{n\to\infty} f_n(x) = f(x)$, a.e. x とする．さらに，$|f_n(x)| \leq g(x)$, a.e. $n = 1, 2, \cdots$ をみたす可積分関数 g が存在するとする．このとき，f は可積分であって，

$$\lim_{n\to\infty} \int_X f_n(x) d\mu(x) = \int_X f(x) d\mu(x)$$

微分と積分の順序交換に関しては，次の定理が有用である．

【定理 A.4】 a, b を実数，$a < b$ とする．$f(x, t)$ を $X \times (a, b)$ 上の関数とし，$f(x, t)$ は，t を固定するとき，x の関数としては可積分，また，x を固定すると t の関数として微分可能であるとする．さらに，積分可能な関数 $g(x)$ が存在して

$$\left| \frac{\partial f(x, t)}{\partial t} \right| \leq g(x), \text{a.e. } x, \quad t \in (a, b)$$

がみたされているとする．このとき，$\int_X f(x, t) d\mu$ は t の関数として微分可能であり，

$$\frac{d}{dt} \int_X f(x, t) d\mu = \int_X \frac{\partial f(x, t)}{\partial t} d\mu$$

$(X, \mathbf{B}_X, \mu), (Y, \mathbf{B}_Y, \nu)$ を σ-有限な測度空間とする[4]．集合 $\{B \times C \subset X \times Y | B \in \mathbf{B}_X, C \in \mathbf{B}_Y\}$ を含む最小のボレル集合体を $\mathbf{B}_X \otimes \mathbf{B}_Y$ で表す．このとき，

$$(\mu \otimes \nu)(B \times C) = \mu(B)\nu(C), \quad B \in \mathbf{B}_X, C \in \mathbf{B}_Y$$

をみたす，$(X \times Y, \mathbf{B}_X \otimes \mathbf{B}_Y)$ 上の測度 $\mu \otimes \nu$ がただひとつ存在する．この測度は μ と ν の**直積測度** (product measure) とよばれる．

---

[4] 測度空間 $(X, \mathbf{B}, \mu)$ が σ-有限であるとは，$X = \bigcup_{n=1}^{\infty} X_n$, $\mu(X_n) < \infty$ をみたす $X_n \in \mathbf{B}$ が存在するときをいう．

次の定理は，測度 μ, ν に関する累次積分（反復積分）の互換性に関する重要な定理である．これも応用上，頻繁に使われるものである．

【定理 A.5】 フビニ (Fubini) の定理．f を $X \times Y$ 上の $\mathbf{B}_X \otimes \mathbf{B}_Y$-可測関数とする．

(I) f が可積分，すなわち，

$$\int_{X \times Y} |f(x,y)| d(\mu \otimes \nu)(x,y) < \infty \tag{A.1}$$

が成り立つとする．このとき，次の (i), (ii) が成立する．

(i) μ-a.e. $x \in X$ に対して，$\int_Y |f(x,y)| d\nu(y) < \infty$ であり，ν-a.e. $y \in Y$ に対して $\int_X |f(x,y)| d\mu(x) < \infty$ である．

(ii) $\int_Y f(x,y) d\nu(y)$ は x の関数として，X の上で可積分であり，$\int_X f(x,y) d\mu(x)$ は y の関数として，Y の上で可積分である．さらに

$$\begin{aligned}\int_{X \times Y} f(x,y) d(\mu \otimes \nu)(x,y) &= \int_X \left(\int_Y f(x,y) d\nu(y) \right) d\mu(x) \\ &= \int_Y \left(\int_X f(x,\ y) d\mu(x) \right) d\nu(y)\end{aligned} \tag{A.2}$$

が成り立つ．

(II) 逆に，2つの積分

$$\int_X \left(\int_Y |f(x,y)| d\nu(y) \right) d\mu(x), \quad \int_Y \left(\int_X |f(x,\ y)| d\mu(x) \right) d\nu(y)$$

のうちのひとつが有限ならば，他方も有限であり，(A.1), (A.2) 式が成立する．

最後に積分変数の変換に関する重要な定理を述べておく．f を X 上の可積分関数とし，

$$\Phi(E) := \int_E f(x) d\mu(x), \quad E \in \mathbf{B}$$

とおく．このとき，Φ は $\mathbf{B}$ 上の有界な加法的集合関数である〔$\sup_{E \in \mathbf{B}} |\Phi(E)| \leq \int_X |f(x)| d\mu(x) < \infty$ に注意〕．Φ は，測度 μ に関する，f の不定積分ともよばれる．

【定理 A.6】 （積分変数の変換）f, Φ を上のものとする．このとき，gf が可積分となる任意の可測関数 g に対して，
$$\int_X g(x) d\Phi(x) = \int_X g(x) f(x) d\mu(x)$$
が成り立つ〔左辺は，加法的集合関数 Φ によるルベーグ–スティルチェス (Stieltjes) 積分である〕．

付録 B

確率論の基本的事項

Ω を空でない集合とし，$\mathbf{B}$ を Ω の部分集合からなるひとつのボレル集合体とする．可測空間 $(\Omega, \mathbf{B})$ の上に $P(\Omega) = 1$ をみたす測度 P があたえられたとき，3つ組 $(\Omega, \mathbf{B}, P)$ を**確率空間** (probability space) といい，P を**確率測度** (probability measure) という．

確率空間 $(\Omega, \mathbf{B}, P)$ で定義された，実数または $\pm\infty$ の値をとる可測関数 $X: \Omega \to [-\infty, +\infty]$ が測度 P に関してほとんどいたるところ有限であるとき，X を $(\Omega, \mathbf{B}, P)$ 上の**確率変数** (random variable) という．

確率変数は，そのとりうる値が確率的に分布する変動量を表すための概念である．たとえば，確率変数 X によって表される量が値 $x \in \mathbf{R}$ をとる確率は $P(\{\omega \in \Omega | X(\omega) = x\})$〔$X(\omega)$ が x に等しくなる点 ω の集合の P-測度〕である．

$\mathbf{B}^1$ を $\mathbf{R}$ のボレル集合体（$\mathbf{R}$ の開集合から生成される最小のボレル集合体）とする．X の値がボレル集合 $B \in \mathbf{B}^1$ の中のどこかの点をとる確率は

$$P^X(B) := P(\{\omega \in \Omega | X(\omega) \in B\}) = P(X^{-1}(B)) \tag{B.1}$$

であたえられる．ただし，$X^{-1}(B) := \{\omega \in \Omega | X(\omega) \in B\}$．

【定理 B.1】 $P^X(\cdot)$ は可測空間 $(\mathbf{R}, \mathbf{B}^1)$ 上の確率測度である．

証明 任意の $B \in \mathbf{B}^1$ に対して，$0 \leq P^X(B) \leq \infty$，$P^X(\emptyset) = 0$ は明らか．$B_n \in \mathbf{B}^1, (n = 1, 2, \cdots), B_j \cap B_k = \emptyset (j \neq k), E_n = \{\omega \in \Omega | X(\omega) \in B_n\}$ とすれば，

$$\left\{\omega \in \Omega \Big| X(\omega) \in \bigcup_{n=1}^{\infty} B_n\right\} = \bigcup_{n=1}^{\infty} E_n$$

$j \neq k$ ならば，$E_j \cap E_k = \emptyset$. これらの事実と P の完全加法性により，

$$P^X\Big(\bigcup_{n=1}^{\infty} B_n\Big) = P\Big(\bigcup_{n=1}^{\infty} E_n\Big) = \sum_{n=1}^{\infty} P(E_n) = \sum_{n=1}^{\infty} P^X(B_n)$$

したがって，P^X は完全加法的である．ゆえに，P^X は $(\mathbf{R}, \mathbf{B}^1)$ 上の測度である．

(B.1) によって，$P^X(\mathbf{R}) = P(X^{-1}(\mathbf{R}))$. X は a.e. 有限であるから，$P(\Omega \setminus X^{-1}(\mathbf{R})) = 0$. したがって，$P(X^{-1}(\mathbf{R})) = P(\Omega) = 1$. ゆえに，$P^X(\mathbf{R}) = 1$. これと前半の結果により，定理の主張が成立する． ∎

$(\mathbf{R}, \mathbf{B}^1)$ 上の確率測度 P^X を X の**分布** (distribution) とよぶ．こうして，確率変数 X に対して，確率空間 $(\mathbf{R}, \mathbf{B}^1, P^X)$ がつくられる．

次の定理は，P に関する積分と P^X に関する積分の基本的な関係をあたえる重要な事実である．

【定理 B.2】 $\mathbf{R}$ 上の任意のボレル可測関数 f に対して，

$$\int_{\Omega} f(X(\omega)) dP(\omega) = \int_{\mathbf{R}} f(x) dP^X(x) \tag{B.2}$$

が成り立つ．ただし，左辺または右辺の積分のどちらかは存在するとする．

証明 4段に分けて証明する．

(I) まず，$f = \chi_B$ ($B \in \mathbf{B}^1$ の定義関数) の場合に，(B.2) 式を示す．この場合，(B.2) 式の右辺は，$P^X(B)$ となる．一方，$f(X(\omega)) = \chi_{X^{-1}(B)}(\omega)$ であるから，(B.2) 式の左辺は，$P(X^{-1}(B))$ に等しい．だが，これは，定義 (B.1) 式によって $P^X(B)$ に等しい．よって，(B.2) 式が成立する．

(II) (I) の結果と積分の線形性により，(B.2) 式は $\mathbf{R}$ 上の定義関数の任意の一次結合，すなわち，単関数に対して成立する．

(III) $f \geq 0$ の場合，非負の単関数の単調増加列 $\{f_n\}_n$ で $\lim_{n\to\infty} f_n(x) = f(x)$ をみたすものがとれる．(II) の結果により，

$$\int_{\Omega} f_n(X(\omega)) dP(\omega) = \int_{\mathbf{R}} f_n(x) dP^X(x)$$

この式の右辺は，積分の定義によって，$n \to \infty$ のとき，$\int_{\mathbf{R}} f(x) dP^X(x)$ に収束する．この事実と，

$$0 \leq f_1(X(\omega)) \leq f_2(X(\omega)) \leq \cdots, \quad \lim_{n \to \infty} f_n(X(\omega)) = f(X(\omega)), \text{ a.e. } \omega$$

によって,単調収束定理を応用することができ,上の式の左辺は,$n \to \infty$ のとき,$\int_\Omega f(X(\omega))dP(\omega)$ に収束することがわかる.よって,(B.2) 式が成立する.

(IV) f が一般の実数値関数の場合は,

$$f = f_+ - f_-, \ f_+(x) := \max\{f(x), 0\} \geq 0, \ f_-(x) = -\min\{f(x), 0\} \geq 0$$

と表されるので,$f_\pm$ に (III) の結果を応用し,積分の線形性を用いれば,(B.2) 式の成立が示される.f が複素数値の場合は,$f = f_1 + if_2$ (f_1, f_2 は実数値関数) と表し,積分の線形性と実数値関数に対して証明された (B.2) 式を使えばよい. ∎

定理 B.2 は,一種の変数変換公式であり,Ω 上の確率変数 X は,確率空間 $(\mathbf{R}, \mathbf{B}^1, P^X)$ 上では,関数 x に"変身"することを示している.

確率変数 X の積分

$$E[X] := \int_\Omega X(\omega) dP(\omega) = \int_{\mathbf{R}} x \, dP^X(x)$$

が有限のとき,これを X の**期待値** (expectation) あるいは**平均** (mean, average) とよぶ.これは,確率的に分布する X の値の統計的平均値を表す.

関数 $(X - E[X])^2$ の期待値

$$E[(X - E[X])^2] := \int_\Omega (X(\omega) - E[X])^2 dP(\omega) = \int_{\mathbf{R}} (x - E[X])^2 dP^X(\omega)$$

を X の**分散** (variance),その平方根 $\sqrt{E[(X - E[X])^2]}$ を**標準偏差** (standard deviation) という.これらの量は,X の値がその平均値のまわりにどのように分布しているか,その広がり具合に対するひとつの尺度をあたえる量である.分散あるいは標準偏差が小さいほど,X の値の分布は,平均値のまわりに集中していると解釈される.

1 個の確率変数だけではなく,いくつかの確率変数の組を考えることも必要であり,また有用でもありうる.$(\Omega, \mathbf{B}, P)$ 上の n 個の確率変数 $X_1, \cdots, X_n$ の組 $\mathbf{X} = (X_1, \cdots, X_n)$ を **n 次元確率ベクトル**という.

f を $\mathbf{R}^n$ 上の実数値ボレル可測関数とすれば,写像 $f(X_1, \cdots, X_n) : \omega \mapsto f(X_1(\omega), \cdots, X_n(\omega))$ は確率変数である.

任意の n 次元ボレル集合 B に対して

$$P^{\mathbf{X}}(B) = P\{\omega \in \Omega | \mathbf{X}(\omega) \in B\}$$

とすれば,$P^{\mathbf{X}}$ は,n 次元可測空間 $(\mathbf{R}^n, \mathbf{B}^n)$ 上の確率測度になる(証明は定理 B.1 のそれと同様).$P^{\mathbf{X}}$ を $X_1, \cdots, X_n$ の**結合分布**あるいは**同時分布**という.

1 個の確率変数の場合と同様に,変数変換公式

$$E[f(X_1, \cdots, X_n)] = \int_{\mathbf{R}^n} f(x) dP^{\mathbf{X}}(x)$$

が成り立つ(証明は定理 B.2 のそれと同様).ただし,左辺または右辺のどちらかの積分は存在するとする.

ルベーグ測度に関して可積分な,$\mathbf{R}^n$ 上の関数 $\rho \geq 0$ が存在して,

$$P^{\mathbf{X}}(B) = \int_B \rho(x) dx, \quad B \in \mathbf{B}^n$$

と表されるとき,ρ を結合分布 $P^{\mathbf{X}}$ の**確率密度関数** (density function) という.この場合,$P^{\mathbf{X}}$ は確率密度関数 ρ をもつという.

練習問題解答

第1章

1. 数学的帰納法で証明する．$n=1,2$ のときは明らか．$n=k$ のとき，(1.1) 式が成立するとすると，加法の結合法則とスカラー倍の分配法則により，$\alpha_1\psi + \alpha_2\psi + \cdots + a_{k+1}\psi = (\alpha_1\psi + \alpha_2\psi + \cdots + \alpha_k\psi) + \alpha_{k+1}\psi = (\sum_{j=1}^{k}\alpha_j)\psi + \alpha_{k+1}\psi = \{(\sum_{j=1}^{k}\alpha_j) + \alpha_{k+1}\}\psi$．よって，$n=k+1$ のときも成立する．

2. $\phi = 0\psi$ とすれば，条件 (V.7) によって，$(0+0)\psi = 2\phi$．一方，$0+0=0$ であるから，左辺は $0\psi = \phi$．したがって，$\phi = 2\phi$．この両辺に $-\phi$ を加えて，(V.2), (V.7), (V.5) を用いると $\phi = 0_\mathbf{V}$ が得られる．ゆえに，(1.2) 式が成立．

   $(-1)\psi + \psi = ((-1)+1)\psi = 0\psi = 0_\mathbf{V}$．逆ベクトルの一意性により，(1.3) 式がでる．

   (1.4) 式：$\alpha\psi - \beta\psi = \alpha\psi + (-\beta\psi) = \alpha\psi + (-1)\beta\psi = (\alpha + (-1)\beta)\psi = (\alpha - \beta)\psi$．

3. 仮定により，$\psi, \psi_1, \cdots, \psi_n$ は一次従属である．したがって，同時には 0 でない数の組 $\beta_0, \beta_1, \cdots, \beta_n$ が存在して，$\beta_0\psi + \sum_{j=1}^{n}\beta_j\psi_j = 0$ が成立する．もし，$\beta_0 = 0$ であるとすると，$\sum_{j=1}^{n}\beta_j\psi_j = 0$ であり，$\psi_1, \cdots, \psi_n$ は一次独立であったから，$\beta_j = 0, j = 1, \cdots, n$ となって矛盾が生じる．したがって，$\beta_0 \neq 0$．そこで，$\alpha_j = -\beta_j/\beta_0$ とすればよい．$\{\alpha_j\}_{j=1}^{n}$ の一意性を示すために，ψ が別に $\psi = \sum_{j=1}^{n}\alpha'_j\psi_j (\alpha'_j \in \mathbf{K})$ と表されたとせよ．このとき，$\sum_{j=1}^{n}(\alpha_j - \alpha'_j)\psi_j = 0$．$\psi_1, \cdots, \psi_n$ の一次独立性により，$\alpha_j - \alpha'_j = 0, j = 1, \cdots, n$.

4. $\sum_{j=0}^{n}\alpha_j f_j = 0$ とすれば，すべての $x \in [a,b]$ に対して，$\sum_{j=0}^{n}\alpha_j e^{jx} = 0$．そこで，$y = e^x$ とおけば，任意の $y \in [e^a, e^b]$ に対して，$\sum_{j=0}^{n}\alpha_j y^j = 0$．したがって，例1.3 の場合と同様にして，$\alpha_j = 0, j = 0, \cdots, n$ が導かれる．

5. $\sum_{k=-m}^{n}\alpha_k f_k = 0$ とすれば，すべての $x \in [a,b]$ に対して，$\sum_{k=-m}^{n}\alpha_k e^{ikx} = 0$．したがって，$\sum_{k=0}^{m+n}\alpha_{k-m} e^{ikx} = 0$．$z = e^{ix}$ とおけば，x が $[a,b]$ を動くとき，z は複素平面 $\mathbf{C}$ の単位円周上のある一定の弧 L の上を動く．したがって，任意の $z \in L$ に対して，$\sum_{k=0}^{m+n}\alpha_{k-m} z^k = 0$．例1.3 におけるように，$L$ に沿った，Z の微分を考えることにより，$\alpha_{k-m} = 0, k = 0, \cdots, m+n$ が導かれる．後半は，公式 $\sin kx = (e^{ikx} - e^{-ikx})/2i, \cos kx = (e^{ikx} + e^{-ikx})/2$ を用いて，前半の結果を応用すればよい．

6. (i) $\sum_{j=1}^{n}\alpha_j e_{x_j} = 0$ とすれば $(\alpha_j \in \mathbf{R})$，すべての $x \in \mathbf{X}$ に対して，$\sum_{j=1}^{n}\alpha_j e_{x_j}(x) = 0$．特に，$x = x_j$ とすれば，$\alpha_j = 0$ を得る．

   (ii) $\mathcal{L}(\{e_x\}_{x \in X}) = \{f \in \mathbf{R}^X | X$ の有限個の点を除いてたすべての $x \in X$ に対

して，$f(x) = 0$}（条件にいう有限個の点は f ごとに異なりうる）．
7. 内積の線形性と反線形性を繰り返し用いればよい．
8. (1.29) 式を仮定すると，$\|\psi\| = \|(\psi - \phi) + \phi\| \le \|\psi - \phi\| + \|\phi\|$. したがって，$\|\psi\| - \|\phi\| \le \|\psi - \phi\|$. この不等式は，$\psi$ と ϕ を入れ換えても成り立つ．したがって，(1.30) 式が得られる．逆に，(1.30) 式を仮定し，(1.30) 式で ψ のかわりに $\psi + \phi$ を考えれば，$\|\psi + \phi\| \le \|(\psi + \phi) - \phi\| + \|\phi\|$. したがって，(1.29) 式が得られる．
9. $q_\ell(x) = (x^2 - 1)^\ell$ とおく．これは 2ℓ 次の多項式であるから，これを ℓ 回微分したものは，ℓ 次の多項式になる．したがって，P_ℓ は ℓ 次の多項式である．P_ℓ と $P_m (\ell \ne m)$ の直交性を示すには，$m < \ell$ として一般性を失わない．$q_\ell^{(k)} = d^k q_\ell / dx^k$ とすると，$q_\ell^{(k)}(\pm 1) = 0, k = 0, 1, 2, \cdots, \ell - 1$ が成り立つ．この事実と部分積分により，

$$\int_{-1}^{1} q_\ell^{(\ell)}(x) x^m dx = -m \int_{-1}^{1} q_\ell^{(\ell-1)} x^{m-1} dx$$
$$= (-1)^2 m(m-1) \int_{-1}^{1} q_\ell^{(\ell-2)} x^{m-2} dx$$
$$= \cdots$$
$$= (-1)^m m! \int_{-1}^{1} q_\ell^{(\ell-m)}(x) dx$$
$$= (-1)^m m! [q_\ell^{(\ell-m-1)}(x)]_{-1}^{1} = 0$$

したがって，$\int_{-1}^{1} P_\ell(x) x^m dx = 0$. P_m は m 次の多項式であったから，$\int_{-1}^{1} P_\ell(x) P_m(x) dx = 0$ が得られる．

部分積分によって，

$$\int_{-1}^{1} q_\ell^{(\ell)}(x)^2 dx = -\int_{-1}^{1} q_\ell^{(\ell-1)}(x) q_\ell^{(\ell+1)}(x) dx = \cdots$$
$$= (-1)^\ell \int_{-1}^{1} q_\ell(x) q_\ell^{(2\ell)}(x) dx = (2\ell)! \int_{-1}^{1} (1-x)^\ell (1+x)^\ell dx$$

一方，ふたたび，部分積分によって，

$$\int_{-1}^{1} (1-x)^\ell (1+x)^\ell dx = \frac{\ell}{\ell + 1} \int_{-1}^{1} (1-x)^{\ell-1} (1+x)^{\ell+1} dx = \cdots$$
$$= \frac{\ell!}{(\ell+1)(\ell+2)\cdots(2\ell)} \int_{-1}^{1} (1+x)^{2\ell} dx$$
$$= \frac{(\ell!)^2 2^{2\ell+1}}{(2\ell)!(2\ell+1)}$$

よって，$\|P_\ell\|_{L^2([-1,1])}^2 = 2/(2\ell + 1)$. したがって，題意が示される．

10. ライプニッツの法則によって，$d^n e^{-x^2}/dx^n = (-2x)^n e^{-x^2} + P_{n-2}(x)e^{-x^2}$ という形になる．ただし，P_{n-2} は $n-2$ 次の多項式である ($P_{-2} := 0, P_{-1} := 0$)（帰納法で示せ）．したがって，H_n は n 次の多項式である．特に，$\lim_{x \to \pm\infty} H_n(x)e^{-x^2} = 0$．$\phi_n(x) = H_n(x)e^{-x^2/2}$ とおくと，部分積分によって，$m > n$ ならば，

$$\int_{\mathbf{R}} \phi_n(x)\phi_m(x)dx = (-1)^m \int_{\mathbf{R}} H_n(x)\frac{d^m}{dx^m}e^{-x^2}dx$$
$$= (-1)^{n+m} \int_{\mathbf{R}} H_n^{(n)}(x)\frac{d^{m-n}}{dx^{m-n}}e^{-x^2}dx = 0$$

また，

$$\|\phi_n\|_{L^2(\mathbf{R})}^2 = \int_{\mathbf{R}} H_n(x)^2 e^{-x^2}dx = \int_{\mathbf{R}} H_n^{(n)}(x)e^{-x^2}dx$$

はじめに述べたことにより，$H_n(x) = (2x)^n + (n-1)$ 次以下の項，という形に書けるから，$H_n^{(n)}(x) = n!2^n$．したがって，$\|\phi_n\|_{L^2(\mathbf{R})}^2 = \sqrt{\pi}n!2^n$．よって，題意が示された．

11. （必要性）$\mathcal{H}$ が可分ならば，$\overline{\mathcal{L}(D)} = \mathcal{H}$ となる，可算個の元からなる部分集合 $D \subset \mathcal{H}$ が存在する．$L_0 = \{\sum_{n=1}^N \alpha_n \psi_n | \alpha_n$ は複素有理数，$\psi_n \in D, n = 1, \cdots, N, N \geq 1\}$ とすれば，L_0 は $\mathcal{L}(D)$ で稠密であり，したがって，$\mathcal{H}$ でも稠密である．L_0 の元の数は可算個である．

（十分性）D を可算個の元からなる，稠密な部分集合とすれば，$\mathcal{L}(D)$ は明らかに稠密である．したがって，$\mathcal{H}$ は可分．

12. $\mathcal{H}$ が無限次元ならば，無限個の元からなる正規直交系 $\{\phi_n\}_{n=1}^\infty$ がとれる．$\psi_n = r\phi_n/2$ とおけば，$\|\psi_n\| = r/2, \|\psi_n - \psi_m\| = r/\sqrt{2}, n \neq m$．$\delta = r/2\sqrt{2}$ とすれば，任意の $\psi \in B_\delta + \psi_n$ に対して，$\|\psi\| \leq \|\psi - \psi_n\| + \|\psi_n\| < \dfrac{r}{2\sqrt{2}} + \dfrac{r}{2} < r$．したがって，$\psi \in B_r$．ゆえに，$B_\delta + \psi_n \subset B_r$．任意の $\psi \in B_\delta + \psi_n, \phi \in B_\delta + \psi_m (n \neq m)$ に対して，

$$\|\psi - \phi\| = \|\psi - \psi_n + \psi_n - \psi_m + \psi_m - \phi\|$$
$$\geq \|\psi_n - \psi_m\| - \|\psi - \psi_n\| - \|\phi - \psi_m\|$$
$$> \frac{r}{\sqrt{2}} - 2 \cdot \frac{r}{2\sqrt{2}} = 0$$

すなわち，$\|\psi - \phi\| > 0$．したがって，$B_\delta + \psi_n \cap B_\delta + \psi_m = \emptyset \ (n \neq m)$．

13. (i) 部分空間であることを示すのは容易であろう．$f \in L^2(\mathbf{R})$ に対して，$\tilde{f}(x) := f(-x)$ とする．$f_n \in L^2_{\text{even}}(\mathbf{R}), f_n \to f (n \to \infty)$ とすれば，$f_n = \tilde{f}_n$ であり，変数変換 $x \to -x$ に関するルベーグ積分の不変性により，$\tilde{f}_n \to \tilde{f} (n \to \infty)$．したがって，$\|f - \tilde{f}\| \leq \|f - f_n\| + \|\tilde{f}_n - \tilde{f}\| \to 0 \ (n \to \infty)$．これから，$f = \tilde{f}$．ゆえに，$f \in L^2_{\text{even}}(\mathbf{R})$．したがって，$L^2_{\text{even}}(\mathbf{R})$ は閉集合．$L^2_{\text{odd}}(\mathbf{R})$ についても同様．

(ii) 任意の $f \in L^2_{\text{even}}(\mathbf{R})$, $g \in L^2_{\text{odd}}(\mathbf{R})$ に対して,

$$(f, g) = \int_{\mathbf{R}} f(x)^* g(x) dx = -\int_{\mathbf{R}} f(-x)^* g(-x) dx$$

変数変換 $-x \to x$ によって, 最後の量は $-(f,g)$ に等しい. よって, $2(f,g) = 0$ となるので, f と g は直交する.

(iii) 任意の $f \in L^2(\mathbf{R})$ に対して, $f_+(x) = (f(x)+f(-x))/2$, $f_-(x) = (f(x)-f(-x))/2$ とおけば, $f_+ \in L^2_{\text{even}}(\mathbf{R})$, $f_- \in L^2_{\text{odd}}(\mathbf{R})$ であって, $f = f_+ + f_-$ と書ける. (i), (ii) の事実と正射影定理により, 分解は一意的である.

14. (i) 部分空間であることを示すのは容易であろう. $f_n \in L^2_+(\mathbf{R}), f_n \to f \in L^2(\mathbf{R})(n \to \infty)$ とすれば, 定理1.13によって, $f_{n(k)}(x) \to f(x)$, a.e. $x(k \to \infty)$ となる部分列 $\{f_{n(k)}\}_k$ がとれる. $f_{n(k)}(x) = 0$, ae. $x \in (-\infty, 0]$ であるから, $f(x) = 0$, a.e. $x \in (-\infty, 0]$. したがって, $f \in L^2_+(\mathbf{R})$. ゆえに, $L^2_+(\mathbf{R})$ は閉集合. $L^2_-(\mathbf{R})$ についても同様.

(ii) は, 任意の $f \in L^2_+(\mathbf{R}), g \in L^2_-(\mathbf{R})$ に対して, $f(x)g(x) = 0$, a.e. $x \in \mathbf{R}$ が成り立つことによる.

(iii) 任意の $f \in L^2(\mathbf{R})$ に対して, $f_+ = \chi_{[0,\infty)} f$, $f_- = \chi_{(-\infty,0)} f$ とおけば, $f_+ \in L^2_+(\mathbf{R}), f_- \in L^2_-(\mathbf{R})$ であり, $f = f_+ + f_-$ と書ける. 分解の一意性は, (i), (ii) と正射影定理による.

15. $\int_{\mathbf{R}} \rho(x)dx = 1, \rho \geq 0, \text{supp}\,\rho \subset \{x \in \mathbf{R}\,|\,|x| \leq 1\}$ をみたす関数 $\rho \in C_0^\infty(\mathbf{R})$ をとり, $0 < \varepsilon < 1/2$ として, $\rho_\varepsilon(x) = \varepsilon^{-1}\rho(x/\varepsilon)$ とおく. このとき, $f_n(x) = \int_{|y| \leq n+(1/2)} \rho_\varepsilon(x-y)dy$ は求める関数である.

16. (i), (ii) は ℓ^2 の場合と同様. (iii) は直接に計算すればよい. (iv) 仮に $\ell^2([0,1])$ が可分であるとすれば, $\ell^2([0,1])$ の C.O.N.S. $\{f_n\}_{n=1}^\infty$ が存在する. $S_n = \{x \in [0,1]|f_n(x) \neq 0\}$ とし, $S = \bigcup_{n=1}^\infty S_n$ とすれば, S は可算個の点からなる. したがって, $S' = [0,1] \setminus S$ は空ではなく, 任意の $x \in S'$ に対して $f_n(x) = 0, n \geq 1$. ゆえに, 任意の $x \in S'$ とすべての $n \geq 1$ に対して, $(f_n, e_x) = 0$ である. $e_x \neq 0$ であるから, これは $\{f_n\}_{n=1}^\infty$ が C.O.N.S. であることに反する.

17. あたえられた関数系が正規直交系であることは直接の計算により確かめられる. 完全性を示すために, $(f, 1/\sqrt{2\pi}) = 0, (f, \sin nx/\sqrt{\pi}) = 0, (f, \cos nx/\sqrt{\pi}) = 0, n = 1, 2, \cdots$ とする. このとき, オイラーの公式により, $(f, e^{inx}) = 0, n \in \mathbf{Z}$. $\{\frac{e^{inx}}{\sqrt{2\pi}}\}_{n \in \mathbf{Z}}$ は $L^2([0, 2\pi])$ の C.O.N.S. であるから, $f = 0$ がでる.

18. (i) $\mathcal{D} := \mathcal{D}_1 \oplus \mathcal{D}_2$ とおく. 明らかに $\mathcal{D} \subset \overline{\mathcal{D}_1} \oplus \overline{\mathcal{D}_2}$. 右辺の集合は閉部分空間であるから, $\overline{\mathcal{D}} \subset \overline{\mathcal{D}_1} \oplus \overline{\mathcal{D}_2}$. 逆の包含関係を示すために, 任意の $\psi = (\psi_1, \psi_2) \in \overline{\mathcal{D}_1} \oplus \overline{\mathcal{D}_2}$ をとろう. このとき, $\mathcal{D}_i$ の点列 $\{\psi_{i,n}\}_{n=1}^\infty$ で $\lim_{n \to \infty} \psi_{i,n} = \psi_i$ となるものが存在する. そこで, $\chi_n := (\psi_{1,n}, \psi_{2,n})$ とおけば, $\chi_n \in \mathcal{D}$ であり, $\lim_{n \to \infty} \chi_n = \psi$ となる. したがって, $\psi \in \overline{\mathcal{D}}$. ゆえに $\overline{\mathcal{D}_1} \oplus \overline{\mathcal{D}_2} \subset \overline{\mathcal{D}}$.

(ii) 仮定により, $\overline{\mathcal{D}_i} = \mathcal{H}_i, i = 1, 2,$ であるから, (i) により, $\overline{\mathcal{D}_1 \oplus \mathcal{D}_2} = \mathcal{H}_1 \oplus \mathcal{H}_2.$ したがって, $\mathcal{D}_1 \oplus \mathcal{D}_2$ は $\mathcal{H}_1 \oplus \mathcal{H}_2$ で稠密である.

第 2 章

1. $\psi, \phi \in D(T^{-1}) = R(T),\ T^{-1}\psi = \psi',\ T^{-1}\phi = \phi'$ とすれば, $T\psi' = \psi, T\phi' = \phi.$ T の線形性によって, 任意の $\alpha, \beta \in \mathbf{K}$ に対して, $\alpha\psi + \beta\phi = T(\alpha\psi' + \beta\phi').$ これは, $T^{-1}(\alpha\psi + \beta\phi) = \alpha\psi' + \beta\phi' = \alpha T^{-1}\psi + \beta T^{-1}\phi$ を意味する. したがって, T^{-1} は線形である.

2. (2.10) 式の右辺を c とすれば, (2.9) 式により, $c \leq \|T\| \cdots (*).$ $\|T\|$ の定義により, 任意の $\varepsilon > 0$ に対して, 零でないベクトル $\psi \in D(T)$ が存在して $\|T\| < \dfrac{\|T\psi\|}{\|\psi\|} + \varepsilon = \|T\phi\| + \varepsilon.$ ただし, $\phi = \psi/\|\psi\|.$ ベクトル ϕ は単位ベクトルであるから, $\|T\phi\| \leq c.$ したがって, $\|T\| < c + \varepsilon.$ ε は任意であったから $\|T\| \leq c.$ これと $(*)$ により, $c = \|T\|.$

3. (i) $\|T_n a\|^2 = \sum_{j=1}^{\infty} |a_j|^2 / n^2 = \|a\|^2 / n^2.$ したがって, $\|T_n\| = 1/n.$

    (ii) $\|S_n^- a\|^2 = \sum_{j=n+1}^{\infty} |a_j|^2 \leq \|a\|^2.$ したがって, $\|S_n^-\| \leq 1.$ $a_j = 0, j = 1, \cdots, n$ となる $a \in \ell_2$ に対しては, $\|S_n^- a\| = \|a\|.$ したがって, $\|S_n^-\| \geq 1.$ よって, $\|S_n^-\| = 1$ である.

    (iii) $\|S_n^+ a\|^2 = \sum_{j=1}^{\infty} |a_j|^2 = \|a\|^2.$ したがって, $\|S_n^+\| = 1.$

    (iv) 任意の $a, b \in \ell_2$ に対して, $(b, S_n^- a) = \sum_{j=1}^{\infty} b_j^* a_{n+j} = \sum_{k=n+1}^{\infty} b_{k-n}^* a_k = (S_n^+ b, a).$ これは, 求める共役関係式を意味する.

4. (i) 任意の $f \in L^2(\mathbf{R}^d)$ に対して,

$$(M_G M_F f)(x) = G(x)(M_F f)(x) = G(x)F(x)f(x) = F(x)G(x)f(x)$$
$$= (M_F M_G f)(x)$$

   (ii) 直接の計算による.

   (iii) 任意の $a \in \ell^2$ に対して, $S_n^+ S_n^- a = (0, \cdots, 0, a_{n+1}, a_{n+2}, \cdots),\ S_n^- S_n^+ a = (a_1, a_2, \cdots).$

5. 行列に関する直接計算.

6. (I) $L^2([a, b])$ の内積を単に $(\,\cdot\,,\,\cdot\,)$ と書く. (F.1) 式から,

$$(\phi_n^{a,b}, \phi) = (\phi_n^{a,b}, f) + \lambda \int_a^b dx \phi_n^{a,b}(x)^* \int_a^b K(x, y)\phi(y)dy$$

$\{\phi_n^{a,b}\}_{n \in \mathbf{Z}}$ は $L^2([a, b])$ の C.O.N.S. であるから (定理 1.34),

$$\int_a^b dx\ \phi_n^{a,b}(x)^* \int_a^b K(x, y)\phi(y)dy$$

$$= \sum_{m=-\infty}^{\infty} \left(\int_{[a,b]\times[a,b]} \phi_n^{a,b}(x)^* K(x,y) \phi_m^{a,b}(y) dx dy \right) (\phi_m^{a,b}, \phi)$$

$a_n = (\phi_n^{a,b}, \phi), f_n = (\phi_n^{a,b}, f)$ に注意すれば,求める式が得られる.

$\{a_n\}_{n=-\infty}^{\infty} \in \ell^2(\mathbf{Z})$ が (F.2) 式の解のとき,$\phi(x) := \sum_{n=-\infty}^{\infty} a_n \phi_n^{a,b}(x)$ が $L^2([a,b])$ で収束することは,$\{\phi_n^{a,b}\}_{n\in\mathbf{Z}}$ が $L^2([a,b])$ の C.O.N.S. であることによる.この場合,$a_n = (\phi_n^{a,b}, \phi)$ と書かれる.ふたたび,$\{\phi_n^{a,b}\}_{n\in\mathbf{Z}}$ が $L^2([a,b])$ の C.O.N.S. であることを使えば,$\sum_{m=-\infty}^{\infty} \int_a^b K(x,y) \phi_m^{a,b}(y) a_m dy$ は $L^2([a,b])$ において $g(x) := \int_a^b K(x,y) \phi(y) dy$ に収束することがわかり,

$$\sum_{m=-\infty}^{\infty} \int_{[a,b]\times[a,b]} \phi_n^{a,b}(x)^* K(x,y) \phi_m^{a,b}(y) a_m dx dy = (\phi_n^{a,b}, g)$$

と書ける.したがって,$(\phi_n^{a,b}, \phi) = (\phi_n^{a,b} f) + \lambda (\phi_n^{a,b}, g)$ がすべての $n \in \mathbf{Z}$ に対して成り立つ.ゆえに,$\phi = f + \lambda g$. これは,ϕ が (F.1) 式の解であることを意味する.

(II) (i) は例 2.9 と同様.(ii) λ に対する条件のもとでは,$\|\lambda T\| < 1$. したがって,定理 2.11 によって,$I - \lambda T$ は全単射であり,$(I - \lambda T)^{-1} = \sum_{n=0}^{\infty} \lambda^n T^n$ (作用素ノルムでの収束).したがって,$\psi = (I - \lambda T)^{-1} f = \sum_{n=0}^{\infty} \lambda^n T^n f$ とすれば,$(I - \lambda T)\psi = f$ であるから,この ψ は (F.1) 式の解である.解の一意性は,$I - \lambda T$ が全単射であることによる.(iii) この場合,$\|K\|^2 = (\cosh 2t(b-a) - 1)/(2t^2)$. また,$T^2 f = (b-a) T f$, $T^3 f = (b-a)^2 f, \cdots, T^n f = (b-a)^{n-1} T f, n = 1, 2, \cdots$ が成り立つ.したがって,条件 $|\lambda|^2 (\cosh 2t(b-a) - 1)/(2t^2) < 1$ のもとで 〔このとき,$|\lambda|(b-a) < 1$〕,$\phi = f + \lambda(1 - \lambda(b-a))^{-1} T f$. すなわち,

$$\phi(x) = f(x) + \frac{\lambda e^{tx}}{1 - \lambda(b-a)} \int_a^b e^{-ty} f(y) dy$$

ひとたび,この表式に到達すれば,これは,$\lambda \neq 1/(b-a)$ となる任意の λ に対して,(F.1) 式の解であることがわかる.

7. (i) 任意の $\psi \in \mathcal{H}$ に対して,$\|T_n \psi - T \psi\| \leq \|T_n - T\| \|\psi\|$ が成り立つことによる.

(ii) 任意の $\psi \in \mathcal{H}, \phi \in \mathcal{K}$ に対して,$|(\phi, T_n \psi) - (\phi, T \psi)| = |(\phi, T_n \psi - T \psi)| \leq \|\phi\| \|T_n \psi - T \psi\|$ が成り立つことによる.

8. 弱収束から一様収束が導かれることを示せばよい.$\dim \mathcal{H} = m, \dim \mathcal{K} = n$ とし,ψ_j, ϕ_k を命題 2.2 のものとする.命題 2.2 の証明によって,$T_n, T \in \mathfrak{B}(\mathcal{H}, \mathcal{K})$ とすれば,

$$\|T_n - T\| \leq \sqrt{\sum_{k=1}^{n} \sum_{j=1}^{m} |(\phi_k, (T_n - T) \psi_j)|^2}$$

w-$\lim_{n\to\infty} T_n = T$ とすれば,$n \to \infty$ のとき,この不等式の右辺は 0 に収束する.したがって,$\|T_n - T\| \to 0$ $(n \to \infty)$.

9. (i) $\|T_n\| = 1/n \to 0 (n \to \infty)$. (ii) 任意の $a \in \ell_2$ に対して，$\|S_n^- a\| = \sum_{j=n+1}^{\infty} |a_j|^2 \to 0 (n \to \infty)$. しかし，$\|S_n^-\| = 1$ であるから，S_n^- は 0 に一様収束はしない．(iii) 任意の $a, b \in \ell_2$ に対して，$|(b, S_n^+ a)| = |(S_n^- b, a)| \leq \|S_n^- b\| \|a\| \to 0 \ (n \to \infty)$. しかし，$\|S_n^+ a\| = \|a\|$ であるから，S_n^+ は 0 に強収束はしない．

10. $b \in D(T^*)$ とし，$\eta = T^* b$ とすれば，すべての $a \in \ell_0$ に対して，$(b, Ta) = (\eta, a)$. $\alpha = \sum_{k=1}^{\infty} b_k^* \xi_k$ とおくと，$(b, Ta) = \sum_{m=1}^{\infty} \alpha c^m a_m$. したがって，すべての $m = 1, 2, \cdots$ に対して，$\eta_m = \alpha^* c^m$. $\eta \in \ell_2$ であるから，$\alpha = 0$ でなければならない．したがって，$b \in \{\xi\}^\perp$ であり，$T^* b = 0$. 逆に，$b \in \{\xi\}^\perp$ とすれば，すべての $a \in \ell_0$ に対して，$(b, Ta) = 0 = (0, a)$ であるので，$b \in D(T^*)$, $T^* b = 0$ となる．

11. $Q = T^{-1} S^{-1}$ とおけば，Q は有界であって，任意の $\psi \in \mathcal{H}$, $\phi \in D(T)$ に対して，$(ST)Q\psi = \psi$, $Q(ST)\phi = \phi$ が成り立つ．第1の式は，ST が全射であること，第2の式は ST が単射であることを意味するから，ST は全単射であり，$Q = (ST)^{-1}$ が得られる．

12. (i) 右辺を実際に計算してみれば，左辺になることがわかる．(ii) 偏極恒等式の両辺の複素共役をとれば，すべての $\psi, \phi \in D(T)$ に対して，

$$(T\phi, \psi) = (\psi, T\phi)^* = \frac{1}{4}\{(T(\psi + \phi), \psi + \phi) - (T(\psi - \phi), \psi - \phi)$$
$$+ i(T(\psi + i\phi), \psi + i\phi) - i(T(\psi - i\phi), \psi - i\phi)\}$$
$$= \frac{1}{4}\{(T(\phi + \psi), \phi + \psi) - (T(\phi - \psi), \phi - \psi)$$
$$+ i(T(\phi - i\psi), \phi - i\psi) - i(T(\phi + i\psi), \phi + i\psi)\}$$

仮定により，$(\phi \pm \psi, T(\phi \pm \psi)) = (T(\phi \pm \psi), \phi \pm \psi)$, $(\phi \pm i\psi, T(\phi \pm i\psi)) = (T(\phi \pm i\psi), \phi \pm i\psi)$ であるから，上式の右辺は，$(\phi, T\psi)$ に等しい．したがって，T はエルミートである．

13. $N_T = \sup_{\|\psi\|=1} |(\psi, T(\psi))|$ とおく．$\|\psi\| = 1$ のとき，$|(\psi, T\psi)| \leq \|T\| \|\psi\|^2 = \|T\|$ であるから，$N_T \leq \|T\|$. これと逆の不等式を導けばよい．任意の実数 x と $\psi, \phi \in \mathcal{H}$ に対して，$(x\psi + \phi, T(x\psi + \phi)) \leq N_T \|x\psi + \phi\|^2$, $-(x\psi - \phi, T(x\psi - \phi)) \leq N_T \|x\psi - \phi\|^2$. これらの不等式の辺々を加えると $x\{(\phi, T\psi) + (\psi, T\phi)\} \leq N_T(x^2 \|\psi\|^2 + \|\phi\|^2)$ を得る．特に，$\phi = T\psi$ とすれば，$2x\|T\psi\|^2 \leq N_T(x^2\|\psi\|^2 + \|T\psi\|^2)$. したがって，任意の $x > 0$ に対して，$\|T\psi\|^2 \leq N_T(x\|\psi\|^2 + x^{-1}\|T\psi\|^2)/2$. $\psi \neq 0$ とすれば，右辺が最小になるのは，$x = \|T\psi\|/\|\psi\|$ のときである．したがって，$\|T\psi\|^2 \leq N_T \|T\psi\| \|\psi\|$. ゆえに，$T\psi \neq 0$ のとき，$\|T\psi\| \leq N_T \|\psi\|$. この不等式は，$\psi = 0$ または $T\psi = 0$ のときも成り立つ．したがって，$\|T\| \leq N_T$ が結論される．

14. 練習問題 13 により，任意の $\psi \in \mathcal{H} (\|\psi\| = 1)$ に対して，$\|T^* T\| \geq |(\psi, T^* T\psi)| = \|T\psi\|^2$. これは，$\|T\|^2 \leq \|T^* T\|$ を意味する．一方，(2.17) 式と命題 2.15 によって，

$\|T^*T\| \leq \|T\|^2$. したがって，求める等式が得られる．

15. (i) $\|T^{n+m}\| = \|T^n T^m\| \leq \|T^n\|\|T^m\|$ による．(ii) (i) と (2.18) 式により，$a_n \leq n\log\|T\|$. したがって，$a_n \leq a_{mq} + a_r \leq qa_m + a_r \leq n\frac{a_m}{m} + r\log\|T\|$. ゆえに，$\frac{a_n}{n} \leq \frac{a_m}{m} + \frac{r}{n}\log\|T\|$. 両辺の $\overline{\lim}_{n\to\infty}$ をとることにより，求める結果を得る．(iii) $a = \inf_{n \geq 1} a_n/n$ とおけば，(ii) から，まず，$\overline{\lim}_{n\to\infty} a_n/n \leq a$. 一方，任意の $n \in \mathbf{N}$ に対して，$a \leq a_n/n$ であるから，$a \leq \underline{\lim}_{n\to\infty} a_n/n$. したがって，$a \leq \underline{\lim}_{n\to\infty} a_n/n \leq \overline{\lim}_{n\to\infty} a_n/n \leq a$ であるから，求める結果が得られる．(iv) $\|T^n\|^{1/n} = e^{a_n/n} \to e^a (n \to \infty)$. 一般に任意の正数列 $\{c_n\}_{n=1}^\infty$ に対して，$\inf_n \log c_n = \log \inf_n c_n$ が成り立つ（証明せよ）．したがって，$e^a = \inf_n \|T^n\|^{1/n}$.

16. （必要性）U がユニタリであるとすれば，U は全単射であって，すべての $\psi, \phi \in \mathcal{H}$ に対して，$(U\psi, U\phi) = (\psi, \phi)$ が成り立つ．したがって，$(U^*U\psi, \phi) = (\psi, \phi)$. ゆえに，$U^*U\psi = \psi$, すなわち，$U^*U = I$. U は全単射であるから，任意の ψ に対して，$\psi = U\phi$ となる $\phi \in \mathcal{H}$ がただひとつ存在する．UU^* を両辺に作用させ，いまの結果を用いると，$UU^*\psi = U\phi = \psi$. したがって，$UU^* = I$.

（十分性）$UU^* = I$ は U の全射性を，$UU^* = I$ は U の単射性を意味する．また，任意の $\psi, \phi \in \mathcal{H}$ に対して，$(U\psi, U\phi) = (U^*U\psi, \phi) = (\psi, \phi)$. よって，$U$ はユニタリである．

17. 練習問題 3 の S_n^+ は，$(S_n^+)^*S_n^+ = I$ をみたすが，$R(S_n^+) \neq \ell_2$ であるので〔たとえば，$(1, 0, 0, \cdots,) \notin R(S_n^+)$〕，$S_n^+$ はユニタリではない．

18. 任意の $\psi \in \mathcal{H}$ は，$\psi = \sum_{n=-\infty}^\infty (\psi_n, \psi)\psi_n$ と展開される．このとき，$S\psi = \sum_{m=-\infty}^\infty (\psi_{m-1}, \psi)\psi_m$ と定義する．右辺が $\mathcal{H}$ で収束することは，$\sum_{m=-\infty}^\infty |(\psi_{m-1}, \psi)|^2 < \infty$ によって保証され（補題 1.21），$\|S\psi\|^2 = \sum_{m=-\infty}^\infty |(\psi_{m-1}, \psi)|^2 = \sum_{n=-\infty}^\infty |(\psi_n, \psi)|^2 = \|\psi\|^2$. ゆえに，$S$ は有界である．特に，$\psi = \psi_n$ とすれば，$S\psi_n = \psi_{n+1}$ が成り立つ．任意の $\psi, \phi \in \mathcal{H}$ に対して，

$$(S\psi, S\phi) = \sum_{m=-\infty}^\infty (\psi, \psi_{m-1})(\psi_{m-1}, \phi) = \sum_{n=-\infty}^\infty (\psi, \psi_n)(\psi_n, \phi) = (\psi, \phi)$$

したがって，$S^*S = I$. また，

$$SS^*\psi = \sum_{m=-\infty}^\infty (\psi_{m-1}, S^*\psi)\psi_m = \sum_{m=-\infty}^\infty (S\psi_{m-1}, \psi)\psi_m = \sum_{m=-\infty}^\infty (\psi_m, \psi)\psi_m = \psi$$

したがって，$SS^* = I$. ゆえに，練習問題 16 によって，S はユニタリである．

（一意性）別に $S'\psi_n = \psi_{n+1}$ となる有界作用素 S' があったとすれば，連続性により，すべての $\psi \in \mathcal{H}$ に対して，$S'\psi = \sum_{n=-\infty}^\infty (\psi_n, \psi)S'\psi_n = \sum_{n=-\infty}^\infty (\psi_n, \psi)\psi_{n+1} = S\psi$. したがって，$S = S'$.

19. $\|T^n\|/n! \leq \|T\|^n/n!$ であるから，$\sum_{n=0}^\infty \|T^n\|/n!$ は収束し，$e^{\|T\|}$ 以下である．したがって，命題 2.10 によって，$\sum_{n=0}^\infty T^n/n!$ は一様収束し，求めるノルムに関す

る不等式が得られる．(i) 帰納法で示す．$n = 1$ のときは明らか．n のとき成立するとすれば，

$$(e^T)^{n+1} = e^T e^{nT} = \sum_{m=0}^{\infty} \sum_{k=0}^{\infty} \frac{n^k}{m!k!} T^{m+k}$$

$$= \sum_{\ell=0}^{\infty} \frac{T^\ell}{\ell!} \sum_{k=0}^{\ell} \frac{\ell!}{(\ell-k)!k!} n^k = \sum_{\ell=0}^{\infty} \frac{T^\ell}{\ell!} (n+1)^\ell = e^{(n+1)T}$$

したがって，$n+1$ のときも成立する．(ii) 明らか．(iii) T, S が可換ならば，

$$e^T e^S = \sum_{m=0}^{\infty} \sum_{k=0}^{\infty} \frac{T^m S^k}{m!k!} = \sum_{\ell=0}^{\infty} \frac{1}{\ell!} \sum_{k=0}^{\ell} \frac{\ell!}{(\ell-k)!k!} T^{\ell-k} S^k = \sum_{\ell=0}^{\infty} \frac{(T+S)^\ell}{\ell!} = e^{T+S}$$

この計算から，$e^T e^S = e^S e^T$ もわかる．(iv) T と $-T$ は可換であり，$T+(-T)=0$ であるから，(ii), (iii) の結果により，$e^T e^{-T} = I = e^T e^{-T}$．これは示すべき事実を意味する．(v) $T = T^*$ であるから，

$$(e^{iT})^* = \sum_{n=0}^{\infty} ((iT)^n)^*/n! = \sum_{n=0}^{\infty} (-iT)^n/n! = e^{-iT}$$

したがって，(iv) によって，$(e^{iT})^* e^{iT} = I = e^{iT}(e^{iT})^*$．ゆえに，練習問題 16 によって，$e^{iT}$ はユニタリである．

20. $\psi \in \ker T$ ならば，$T\psi = 0$．したがって，$T^*T\psi = 0$，すなわち，$\psi \in \ker T^*T$．ゆえに，$\ker T \subset \ker T^*T$．逆に，$\psi \in \ker T^*T$ とすれば，$\|T\psi\|^2 = (\psi, T^*T\psi) = 0$．したがって，$T\psi = 0$，すなわち，$\psi \in \ker T$．ゆえに，$\ker T^*T \subset \ker T$．

21. （必要性）$A = (T+T^*)/2, B = (T-T^*)/(2i)$ とおけば，これらは有界な自己共役作用素であり，$T = A + iB$ と書ける．T の正規性により，T と $T^* = A - iB$ は可換であるから，A, B も可換になる．

  （十分性）A, B の可換性により，$T^*T = (A-iB)(A+iB) = A^2+B^2, TT^* = (A+iB)(A-iB) = A^2+B^2$．したがって，$T^*T = TT^*$．

22. $(\psi, \phi)_+ := (\psi, T\phi)$，$\psi, \phi \in D(T)$ とおくと，$(\cdot, \cdot)_+$ は $D(T)$ 上の半正定値内積である〔第1章, 定義1.3のあとの注意 (iii) を参照〕〔$(\psi, \psi)_+ = 0$ でも，$\psi = 0$ とは必ずしもいえない〕．したがって，シュヴァルツの不等式が成り立つ（第1章, 系 1.10 のあとの注意を参照）．$|(\psi, \phi)_+|^2 \leq (\psi, \psi)_+ (\phi, \phi)_+$．これから求める不等式が得られる．

23. $T\psi := \lim_{n \to \infty} T_n \psi, \psi \in \mathcal{H}$ とすれば，T は $\mathcal{H}$ から $\mathcal{K}$ への線形写像である．$C = \sup_{n \geq 1} \|T_n\| < \infty$ とおくと，$\|T\psi\| = \lim_{n \to \infty} \|T_n\psi\| \leq \overline{\lim}_{n \to \infty} \|T_n\| \|\psi\| \leq C\|\psi\|$．したがって，$T$ は有界である．

24. (i) 練習問題 13 によって，$-\|T_1\| \|\psi\|^2 \leq (\psi, T_1\psi), \psi \in \mathcal{H}$．したがって，$K = \max\{\|T_1\|, c\}$ とおけば，$|(\psi, T_n\psi)| \leq K\|\psi\|^2$．これと練習問題 13 によって，$\|T_n\| \leq$

K を得る. $c_n = (\psi, T_n \psi)$ とすれば,$\{c_n\}_{n=1}^\infty$ は上に有界な単調非減少列であるから,$\lim_{n\to\infty} c_n$ は存在する.$n > m$ ならば,$T_n - T_m \geq 0$ であるから,練習問題 22 によって,

$$\|T_n\psi - T_m\psi\|^4 = |((T_n - T_m)\psi, (T_n - T_m)\psi)|^2$$
$$\leq (\psi, (T_n - T_m)\psi)((T_n - T_m)\psi, (T_n - T_m)(T_n - T_m)\psi)$$
$$\leq (c_n - c_m) 2K \|(T_n - T_m)\psi\|^2$$

したがって,$\|T_n\psi - T_m\psi\| \neq 0$ ならば,$\|T_n\psi - T_m\psi\| \leq 2K(c_n - c_m)$. この不等式は $\|T_n\psi - T_m\psi\| = 0$ の場合も成り立つ.$c_n - c_m \to 0\,(n, m \to \infty)$ であるから,$\|T_n\psi - T_m\psi\| \to 0\,(n, m \to \infty)$ となる.$n \leq m$ の場合も同様である.よって,$\lim_{n\to\infty} T_n\psi$ は存在する.練習問題 23 によって,$T := \text{s-}\lim_{n\to\infty} T_n$ となる有界作用素 T が存在する.T_n の対称性は,T の対称性を導く.また,$(\psi, T_n\psi) \leq (\psi, T_m\psi) \leq c\|\psi\|^2, n < m$ において,$m \to \infty$ とすれば,$(\psi, T_n\psi) \leq (\psi, T\psi) \leq c\|\psi\|^2$ を得るので,$T_n \leq T \leq cI$ である.

(ii) $S_n = -T_n$ とおくと,$S_1 \leq S_2 \leq \cdots \leq -bI$. したがって,(i) の結果,$S_n \leq S \leq -bI, \text{s-}\lim_{n\to\infty} S_n = S$ となる有界な対称作用素 S が存在する.そこで,$T = -S$ とおけば,これが求める作用素である.

25. $\psi_n \in D(T), \lim_{n\to\infty} \psi_n = \psi \in \mathcal{H}, \lim_{n\to\infty} T\psi_n = \phi \in \mathcal{H}$ とする.このとき,$ST\psi_n = \psi_n$ より,$S\phi = \psi$. 条件 $TS = I$ は $R(S) \subset D(T)$ を意味するから,$\psi \in D(T)$ であり,$\phi = T\psi$. したがって,T は閉である.任意の $\psi \in \ker T$ に対して $\psi = ST\psi = 0$. したがって,$\ker T = \{0\}$. ゆえに,T は単射である.任意の ϕ に対して,$\eta = S\phi$ とおけば,$\eta \in D(T)$ かつ $T\eta = \phi$ となるので,T は全射である.$\eta = T^{-1}\phi$ であるから,$S = T^{-1}$ である.

26. (i) T が閉作用素の場合.$\psi_n \in D(T + S) = D(T), \lim_{n\to\infty} \psi_n = \psi \in \mathcal{H}, \lim_{n\to\infty}(T + S)\psi_n = \phi \in \mathcal{K}$ としよう.S は有界であるから,$S\psi_n \to S\psi\,(n \to \infty)$. したがって,$T\psi_n \to \phi - S\psi\,(n \to \infty)$. T は閉であるから,$\psi \in D(T) = D(T + S)$ かつ $T\psi = \phi - S\psi$. すなわち,$(T + S)\psi = \phi$. したがって,$T + S$ は閉である.

(ii) T が可閉の場合.$\psi_n \in D(T + S) = D(T), \lim_{n\to\infty} \psi_n = 0, \lim_{n\to\infty}(T + S)\psi_n = \phi \in \mathcal{K}$ としよう.S は有界であるから,$S\psi_n \to 0\,(n \to \infty)$. したがって,$T\psi_n \to \phi\,(n \to \infty)$. T は可閉であるから,命題 2.18 により,$\phi = 0$. したがって,再び,命題 2.18 により,$T + S$ は可閉である.

27. $\phi_n \in R(T)$ が $\lim_{n\to\infty} \phi_n = \phi \in \mathcal{K}$ を満たしているとしよう.このとき,$\phi_n = T\psi_n$ となる $\psi_n \in D(T)$ が存在する.正射影定理により,$\psi_n = u_n + v_n$ となる $u_n \in \ker T, v_n \in (\ker T)^\perp$ が存在する.ψ_n と u_n は $D(T)$ の元であるから,$v_n \in D(T)$ である.したがって,$\phi_n = Tv_n$. ゆえに,$\phi_n = Tv_n$. これと仮定の不

等式により，$\|\phi_n - \phi_m\| \geq C\|v_n - v_m\|, n, m \geq 1$．$\{\phi_n\}_n$ はコーシー列であるから，$\{v_n\}_n$ もコーシー列となる．ゆえに $v := \lim_{n\to\infty} v_n \in \mathcal{H}$ が存在する．T の閉性により，$v \in D(T)$ かつ $Tv = \phi$．したがって，$\phi \in R(T)$．よって，$R(T)$ は閉である．

28. 背理法による．仮に，$\lambda \in \rho(T)$ ならば，$T - \lambda$ は全単射であり，$(T-\lambda)^{-1} \in \mathcal{B}(\mathcal{H})$ である．したがって，$\psi_n = (T-\lambda)^{-1}(T-\lambda)\psi_n \stackrel{n\to\infty}{\longrightarrow} (T-\lambda)^{-1}0 = 0$．一方，$\|\psi_n\| = 1, n \geq 1$ であるから，これは矛盾である．

29. T を原点 0 で連続な線形作用素とすれば，任意の $\varepsilon > 0$ に対して，正数 δ があって，$\|\phi\| < \delta, \phi \in D(T)$ ならば $\|T\phi\| < \varepsilon$ が成り立つ．そこで，任意の $\psi \in D(T) \backslash \{0\}$ に対して，$0 < \delta' < \delta$ とし，$\chi = \delta'\psi/\|\psi\|$ とすれば，$\|\chi\| = \delta' < \delta$ であるので，$\|T\chi\| < \varepsilon$．$\psi = (\|\psi\|/\delta')\chi$ であるので，$T\psi = (\|\psi\|/\delta')T\chi$．したがって，$C := \varepsilon/\delta'$ とおけば，$\|T\psi\| < C\|\psi\|$ が得られる．ゆえに $\psi = 0$ の場合も含めると，$\|T\psi\| \leq C\|\psi\|, \psi \in D(T)$ が成立する．よって，T は有界である．

第 3 章

1. 任意の $\psi, \phi \in \mathcal{H}, \alpha, \beta \in \mathbf{C}$ に対して，$\alpha\psi + \beta\phi = \alpha\psi_\mathcal{M} + \beta\phi_\mathcal{M} + \alpha\psi_{\mathcal{M}^\perp} + \beta\phi_{\mathcal{M}^\perp}$ であるから，$P_\mathcal{M}(\alpha\psi + \beta\phi) = \alpha\psi_\mathcal{M} + \beta\phi_\mathcal{M} = \alpha P_\mathcal{M}\psi + \beta P_\mathcal{M}\phi$．

2. $P_\mathcal{M}\psi \in \mathcal{M}$ であるから，$P_\mathcal{M}\psi = \sum_{n=1}^\infty (\psi_n, P_\mathcal{M}\psi)\psi_n$．一方，$P_\mathcal{M}$ の自己共役性と $P_\mathcal{M}\psi_n = \psi_n$ によって，$(\psi_n, P_\mathcal{M}\psi) = (P_\mathcal{M}\psi_n, \psi) = (\psi_n, \psi)$．ゆえに，求める等式が得られる．

3. 任意の $\psi, \phi \in \mathcal{H}$ に対して，$(P\psi, (I-P)\phi) = (P\psi, \phi) - (P\psi, P\phi) = (P\psi, \phi) - (P^2\psi, \phi) = (P\psi, \phi) - (P\psi, \phi) = 0$．

4. $P_\mathcal{M} P_\mathcal{N} = 0$ とすれば，任意の $\psi, \phi \in \mathcal{H}$ に対して，$0 = (\psi, P_\mathcal{M} P_\mathcal{N} \phi) = (P_\mathcal{M}\psi, P_\mathcal{N}\phi)$．したがって，$R(P_\mathcal{M}) \perp R(P_\mathcal{N})$，すなわち，$\mathcal{M} \perp \mathcal{N}$．逆に $\mathcal{M} \perp \mathcal{N}$ ならば，$R(P_\mathcal{M}) \perp R(P_\mathcal{N})$．したがって，いま行った計算を逆にたどることにより，任意の $\psi, \phi \in \mathcal{H}$ に対して，$(\psi, P_\mathcal{M} P_\mathcal{N} \phi) = 0$．ゆえに，$P_\mathcal{M} P_\mathcal{N} \phi = 0$．

5. 任意の $\psi \in \mathcal{H}$ に対して，

$$\|P_n\psi - P\psi\|^2 = \|P_n\psi\|^2 - 2\mathrm{Re}(P\psi, P_n\psi) + \|P\psi\|^2$$
$$= (\psi, P_n\psi) - 2\mathrm{Re}(P\psi, P_n\psi) + (\psi, P\psi)$$
$$\stackrel{n\to\infty}{\longrightarrow} (\psi, P\psi) - 2(P\psi, P\psi) + (\psi, P\psi) = 0$$

6. $P_N = \sum_{n=1}^N E(B_n)$ とおけば，P_N が有界な対称作用素であることは明らか．また，$P_N^2 = \sum_{n=1}^N \sum_{m=1}^N E(B_n)E(B_m) = \sum_{n=1}^N \sum_{m=1}^N E(B_n \cap B_m)$．$n \neq m$ ならば，$B_n \cap B_m = \emptyset$ であるから，最右辺の和で 0 でないのは，$m = n$ のところだけである．したがって，$P_N^2 = \sum_{n=1}^N E(B_n) = P_N$．よって，$P_N$ は正射影作用素であ

る．したがって，練習問題 5 を応用することにより，求める結果を得る．

7. (i) 任意の ψ, ϕ に対して，$(\psi, P\phi) = \lim_{n\to\infty}(\psi, P_n\phi) = \lim_{n\to\infty}(P_n\psi, \phi) = (P\psi, \phi)$．したがって，$P$ は自己共役．この結果により，

$$(\psi, P^2\phi) = (P\psi, P\psi) = \lim_{n\to\infty}(P_n\psi, P_n\psi) = \lim_{n\to\infty}(\psi, P_n^2\psi) = \lim_{n\to\infty}(\psi, P_n\psi)$$
$$= (\psi, P\psi)$$

これと P に関する偏極恒等式（第 2 章，練習問題 12 を参照）によって，$(\psi, P^2\phi) = (\psi, P\phi), \psi, \phi \in \mathcal{H}$ が得られる．よって，$P = P^2$．

(ii) この場合の仮定は，(i) の仮定が成立することを意味する．したがって，主張がでる．

8. (i) $C_1 = B_1 \backslash (B_1 \cap B_2), C_2 = B_2 \backslash (B_1 \cap B_2)$ とすれば，(E.2) によって，$E(B_1) = E(C_1) + E(B_1 \cap B_2), E(B_2) = E(C_2) + E(B_1 \cap B_2), E(B_1 \cup B_2) = E(C_1) + E(B_1 \cap B_2) + E(C_2)$．これらの関係式から，$E(C_1), E(C_2)$ を消去すれば，求める関係式を得る．

(ii) $D = C\backslash B$ とおけば，$C = D \cup B, D \cap B = \emptyset$，であるから，$E(C) = E(D) + E(B)$．$E(D) \geq 0$ であるから，任意の $\psi \in \mathcal{H}$ に対して，$(\psi, E(C)\psi) = (\psi, E(D)\phi) + (\psi, E(B)\psi) \geq (\psi, E(B)\phi)$．ゆえに，$E(C) \geq E(B)$．

9. $E(B_j)^2 = E(B_j)$ と $E(B_j)$ の自己共役性およびシュヴァルツの不等式によって，

$$\sum_{j=1}^{n}|\mu_{\psi,\phi}(B_j)| = \sum_{j=1}^{n}|(E(B_j)\psi, E(B_j)\phi)| \leq \sum_{j=1}^{n}\|E(B_j)\psi\|\|E(B_j)\phi\|$$
$$\leq \left(\sum_{j=1}^{n}\|E(B_j)\psi\|^2\right)^{\frac{1}{2}}\left(\sum_{j=1}^{n}\|E(B_j)\phi\|^2\right)^{\frac{1}{2}}$$
$$= \left(\sum_{j=1}^{n}(\psi, E(B_j)\psi)\right)^{\frac{1}{2}}\left(\sum_{j=1}^{n}(\phi, E(B_j)\phi)\right)^{\frac{1}{2}}$$
$$= \sqrt{(\psi, E(B)\psi)(\phi, E(B)\phi)} = \|E(B)\phi\|\|E(B)\phi\|$$

10. (i) $E_F(B)$ は関数 $\chi_{F^{-1}(B)}$ によるかけ算作用素だから，有界な自己共役作用素である．また，$\chi_{F^{-1}(B)}(x)^2 = \chi_{F^{-1}(B)}(x)$ により，$E_F(B)^2 = E_F(B)$．したがって，$E_F(B)$ は正射影作用素である．単位の分解の性質 (E.1), (E.3) は容易に確かめられる．B, B_n を (E.2) のようにとると，$F^{-1}(B) = \bigcup_{n=1}^{\infty}F^{-1}(B_n)$ であり，$F^{-1}(B_n) \cap F^{-1}(B_m) = \emptyset, m \neq m$ であるから，任意の $f \in L^2(\mathbf{R}^d)$ に対して，

$$\|E_F(B)f - \sum_{n=1}^{N}E_F(B_n)f\|^2 = \int_{F^{-1}(B)\backslash \bigcup_{n=1}^{N}F^{-1}(B_n)}|f(x)|^2 dx \to 0$$

$(N \to \infty)$. ゆえに, (E.2) もみたされる.

(ii) μ_F の完全加法性を示す. B, B_n を (E.2) のようにとれば, (i) で注意したこととルベーグ測度の完全加法性により,

$$\mu_F(B) = \left|\bigcup_{n=1}^{\infty} F^{-1}(B_n)\right| = \sum_{n=1}^{\infty} \left|F^{-1}(B_n)\right| = \sum_{n=1}^{\infty} \mu_F(B_n)$$

(iii) 任意の $f, g \in L^2(\mathbf{R}^d)$ と $B \in \mathbf{B}^1$ に対して, $(f, E_F(B)g) = \int_{F^{-1}(B)} f(x)^* g(x) dx$. したがって, $\mu_F(B) = 0$ ならば, $|F^{-1}(B)| = 0$ であるから, $(f, E_F(B)g) = 0$. すなわち, 複素測度 $(f, E_F(\cdot)g)$ は測度 μ_F に関して絶対連続である. したがって, ラドン–ニコディム (Radon-Nikodym) の定理によって, $(f, E_F(B)g) = \int_B \rho_{f,g}(x) d\mu_F(x)$ となる関数 $\rho_{f,g}$ が存在する ($|\rho_{f,g}|$ は μ_F について可積分). 変数変換の公式により, $\int_B \rho_{f,g}(x) d\mu_F(x) = \int_{F^{-1}(B)} \rho_{f,g}(F(x)) dx$. したがって, $\int_{F^{-1}(B)} f(x)^* g(x) dx = \int_{F^{-1}(B)} \rho_{f,g}(F(x)) dx$. $\{F^{-1}(B) | B \in \mathbf{B}^1\} = \mathbf{B}^d$ であるから, $f(x)^* g(x) = \rho_{f,g}(F(x))$, a.e. x でなければならない. よって,

$$(f, M_F g) = \int_{\mathbf{R}^d} F(x) f^*(x) g(x) dx = \int_{\mathbf{R}^d} F(x) \rho_{f,g}(F(x)) dx$$
$$= \int_{\mathbf{R}} \lambda \rho_{f,g}(\lambda) d\mu_F(\lambda) = \int_{\mathbf{R}} \lambda d(f, E_F(\lambda) g).$$

11. (i) $\lambda_n \uparrow \infty (n \to \infty)$ となる単調増加数列 $\{\lambda_n\}_n$ をとり, $B_1 = (-\infty, \lambda_1], B_n = (\lambda_{n-1}, \lambda_n], n \geq 2$ とおけば, $B_n \cap B_m = \emptyset, n \neq m$ であって, $\mathbf{R} = \bigcup_{n=1}^{\infty} B_n$. したがって, 単位の分解の性質 (E.2) によって, $I = E(\mathbf{R}) = \text{s-lim}_{n \to \infty} \sum_{j=1}^{n} E(B_j) = \text{s-lim}_{n \to \infty} E(\lambda_n)$. 実数 $\lambda > \lambda_n$ に対して, 練習問題8(ii) によって, $I - E(\lambda) = E((\lambda, \infty)) \leq E(\lambda_n, \infty) = I - E(\lambda_n)$. これは, 任意の $\psi \in \mathcal{H}$ に対して, $\|(I - E(\lambda))\psi\| \leq \|(I - E(\lambda_n))\psi\|$ を意味する. 前半の結果により, 任意の $\varepsilon > 0$ に対して, 番号 n_0 が存在して, $n \geq n_0$ ならば, $\|(I - E(\lambda_n))\psi\| < \varepsilon$. したがって, $\lambda > \lambda_{n_0}$ ならば, $\|(I - E(\lambda))\phi\| < \varepsilon$ を得る. ゆえに題意が示される.

(ii) $\{\lambda_n\}_n$ を $\lambda_n \downarrow -\infty (n \to \infty)$ となる単調減少数列とすれば, $\text{s-lim}_{n \to \infty} E((\lambda_n, \infty)) = I$ であることが (i) と同様にして示される. $E(\lambda_n) = I - E((\lambda_n, \infty))$ であるから, $\text{s-lim}_{n \to \infty} E(\lambda_n) = 0$. $\lambda < \lambda_n$ ならば, $E(\lambda) \leq E(\lambda_n)$ であるので, (i) と同様の考え方により, 題意が示される.

(iii) $\{\varepsilon_n\}_n$ を $\varepsilon_n \downarrow 0$ となる単調減少数列とし, $B_1 = (\lambda + \varepsilon_1, \infty), B_n = (\lambda + \varepsilon_n, \lambda + \varepsilon_{n-1}], n \geq 2$ とおくと, $B_n \cap B_m = \emptyset, n \neq m$ であり, $(\lambda, \infty) = \bigcup_{n=1}^{\infty} B_n$. したがって,

$$E((\lambda, \infty)) = \text{s-lim}_{n \to \infty} \sum_{j=1}^{n} E(B_j) = \text{s-lim}_{n \to \infty} E((\lambda + \varepsilon_n, \infty))$$

ゆえに，$E(\lambda) = I - E((\lambda,\infty)) = E(\mathbf{R}) - \text{s-}\lim_{n\to\infty} E((\lambda+\varepsilon_n,\infty)) = \text{s-}\lim_{n\to\infty} E(\lambda+\varepsilon_n)$. これから，題意が示される．

(iv) 単位の分解の性質 (E.3) を使えばよい．

12. 定理 3.12(iii) によって，$E(\{0\}) = 0 \cdots (*)$ である．したがって，$f(\lambda) := \lambda^{-1}$ ($0^{-1} := \infty$) とすれば，定理 3.8(vi) により，$S := f(T) = \int_{\mathbf{R}} f(\lambda) dE(\lambda)$ は自己共役作用素である．$g(\lambda) = \lambda$ とすれば，$T = g(T)$ である．明らかに，$\lambda \neq 0$ に対して，$f(\lambda)g(\lambda) = 1$ である．これと $(*)$ および定理 3.8(iv) によって，$ST \subset I, TS \subset I$ が得られる．これは，$S = T^{-1}$ を意味する．

第 4 章

1. $T \upharpoonright D \subset \overline{T}$ であるから，$\overline{T \upharpoonright D} \subset \overline{T}$. 仮定により，$\overline{T \upharpoonright D}$ は自己共役であり，$\overline{T}$ は対称作用素であるから，命題 2.27 により，望む等式を得る．

2. $\sum_{n=1}^{\infty} |\varphi_n(x)/n^{1+\alpha}| = \dfrac{1}{\sqrt{2\pi}} \sum_{n=1}^{\infty} 1/n^{1+\alpha} < \infty$ であるから，$f_\alpha(x)$ は $\mathbf{R}$ 上の周期 2π の関数．仮に，f_α が $\mathbf{R}$ 上で微分可能であるとする．このとき，任意の定数 $c \in \mathbf{C}, d \in \mathbf{R}$ に対して，$g(x) := i\int_0^{x-d} f_\alpha(y) dy + c$ は $\mathbf{R}$ 上で 2 回連続微分可能である．以下，$c = (2\pi)^{-1/2} \sum_{n=1}^{\infty} n^{-2-\alpha}$ とする．$\sum_{n=1}^{\infty} n^{-1-\alpha} < \infty$ であるから，項別積分ができて，$g(x) = (2\pi)^{-1/2} \sum_{n=1}^{\infty} e^{in(x-d)}/n^{2+\alpha}$ を得る．テイラーの定理を用いると $g''(x) = \lim_{\varepsilon \to 0} \{g(x+\varepsilon) + g(x-\varepsilon) - 2g(x)\}/\varepsilon^2$ (これは 2 回連続微分可能な関数に対して一般的に成り立つ等式)．これから，

$$-\sqrt{2\pi} g''(d) = \lim_{\varepsilon \to 0} \sum_{n=1}^{\infty} \frac{1}{n^\alpha} \left(\frac{\sin n\varepsilon/2}{n\varepsilon/2}\right)^2$$

$\lim_{t\to 0} \sin t/t = 1$ を用いると $-\sqrt{2\pi} g''(d) \geq \sum_{n=1}^{\infty} \frac{1}{n^a} = \infty$. これは矛盾である．

3. 明らかに，$\|f(0)\|_{L^2(\mathbf{R})} = 0$. $t \neq 0$ のとき，変数変換 $y = x + \dfrac{1}{t}$ により，$\|f(t)\|_{L^2(\mathbf{R})} = \|f\|_{L^2(\mathbf{R})} \neq 0$. したがって，$f(t)$ は $t = 0$ で強連続ではない．任意の $g \in C_0(\mathbf{R})$ に対して，$\mathrm{supp}\, g = K$ とすれば，$(g, f(t))_{L^2(\mathbf{R})} = \int_K g(x)^* f(x + \dfrac{1}{t}) dx$. $x \in K$ のとき，$|t|$ が十分小さければ，$x + \dfrac{1}{t} \notin \mathrm{supp}\, f$ となるので，$\lim_{t\to 0}(g, f(t))_{L^2(\mathbf{R})} = 0$ となる．次に，$C_0(\mathbf{R})$ は $L^2(\mathbf{R})$ で稠密なので，各 $h \in L^2(\mathbf{R})$ と任意の $\varepsilon > 0$ に対して，$\|g - h\|_{L^2(\mathbf{R})} < \varepsilon$ をみたす $g \in C_0(R)$ が存在する．また，いまの結果より，$|t|$ を十分小さくとれば，$|(g, f(t))| < \varepsilon$. したがって，$|t|$ が十分小さければ，

$$\begin{aligned}|(h, f(t))_{L^2(\mathbf{R})}| &= |(h - g, f(t))_{L^2(\mathbf{R})} + (g, f(t))_{L^2(\mathbf{R})}| \\ &\leq \|h - g\|_{L^2(\mathbf{R})} \|f\|_{L^2(\mathbf{R})} + |(g, f(t))_{L^2(\mathbf{R})}| \\ &\leq \varepsilon(\|f\|_{L^2(\mathbf{R})} + 1)\end{aligned}$$

これは, $\lim_{t \to 0}(h, f(t)) = 0$ を意味する. $(h, f(0)) = 0$ であるから, $f(t)$ は $t = 0$ で弱連続である.

4. $S = \overline{p}$ とする (例 4.2). $F(x) = \sum_{n=1}^{\infty} n^{-3/2} \varphi_n(x)$ とおくと, $|F(x)| \leq \sum_{n=1}^{\infty} n^{-3/2}$ $(2\pi)^{-1/2} < \infty$ であるから, F は有界である. また, $\sum_{n=1}^{\infty} n^{-3} < \infty$ であるから, $F \in L^2([0, 2\pi])$. そこで, $L^2([0, 2\pi])$ 上の作用素 T を $(Tf)(x) = (F, f)_{L^2([0, 2\pi])} F(x)$, $f \in L^2([0, 2\pi])$ によって定義すれば, T は有界な自己共役作用素である. Tf のフーリエ係数は, $n \geq 1$ のとき, $a_n(Tf) = n^{-3/2}(F, f)_{L^2([0, \pi])}, n \leq 0$ のとき, $a_n(Tf) = 0$ であるから, $\sum_{n=-\infty}^{\infty} |n a_n(Tf)|^2 = \sum_{n=1}^{\infty} n^{-1} |(F, f)_{L^2([0, 2\pi])}|^2$. したがって, $Tf \in D(S) \Leftrightarrow (F, f)_{L^2([0, 2\pi])} = 0$. ゆえに, $D(ST) = \{\alpha F | \alpha \in \mathbf{C}\}^{\perp}$ であり, この場合, $STf = 0, f \in D(ST)$. 明らかに, $D(ST)$ は $L^2([0, 2\pi])$ で稠密ではない.

5. (i) 条件 (iii) によって, $F(\psi - \phi) = F(\phi - \psi), F(\psi + i\phi) = F(i(\phi - i\psi)) = F(\phi - i\psi), F(\psi - i\phi) = F(-i(\phi + i\psi)) = F(\phi + i\psi)$. これと F が実数値であることを用いて示される. (ii) $s(\psi, \phi) + s(\psi, \eta)$ を計算する際に, 条件 (ii) からでる式

$$F(\psi + \alpha\phi) + F(\psi + \alpha\eta) = \frac{1}{2}\{F(2\psi + \alpha(\phi + \eta)) + F(\alpha(\phi - \eta))\}, \quad \alpha \in \mathbf{C}$$

を $\alpha = \pm 1, \pm i$ の場合に適用すれば,

$$s(\psi, \phi) + s(\psi, \eta) = \frac{1}{8}\{F(2\psi + \phi + \eta) - F(2\psi - \phi - \eta)$$
$$- iF(2\psi + i\phi + i\eta) + iF(2\psi - i\phi - i\eta)\}$$

を得る. ふたたび, 条件 (ii), (iii) を用いると

$$F(2\psi + \alpha\phi + \alpha\eta) = 2F(\psi) + 2F(\psi + \alpha\phi + \alpha\eta) - F(\alpha\phi + \alpha\eta)$$

が成り立つ. これを上の式の右辺に代入すれば, $s(\psi, \phi + \eta)$ になる. また,

$$s(\psi, i\phi) = \frac{1}{4}\{F(\psi + i\phi) - F(\psi - i\phi) - iF(\psi - \phi) + iF(\psi + \phi)\} = is(\psi, \phi)$$

(iii) $n = 1, 2$ のときは, (ii) の結果から正しい. n のとき成り立つとすれば, $s(\psi, (n+1)\phi) = s(\psi, n\phi + \phi) = s(\psi, n\phi) + s(\psi, \phi) = ns(\psi, \phi) + s(\psi, \phi) = (n+1)s(\psi, \phi)$. したがって, $n+1$ のときも成立する. (iv) (ii) によって, $s(\psi, (q+ir)\phi) = s(\phi, q\phi) + s(\psi, ir\phi) = s(\psi, q\phi) + is(\psi, r\phi)$ であるから, 任意の有理数 $a = k/m, k, m \in \mathbf{Z}$, $m \neq 0$ に対して, $s(\psi, a\phi) = as(\psi, \phi)$ を示せばよい. (iii) の結果より, $s(\psi, a\phi) = ks(\psi, \phi/m)$. (iii) の結果は, また, $s(\psi, \phi) = s(\psi, m(\phi/m)) = ms(\psi, \phi/m)$ を意味する. すなわち, $s(\psi, \phi/m) = s(\psi, \phi)/m$. したがって, $s(\psi, q\phi) = (k/m)s(\psi, \phi) = as(\psi, \phi)$. (v) 任意の $\psi, \phi \in \mathcal{K}$ に対して,

$$|s(\psi, \phi)| \leq \frac{C}{4}\{\|\psi + \phi\|^2 + \|\psi - \phi\|^2 + \|\phi + i\phi\|^2 + \|\phi - i\phi\|^2\} \leq C(\|\psi\|^2 + \|\phi\|^2)$$

であるから，$q>0$ を有理数とすれば，(iv) より，$|qs(\psi,\phi)|=|s(\psi,q\phi)|\leq C(\|\psi\|^2+q^2\|\phi\|^2)$. したがって，$|s(\psi,\phi)|\leq C\left(\frac{1}{q}\|\psi\|^2+q\|\phi\|^2\right)$. 正の有理数の全体は正の実数全体の中で稠密であるから，極限操作によって，この不等式は，すべての正の実数 q へと拡張される．右辺が最小になるのは，$q=\|\psi\|/\|\phi\|$ であるから ($\phi\neq 0$ とする)，$|s(\psi,\phi)|\leq 2C\|\psi\|\|\phi\|$ を得る．(vi) z を複素数として，$f(z)=s(\psi,z\phi)$ とすれば，(v) の結果，$|f(z)|\leq 2C|z|\|\psi\|\|\phi\|$ であって，(ii) により，$f(z+w)=f(z)+f(w), z,w\in\mathbf{C}$ が成り立つ．したがって，$|f(z+w)-f(z)|=|f(w)|\leq 2C|w|\|\psi\|\|\phi\|$ となるので，f は連続である．(iv) によって有理複素数 α に対して，$f(\alpha)=\alpha f(1)$. これと有理複素数の全体は $\mathbf{C}$ で稠密であることおよび f の連続性によって，すべての $z\in\mathbf{C}$ に対して，$f(z)=zf(1)$ が得られる．したがって，$s(\psi,z\phi)=zs(\psi,\phi)$.

6. (i) 任意の $\phi\in D(T)$ に対して，$\|(T-i)\phi\|^2=\|(T+i)\phi\|^2(=\|T\phi\|^2+\|\phi\|^2)$ であることを用いればよい．(ii) T が自己共役ならば，$D(U)=\mathcal{H}$. また，$R(U)=R(T-i)=\mathcal{H}$. よって，U はユニタリである．逆に，U がユニタリであれば，$D(U)=\mathcal{H}$ であるから，$R(T+i)=\mathcal{H}$. これと U の定義によって，$R(U)=R(T-i)$ を得る．$R(U)=\mathcal{H}$ であるから，$R(T-i)=\mathcal{H}$. ゆえに，T は自己共役であることが結論される．(iii) T が閉ならば，$(T+i)^{-1}$ は閉であることが示される．$\psi_n\in D(U),\psi_n\to\psi\in\mathcal{H},U\psi_n\to\phi\in\mathcal{H}\ (n\to\infty)$ とする．したがって，$(T-i)(T+i)^{-1}\psi_n\to\phi(n\to\infty)$. 一方，$\|(T+i)^{-1}(\psi_n-\psi_m)\|\leq\|\psi_n-\psi_m\|\to 0\ (n,m\to\infty)$ であるから，$(T+i)^{-1}\psi_n\to\eta(n\to\infty)$ となる $\eta\in\mathcal{H}$ が存在する．$(T+i)^{-1}$ は閉であるから，$\psi\in D((T+i)^{-1})=R(T+i)=D(U)$ かつ $(T+i)^{-1}\psi=\eta$. $T-i$ も閉であるから，$(T-i)(T+i)^{-1}\psi=\phi$ でなければならない．したがって，$U\psi=\phi$. ゆえに U は閉である．(iv) 簡単な計算から，任意の $\psi\in D(U)$ に対して，$(I-U)\psi=2i(T+i)^{-1}\psi\cdots(*)$. これから求める結果がでる．(v) $(*)$ による．(vi) (iv) の計算式と $(T+i)^{-1}$ が単射であることによる．

7. (i) $\ell_0(\mathbf{Z}_+)$ を例 1.13 のものとすれば，$\ell_0(\mathbf{Z}_+)\subset D(H_\omega)$. したがって，$H_\omega$ は稠密に定義されている．任意の $a,b\in D(H_\omega)$ に対して，$(b,H_\omega a)=(H_\omega b,a)$ は容易にわかる．したがって，H_ω は対称作用素である．任意の $b\in\ell^2(\mathbf{Z}_+)$ に対して，$a_n=(\omega_n-i)^{-1}b_n, n\geq 0$ とおけば，$|a_n|^2=(1+\omega_n^2)^{-1}|b_n|^2$ であるから，$a\in D(H_\omega)$ がわかる．さらに，H_ω の定義から，$(H_\omega-i)a=b$ となる．したがって，$R(H_\omega-i)=\ell^2(\mathbf{Z}_+)$. 同様に，$R(H_\omega+i)=\ell^2(\mathbf{Z}_+)$. ゆえに，定理 4.1 によって，$H_\omega$ は自己共役である．

(ii) $f_n=\{\delta_{nj}\}_{j=0}^\infty$ とおけば，$\{f_n\}_{n=0}^\infty$ は $\ell^2(\mathbf{Z}_+)$ の C.O.N.S. であり，$f_n\in D(H_\omega), H_\omega f_n=\omega_n f_n$ が成り立つ．したがって，ω_n は H_ω の固有値である．$z\notin\overline{\{\omega_n|n\geq 0\}}$ ならば，$\delta:=\inf_{n\geq 0}|\omega_n-z|>0$. したがって，任意の $b\in\ell^2(\mathbf{Z}_+)$

に対して, $a_n = (\omega_n - z)^{-1} b_n, n \geq 0$, とおけば, $a = \{a_n\}_{n=0}^{\infty} \subset D(H_\omega)$ であり, $(H_\omega - z)a = b$ となることがわかる. これは, $H_\omega - z$ が全射であることを示す. $H_\omega - z$ が単射であることも容易にわかる. $((H_\omega - z)^{-1} b)_n = (\omega_n - z)^{-1} b_n, n \geq 0, b \in \ell^2(\mathbf{Z}_+)$ となるので, $\|(H_\omega - z)^{-1} b\| \leq \delta^{-1} \|b\|$. 以上から, $z \in \rho(H_\omega)$. したがって, $\sigma(H_\omega) \subset \overline{\{\omega_n | n \geq 0\}}$. 一方, 右辺は, $\overline{\sigma_\mathbf{p}(H_\omega)}$ に含まれ, これは $\sigma(H_\omega)$ の部分集合であるから, $\sigma(H_\omega) = \overline{\{\omega_n | n \geq 0\}}$ が径られる.

(iii) $a \in \ell^2(\mathbf{Z}_+)$ に対して, $a(t) = e^{itH_\omega} a, t \in \mathbf{R}$, とする. f_n が H_ω の固有ベクトルであることと定理 3.12 (i) を用いると,

$$a(t)_n = (f_n, a(t)) = (f_n, e^{itH_\omega} a) = (e^{-itH_\omega} f_n, a) = (e^{-it\omega_n} f_n, a) = e^{it\omega_n} a_n$$

したがって, $e^{itH_\omega} a = \{e^{it\omega_n} a_n\}_{n \in \mathbf{Z}_+}$.

8. 区間 $(a,b]$ に対して, $E((a,b]) = E(b) - E(a)$ と定義する. 互いに共通部分のない区間 $(a_j, b_j], j = 1, 2, \cdots, n$ の和集合に対しては, $E(\bigcup_{j=1}^n (a_j, b_j]) = \sum_{j=1}^n E((a_j, b_j])$ とする. また, $E(\mathbf{R}) = I, E(\emptyset) = 0$ とおく. $\mathbf{B}_0$ を互いに共通部分のない区間の有限個の和集合のすべてと $\mathbf{R}, \emptyset$ からなる集合族とすれば, $\mathbf{B}_0$ は有限加法族である. 任意の $B \in \mathbf{B}_0$ に対して, $E(B)$ は正射影作用素であり, E が単位の分解の性質 (E.1), (E.3) をみたすことは容易にわかる. したがって, 任意の $\psi \in \mathcal{H}$ に対して, $m_\psi(B) = \|E(B)\psi\|^2$ は $\mathbf{B}_0$ 上の有限加法的測度になる. $\|E(\lambda)\psi\|^2$ の右連続性は測度 $m_\psi(B)$ の完全加法性を導く[1]. したがって, ホップ (E. Hopf) の拡張定理によって, $\mu_\psi(B) = m_\psi(B), B \in \mathbf{B}_0$, をみたす, $\mathbf{B}^1$ 上の測度 μ_ψ がただひとつ存在する. あとは定理 4.12 の証明と同様にして, $\mu_\psi(B) = \|\tilde{E}(B)\psi\|^2, B \in \mathbf{B}^1$, となる正射影作用素 $\tilde{E}(B)$ がただひとつ存在し, $\{\tilde{E}(B) | B \in \mathbf{B}^1\}$ は単位の分解であることが示される.

9. (i) 変数変換 $y = e^\theta x$ を行えばよい. (ii) $u(\theta)$ の等長性は (i) による. 任意の $\psi \in L^2(\mathbf{R}^d)$ に対して, $\phi(x) = e^{-d\theta/2} \psi(e^{-\theta} x)$ とおけば, $u(\theta)\phi = \psi$. したがって, $u(\theta)$ は全射. よって, $u(\theta)$ はユニタリ. $u(0) = I, u(\theta_1 + \theta_2) = u(\theta_1) u(\theta_2) = u(\theta_2) u(\theta_1), \theta_1, \theta_2 \in \mathbf{R}$ は定義から容易にわかる. $u(\theta)$ の強連続性を示すには, まず, $\psi \in C_0^\infty(\mathbf{R}^d)$ に対して, $u(\theta)f$ が強連続であることを示し, 任意の $\psi \in L^2(\mathbf{R}^d)$ に対しては, 極限操作による議論を行えばよい (例 4.7 の証明の議論を参照).

第5章

1. $f \in \mathcal{S}(\mathbf{R}^d)$ とすれば, $g := x^\alpha f, h := \partial^\alpha f$ が無限回微分可能であることは明らか. 任意の多重指数 β に対して, ライプニッツの法則によって,

---

[1] 伊藤清三, 『ルベーグ積分入門』(裳華房, 1963) の p.19, 定理 4.2 を参照.

$$\partial^\beta g(x) = \sum_{\gamma_1=0;\gamma_1\le\alpha_1}^{\beta_1}\cdots\sum_{\gamma_d=0;\gamma_d\le\alpha_d}^{\beta_d} {}_{\beta_1}C_{\gamma_1}\cdots{}_{\beta_d}C_{\gamma_d}\left(\prod_{j=1}^d \frac{\alpha_j!}{(\alpha_j-\gamma_j)!}\right)$$
$$\times x^{\alpha-\gamma}\partial^{\beta-\gamma}f(x)$$

一方, 任意の $m\in\mathbf{N}$ に対して, $|x|^m|x^{\alpha-\gamma}\partial^{\beta-\gamma}f(x)| \le |x|^{m+|\alpha-\gamma|}|\partial^{\beta-\gamma}f(x)| \to 0\ (|x|\to\infty)$. したがって, $|x|^m\partial^\beta g(x)\to 0\ (|x|\to\infty)$. ゆえに, $g\in\mathcal{S}(\mathbf{R}^d)$. また, $|x|^m\partial^\beta h(x) = |x|^m\partial^{\alpha+\beta}f(x) \to 0\ (|x|\to\infty)$. したがって, $\partial^\alpha f\in\mathcal{S}(\mathbf{R}^d)$.

2. $f\in L^1(\mathbf{R}^d)$ であるから,
$$|\hat{f}(k)| \le \frac{1}{(2\pi)^{d/2}}\int_{\mathbf{R}^d}|f(x)e^{-ikx}|dx = \frac{1}{(2\pi)^{d/2}}\int_{\mathbf{R}^d}|f(x)|dx = \frac{1}{(2\pi)^{d/2}}\|f\|_1$$

したがって, $\hat{f}$ の有界性と求める不等式が示される. 任意の $h\in\mathbf{R}^d$ に対して,
$$|\hat{f}(k+h)-\hat{f}(k)| \le \frac{1}{(2\pi)^{d/2}}\int_{\mathbf{R}^d}|f(x)|\,|e^{ihx}-1|dx$$

$|f(x)|\,|e^{ihx}-1|\le 2|f(x)|$, $|f(x)|\,|e^{ihx}-1|\to 0\ (h\to 0)$ であるから, ルベーグの優収束定理を適用することができ, $\int_{\mathbf{R}^d}|f(x)|\,|e^{ihx}-1|dx\to 0\ (h\to 0)$ となる. したがって, $\hat{f}(k+h)\to\hat{f}(k)(h\to 0)$. ゆえに, $\hat{f}$ は連続.

3. $k\ne 0$ のとき, $e^{-ikx}=-e^{-ik(x-\pi/k)}$ であるから,
$$\sqrt{2\pi}\hat{f}(k) = -\int_\mathbf{R} f(x)e^{-ik(x-\pi/k)}dx = -\int_\mathbf{R} f\left(x+\frac{\pi}{k}\right)e^{-ikx}dx$$

したがって,
$$\sqrt{2\pi}\hat{f}(k) = \frac{1}{2}\left[\int_\mathbf{R} f(x)e^{-ikx}dx - \int_\mathbf{R} f\left(x+\frac{\pi}{k}\right)e^{-ikx}dx\right]$$
$$= \frac{1}{2}\int_\mathbf{R}\left(f(x)-f\left(x+\frac{\pi}{k}\right)\right)e^{-ikx}dx$$

ゆえに $2\sqrt{2\pi}|\hat{f}(k)| \le \int_\mathbf{R}\left|f(x)-f\left(x+\frac{\pi}{k}\right)\right|dx$. ルベーグ積分の基本定理により〔たとえば, 伊藤清三, 『ルベーグ積分入門』(裳華房, 1963) の定理 12.8〕, この不等式の右辺は, $k\to\pm\infty$ としたとき, 0 に収束する.

4. (i) $\hat{f}(k)=(2\pi)^{-1/2}\left(\int_0^\infty e^{-(a+ik)x}+\int_{-\infty}^0 e^{(a-ik)x}dx\right)=\sqrt{\frac{2}{\pi}}\frac{a}{a^2+k^2}$

(ii) $k\ne 0$ のとき, $\hat{f}(k)=(2\pi)^{-1/2}\int_{-a}^a e^{-ikx}dx=\sqrt{\frac{2}{\pi}}\frac{\sin ak}{k}$; $\hat{f}(0)=\sqrt{\frac{2}{\pi}}a$.

(iii) いまの場合, $\hat{f}(k)=\hat{f}(-k)$ であるから, $k\ge 0$ に対して, $\hat{f}(k)$ を求めればよい. まず,

$$\hat{f}(k) = (2\pi)^{-\frac{1}{2}} \int_{-\infty}^{\infty} e^{-ax^2 - ikx} dx = (2\pi)^{-1/2} e^{-\frac{k^2}{4a}} \int_{-\infty}^{\infty} e^{-a\left(x + \frac{ik}{2a}\right)^2} dx$$

と変形する.

$k > 0$ としよう. 複素関数 e^{-az^2}, $z \in \mathbf{C}$, は正則であるから, 図のような積分路をとれば, コーシーの積分定理によって,

$$\int_{-R}^{R} e^{-a\left(x + \frac{ik}{2a}\right)^2} dx = \int_{-R}^{R} e^{-ax^2} dx + iI_R - iJ_R$$

ただし, $I_R = \int_0^{k/2a} e^{-a(R+iy)^2} dy$, $J_R = \int_0^{k/2a} e^{-a(-R+iy)^2} dy$.

$$|I_R| \leq e^{-aR^2} \int_0^{k/2a} e^{ay^2} dy \leq e^{-aR^2} e^{k^2/4a} \frac{k}{2a} \to 0 \ (R \to \infty)$$

同様に, $J_R \to 0 (R \to \infty)$. したがって,

$$\int_{-\infty}^{\infty} e^{-a\left(x + \frac{ik}{2a}\right)^2} dx = \lim_{R \to \infty} \int_{-R}^{R} e^{-a\left(x + \frac{ik}{2a}\right)^2} dx = \int_{-\infty}^{\infty} e^{-ax^2} dx = \sqrt{\frac{\pi}{a}}$$

ゆえに, $\hat{f}(k) = (2a)^{-1/2} e^{-\frac{k^2}{4a}}$. 容易にわかるように, これは, $k = 0$ のときも成り立つ.

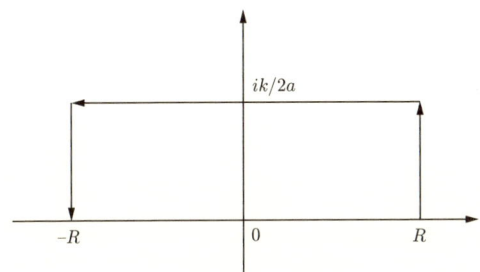

積分路 ($k > 0$ の場合)

5. (i) $P(k) := k^2 + \sum_{j=1}^{d} a_j k_j$, $k \in \mathbf{R}^d$ とすれば, (5.34) 式, (5.37) 式により, $\mathcal{F} H \mathcal{F}^{-1} = M_P$ が成り立つ. これと M_P の自己共役性により, H は自己共役である. $S := \sum_{j=1}^{d} a_j(-iD_j)$ とおく. 次が成り立つ:

$$D(-\Delta) = \left\{ f \in L^2(\mathbf{R}^d) \mid \int_{\mathbf{R}^d} |k|^4 |\hat{f}(k)|^2 dk < \infty \right\},$$

$$D(S) = \left\{ f \in L^2(\mathbf{R}^d) \mid \int_{\mathbf{R}^d} \left| \sum_{j=1}^{d} a_j k_j \right|^2 |\hat{f}(k)|^2 dk < \infty \right\}$$

一方, $|\sum_{j=1}^{d} a_j k_j|^2 \leq (\sum_{j=1}^{d} |a_j|^2) |k|^2$ (コーシー-シュヴァルツの不等式) $\leq (\sum_{j=1}^{d} |a_j|^2)(1 + |k|^4)/2$. これから, $D(-\Delta) \subset D(S)$ が導かれる. ゆえに, $D(H) = D(-\Delta)$.

(ii) 定理 5.10 によって，$\sigma(H) = \overline{\{P(k)|k \in \mathbf{R}^d\}}$. 一方，$P(k) = \sum_{j=1}^{d}(k_j + a_j/2)^2 + E(a)$. これは $\{P(k)|k \in \mathbf{R}^d\} = [E(a), \infty)$ を導く．したがって，$\sigma(H) = [E(a), \infty)$.

第6章

1. シュヴァルツの不等式によって，$\|T\psi\| \cdot \|S\psi\| \geq |(T\psi, S\psi)| \geq |\mathrm{Re}(T\psi, S\psi)|$. 一方，$\mathrm{Re}(T\psi, S\psi) = \{(T\psi, S\psi) + (S\psi, T\psi)\}/2 = (\psi, \{T, S\}\psi)/2$. したがって，求める不等式が得られる．

2. (i) $a_j = (\psi, L_j\psi), j = 1, 2$, とおけば，$(\psi, [L_2, L_3]\psi) = (L_2\psi, L_3\psi) - (L_3\psi, L_2\psi) = \lambda a_2 - \lambda a_2 = 0$. 同様に，$(\psi, [L_3, L_1]\psi) = 0$. したがって，(6.29) 式の第 2, 3 番目の交換関係によって，$a_1 = a_2 = 0$.

   (ii) (6.29) 式の第1番目の交換関係から，$(\psi, [L_1, L_2]\psi) = i\hbar(\psi, L_3\psi) = i\hbar\lambda$. これと定理 6.5 によって，求める不等式が得られる．

3. $\lambda \in \sigma(T), I_\varepsilon = (\lambda - \varepsilon/2, \lambda + \varepsilon/2) \subset \mathbf{R}$ とする．このとき，任意の $\varepsilon > 0$ に対して，$E_T(I_\varepsilon) \neq 0$ 〔もし，$E_T(I_\varepsilon) = 0$ となる ε があったとすれば，$\mathrm{supp}\, E_T \subset \mathbf{R}\setminus I_\varepsilon$ となるので，$\lambda \in \sigma(T)$ に矛盾〕．したがって，各 ε に対して，$\eta_\varepsilon := E_T(I_\varepsilon)\phi_\varepsilon \neq 0$ となる $\phi_\varepsilon \in \mathcal{H}$ が存在する．$\psi_\varepsilon = \eta_\varepsilon/\|\eta_\varepsilon\|$ とおけば，$\|\psi_\varepsilon\| = 1$ であり，$\int_{I_\varepsilon} d\|E_T(\mu)\psi_\varepsilon\|^2 = \|\psi_\varepsilon\|^2 = 1$ であるから，

$$|(\psi_\varepsilon, T\psi_\varepsilon) - \lambda| = \left|\int_{I_\varepsilon}(\mu - \lambda)d\|E_T(\mu)\psi_\varepsilon\|^2\right| \leq \int_{I_\varepsilon}|\mu - \lambda|d\|E_T(\mu)\psi_\varepsilon\|^2$$
$$\leq \varepsilon\|\psi_\varepsilon\|^2/2 = \varepsilon/2$$

同様に，$\|(T - \lambda)\psi_\varepsilon\|^2 = \int_{I_\varepsilon}(\mu - \lambda)^2 d\|E_T(\mu)\psi_\varepsilon\|^2 \leq \varepsilon^2/4$. したがって，

$$(\Delta T)_{\psi_\varepsilon} \leq \|(T - \lambda)\psi_\varepsilon\| + \|(\lambda - (\psi_\varepsilon, T\psi_\varepsilon))\psi_\varepsilon\| \leq \varepsilon$$

4. (i) $(\psi, Q^S\psi) = \frac{1}{(2\pi)^{1/2}\sigma}\int_{\mathbf{R}} xe^{-\frac{(x-a)^2}{2\sigma^2}}dx = \frac{1}{(2\pi)^{1/2}\sigma}\int_{\mathbf{R}}(y+a)e^{\frac{y^2}{2\sigma^2}}dy = a$
$(P^S\psi)(x) = i\hbar\frac{(x-a)}{2\sigma^2}\psi(x)$ したがって，$(\psi, P^S\psi) = \frac{i\hbar}{2\sigma^2}[(\psi, Q^S\psi) - a] = 0$.

   (ii) $\|Q^S\psi\|^2 = \frac{1}{(2\pi)^{1/2}\sigma}\int_{\mathbf{R}}(y+a)^2 e^{\frac{y^2}{2\sigma^2}}dy = \sigma^2 + a^2$
したがって，$(\Delta Q^S)_\psi^2 = \|Q^S\psi\|^2 - (\psi, Q^S\psi)^2 = \sigma^2$. 同様に，$\|P^S\psi\|^2 = \frac{\hbar^2}{4\sigma^4}\int_{\mathbf{R}}(x-a)^2|\psi(x)|^2 dx = \frac{\hbar^2}{4\sigma^2}$.

5. 仮に $\psi \in \mathcal{D}$ が Q の固有ベクトルであったとし，その固有値を λ とする．CCR によって，$(\psi, (QP - PQ)\psi) = i\hbar\|\psi\|^2 \cdots (*)$. 一方，$(\psi, QP\psi) = (Q\psi, P\psi) = \lambda(\psi, P\psi), (\psi, PQ\psi) = (\psi, P\lambda\psi) = \lambda(\psi, P\psi)$. したがって，$(*)$ の左辺は 0 になるので矛盾が生じる．P の場合も同様．

6. $x = (\mathbf{x}_1, \cdots, \mathbf{x}_Z) \in \mathbf{R}^{3Z}$ と記す．$V_j(x) = 1/|\mathbf{x}_j|, V_{jk}(x) = 1/|\mathbf{x}_j - \mathbf{x}_k|, j \neq k$, とおけば，$V_{\mathrm{atom}} = -\sum_{j=1}^{Z}Ze^2 V_j + e^2\sum_{1 \leq j < k \leq Z} V_{jk}$ と書ける．$L^2_{\mathrm{loc}}(\mathbf{R}^d)$ はベクトル空間であるから，$V_j, V_{jk} \in L^2_{\mathrm{loc}}(\mathbf{R}^{3Z})$ を示せば十分である．任意の $R > 0$

に対して, $|x| \leq R$ ならば, $|\mathbf{x}_j| \leq R, j = 1, \cdots, Z$. したがって,

$$\int_{|x| \leq R} |V_j(x)|^2 dx \leq C_R^{Z-1} \int_{|\mathbf{x}_j| \leq R} \frac{1}{|\mathbf{x}_j|^2} d\mathbf{x}_j$$

ただし, $C_R = \int_{\{\mathbf{x} \in \mathbf{R}^3 \| \mathbf{x} | \leq R\}} d\mathbf{x} = 4\pi R^3/3$ (半径 R の 3 次元球の体積). $\int_{|\mathbf{x}_j| \leq R} |\mathbf{x}_j|^{-2} d\mathbf{x}_j < \infty$ を示すのは容易である (極座標に変換して計算せよ). したがって, $V_j \in L^2_{\mathrm{loc}}(\mathbf{R}^{3Z})$. V_{jk} に関しては, 変数の名前をつけかえることにより, $V_{12} \in L^2_{\mathrm{loc}}(R^{3Z})$ を示せば十分である. 任意の $R > 0$ に対して,

$$\int_{|x| \leq R} |V_{12}(x)|^2 dx \leq C_R^{Z-2} \int_{|\mathbf{x}_1|^2 + |\mathbf{x}_2|^2 \leq R^2} \frac{1}{|\mathbf{x}_1 - \mathbf{x}_2|^2} d\mathbf{x}_1 d\mathbf{x}_2$$

変数変換 $\mathbf{y} = \mathbf{x}_1 - \mathbf{x}_2$, $\mathbf{z} = \mathbf{x}_2$ を行うと,

$$\int_{|\mathbf{x}_1|^2 + |\mathbf{x}_2|^2 \leq R^2} \frac{1}{|\mathbf{x}_1 - \mathbf{x}_2|^2} d\mathbf{x}_1 d\mathbf{x}_2 \leq C_R \int_{|\mathbf{y}| \leq 2R} \frac{1}{|\mathbf{y}|^2} d\mathbf{y} < \infty$$

と評価できる. したがって, $V_{12} \in L^2_{\mathrm{loc}}(\mathbf{R}^{3Z})$.

7. $\alpha = a + ib$, $\beta = c + id$, $a, b, c, d \in \mathbf{R}$ とする. $F(\alpha) = \int_{-\infty}^{\infty} e^{-\alpha(x-\beta)^2} dx$ とおく. 容易にわかるように,

$$|e^{-\alpha(x-\beta)^2}| = e^{-a(x-c)^2 - 2bd(x-c)} e^{ad^2}$$

条件 $a > 0$ によって, 右辺の関数は積分可能である. したがって, $e^{-\alpha(x-\beta)^2}$ は絶対可積分である. 変数変換 $y = x - c$ によって, $F(\alpha) = \int_{-\infty}^{\infty} e^{-\alpha(x-id)^2} dx$.

$d \geq 0$ の場合を考える. 複素数 z の関数 $e^{-\alpha z^2}$ は正則である. したがって, $d > 0$ の場合, 図のような積分路を考えると, コーシーの積分定理によって,

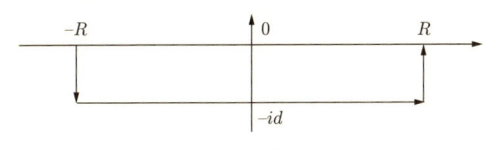

積分路

$$\int_{-R}^{R} e^{-\alpha(x-id)^2} dx = \int_{-R}^{R} e^{-\alpha x^2} dx - i \int_{-d}^{0} e^{-\alpha(R+iy)^2} dy + i \int_{-d}^{0} e^{-\alpha(-R+iy)^2} dy$$

が成り立つ. $-d \leq y \leq 0$ に対して,

$$|e^{-\alpha(\pm R + iy)^2}| \leq e^{-aR^2 + |b||R||y| + ay^2} \leq e^{-aR^2 + |b|dR + ad^2} \to 0 \, (R \to \infty)$$

であるから $\int_{-d}^{0} e^{-\alpha(\pm R + iy)^2} dy \to 0 \, (R \to \infty)$. よって, 上の等式で $R \to \infty$ とすれば, $F(\alpha) = \int_{-\infty}^{\infty} e^{-\alpha x^2} dx$ を得る. この等式は $d = 0$ の場合も成り立つ. 右辺を

α の関数とみて,これを $G(\alpha)$ とすれば,$G(\alpha)$ は $D := \{\alpha \in \mathbf{C} | \operatorname{Re} \alpha > 0\}$ 上で正則である(D の任意の点 α_0 の近傍では,α に関する微分と x についての積分が交換できることに注意).一方,α が正の実数であれば,$G(\alpha) = \sqrt{\pi}/\sqrt{\alpha}$ であることはよく知られている.$\alpha \in D$ に対して,$\operatorname{Re}\sqrt{\alpha} > 0$ なる枝をとれば,$\sqrt{\pi}/\sqrt{\alpha}$ は D 上で正則である.よって,一致の定理により,D 上で $G(\alpha) = \sqrt{\pi}/\sqrt{\alpha}$ が成立する.$d < 0$ の場合も同様である.

8. あたえられたシュレーディンガー方程式の複素共役をとると

$$-i\hbar \frac{\partial}{\partial t}\psi(t,x)^* = -\frac{\hbar^2}{2m}\Delta\psi(t,x)^* + V(x)\psi(t,x)^*$$

したがって,

$$\begin{aligned}\frac{\partial \rho}{\partial t} &= \frac{\partial \psi^*}{\partial t}\psi + \psi^*\frac{\partial \psi}{\partial t} = \frac{j}{\hbar}\left[\left(\frac{-\hbar^2}{2m}\Delta + V\right)\psi^*\right]\psi - \frac{j}{\hbar}\psi^*\left[\left(\frac{-\hbar^2}{2m}\Delta + V\right)\psi\right] \\ &= \frac{i\hbar}{2m}[\psi^*\Delta\psi - (\Delta\psi^*)\psi] = \frac{i\hbar}{2m}\sum_{j=1}^{d}\partial_j[\psi^*\partial_j\psi - (\partial_j\psi^*)\psi] = -\sum_{j=1}^{d}\nabla\cdot\mathbf{J}\end{aligned}$$

9. $\inf_{\psi \in D(H_0), \|\psi\|=1}(\psi, H_0\psi) = 0 \cdots (*)$ を示せばよい.$(\psi, H_0\psi) \geq 0$ はすでに知っている.$\int_{\mathbf{R}^d}|\rho(x)|^2 dx = 1$ をみたす関数 $\rho \in C_0^{\infty}(\mathbf{R}^d)$ をとり,自然数 n に対して,$\psi_n(x) = n^{-d/2}\rho(x/n)$ とおく.このとき,$\psi_n \in C_0^{\infty}(\mathbf{R}^d), \|\psi_n\|_{L^2(\mathbf{R}^d)} = 1$ であり,$\partial_j\psi_n = n^{-1}n^{-d/2}(\partial_j\rho)(x/n)$.したがって,$H_0\psi_n = -\hbar^2(2m)^{-1}n^{-2}n^{-d/2}(\Delta\rho)(x/n)$.これから,

$$(\psi_n, H_0\psi_n) = -\frac{1}{n^2}\frac{\hbar^2}{2m}\int_{\mathbf{R}^d}\rho(x)(\Delta\rho)(x)dx \to 0 (n \to \infty)$$

ゆえに,$(*)$ が示された.

10. (i) 仮定により,$\mathcal{S}(\mathbf{R}^d)$ 上で,$[Q_j^S, V] = 0$ であるから,CCR によって,$\mathcal{S}(\mathbf{R}^d)$ 上で,

$[Q_j^S, H] = [Q_j^S, (P_j^S)^2/2m] = (1/2m)\{[Q_j^S, P_j^S]P_j^S + P_j^S[Q_j^S, P_j^S]\} = (i\hbar/m)P_j^S$

したがって,$\mathcal{S}(\mathbf{R}^d)$ 上で,$[Q_j^S, [Q_j^S, H]] = -\hbar^2/m$.この等式の状態 ψ_0 に関する期待値をとれば,$(\psi_0, [Q_j^S, [Q_j^S, H]]\psi_0) = -\hbar^2/m$.この式の左辺を L とすれば,$\{\psi_n\}_n$ が C.O.N.S. であることを用いることにより,

$$\begin{aligned}L &= (Q_j^S\psi_0, [Q_j^S, H]\psi_0) - ([Q_j^S, H]^*\psi_0, Q_j^S\psi_0) \\ &= \sum_{n=0}^{\infty}(Q_j^S\psi_0, \psi_n)(\psi_n, [Q_j^S, H]\psi_0) - \sum_{n=0}^{\infty}([H, Q_j^S]\psi_0, \psi_n)(\psi_n, Q_j^S\psi_0)\end{aligned}$$

そこで,$(\psi_n, [Q_j^S, H]\psi_0) = (E_0 - E_n)(\psi_n, Q_j^S\psi_0) = (E_0 - E_n)(x_j)_{n0}$ に注意すれば,$L = 2\sum_{n=0}^{\infty}(E_0 - E_n)|(x_j)_{n0}|^2$ を得る.したがって,求める等式が導かれる.

(ii) 総和則によって，$\lim_{n\to\infty}(E_n - E_0)|(x_j)_{n0}|^2 = 0$. したがって，特に，数列 $\{(E_n - E_0)|(x_j)_{n0}|^2\}_n$ は有界であるから，$|E_n - E_0||(x_j)_{n0}|^2 \leq c^2$ となる定数 $c > 0$ がある．したがって，$|(x_j)_{n0}| \leq c/\sqrt{|E_n - E_0|}$. $E_n \to \infty$ であるから，$n \geq k_0$ ならば，$1/|E_n - E_0| \leq c_1/E_n$ となる定数 $c_1 > 1$ と番号 k_0 がある．ゆえに $|(x_j)_{n0}| \leq cc_1/\sqrt{E_n}$.

11. (i) 変数変換 $k = mx/(t\hbar)$ とフーリエ変換の等長性によって，$U(t)$ が等長であることは容易にわかる．任意の $\psi \in L^2(\mathbf{R}^d)$ に対して，$\eta(x) = m^{-d/2}(\hbar|t|)^{d/2}e^{-imx^2/2t\hbar}e^{-d\pi i\varepsilon(t)/4}\phi(x)$ とおけば，$\eta \in L^2(\mathbf{R}^d)$ である．$\eta_t(x) = \eta(t\hbar x/m)$ とし，$\psi = \mathcal{F}^{-1}\eta_t$ とおけば，$\psi \in L^2(\mathbf{R}^d)$ であり，$\mathcal{F}\psi = \eta_t$. これから，$U(t)\psi = \phi$ となることがわかる．したがって，$U(t)$ は全射である．

(ii) $R(t)\psi = e^{-itH_0/\hbar}\psi - U(t)\psi$ とおくと，(6.47) 式によって，$t > 0$ のとき，

$$(R(t)\psi)(x) = m^{d/2}(\hbar t)^{-d/2}e^{-id\pi/4}e^{imx^2/2t\hbar}e(\mathcal{F}(h_t - 1)\psi)\left(\frac{mx}{t\hbar}\right)$$

ただし，$h_t(x) = e^{imx^2/2t\hbar}$. したがって，変数変換 $k = \frac{mx}{t\hbar}$ とフーリエ変換の等長性によって，

$$\|R(t)\psi\|^2 = \|(h_t - 1)\psi\|^2 = \int_{\mathbf{R}^d} |h_t(x) - 1|^2 |\psi(x)|^2 dx$$

$|h_t(x) - 1|^2 \leq 4$, $\lim_{t\to\infty}|h_t(x) - 1| = 0$ であるから，ルベーグの優収束定理により，$\|R(t)\psi\| \to 0\,(t \to \infty)$ を得る．

(iii) 集合 $\{x \in \mathbf{R}^d \,|\, |x| \leq R\}$ の定義関数を χ_R とすれば，これによるかけ算作用素は有界であるから，(ii) により，$\|\chi_R e^{-itH_0/\hbar}\psi - \chi_R U(t)\psi\| \to 0\,(t \to \infty)$. したがって，任意の $\varepsilon > 0$ に対して，定数 $t_0 > 0$ があって，$t > t_0$ ならば，$\|\chi_R e^{-itH_0/\hbar}\psi - \chi_R U(t)\psi\| < \varepsilon$ が成り立つ．これは，$\|\chi_R e^{-itH_0/\hbar}\psi\| < \|\chi_R U(t)\psi\| + \varepsilon$ を導く．一方，$t > 0$ のとき，

$$\|\chi_R U(t)\psi\|^2 = \int_{|x|\leq R} |(U(t)\psi)(x)|^2 dx = m^d(\hbar t)^{-d}\int_{|x|\leq R}\left|\mathcal{F}\psi\left(\frac{mx}{t\hbar}\right)\right|^2 dx$$
$$= \int_{|k|\leq mR/(t\hbar)} |\mathcal{F}\psi(k)|^2 dk \to 0\,(t \to \infty)$$

したがって，ε に依存する定数 $r_0 > 0$ が存在して，$t > r_0$ ならば，$\|\chi_R U(t)\psi\| < \varepsilon$ となる．ゆえに，$t > \max\{t_0, r_0\}$ ならば，$\|\chi_R e^{-itH_0/\hbar}\psi\| < 2\varepsilon$. これは求める結果を意味する．

12. (i) U_P の等長性は容易．任意の $g \in L^2(\mathbf{R}^3)$ に対して，$f(\mathbf{x}) = g(-\mathbf{x})$ とすれば，$U_P f = g$ となるので，U_P は全射である．したがって，U_P はユニタリである．すべての $f, g \in L^2(\mathbf{R}^3)$ に対して，$(f, U_P g) = \int_{\mathbf{R}^3} f(\mathbf{x})^* g(-\mathbf{x})d\mathbf{x} = \int_{\mathbf{R}^3} f(-\mathbf{x})^* g(\mathbf{x})d\mathbf{x} = (U_P f, g)$. したがって，$U_P$ は自己共役である．

(ii) ユニタリ作用素と自己共役作用素のスペクトルの一般的特性によって, $\sigma(U_P) \subset \{-1, 1\}$ がまずわかる. 空間反転対称でない関数は存在するから〔たとえば, $f(\mathbf{x}) = x_1 e^{-x^2}$〕, $U_P \neq I$. したがって, $-1 \in \sigma(U_P)$. $f(\mathbf{x}) = -f(-\mathbf{x})$ をみたさない関数も存在するから〔たとえば, $f(\mathbf{x}) = e^{-x^2}$〕, $U_P \neq -I$. よって, $\sigma(U_P) = \{-1, 1\} = \sigma_p(U_P)$. 任意の $f \in L^2(\mathbf{R}^3)$ に対して, $f_+(\mathbf{x}) = [f(\mathbf{x}) + f(-\mathbf{x})]/2, f_-(\mathbf{x}) = [f(\mathbf{x}) - f(-\mathbf{x})]/2$ とおけば, f_+, f_- はそれぞれ, 空間反転対称, 空間反転反対称であって, $(f_+, f_-) = 0, f = f_+ + f_-$ が成り立つ. (iii) 任意の $f \in C_0^\infty(\mathbf{R}^3)$ に対して, $\partial_1 f(-\mathbf{x}) = -(\partial_1 f)(-\mathbf{x})$ を用いると,

$$(U_P \partial_1^2 f)(\mathbf{x}) = (\partial_1^2 f)(-\mathbf{x}) = \partial_1^2 f(-\mathbf{x}) = \partial_1^2 (U_P f)(\mathbf{x})$$

∂_2, ∂_3 についても同様. したがって, $U_P \Delta f = \Delta U_P f$. Δ は $C_0^\infty(\mathbf{R}^3)$ で本質的に自己共役であるから, 任意の $f \in D(\Delta)$ に対して, $f_n \to f, \Delta f_n \to \Delta f (n \to \infty)$ となる $f_n \in C_0^\infty$ が存在する. 上の結果より, $U_P \Delta f_n = \Delta U_P f_n$. したがって, $\Delta U_P f_n \to U_P \Delta f (n \to \infty)$. また, $U_P f_n \to U_P f (n \to \infty)$. Δ は閉であるから, $U_P f \in D(\Delta), \Delta U_P f = U_P \Delta f$ が結論される.

13. (i) 練習問題 12 の (iii) と明らかに成立する式 $U_P V f = V U_P f, f \in C_0^\infty(\mathbf{R}^3)$ により, 任意の $f \in C_0^\infty(\mathbf{R}^3)$ に対して, $U_P H = H U_P f$ か成立する. 仮定により, $C_0^\infty(\mathbf{R}^3)$ は $\bar{H}$ の芯であるから, 練習問題 12 の (iii) の証明の極限操作の議論と同様にして, 述べられた主張が示される.

(ii) $U_P f = f$ とする. (i) から, $\bar{H} = U_P^{-1} \bar{H} U_P = U_P \bar{H} U_P^{-1}$ ($U_P^{-1} = U_P$ に注意). したがって,

$$U_P e^{-it\bar{H}/\hbar} f = U_P e^{-it\bar{H}/\hbar} U_P^{-1} U_P f = e^{-it U_P \bar{H} U_P^{-1}/\hbar} f = e^{-it\bar{H}/\hbar} f$$

これより, $e^{-itH/\hbar} f$ は偶パリティ状態である. 奇パリティ状態についても同様.

(iii) $\bar{H} f = Ef, f \neq 0$ (E は実数) とすれば, $U_P \bar{H} f = E U_P f$. (ii) によって, 左辺は $\bar{H} U_P f$ に等しいから, $U_P f$ は $\bar{H}$ の固有値 E に属する固有ベクトルである.

(iv) f を (iii) のようにとれば, E の多重度が 1 であることにより, $U_P f = cf$ となる定数 $c \neq 0$ が存在する. 練習問題 12 の (ii) によって, $c = 1$ または $c = -1$ である. $c = 1$ のとき, f は空間反転対称であり, $c = -1$ のとき, f は空間反転反対称である.

第 7 章

1. $\mathcal{S}(\mathbf{R}) \subset D(a^*a)$ であるから, $D(a^*a)$ は稠密である. 任意の $\psi \in D(a^*a)$ に対して, $(\psi, a^*a\psi) = (a\psi, a\psi) \geq 0$. これと第 2 章, 練習問題 12(ii) によって, a^*a は非負の対称作用素である (もちろん, 対称性は直接示すこともできる).

2. 任意の $\psi \in D(\overline{T})$ に対して, $\psi_n \to \psi, T\psi_n \to \overline{T}\psi(n \to \infty)$ となる $\psi_n \in D(T)$ が存在する. したがって, $(\psi_n, T\psi_n) \to (\psi, \overline{T}\psi)(n \to \infty)$. 仮定により, $(\psi_n, T\psi_n) \geq \gamma\|\psi_n\|^2$ であるから, 両辺の極限をとれば, $(\psi, \overline{T}\psi) \geq \gamma\|\psi\|^2$ を得る.

3. 変分原理により, 任意の $\psi \in D(\bar{H}_{\mathrm{os}}), \|\psi\| = 1$, に対して, $(\psi, \bar{H}_{\mathrm{os}}\psi) \geq E_0(\bar{H}_{\mathrm{os}})$. $a > 0$ に対して, $\psi_a(x) = (a/\pi)^{1/4}e^{-ax^2/2}$ とすれば, $\psi_a \in \mathcal{S}(\mathbf{R})$, $\|\psi_a\| = 1$ であり, $\psi_a'' = -a\psi_a + a^2x^2\psi_a$, $(\psi_a, x^2\psi_a) = 1/(2a)$ であるから, $(\psi_a, H_{\mathrm{os}}\psi_a) = \frac{1}{4a}(\hbar^2 a + \frac{m^2\omega^2}{a})$. したがって, $E_0(\bar{H}_{\mathrm{os}}) \leq \frac{1}{4a}(\hbar^2 a + \frac{m^2\omega^2}{a})$. 右辺が最小になるのは, $a = m\omega/\hbar$ のときであり, その最小値は $\hbar\omega/2$ である. したがって, $E_0(\bar{H}_{\mathrm{os}}) \leq \hbar\omega/2$. この逆の不等式はすでにわかっているから, (7.10) 式を得る.

4. (i) $f(z) = e^{-z^2+2zx}$ は z の整関数であるから, $f(z) = \sum_{n=0}^{\infty} A_n(x)z^n/n!$ と展開できる. ただし, $A_n(x) = f^{(n)}(0)$. コーシーの評価式によって, 任意の $r > 0$ に対して,

$$|A_n(x)| \leq \frac{n!}{r^n}\sup_{|z|=r}|f(z)| \leq \frac{n!}{r^n}e^{r^2+2r|x|}$$

$f(z) = e^{-(z-x)^2}e^{x^2}$ と書けるから, $f^{(n)}(z) = e^{x^2}[d^n e^{-\zeta^2}/d\zeta^n]_{\zeta=z-x}$. したがって,

$$A_n(x) = e^{x^2}\left[\frac{d^n e^{-\zeta^2}}{d\zeta^n}\right]_{\zeta=-x} = (-1)^n e^{x^2}\frac{d^n e^{-x^2}}{dx^n} = H_n(x)$$

(ii) (i) の評価式によって, $|z| < r$ とすれば,

$$|e^{-z^2+2zx}e^{-x^2/2} - \sum_{n=0}^{N} H_n(x)e^{-x^2/2}z^n/n!| \leq e^{r^2+2r|x|}e^{-x^2/2}\sum_{n=N+1}^{\infty}\frac{|z|^n}{r^n}$$
$$\leq \left(1 - \frac{|z|}{r}\right)^{-1}e^{r^2+2r|x|}e^{-x^2/2}$$

最右辺の2乗は x について $\mathbf{R}$ 上で可積分であるから, $L^2(\mathbf{R})$ の収束の意味で, $e^{-z^2+2zx}e^{-x^2/2} = \sum_{n=0}^{\infty} H_n(x)e^{-x^2/2}z^n/n!$ が成り立つ. したがって, 内積の連続性により, $\int_{\mathbf{R}} e^{-z^2+2zx}e^{-x^2/2}f(x)dx = \sum_{n=0}^{\infty} c_n^{-1}(\phi_n, f)z^n/n! = 0$. そこで, $2z = a$ とおけば求める式が得られる.

(iii) $e^{-(x-a)^2/2}$ のフーリエ変換は, $e^{-k^2/2}e^{-ika}$ になるから, フーリエ変換の内積保存性によって, $\int_{\mathbf{R}} e^{-k^2/2}e^{ika}\hat{f}(k)dk = 0$ を得る. a は任意の実数であるから, これは, $e^{-k^2/2}\hat{f}(k)$ の逆フーリエ変換が 0 であることを意味する. 逆フーリエ変換も単射であるから, $e^{-k^2/2}\hat{f}(k) = 0$, a.e. k. したがって, $\hat{f} = 0$. ゆえに, $f = 0$.

(iv) (ii), (iii) の結果, $f \in L^2(\mathbf{R})$ がすべての $n \geq 0$ に対して, $(\phi_n, f) = 0$ をみたすならば, $f = 0$ となるので, $\{\phi_n\}_{n=0}^{\infty}$ は完全である.

5. $\theta = \log r$ とすれば, $\psi_n^{(r)} = u(\theta)\psi_n$ [$u(\theta)$ は第4章, 練習問題9のユニタリ変換]. したがって, 定理2.7(iii) によって, $\{\psi_n^{(r)}\}_n$ は $L^2(\mathbf{R}^d)$ の C.O.N.S. である

6. $Q^S = Q, P^S = P$ とおく. $f \in \mathcal{S}(\mathbf{R})$ とすれば,

$$\|H_{\text{os}}f\|^2 = \frac{1}{(2m)^2}\|P^2f\|^2 + \frac{\omega^2}{2}\text{Re}(P^2f, Q^2f) + \frac{(m\omega^2)^2}{4}\|Q^2f\|^2$$

CCR によって,

$$\begin{aligned}(P^2f, Q^2f) &= (Pf, PQQf) = (Pf, (-i\hbar + QP)Qf) \\ &= -i\hbar(Pf, Qf) + (Pf, Q(-i\hbar + QP)f) \\ &= -2i\hbar(Pf, Qf) + \|QPf\|^2\end{aligned}$$

したがって,$\text{Re}(P^2f, Q^2f) \geq i\hbar(f, (QP - PQ)f) = -\hbar^2\|f\|^2$. これから示すべき不等式が得られる.

7. (i) $A_j^* \upharpoonright \mathcal{D}$ の形は,Q_j, P_j の自己共役性からでる. (*) を示すには,$\mathcal{D}$ 上で,

$$[A_j, A_k^*] = \frac{1}{2\hbar}\left\{c_j c_k [Q_j, Q_k] - ic_j c_k^{-1}[Q_j, P_k] + ic_j^{-1}c_k[P_j, Q_k] + \frac{1}{c_j c_k}[P_j, P_k]\right\}$$

であることと,CCR を用いればよい(他の交換関係も同様).

(ii) (i) と同様にして,直接に計算すればよい.

8. (i) $\ell_0(\mathbf{Z}_+) \subset D(A)$ は明らか. $\ell_0(\mathbf{Z}_+)$ は稠密であるから,$D(A)$ は稠密. $f^{(N)} = \{f_n^{(N)}\}_{n=0}^\infty \in D(A)$, $f^{(N)} \to f \in \ell^2$, $Af^{(N)} \to g \in \ell^2 (N \to \infty)$ とする. このとき,各 n について,$f_n^{(N)} \to f_n, \sqrt{n+1}f_{n+1}^{(N)} \to g_n (N \to \infty)$. したがって,$g_n = \sqrt{n+1}f_{n+1}$. $\sum_{n=0}^\infty|g_n|^2 < \infty$ であるから,$\sum_{n=0}^\infty(n+1)|f_{n+1}|^2 < \infty$. ゆえに,$f \in D(A)$ であり,$g = Af$ が得られる. したがって,A は閉である.

(ii) $g \in D(A^*)$ とすれば,任意の $f \in D(A)$ に対して,$(A^*g, f) = (g, Af)$. A の定義から,$(g, Af) = \sum_{n=1}^\infty(\sqrt{n}g_{n-1})^*f_n$. $f \in D(A)$ は任意であるから,これは $(A^*g)_n = \sqrt{n}g_{n-1}, n \geq 1, (A^*g)_0 = 0$ を意味する. 特に,$\sum_{n=1}^\infty n|g_{n-i}|^2 < \infty$ である. 逆に,$\sum_{n=1}^\infty n|g_{n-1}|^2 < \infty$ をみたす $g \in \ell^2(\mathbf{Z}_+)$ に対して,$h_n = \sqrt{n}g_{n-1}, n \geq 1, h_0 = 0$ とおけば,$h = \{h_n\}_{n=0}^\infty \in \ell^2(\mathbf{Z}_+)$ であり,任意の $f \in D(A)$ に対して,$(h, f) = (g, Af)$ が成り立つ. したがって,$g \in D(A^*)$ かつ $A^*g = h$ である.

(iii) A, A^* が $\ell_0(\mathbf{Z}_+)$ を不変にすることは容易に示される. A の定義と (ii) の結果により,任意の $f \in \ell_0(\mathbf{Z}_+)$ に対して,$(AA^*f)_n = (n+1)f_n, (A^*Af)_n = nf_n, n \geq 0$ が成り立つ. ゆえに,$[A, A^*]f = f$.

(iv) $\alpha = \frac{1}{c}\sqrt{\frac{\hbar}{2}}$ とおく. すべての $f \in \ell_0(\mathbf{Z}_+)$ に対して,$(g, (Q+i\alpha)f) = 0$ をみたす $g \in \ell^2(\mathbf{Z}_+)$ があったとする. このとき,f として,特に,$\{\delta_{nj}\}_{j=0}^\infty \in \ell_0(\mathbf{Z}_+)(n \in \mathbf{Z}_+)$ をとると,$\sqrt{n}g_{n-1} + \sqrt{n+1}g_{n+1} - ig_n = 0$ を得る $(g_{-1} := 0)$. これから,$g_0 = 0$ が導かれることを示そう. 仮に,$g_0 \neq 0$ とすれば,$a_n := g_n/g_0$ とおくこ

とにより, $a_0 = 1$, $\sqrt{n+1}a_{n+1} = ia_n - \sqrt{n}a_{n-1}$, $n \geq 0$ が成り立つ. これから, $a_1 = i$, $a_2 = -\sqrt{2}$, $a_3 = -2\sqrt{2}i$. 実は, 帰納法により, $a_{2n} = (-1)^n|a_{2n}|$, $a_{2n+1} = i(-1)^n|a_{2n+1}|$ が示される. したがって $\sqrt{n+1}|a_{n+1}| = |a_n| + \sqrt{n}|a_{n-1}|$ が成り立つ. この漸化式と帰納法により, $|a_n| \geq 1$, $n \geq 0$ が示される. だが, この場合, $\sum_{n=0}^{\infty}|a_n|^2 = \infty$ となるので矛盾が生じる ($\because g = \{g_n\}_n \in \ell^2(\mathbf{Z}_+)$ より, $\{a_n\}_n \in \ell^2(\mathbf{Z}_+)$). したがって, $g_0 = 0$. すると, g_n に関する漸化式により, $g_n = 0$, $n \geq 0$ が出る. ゆえに, $g = 0$. よって, $R[(Q + i\alpha) \upharpoonright \ell_0(\mathbf{Z}_+)]$ は稠密である. 同様にして, $R[(Q - i\alpha) \upharpoonright \ell_0(\mathbf{Z}_+)]$ も稠密であることがわかる. ゆえに, 定理 4.3 により, Q は $\ell_0(\mathbf{Z}_+)$ 上で本質的に自己共役である. P についても同様.

(v) (iv) と (iii). 練習問題 7(ii) による.

(vi) 写像 $U : L^2(\mathbf{R}) \to \ell^2(\mathbf{Z}_+)$ を $U\psi = \{(\Omega_n, \psi)_{L^2(\mathbf{R})}\}_{n=0}^{\infty}$ によって定義する〔$\{\Omega_n\}_{n=0}^{\infty}$ は (7.26) 式によって定義される. $L^2(\mathbf{R})$ の C.O.N.S.〕. このとき, U はユニタリである. $c = \sqrt{m\omega}$ となるように, m, ω をとる〔(7.32) を参照〕. このとき, 任意の $f \in \ell_0(\mathbf{Z}_+)$ に対して, $UaU^{-1}f = Af$, $Ua^*U^{-1}f = A^*f$. したがって, $UQ^SU^{-1}f = Qf$, $UP^SU^{-1}f = Pf$ が成り立つ. そこで, 補題 5.7 を $\mathcal{H} = L^2(\mathbf{R})$, $\mathcal{K} = \ell^2(\mathbf{Z}_+)$, $\mathcal{D} = \ell_0(\mathbf{Z}_+)$, $T = Q^S$, $S = Q$ として応用すれば, Q^S は $\mathcal{L}(\{\Omega_n\}_{n=0}^{\infty})$ 上で本質的に自己共役であり, 作用素の等式 $UQ^SU^{-1} = \overline{Q}$ が成り立つ. 同様に, $UP^SU^{-1} = \overline{P}$.

第 8 章

1. $Q_\ell(x) := D^\ell(x^2-1)^\ell$ とおくと, $P_\ell = Q_\ell/2^\ell \ell!$ であるから, Q_ℓ がルジャンドルの微分方程式を満たすことを示せばよい. $(x^2-1)DQ_\ell = (x^2-1)D^{\ell+1}(x^2-1)^\ell$. 一方, x の多項式全体の集合を $\mathcal{P}$ とすれば, 任意の $f \in \mathcal{P}$ に対して次の関係式が成り立つ: $(x^2-1)D^{\ell+1}f = [(x^2-1), D^{\ell+1}]f + D^{\ell+1}(x^2-1)f = [x^2, D^{\ell+1}]f + D^{\ell+1}(x^2-1)f$. さらに, $[x^2, D^{\ell+1}]f = x[x, D^{\ell+1}]f + [x, D^{\ell+1}]xf$ であり, $[x, D^{\ell+1}]g = -(\ell+1)D^\ell g$, $g \in \mathcal{P}$ であるから, $[x^2, D^{\ell+1}]f = -(\ell+1)(xD^\ell f + D^\ell xf) = -(\ell+1)(-\ell D^{\ell-1}f + 2D^\ell xf) = (\ell+1)\ell D^{\ell-1}f - 2(\ell+1)D^\ell xf$. したがって, $(x^2-1)D^{\ell+1}f = (\ell+1)\ell D^{\ell-1}f - 2(\ell+1)D^\ell xf + D^{\ell+1}(x^2-1)f$. そこで, $f = (x^2-1)^\ell$ とし, $D^{\ell+1}(x^2-1)(x^2-1)^\ell = D^\ell D(x^2-1)^{\ell+1} = 2(\ell+1)D^\ell x(x^2-1)^\ell$ に注意すれば, $(x^2-1)D^{\ell+1}(x^2-1)^\ell = \ell(\ell+1)D^{\ell-1}(x^2-1)^\ell$ を得る. したがって, $D((x^2-1)DQ_\ell) = \ell(\ell+1)Q_\ell$.

2. (i) (*) を m 回微分すると $((1-x^2)f'')^{(m)} - 2(xf')^{(m)} + \ell(\ell+1)f^{(m)} = 0$. ライプニッツの公式により $((1-x^2)f'')^{(m)} = (1-x^2)f^{(m+2)} - 2mxf^{(m+1)} - m(m-1)f^{(m)}$, $(xf'(x))^{(m)} = xf^{(m+1)} + mf^{(m)}$. これらを代入して整理すれば, (**) が得られる.
(ii) $f^{(m)} = (1-x^2)^{-m/2}F_m$ を (**) に代入して, F_m, F_m', F_m'' について整理すればよい.

3. (i) 仮に, T がすべての λ_n と異なる固有値をもったとすると, T のエルミート性により, その固有ベクトル ψ はすべての ψ_n と直交する. $\{\psi_n\}_n$ は完全であるから, $\psi = 0$. だが, これは矛盾である.

(ii) $\mathcal{D} := \mathcal{L}(\{\psi_n | n \in \mathbf{N}\}) \subset D(T)$ かつ $\mathcal{D}$ は稠密であるので, T は対称作用素である. T の本質的自己共役性の証明の仕方は補題 7.2(ii) のそれと全く同じである.

(iii) $\lambda \in \sigma_\mathrm{p}(\overline{T})$ とすれば, 零でないベクトル $\psi \in D(\overline{T})$ があって, $\overline{T}\psi = \lambda\psi$ が成り立つ. この式と ψ_n との内積をとると, $\lambda_n(\psi_n, \psi) = \lambda(\psi_n, \psi)$. $\psi \neq 0$ であるから, ある $n_0 \in \mathbf{N}$ があって, $(\psi_{n_0}, \psi) \neq 0$. したがって, $\lambda = \lambda_{n_0}$. ゆえに, $\lambda \in \sigma_\mathrm{p}(T)$.

(iv) (i) と $\sigma(\overline{T})$ の閉性により, $L := \overline{\{\lambda_n | n \in \mathbf{N}\}} \subset \sigma(\overline{T})$. 逆の包含関係は $L^c \subset \rho(\overline{T})$ と同値である. したがって, この包含関係を示せばよい. $\lambda \in L^c$ としよう. このとき, (iii) により, $\overline{T} - \lambda$ が単射である. また, $c := \inf_{n \in \mathbf{N}} |\lambda - \lambda_n|$ とすれば $c > 0$ である. あとは補題 7.1(i) の証明とまったく同じ仕方で (そこでの T のかわりに $\overline{T}$ を考えればよい), $\lambda \in \rho(\overline{T})$ が示される.

4. (i) 直接計算.

(ii) ラゲールの微分方程式の両辺を k 回微分せよ (ライプニッツの公式を用いる).

(iii) $p = n + \ell, k = 2\ell + 1$ とおくと $y(x) = e^{-x/2} x^{(k-1)/2} L_p^k(x)$ と書ける. したがって, $f := L_p^k$ とおくと $f(x) = e^{x/2} x^{(1-k)/2} y(x) \cdots (*)$. (ii) より f は, $xf'' + (k + 1 - x)f' + (p - k)f = 0 \cdots (**)$ を満たす. (*) を用いて, f', f'' を計算し, これらを (**) の代入すれば, 示すべき, y に関する微分方程式が得られる. なお, f', f'' は, 次のようになる:

$$f' = e^{x/2} x^{(1-k)/2} \left\{ \frac{1}{2}\left(1 + \frac{1-k}{x}\right) y + y' \right\},$$
$$f'' = \frac{1}{2}\left(1 + \frac{1-k}{x}\right) f' + e^{x/2} x^{(1-k)/2} \left\{ -\frac{1-k}{2x^2} y + \frac{1}{2}\left(1 + \frac{1-k}{x}\right) y' + y'' \right\}.$$

(iv) (8.91) によって, $\widehat{H}_\ell$ の固有ベクトル方程式 $\widehat{H}_\ell R = \lambda R$ (λ は求めるべき固有値) は, 各点 r ごとには, $rR'' + 2R' + (2\alpha - \ell(\ell+1)r^{-1} + \lambda r)R = 0$ となる. $Q(x) = R(r), x = (2\alpha/n)r$ とおくと, $R' = (2\alpha/n)Q', R'' = (2\alpha/n)^2 Q''$ であるから,

$$xQ'' + 2Q' + \left(n - \frac{\ell(\ell+1)}{x} + \left(\frac{n}{2\alpha}\right)^2 \lambda x\right) Q = 0 \cdots (\dagger)$$

となる. これと (iii) の微分方程式を比較すると, $(n/2\alpha)^2 \lambda = -1/4$ ととれば, $Q = y$ は ($\dagger$) を満たす. したがって, $\lambda = -\alpha^2/n^2$. ゆえに, $\widehat{H}_\ell$ は固有値 $-\alpha^2/n^2$ をもつので, $H_\ell = (\hbar^2/2\mu)\widehat{H}_\ell$ は E_n を固有値にもつ. この場合, 固有関数は $Q(x) = R_{n,\ell}(r)$ となる ($R_{n,\ell}$ が $D(H_\ell)$ に属することも確かめよ).

あとがき
――さらに進んだ学習と研究のために――

　ヒルベルト空間論における基本的事項で本書で論じることができなかったものについては，たとえば，

- [1] アヒエゼル・グラズマン，『ヒルベルト空間論　上下』（共立出版，1973）
- [2] 日合文雄・柳研二郎，『ヒルベルト空間と線形作用素』（牧野書店，1995）
- [3] 保江邦夫，『数理物理学方法序説 2　ヒルベルト空間論』（日本評論社，2000）
- [4] 吉田耕作，『復刊 ヒルベルト空間論』（共立出版，2002）

で補うことができるであろう．ちなみに，ヒルベルト空間論の理解を深めるためのユニークな本として

- [5] Paul R. Halmos, A Hilbert Space Problem Book (Second Edition, Springer, 1982)

をあげておく[1]．

　本文ですでに述べたように，非有界自己共役作用素は量子力学の数学的理論において中心的な役割を演じる．最近，非有界線形作用素論の分野における世界的大家の一人によって，非有界自己共役作用素を主題とする独創的で興味深い本が出版された：

- [6] Konrad Schmüdgen, Unbounded Self-adjoint Operators on Hilbert Space (Springer, 2012)

この本は，本書の第3章と第4章の内容のさらなる展開を探求するのに役立つとともに，非有界自己共役作用素が関わる領界の豊穣さと深遠さを経験させてくれるであろう．

　関数解析学全般に関する基本的文献として

- [7] 加藤敏夫，『復刊 位相解析――理論と応用への入門』（共立出版，2001）
- [8] コルモゴロフ・フォミーン，『函数解析の基礎 上下』（岩波書店，2002）
- [9] 黒田成俊，『関数解析』（共立出版，1980）

---

[1] "The only way to learn mathematics is to do mathematics" で始まる序文は，数学を真剣に学ぼうとする人にとって貴重な示唆を与えるであろう．

- [10] Peter D. Lax, Functional Analysis (Wiley, 2002)
- [11] リース・ナージー『関数解析学　上下』（共立出版，1973，1974）
- [12] 竹之内脩,『函数解析（復刊版）』（朝倉書店，2004）
- [13] Kôsaku Yosida, Functional Analysis (Sixth Edition, Springer, 1995)
- [14] 吉田耕作・河田敬義・岩村聯,『位相解析の基礎』（岩波書店，1960）

がある．

　現代数学を駆使し，必要とあらば新しい数学領域を開拓しつつ，量子現象の諸々の数学的構造とその物理的照応を数学的に厳密な方法で探究する分野は量子数理物理学とよばれる．本書の目的の一つは，この分野への入門的な内容を提供することであった．量子数理物理学を全般的に論述した書物で本書に続いて読めるものとして

- [15] 新井朝雄,『量子現象の数理』（朝倉書店，2006）
- [16] 新井朝雄・江沢　洋,『量子力学の数学的構造I，II』（朝倉書店，1999）
- [17] 江沢　洋, 量子力学の構造（岩波講座 現代物理学の基礎 [第2版] 4『量子力学II』の第IV部，岩波書店，1978）
- [18] J. v. ノイマン,『量子力学の数学的基礎』（みすず書房，1957）
- [19] Eduard Prugovečki, Quantum Mechanics in Hilbert Space (Second Edition, Dover, 1981)

がある．[18] は，本書の初版の「まえがき」で述べたように，量子力学の歴史における記念碑的な著作であり，量子力学の数学的基礎付けに関するフォン・ノイマンの諸論文[2]（1927～1931）と同様，新しい数学的理念が史上初めて人類に手渡される現場に立ち会っているような迫力を内包している．だが，初学者向きではないかもしれない．

　量子力学における摂動論 (perturbation theory) の数学的に厳密な基礎付けを目的として書かれた大著

- [20] Tosio Kato, Perturbation Theory for Linear Operators (Springer, 1966, 1976)

は作用素論ならびに量子数理物理学の研究における基本文献の一つとなっている．

　第6章で示唆しておいたように，量子力学には相対論的なものと非相対論的なものがある．非相対論的量子力学における中心的な対象の一範疇がシュレーディンガー作用素である．この主題に焦点を絞って書かれた本として

- [21] Werner O. Amrein, Josef M. Jauch and Kalyan B. Sinha, Scattering Theory in Quantum Mechanics (Benjamin, 1977)
- [22] H. L. Cycon, G. Froese, W. Kirsch and B. Simon, Schrödinger Operators (Springer, 1987)

---

[2] J・フォン・ノイマン（伊東恵一編訳）『数理物理学の方法　ノイマンコレクション』（筑摩書房，2013）．

- [23] Stephen J. Gustafson and Israel Michael Sigal, Mathematical Concepts of Quantum Mechanics (Springer, 2003)
- [24] 黒田成俊,『スペクトル理論II』(岩波書店, 1979)
- [25] 黒田成俊,『量子物理の数理』(岩波書店, 1994)
- [26] 中村 周,『量子力学のスペクトル理論』(共立出版, 2012)
- [27] Gerald Teschl, Mathematical Methods in Quantum Mechanics With Applications to Schrödinger Operators (American Mathematical Society, 2009)
- [28] 保江邦夫,『数理物理学方法序説3 量子力学』(日本評論社, 2001)

がある.

量子数理物理学を研究するためには,量子力学の現象的・物理的側面にも親しんでおく必要がある.物理学における量子力学の教科書はたくさん出版されているが,ここでは

- [29] 江沢 洋,『量子力学 I, II』(裳華房, 2002)
- [30] ペレス,『量子論の概念と手法』(丸善, 2001)
- [31] シュポルスキー,『原子物理学 I, II, III』(東京図書, 1966(増訂新版), 1956, 1958)
- [32] 朝永振一郎[3],『量子力学 I, II』(みすず書房, 1952)
- [33] 朝永振一郎,『角運動量とスピン』(みすず書房, 1989)
- [34] 西島和彦,『相対論的量子力学』(培風館, 1973)

だけをあげておく.特に,[32]の第II巻は,あまたある(物理学における)量子力学の本の中にあって,概念的な明晰さにおいて卓越しており,その論述には,無意味な混乱と誤解が生じないように細心の注意が払われている.一読をおすすめしたい.

相対論的な量子力学の数学的理論については

- [35] B. Thaller, The Dirac Equation (Springer, 1992)
- [36] A. A. Balinsky and W. D. Evans, Spectral Analysis of Relativistic Operators (Imperial College Press, 2011)

に詳しい論述がある.

本書の6.1節において,素粒子たちの織りなす諸現象(生成・消滅も含む)を記述するための理論として場の量子論にふれた.この理論の中心となる要素は量子場とよばれる対象であり,それは素粒子を生成させたり消滅させたりする機能を有する.場の量子論にも相対論的なものと非相対論的なものがあるが,4次元時空における非自明な相対論的な場の量子論の存在はいまだに証明されていない[4].他方,非相対論的量子場の数学的理論については,1990年代の後半にブレークスルーがあり,それ以後急速な発展がみられた.ここでは,場の量子論への数学的アプローチの文献として

---

[3] 1965年度,ノーベル物理学賞受賞者.
[4] 2014年3月28日現在.もちろん,物理学理論としての発見法的・形式的な「理論」はつくられており,それなりの(物理学的な意味での)有効性が示されている.

[37]　新井朝雄,『フォック空間と量子場　上下』(日本評論社, 2000)
[38]　荒木不二洋,『量子場の数理』(岩波書店, 1993)
[39]　江沢　洋・新井朝雄,『場の量子論と統計力学』(日本評論社, 1988)
[40]　Jan Dereziński and Christian Gérard, Mathematics of Quantization and Quantum Fields (Cambridge University Press, 2013)

だけをあげておく．[37]は，本書の次に読むことが可能である．[37]と[40]には，上にふれた非相対論的量子場の数学的理論のまとまった記述が含まれている．[38]と[39]は，いずれも，相対論的場の量子論の数学的研究に関する書物である．前者は公理論的場の量子論－量子場に関して，相対論と量子論を統合すると考えられる公理系を設定し，そこからどのような数学的・物理的帰結が導かれるかを研究する理論的範疇－における作用素環論的方法を詳述し，後者は，構成的場の量子論－非自明な相対論的量子場のモデルの存在を数学的に厳密な構成によって示そうとする理論的範疇－の1980年代半ば頃までの主要な成果を総合的に解説したものである．

量子数理物理学を含む現代数理物理学の方法を系統的に論述した専門書として次の4巻本があり，この分野の研究者にとって基本文献の一つとなっている：

[41]　Michael Reed and Barry Simon, Methods of Modern Mathematical Physics Vol. I–IV (Academic Press, 1972, 1975, 1979, 1978)

現代数理物理学を全体的・統一的に認識し，把握することは重要である．次の書物はそのための手掛かりを与えてくれるであろう．

[42]　新井朝雄,『物理現象の数学的諸原理』(共立出版, 2003)
[43]　新井朝雄,『現代物理数学ハンドブック』(朝倉書店, 2005)
[44]　新井朝雄,『物理学の数理』(丸善出版, 2012)
[45]　保江邦夫,『数理物理学方法序説　全8巻および別巻』(日本評論社, 2000～2002)

索引

【ア】

アインシュタイン-ド・ブロイの関係式　206
α 乗　159

【イ】

位置作用素　220
一次結合　5
一次従属　4
一次独立　4
一次変換　57
一様強連続　168
一様収束　78
一様有界性の原理　114
1 対 1　59
一般化運動量　209
一般化座標　209
一般化された勾配　273
一般化されたナブラ　273
一般化された偏微分作用素　178
一般化されたラプラシアン　201
因数分解法　284

【ウ】

ヴァイエルシュトラスの多項式近似定理　44

ヴァイル型表現　230
ヴァイルの関係式　230
宇宙線　204
運動量作用素　221
運動量表示　231

【エ】

$\mathcal{H}-$ 値関数　168
n 次元　4
n 次元数ベクトル空間　6
n 次元ユークリッド空間　10
n 次元ユニタリ空間　10
n 乗　61
N 体のシュレーディンガー作用素　227
n-ランク作用素　111
エネルギー E の固有状態　233
エネルギー準位　285
L^2 空間　24
$L^2(\mathbf{R}^d)$ 上のフーリエ変換　195
エルミート　184
エルミート形式　184
エルミート作用素　102
エルミート性　102
エルミート多項式　53, 255

【オ】

オイラーの公式　45
オブザーヴァブル　211

【カ】

開球　31
開集合　30, 48
階数　111
回転対称なポテンシャル　268
ガウス型　244
ガウス分布　244, 257
可換　75, 179
核　59
角運動量　226, 278
角運動量の2乗　279
核子　204
拡大　81
拡大定理　71
拡張　81
確率空間　293
確率測度　293
確率ベクトル　295
確率変数　293
確率密度関数　221, 296
確率密度の流れ　245
かけ算作用素　64, 79
重ね合わせ　214
加藤-レリッヒの定理　263
可分　40, 54
可閉　87
可閉作用素　87
加法　2
加法的集合関数　140, 292
換算質量　263
完全　38
完全正規直交系　38
完全連続作用素　109
観測可能量　211
観測値の全体　215
観測の理論　212
完備　23, 49
完備化　52
完備性　23, 74

【キ】

幾何級数展開　76
規格化　13
期待値　213, 295
基底　5
基底状態　234, 286
奇パリティ状態　246
基本列　21, 48, 73
逆作用素　60
逆フーリエ変換　191
逆ベクトル　2
球関数　278
急減少関数　190
級数展開法　249
球対称ポテンシャル　268
q表示　231
共役作用素　83
強可換　179
強極限　77
強収束　77, 78
強微分　169
強微分可能　169
共役複素数　10
行列から定まる線形作用素　58
行列要素　215
行列力学　261
強連続　168, 171
強連続1パラメータユニタリ群　174
強連続性　174
極限　20, 48, 72
極限と積分の順序交換　289
極座標系　268

極座標表示　270
局所的に2乗可積分　225
虚部　103
距離　33
距離空間　18

【ク】

空間反転　246
空間反転対称　246
空間反転対称性　247
空間反転反対称　246
偶パリティ状態　246
クォーク　204
グラフ　89
グラム–シュミットの直交化法　20
クロネッカーのデルタ　14
群特性　174

【ケ】

係数　16
係数体　2
ゲージボソン　204
結合分布　296
ケーリー　188
原子　203
原子核　204
減法　3

【コ】

交換子　179
光子　206, 257
光電効果　206
恒等作用素　57
コーシー–シュヴァルツの不等式　19
コーシー列　21, 48, 73
古典場の理論　209
古典的極限　208
古典物理学　204
固有関数　91

固有関数展開　92
固有空間　91
固有状態　234
固有値　91
固有値問題　91
固有ベクトル　91
固有ベクトル方程式　91, 233
コンパクト　109
コンパクト作用素　109
コンパクト作用素の標準形　124

【サ】

差　3
最小の閉拡大　88
最低エネルギー　234
最低エネルギーに対する変分原理　242
座標表示　231
作用　57
作用素解析　149
作用素値汎関数　144
作用素内積　273
作用素の無限級数　75
作用素ノルム　62
作用素ベクトル　272
3角不等式　18

【シ】

CCRの表現　230
時間に依存しないシュレーディンガー方程式　233
時間に依存するシュレーディンガー方程式　233
σ加法族　28
次元　4
自己共役作用素　103
自己共役性の問題　228
2乗総和可能な複素数列の空間　12
下に有界　102

実ノルム空間　47
実ヒルベルト空間　23
実部　103
実ベクトル空間　2
シフト作用素　130
弱極限　77
弱収束　77, 78
弱微分可能　170
弱連続　169
シュヴァルツの不等式　17
集合 X から生成されるベクトル空間　53
収束　20, 48, 75
収束列　20, 48, 72
自由度　208
自由度 f の CCR の表現　219
自由ハミルトニアン　235
自由粒子系の時間発展　235
自由粒子系のハイゼンベルク作用素　240
縮小　82
縮退　91
縮退度　91
シュレーディンガー作用素　225
シュレーディンガー表現　220
シュレーディンガー描像　239
シュレーディンガー方程式　244
準双線形形式　184
状態　210
状態空間　210
状態の時間発展　231
状態のヒルベルト空間　210
状態ベクトル　210
消滅作用素　258
剰余スペクトル　125
真空　258
真空エネルギー　258

伸張変換　189
真の拡大　82
真の縮小　82

【ス】

水素原子　262
水素様原子　262
数作用素　256
数列空間　8
スカラー　1
スカラー倍　2
スケール変換　189
ストーンの公式　180
ストーンの定理　174
スピン　75
スピン行列　128
スペクトル　94, 125
スペクトル写像定理　156
スペクトル族　161
スペクトル測度　136, 149
スペクトル定理　149
スペクトル点　94
スペクトルのユニタリ不変性　96
スペクトル表示　149
スペクトル分解　149

【セ】

正　102
正規作用素　130
正規直交基底　36
正規直交系　14
正規分布　244
制限　82
正射影　15, 16
正射影作用素　133, 134
正射影作用素値測度　136
正射影定理　35
正準交換関係　219

正準量子化　219
生成子　174
生成作用素　258
生成される部分空間　5
正定値性　10
正値性　10
積　60
積分核　64
積分に対するシュヴァルツの不等式
　　19
積分変数の変換　292
積分方程式　128
絶対値　152
摂動　265
摂動問題　266
摂動を受けた作用素　265
遷移確率　214
遷移確率振幅　214
線形　57
線形演算子　57
線形空間　1
線形結合　5
線形作用素　57
線形作用素の摂動論　266
線形性　10
線形常微分作用素　282
線形独立　4
線形変換　57
前コンパクト　109
全射　59
全単射　60
前ヒルベルト空間　10
全変動　161

【ソ】

像　57
相空間　209
相対限界　265

相対コンパクト　109
相対的に有界　265
双対　65
総和則　245
測度空間　289
素粒子　75, 204

【タ】

台　41, 154
第 j 成分　5
第1レゾルヴェント公式　95
対称　184
対称形式　184
対称作用素　101
対称性　11
対消滅　206
対生成　206
多重指数　81
多重度　91
多粒子系のハミルトニアン　226
単位作用素　57
単位の分解　136, 161
単位ベクトル　13
単射　59
単純　91
単調収束定理　289

【チ】

値域　59
抽象ベクトル空間　2
中性子　204
中線定理　18
稠密　39
稠密性　48
稠密に定義されている　71
超対称的量子力学　284
調和振動子　248
直積空間　9

直積測度　290
直和　9, 29
直交射影　133, 134
直交する　14, 136
直交分解　68
直交補空間　32

【テ】

定義域　57
定義関数　43
定常状態　233
定常状態に対するシュレーディンガー
　　方程式　233
ディラック作用素　263
展開　38
電気的クーロン引力　262
電子　204
電磁気学　204
電磁波　206
点スペクトル　92
点列　20
点列の極限　20
点列の収束　20

【ト】

等距離作用素　67
同型　67
動径シュレーディンガー作用素　283
同時分布　296
同値　25, 230
同値関係　25
等長　67
等長作用素　67
等長性　67
特異値　124
ド・ブロイ波　205
トーマス-ライヒェ-クーンの総和則
　　245

【ナ】

内積　10
内積空間　10
内積空間 $\mathcal{X}$ の完備化　52
内積の連続性　20
波　205
波束の収縮　212

【ニ】

ニュートリノ　204
ニュートン力学　204

【ノ】

ノイマン級数　76
ノルム　13, 47, 62
ノルム位相による収束　20
ノルム空間　47

【ハ】

場　209
ハイゼンベルク作用素　238
ハイゼンベルクの運動方程式　239
ハイゼンベルクの交換関係　219
ハイゼンベルクの不確定性関係　218
ハイゼンベルク描像　239
π 中間子　204
パーセヴァルの等式　39
波動性　205
波動的描像　211
波動-粒子の二重性　205
バナッハ空間　49, 74
バナッハ-シュタインハウスの定理
　　114
場の量子論　207, 209, 259
ハミルトニアン　224, 231
ハミルトン関数　209
ハミルトン形式　208
ハミルトンの正準方程式　209
張られる部分空間　5

索引　335

パリティ　246
反可換　75
汎関数　65
反交換子　243
半正定値内積　18
半正定値な内積　11
反線形性　11

【ヒ】

p 表示　231
非可換　75
光　206
引き算　3
ピタゴラスの定理　15
左シフト作用素　127
非負　102
微分作用素　58
非有界作用素　62, 78
標準基底　6
標準的な基底　53
標準偏差　216, 295
ヒルベルト空間　23
ヒルベルト空間の直和　29
ヒルベルト–シュミット型積分作用素　64
ヒルベルト–シュミット作用素　131
ヒルベルト–シュミット定理　121
ヒルベルト–シュミットの展開定理　122
ヒルベルト–シュミットノルム　131

【フ】

ファトゥー (Fatou) の補題　289
V–値関数　7
フェルミオン　75
フォトン　206
フォン・ノイマンの一意性定理　230
フォン・ノイマンの定理　259

不確定さ　216
不確定性関係　219
複素 n 次元数ベクトル空間　6
複素測度　140
複素ノルム空間　47
複素ヒルベルト空間　23
複素ベクトル空間　2
符号関数　236
フックス型の微分方程式　249
物理量　211
フビニ (Fubini) の定理　291
部分空間　4
部分列　26
部分和　36
不変　80
不変部分空間　80
プランクの定数　205, 206
フーリエ級数　45
フーリエ係数　45
フーリエ変換　191
フレドホルムの積分方程式　128
分散　216, 295
分子　203
分布　294

【ヘ】

閉拡大　87
閉球　31
平均　295
平均収束　28
閉区間上の連続関数の空間　7
閉グラフ定理　126
平行移動　54
閉作用素　86
閉集合　30, 48
並進　54
並進不変な測度　54
並進ユニタリ群　178

閉対称作用素　102
閉部分空間　32
閉包　30, 48
平方根　159
ベキ乗　61
ベクトル　1
ベクトル空間　1
ベクトル空間の公理系　2
ベクトル空間の直和　9
ベクトル値関数　7
ベクトル値関数の集合　7
ベクトル列　20
ベッセルの不等式　17
変換　188
偏極恒等式　129
変数変換公式　295, 296
偏微分作用素　81, 198
変分原理　242

【ホ】
ボーア半径　287
方位量子数　280
方向への成分　16
方向量子化　280
母関数　259
保存量　240
ボルツァーノ–ヴァイエルシュトラス
　　の定理　119
ボルン–ハイゼンベルク–ヨルダンの
　　交換関係　219
ボレル集合体　28
本質的上限　63
本質的に自己共役　165
本質的に有界　63

【ミ】
右シフト作用素　127
μ中間子　204

【ム】
無限級数　36
無限級数の和　75
無限次元　4
無限自由度　207, 209
無限直和　29, 30
無摂動作用素　265

【ユ】
有界　21, 62, 184
有界作用素　62
有界線形作用素　62
有界線形汎関数　65
有界な点列　48
有限階作用素　111
有限次元ベクトル空間　4
有限自由度　218
ユークリッド幾何学　9
ユニタリ作用素　66
ユニタリ変換　66, 153
ユニタリ変換公式　153

【ヨ】
陽子　204
陽電子　204

【ラ】
ラゲールの多項式　285
ラゲールの陪関数　286
ラゲールの陪多項式　286
ラゲールの微分方程式　288
ランク　111

【リ】
リースの表現定理　65, 144
リーマン積分　170
リーマン積分可能　170
リーマン–ルベーグの補題　202
粒子　205

粒子性　205
粒子的描像　211
量子　257
量子化　218
量子仮説　205
量子調和振動子　248
量子電磁力学　263
量子力学　206
リンデレーフの被覆定理　154

【ル】

累乗　61
ルジャンドルの多項式　53
ルジャンドルの陪多項式　277
ルジャンドルの微分方程式　287
ルベーグ–スティルチェス積分　292
ルベーグの優収束定理　290

【レ】

励起されたエネルギー状態　257
零空間　59
零作用素　58
零点エネルギー　258
零ベクトル　2
レゾルヴェント　93
レゾルヴェント集合　93, 125
レプトン　204
連続スペクトル　125
連続性　65
連続線形汎関数　65

【ロ】

ロバートソンの不確定性関係　218

【ワ】

和　1, 61

【記号】

$\|\cdot\|_\infty$　48
$0_{\mathcal{H},\mathcal{K}}$　57

Δ　201
$\phi_n^{a,b}$　14
$\rho(T)$　125
$\sigma(T)$　125
$\sigma_c(T)$　125
$\sigma_p(T)$　92
$\sigma_r(T)$　125
$\varphi_n(x)$　44
∂^α　81
a　249
a^*　250
$\mathcal{B}(\mathcal{H})$　72
$\mathcal{B}(\mathcal{H},\mathcal{K})$　72
$\mathbf{B}^d$　28
B_r　31
$\overline{B}_r$　31
$\mathbf{C}$　1
$C[a,b]$　7
$C_0^\infty(\mathbf{R}^d)$　41
$C_0^m(\mathbf{R}^d)$　41
$C_0(\mathbf{R}^d)$　42
$C[a,b]$　12
CCR　219
$C^m(\mathbf{R}^d)$　41
$\mathbf{C}^n$　6
$\mathrm{Com}(\mathcal{H},\mathcal{K})$　112
C.O.N.S.　38
$C_P^1[0,2\pi]$　45
$\hat{D}$　58
$\overline{\mathcal{D}}$　30
d/dx　58
$\mathcal{D} = D(T)$　57
D_j　178
$\mathcal{D}^\perp$　32
$E_0(H)$　234
$\mathcal{F}f$　191
$\overline{\mathcal{F}}f$　191

$\mathcal{H}^*$ 65
I 57
$I_{\mathcal{H}}$ 57
Im z 35
$\mathbf{K}$ 1
ker T 59
$\mathbf{K}^n$ 48
$\mathcal{L}^2(X, d\mu)$ 24, 25
ℓ 8
ℓ_0 22
$\ell_0(\Gamma)$ 22
ℓ^2 13
$\ell^2([0,1])$ 54
$\ell^2(\Gamma)$ 12, 23
$\ell(\Gamma)$ 8
$\ell(\mathbf{N})$ 12
$L^2C[a,b]$ 12
$L^2(M)$ 28
$L^2(\mathbf{R}^d)$ 41
$\mathcal{L}(\mathbf{D})$ 5
l.i.m. 28
$L^2_{\text{loc}}(\mathbf{R}^d)$ 225
M_F 64, 79
$\mathbf{N}$ 5
$P(-i\partial)$ 198
P_j^S 220
$P_\ell(x)$ 277
$P_{\mathcal{M}}$ 133
Q_j^S 220
$\mathbf{R}$ 1
$R(T)$ 59
$\mathbf{R}^d$ 28
Re z 15
$\mathbf{R}^n$ 5
$\mathbf{R}^X$ 53
$\mathcal{S}(\mathbf{R}^d)$ 190
s-lim 77, 78

supp E 154
supp f 41
T^* 83
T^n 158
u-lim 78
$\mathbf{V}$ 1
$\mathbf{V}^X$ 7
w-lim 78
$Y_{\ell,m}$ 277
$\mathbf{Z}$ 8
$\mathbf{Z}_+$ 8

Memorandum

Memorandum

著者略歴

新井 朝雄(あらい あさお)

1979年　東京大学理学系大学院修士課程修了
現　在　北海道大学名誉教授
　　　　理学博士
主　著　フォック空間と量子場　上下（日本評論社）
　　　　物理現象の数学的諸原理（共立出版）
　　　　現代物理数学ハンドブック（朝倉書店）
　　　　量子現象の数理（朝倉書店）
　　　　現代ベクトル解析の原理と応用（共立出版）
　　　　複素解析とその応用（共立出版）
　　　　量子統計力学の数理（共立出版）
　　　　量子数理物理学における汎関数積分法（共立出版）
　　　　物理学の数理（丸善出版）
　　　　熱力学の数理（日本評論社）
　　　　相対性理論の数理（日本評論社）
　　　　Analysis on Fock Spaces and Mathematical Theory of Quantum Fields (World Scientific)
　　　　Inequivalent Representations of Canonical Commutation and Anti-Commutation Relations (Springer)

共立講座　21世紀の数学
第16巻（全27巻）

ヒルベルト空間と量子力学
改訂増補版

Hilbert Space and Quantum Mechanics
　　— *Revised and Enlarged Edition*

1997年 1 月25日　初版1刷発行
2010年 9 月15日　初版8刷発行
2014年 7 月31日　改訂増補版1刷発行
2024年 5 月 1 日　改訂増補版4刷発行

検印廃止
NDC 415, 421
ISBN 978-4-320-11089-2

著　者　新井朝雄　©1997, 2014
発行者　南條光章
発行所　共立出版株式会社
　　　　東京都文京区小日向4-6-19
　　　　電話 03-3947-2511（代表）
　　　　〒112-0006／振替口座 00110-2-57835
　　　　URL www.kyoritsu-pub.co.jp

印　刷　啓文堂
製　本　ブロケード

一般社団法人
自然科学書協会
会員

Printed in Japan

JCOPY ＜出版者著作権管理機構委託出版物＞

本書の無断複製は著作権法上での例外を除き禁じられています。複製される場合は、そのつど事前に、出版者著作権管理機構（TEL：03-5244-5088, FAX：03-5244-5089, e-mail：info@jcopy.or.jp）の許諾を得てください。

新しい数学体系を大胆に再構成した教科書シリーズ!!

共立講座 21世紀の数学 全27巻

編集委員：木村俊房・飯高 茂・西川青季・岡本和夫・楠岡成雄

高校での数学教育との繋がりを配慮し，全体として大綱化（4年一貫教育）を踏まえるとともに，数学の多面的な理解や目的別に自由な選択ができるよう，同じテーマを違った視点から解説するなど複線的に構成し各巻ごとに有機的な繋がりをもたせている。豊富な例題と分り易い解答付きの演習問題を挿入し具体的に理解できるように工夫した，21世紀に向けて数理科学の新しい展開をリードする大学数学講座

❶ 微分積分
黒田成俊著・・・・・・・・定価4180円
【主要目次】 大学の微分積分への導入／実数と連続性／曲線，曲面…他

❷ 線形代数
佐武一郎著・・・・・・・・定価2860円
【主要目次】 2次行列の計算／ベクトル空間の概念／行列の標準化…他

❸ 線形代数と群
赤尾和男著・・・・・・・・定価3850円
【主要目次】 ジョルダン標準形の応用／多項式行列と単因子論………他

❹ 距離空間と位相構造
矢野公一著・・・・・・・・定価3960円
【主要目次】 距離空間／位相空間／コンパクト空間／完備距離空間…他

❺ 関数論
小松 玄著・・・・・・・・・・続 刊
【主要目次】 複素数／初等関数／コーシーの積分定理・積分公式……他

❻ 多様体
荻上紘一著・・・・・・・・定価3300円
【主要目次】 Euclid空間／曲線／3次元Euclid空間内の曲面／多様体…他

❼ トポロジー入門
小島定吉著・・・・・・・・定価3520円
【主要目次】 ホモトピー／閉曲面とリーマン面／特異ホモロジー…他

❽ 環と体の理論
酒井文雄著・・・・・・・・定価3520円
【主要目次】 代数系／多項式と環／代数幾何とグレブナ基底………他

❾ 代数と数論の基礎
中島匠一著・・・・・・・・定価4180円
【主要目次】 初等整数論／環と体／群／付録：基礎事項のまとめ…他

❿ ルベーグ積分から確率論
志賀徳造著・・・・・・・・定価3520円
【主要目次】 集合の長さとルベーグ測度／ランダムウォーク……他

⓫ 常微分方程式と解析力学
伊藤秀一著・・・・・・・・定価4400円
【主要目次】 微分方程式の定義と流れ／可積分系とその摂動…他

⓬ 変分問題
小磯憲史著・・・・・・・・定価3520円
【主要目次】 種々の変分問題／平面曲線の変分／曲面の面積の変分…他

⓭ 最適化の数学
茨木俊秀著・・・・・・・・定価3520円
【主要目次】 最適化問題と最適性条件／最適化問題の双対性………他

⓮ 統　計 第2版
竹村彰通著・・・・・・・・定価3080円
【主要目次】 データと統計計算／線形回帰モデルの推定と検定………他

⓯ 偏微分方程式
磯 祐介・久保雅義著・・・・・・続 刊
【主要目次】 楕円型方程式／最大値原理／極小曲面の方程式……他

⓰ ヒルベルト空間と量子力学
≪改訂増補版≫
新井朝雄著・・・・・・・・定価4180円
【主要目次】 ヒルベルト空間……他

⓱ 代数幾何入門
桂 利行著・・・・・・・・定価3520円
【主要目次】 可換環と代数多様体／代数曲線論／代数幾何符号の理論…他

⓲ 平面曲線の幾何
飯高 茂著・・・・・・・・定価3740円
【主要目次】 いろいろな曲線／射影曲線／平面曲線の小平次元……他

⓳ 代数多様体論
川又雄二郎著・・・・・・・定価3740円
【主要目次】 代数多様体の定義／特異点の解消／代数曲面の分類……他

⓴ 整数論
斎藤秀司著・・・・・・・・定価3740円
【主要目次】 初等整数論／4元数環／単純環の一般論／局所類体論……他

㉑ リーマンゼータ函数と保型波動
本橋洋一著・・・・・・・・定価3740円
【主要目次】 リーマンゼータ函数論の古典論，最近の展開…………他

㉒ ディラック作用素の指数定理
吉田朋好著・・・・・・・・定価4400円
【主要目次】 作用素の指数／幾何学におけるディラック作用素………他

㉓ 幾何学的トポロジー
本間龍雄他著・・・・・・・定価4180円
【主要目次】 3次元の幾何学的トポロジー／レンズ空間／良い写像……他

㉔ 私説 超幾何関数
対称領域による点配置空間の一意化
吉田正章著・・・・・・・・定価4180円
【主要目次】 配置空間……………他

㉕ 非線形偏微分方程式
解の漸近挙動と自己相似解
儀我美一・儀我美保著・・・定価4400円
【主要目次】 積分論の収束定理…他

㉖ 量子力学のスペクトル理論
中村 周著・・・・・・・・定価3960円
【主要目次】 導入：1次元の量子力学系／議論の枠組み／自己共役性も

㉗ 確率微分方程式
長井英生著・・・・・・・・定価3960円
【主要目次】 ブラウン運動とマルチンゲール／確率微分方程式………他

www.kyoritsu-pub.co.jp
https://www.facebook.com/kyoritsu.pub

共立出版

【各巻：A5判・上製・184～448頁】
※税込価格（価格は変更される場合があります）